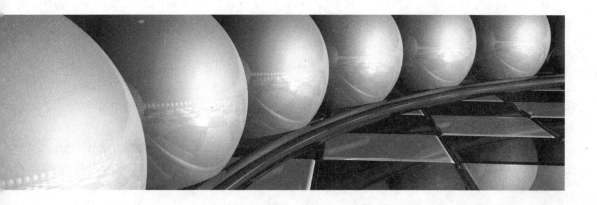

中文版 AutoCAD 2013
从入门到精通

黄殿鹏　编著

U0364489

北京希望电子出版社
Beijing Hope Electronic Press
www.bhp.com.cn

内 容 简 介

本书以目前最新版本 AutoCAD 2013 为平台，从实际操作和应用的角度出发，全面讲述了 AutoCAD 2013 的功能，其内容涉及机械设计、建筑制图、室内装饰装潢设计等方面的应用技巧。

本书共 4 篇 18 章，包括 AutoCAD 2013 基础操作、打造便捷的绘图环境、常用几何图元的绘制与编辑、复合图元的绘制、应用图形资源、标注图形尺寸与参数化绘图、创建文字及表格、AutoCAD 2013 三维建模、制作工程样板图以及 AutoCAD 在诸多设计领域的应用实例。从 AutoCAD 2013 的基础操作到实际应用，都做了详细、全面的讲解，使读者通过学习本书，彻底掌握 AutoCAD 2013 的基本操作技能与实际应用技能。

本书配套光盘中提供了部分实例所使用的素材、图块、样板和效果文件，读者可以随时调用。另外，还提供了书中理论知识和实例的同步教学视频，如果读者在学习中遇到问题，可以通过观看视频解开疑惑，提高学习效率。

本书语言通俗易懂，内容讲解到位，书中操作实例非常典型，具有很强的实用性、操作性。本书可以作为高等学校、高职高专院校的教材，以及各类 AutoCAD 培训班的教材，还可以作为从事 CAD 工作的技术人员的学习参考书。

图书在版编目（CIP）数据

中文版 AutoCAD 2013 从入门到精通 / 黄殿鹏编著. 一北京：北京希望电子出版社，2012.10

ISBN 978-7-83002-050-7

Ⅰ.①中… Ⅱ.①黄… Ⅲ.①AutoCAD 软件 Ⅳ.①TP391.72

中国版本图书馆 CIP 数据核字（2012）第 212992 号

出版：北京希望电子出版社　　　　　　封面：深度文化

地址：北京市海淀区上地 3 街 9 号　　　编辑：刘志燕

　　　金隅嘉华大厦 C 座 610　　　　　　校对：刘　伟

邮编：100085　　　　　　　　　　　　开本：787mm×1092mm　1/16

网址：www.bhp.com.cn　　　　　　　　印张：31.5

电话：010-62978181（总机）转发行部　印数：1-3500

　　　010-82702675（邮购）　　　　　　字数：732 千字

传真：010-82702698　　　　　　　　　印刷：北京市双青印刷厂

经销：各地新华书店　　　　　　　　　版次：2012 年 10 月 1 版 1 次印刷

定价：59.80 元（配 1 张 DVD 光盘）

前 言

AutoCAD是目前应用最广泛的辅助设计软件之一，由于具有简单的操作和强大的制图功能，因此一直是广大辅助设计人员和专业制图人员的首选软件。为了使广大用户快速掌握该软件最新版AutoCAD 2013的操作技能，并将其应用到实际工作中去，我们编写了这本《中文版AutoCAD 2013从入门到精通》。

本书特点

本书内容丰富，实用性较强，在章节内容安排上，充分考虑到读者的学习习惯和接受能力，采用从易到难、循序渐进，同时穿插大量精彩操作实例的方式进行讲解，深入浅出地教会读者如何使用AutoCAD 2013进行实际应用。本书内容几乎涵盖了AutoCAD在建筑制图、机械设计、室内装饰装潢设计等方面的所有操作技能，自始至终都渗透了"实例导学"的思想模式。

本书内容

本书分为4篇18章。

第1篇：快速入门。本篇通过第1～5章内容，讲解AutoCAD 2013基本操作技能，具体内容如下。

第1章：新一代绘图王——AutoCAD 2013。本章主要讲解AutoCAD 2013的工作空间、用户界面、基本操作方法以及新增功能。

第2章：打造便捷的绘图环境。本章主要讲解AutoCAD 2013界面元素的设置、绘图环境的设置、捕捉模式的设置、追踪模式的设置以及视图的实时调控等知识。

第3章：常用几何图元的绘制功能。本章主要讲解点、等分点、多线、多段线、矩形、多边形、圆弧、圆、云线和样条曲线等基本图元的绘制方法等相关知识。

第4章：常用几何图元的编辑功能。本章主要讲解修剪、延伸、倒角、圆角、缩放、旋转、拉伸、打断、合并、分解以及夹点编辑对象等知识。

第5章：绘制边界、图案与复合图元。本章主要讲解创建边界、面域、图案填充、复制对象、偏移对象、阵列和镜像对象等知识。

第2篇：技能提高。本篇通过第6～10章内容，讲解创建图块、参照、文字、表格以及图形尺寸标注、图形资源共享等内容，具体内容如下。

第6章：图形资源的组合与引用——块、属性与参照。本章通过具体实例操作，主要讲解创建块、应用块、编辑块以及定义与编辑属性等相关知识。

第7章：图形资源的规划与管理——图层。本章通过具体实例操作，主要讲解图层的设置、图层的控制、图层的新建、图层的应用以及图层的规划与管理等相关知识。

第8章：图形资源的查看共享与信息查询。本章通过具体实例操作，主要讲解设计中心、工具选项板、特性与特性匹配以及图形信息的查询等知识。

第9章：标注图形尺寸与参数化绘图。本章通过具体实例操作，主要讲解标注基本尺寸、标注复合尺寸、标注圆心标记与公差、设置尺寸标注样式以及尺寸的编辑与修改等知识。

第10章：创建文字、符号和插入表格。本章通过具体实例操作，主要讲解设置文字样式、创建单行文字、多行文字、插入表格以及创建引线注释等知识。

第3篇： 三维进阶。本篇通过第11～13章内容，讲解AutoCAD 2013三维建模的相关知识，具体内容如下。

第11章： AutoCAD 2013三维设计环境。本章主要讲解三维模型的查看、视口的分割、三维模型的着色设置以及UCS坐标系等相关知识。

第12章： AutoCAD 2013三维建模基础。本章主要讲解基本几何体建模、组合几何体建模、将二维线框转化为三维实体或曲面以及网格几何体建模等相关知识。

第13章： AutoCAD 2013三维编辑基础。本章主要讲解三维模型的编辑、修改技能，包括编辑三维实体模型、编辑三维网格模型等相关知识。

第4篇： 工程应用。本篇通过第14～18章内容，讲解AutoCAD 2013在各行业中的应用以及图形的打印等知识，具体内容如下。

第14章：制作AutoCAD工程样板图。本章通过多个实例，主要讲解样板图绘图环境的设置、样板图图层及特性的设置、样板图绘图样式的设置以及填充样板图框和样板图的页面布局等相关知识。

第15章：绘制建筑工程图纸。本章通过绘制香墅湾1#建筑工程图纸，主要讲解平面图纸的形成与用途、平面图纸的表达内容以及AutoCAD 2013在建筑工程设计中的应用方法和技巧。

第16章：绘制室内装饰装潢设计图纸。本章通过大量精彩实例，主要讲解AutoCAD 2013在室内装饰装潢设计中的各种应用技巧和方法。

第17章：绘制机械零件图纸。本章通过大量精彩实例，主要讲解AutoCAD 2013在机械制图中的应用方法和技巧。

第18章：工程图纸的后期打印。本章主要讲解AutoCAD 2013图纸的后期打印等知识。

光盘内容

本书附有1张DVD光盘，收录本书所有实例的素材文件、效果文件以及视频文件，以便读者在使用本书时随时调用。

- ◆ 样板文件：该目录下存放的是使用的绘图样板文件。
- ◆ 素材文件：该目录下存放的是各章所调用的素材文件。
- ◆ 效果文件：该目录下存放的是各章实例的最终效果文件。
- ◆ 图块文件：该目录下存放的是各章所调用的图块文件。
- ◆ 视频文件：该目录下存放的是各章知识讲解和实例操作的视频教学文件。

其他声明

本书由黑龙江省鸡西大学黄殿鹏老师执笔完成，参加本书编写和光盘制作的还有史宇宏、张传记、史小虎、陈玉蓉、张伟、姜华华、张伟、车宇、林永、赵明富、王莹、张恒立、赵卉亓、夏小寒、白春英、唐美灵、朱仁成、孙爱芳、王志强、徐丽、张桂敏、苏晓辉等人。由于作者水平所限，书中难免有不妥之处，恳请广大读者批评指正，我们的电子邮箱是bhpbangzhu◎163.com。如果希望知悉图书的更多信息，请浏览北京希望电子出版社的网站www.bhp.com.cn。

编著者

CONTENTS 目录

第1篇　快速入门

1

第2篇 技能提高

第3篇 三维进阶

第11章 AutoCAD 2013三维设计环境

第12章 AutoCAD 2013三维建模基础

第13章 AutoCAD 2013三维编辑基础

第4篇　工程应用

第1篇
快速入门

PART
01

本篇包括第1～5章内容，重点讲解AutoCAD 2013的基本操作与基本制图技能，具体内容包括AutoCAD 2013的基本操作、坐标点的输入、点的捕捉与追踪、直线、圆、圆弧、圆环、矩形、多边形等基本图元的绘制与编辑、创建面域、填充图形、夹点编辑等基本制图技巧，使读者通过对本篇内容的学习，首先掌握AutoCAD 2013软件基本操作与制图基础，为后面更深入地学习AutoCAD 2013奠定基础。本篇内容如下。

- 第1章 新一代绘图王——AutoCAD 2013
- 第2章 打造便捷的绘图环境
- 第3章 常用几何图元的绘制功能
- 第4章 常用几何图元的编辑功能
- 第5章 绘制边界、图案与复合图元

第1章 新一代绘图王
——AutoCAD 2013

AutoCAD 2013是AutoCAD系列家族的最新成员，它所提供的精确绘制功能、个性化造型设计功能以及开放性设计功能为机械、建筑、电子化工等各个学科的发展提供了一个广阔的舞台，现已经成为国际上广为流行的绘图工具。本章主要介绍AutoCAD 2013的基本概念、应用范围、配置需求、操作界面、命令执行、坐标输入及绘图文件的设置与管理等基础知识，使初级读者对AutoCAD 2013有一个快速的了解和认识。本章学习内容如下。

- 了解AutoCAD 2013
- AutoCAD 2013软件的启动与退出
- AutoCAD 2013工作界面
- AutoCAD文件设置与管理
- AutoCAD初级操作技能
- 坐标系与坐标输入法
- 初识牛刀——尝试绘制一个简单的图形

1.1 了解AutoCAD 2013

在学习AutoCAD 2013绘图软件之前，首先简单介绍AutoCAD 2013软件的基本概念、应用范围、配置需求及新增功能等知识。

1.1.1 AutoCAD 2013基本概念与应用范围

AutoCAD是自动计算机辅助设计软件，它是由美国Autodesk公司为计算机上应用CAD技术而开发的绘图程序软件包，自1982年问世以来，一直深受世界各国专业设计人员的欢迎，现已经成为国际上广为流行的绘图工具。AutoCAD 2013是目前AutoCAD家族中最新的一个版本，其中"Auto"是英语Automation单词的词头，意思是"自动化"；"CAD"是英语Computer-Aided-Design的缩写，意思是"计算机辅助设计"；而"2013"则表示AutoCAD软件的版本号。

AutoCAD是一款集多种功能于一体的高精度计算机辅助设计软件，具有功能强大、易于掌握、使用方便、系统开发等特点，不仅在机械、建筑、服装和电子等设计领域得到了广泛的应用，而且在地理、气象、航天、造船等行业特殊图形的绘制，甚至乐谱绘制、灯光和广告设计等领域也得到了多方面的应用，目前已成为计算机CAD系统中应用最为广泛的图形软件之一。

1.1.2 AutoCAD 2013配置需求

AutoCAD具有广泛的适应性，它可以在各种操作系统支持的微型计算机和工作站上运行，本节主要介绍AutoCAD 2013软件的配置需求。

1.32 位操作系统的配置需求

针对32 位的Windows 操作系统而言，其硬件和软件的最低配置需求如下。

（1）操作系统

以下操作系统的Service Pack 3 (SP3) 或更高版本。

- Microsoft® Windows® XP Professional。
- Windows XP Home。

其他操作系统。

- Microsoft Windows 7 Enterprise。
- Microsoft Windows 7 Ultimate。
- Microsoft Windows 7 Professional。
- Microsoft Windows 7 Home Premium。

（2）Web 浏览器

Internet Explorer 7.0 或更高版本。

（3）处理器

对于Windows XP系统而言，需要使用Intel® Pentium® 4 或 AMD Athlon™ 双核处理器，1.6GHz或更高，采用 SSE2 技术。

对于Windows 7系统而言，需要使用Intel Pentium 4或AMD Athlon双核，3.0 GHz或更高，采用SSE2技术。

（4）内存

无论是在哪种操作系统下，至少需要2GB RAM，建议使用4GB内存。

（5）显示分辨率

1024×768真彩色，建议使用1600×1050或更高。

（6）硬盘

6GB的安装空间。不能在64位 Windows 操作系统上安装32位的AutoCAD，反之亦然。

（7）定点设备

MS-Mouse 兼容。

（8）.NET Framework

.NET Framework 4.0版本，更新1。

（9）3D建模其他要求

- Intel Pentium 4 或 AMD Athlon 处理器，3.0GHz或更高；Intel或AMD Dual Core处理器，2.0 GHz或更高。
- 4GB RAM或更大。
- 6GB可用硬盘空间（不包括安装需要的空间）。
- 1280×1024真彩色视频显示适配器，具有128MB或更大显存，采用 Pixel Shader 3.0或更高版本，且支持Direct3D®功能的工作站级图形卡。

2. 64 位操作系统的配置需求

在安装AutoCAD 2013的过程中，会自动检测 Windows 操作系统是32位还是 64 位版本，然后安装适当版本的 AutoCAD。而针对64 位的操作系统而言，其硬件和软件的最低配置需求如下。

（1）操作系统

Microsoft® Windows® XP Professional Service Pack 2 (SP2) 或更高版本。

其他操作系统。

- Microsoft Windows 7 Enterprise。
- Microsoft Windows 7 Ultimate。
- Microsoft Windows 7 Professional。

◆ Microsoft Windows 7 Home Premium。

（2）Web 浏览器

Internet Explorer 7.0 或更高版本。

（3）处理器

◆ AMD Athlon 64，采用 SSE2 技术。

◆ AMD Opteron™，采用 SSE2 技术。

◆ Intel Xeon，具有 Intel EM64T 支持并采用 SSE2 技术。

◆ Intel Pentium 4，具有 Intel EM64T 支持并采用 SSE2 技术。

（4）RAM

无论是在哪种操作系统下，至少需要2GB RAM，建议使用4GB内存。

（5）显示分辨率

1024×768 真彩色，建议使用 1600×1050 或更高。

（6）硬盘

6GB的安装空间。

（7）定点设备

MS-Mouse 兼容。

（8）.NET Framework

.NET Framework 4.0版本，更新1。

（9）3D建模其他要求

◆ Intel Pentium 4或AMD Athlon处理器，3.0GHz 或更高；Intel或 AMD Dual Core处理器，2.0GHz或更高。

◆ 4GB RAM 或更大。

◆ 6GB 可用硬盘空间（不包括安装需要的空间）。

◆ 1280×1024真彩色视频显示适配器，具有128MB 或更大显存，采用Pixel Shader 3.0 或更高版本，且支持Direct3D® 功能的工作站级图形卡。

1.1.3　AutoCAD 2013新增功能

每一版的升级换代，都会有一些新增加的功能或新增强的功能出现，就AutoCAD 2013版本而言，新增功能如下。

1. 用户交互命令行增强功能

命令行界面得到革新，包括颜色、透明度。用户还可以更灵活地显示历史记录，访问最近使用的命令以及将命令行固定在窗口一侧，或使其浮动以最大化绘图区域。命令行中的新工具可使用户轻松访问提示历史记录的行数以及自动完成、透明度和选项控件。

不管命令行是浮动的还是固定的，新增的命令图标有助于识别命令行并在 AutoCAD 等待命令时进行指示。当命令处于活动状态时，该命令的名称将始终显示在命令行中。以蓝色显示的可单击选项使用户易于访问活动命令中的选项。

2. 阵列增强功能

使用新版中的阵列增强功能，用户可以更快捷、方便地阵列对象。当选择了矩形阵列对象后，会立即显示在 3 行 4 列的栅格中；创建环形阵列时，当指定圆心后将立即在 6 个完整的环形阵列中显示选定的对象；当选择了路径阵列对象和路径后，对象会立即沿路径的整个长度均匀显示。对于每种类型的阵列，都可以通过阵列对象上的多功能夹点，动态编辑相关的特性。

3. 新增画布内特性预览功能

使用新增的画布内特性预览功能，用户可以在应用更改前，动态预览对象和视口特性的更改。预览不局限于对象特性，视口内显示的任何更改都可预览。例如，当光标经过视觉样式、视图、日光和天光特性、阴影显示和UCS图标时，其效果会随之动态地应用到视口中。

4. 图案填充编辑器

使用新增强的图案填充编辑功能，用户可以更加轻松、快捷地对多个图案填充对象同时进行编辑。同样，当使用图案填充编辑器的命令行版本（-HATCHEDIT）时，也可以选择多个图案填充对象以便同时编辑。

5. 光栅图像及外部参照

光栅图像功能更新了两色重采样的算法，以提高范围广泛的受支持图像的显示质量；使用外部参照的增强功能可以编辑参照的保存路径，找到的路径显示为只读。快捷菜单包含一些其他更新。在对话框中，默认类型会更改为相对路径，除非相对路径不可用。例如，如果图形尚未保存或宿主图形和外部文件位于不同的磁盘分区中。

6. 新增强的点云支持功能

新版中的点云功能已得到显著增强，可以附着和管理点云文件，类似于使用外部参照、图像和其他外部参照的文件，提供关于选定点云的预览图像和详细信息，更轻松地查看和分析点云数据；使用新增强的点索引功能可提供更平滑、更高效的工作流程等。

7. 提取曲面或实体素线

新版本增加了曲面及实体表面的素线提取功能，利用此功能，用户可以非常方便地从曲面和实体表面中提取相关的素线，还可以更改提取素线的方向，在曲面上绘制样条曲线等。

8. 多段线反转

新增加的多段线反转功能主要解决的是复合线型——多段线中的字符或形的显示问题。在AutoCAD 2013中，添加了一个名为PLINEREVERSEWIDTHS的新变量，当这个变量值为1时，反转多段线就会对线宽发生作用。

1.2 AutoCAD 2013软件的启动与退出

本节主要学习AutoCAD 2013绘图软件的启动方式、工作空间、工作空间的切换以及退出方式等技能。

1.2.1 AutoCAD 2013启动方式

当成功安装AutoCAD 2013绘图软件之后，通过以下几种方式可以启动AutoCAD 2013软件。

◆ 双击桌面上的软件图标 。
◆ 单击桌面任务栏"开始"|"所有程序"|"Autodesk"|"AutoCAD 2013"中的 AutoCAD 2013 - 简体中文 (Simplified Chinese) 选项。
◆ 双击"*.dwg"格式的文件。

启动AutoCAD 2013绘图软件之后，即可进入如图1-1所示的经典工作界面，同时自动打开一个名为"AutoCAD 2013 Drawing1.dwg"的默认绘图文件。

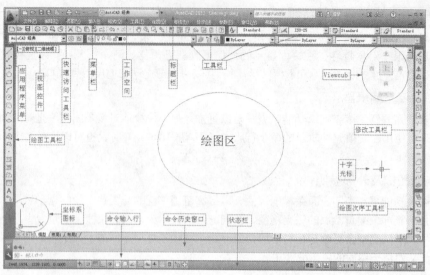

图1-1 "AutoCAD经典"工作空间

1.2.2 AutoCAD 2013工作空间

AutoCAD 2013绘图软件为用户提供了多种工作空间，如图1-1所示的界面为"AutoCAD经典"工作空间，如果用户为AutoCAD初始用户，那么启动AutoCAD 2013后，则会进入如图1-2所示的"草图与注释"工作空间，这种工作空间在三维制图方面比较方便。

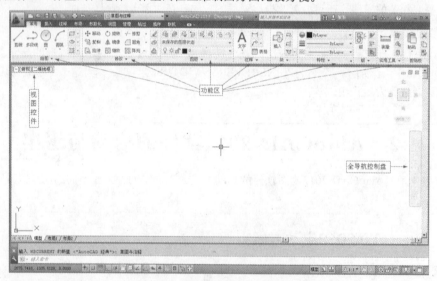

图1-2 "草图与注释"工作空间

除了"AutoCAD经典"和"草图与注释"两种工作空间外，AutoCAD 2013软件还为用户提供了"三维基础"和"三维建模"两种工作空间，其中"三维基础"工作空间如图1-3所示，这种空间在三维基础制图方面比较方便。

"三维建模"工作空间如图1-4所示，在此工作空间内可以非常方便地访问新的三维功能，而且新窗口中的绘图区可以显示出渐变背景色、地平面或工作平面（UCS 的 XY 平面）以及新的矩形栅格，这将增强三维效果和三维模型的构造。

图1-3　"三维基础"工作空间

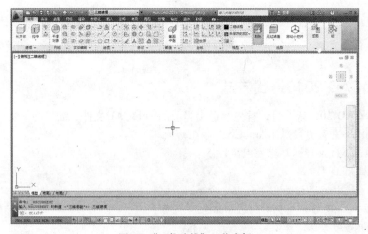

图1-4　"三维建模"工作空间

1.2.3　AutoCAD 2013工作空间的切换

AutoCAD 2013软件为用户提供了多种工作空间，用户可以根据自己的作图习惯和需要选择相应的工作空间。工作空间的相互切换方式具体有以下几种。

◆ 单击标题栏上的 [AutoCAD 经典] 按钮，在展开的按钮菜单中选择相应的工作空间，如图1-5所示。

◆ 单击"工具"菜单中的"工作空间"下一级菜单选项，如图1-6所示。

图1-5　"工作空间"按钮菜单

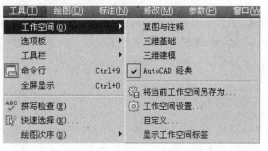

图1-6　"工作空间"级联菜单

- 展开"工作空间"工具栏上的"工作空间控制"下拉列表,从中选择所需的工作空间,如图1-7所示。
- 单击状态栏上的 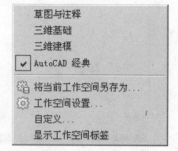 按钮,从弹出的按钮菜单中选择所需的工作空间,如图1-8所示。

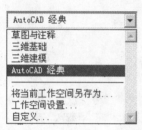

图1-7 "工作空间控制"下拉列表

图1-8 按钮菜单

提示 无论选择何种工作空间,用户都可以在日后对其进行更改,也可以自定义并保存自己的工作空间。

1.2.4 AutoCAD 2013退出方式

当退出AutoCAD 2013软件时,首先要退出当前的AutoCAD文件,如果当前文件已经存盘,那么用户可以使用以下几种方式退出AutoCAD绘图软件。

- 单击AutoCAD 2013标题栏控制按钮 ×。
- 按组合键Alt+F4。
- 执行菜单栏中的"文件"|"退出"命令。
- 在命令行中输入Quit或Exit后按Enter键。
- 展开应用程序菜单,单击 退出 AutoCAD 2013 按钮。

在退出AutoCAD 2013软件之前,如果没有将当前的AutoCAD绘图文件存盘,那么系统将会弹出如图1-9所示的提示对话框,单击 是(Y) 按钮,将弹出"图形另存为"对话框,用于对图形进行命名保存;单击 否(N) 按钮,系统将放弃存盘并退出AutoCAD 2013;单击 取消 按钮,系统将取消执行的退出命令。

图1-9 AutoCAD提示框

1.3 AutoCAD 2013工作界面

AutoCAD具有良好的用户界面,从上图1-1和图1-2所示的工作界面中可以看出,AutoCAD 2013的界面主要包括标题栏、菜单栏、工具栏、绘图区、命令行、状态栏、功能区等,本节将简单讲述各组成部分的功能及其相关的操作。

1.3.1 应用程序菜单

单击软件界面左上角的 按钮,可打开如图1-10所示的应用程序菜单,用户可以通过此菜单快速访问一些常用工具、搜索常用命令和浏览最近使用的文档等。

图1-10 应用程序菜单

1.3.2 标题栏

标题栏位于AutoCAD 2013工作界面的最顶部，包括工作空间、"快速访问"工具栏、程序名称显示区、信息中心和窗口控制按钮等内容，如图1-11所示。

图1-11 标题栏

- ◆ "快速访问"工具栏：通过此工具栏不但可以快速访问某些命令，还可以在工具栏上添加、删除常用命令按钮，控制菜单栏的显示以及各工具栏的开关状态等。
- ◆ 工作空间：单击 [⚙ AutoCAD 经典 ▼] 按钮，可以在多种工作空间之间进行切换。
- ◆ 程序名称显示区：主要用于显示当前正在运行的程序名和当前被激活的图形文件名称。
- ◆ 信息中心：可以快速获取所需信息、搜索所需资源等。
- ◆ 窗口控制按钮：位于标题栏最右端，主要有"最小化" ▬ 、"恢复" 回 / "最大化" □ 、"关闭" ✕ ，分别用于控制AutoCAD窗口的大小和关闭。

1.3.3 菜单栏

菜单栏位于标题栏的下侧，如图1-12所示，AutoCAD的常用制图工具和管理编辑等工具都分门别类地排列在这些菜单中，在主菜单项上单击鼠标左键，即可展开此主菜单，然后将光标移至所需命令选项上单击鼠标左键，即可激活该命令。

文件(F) 编辑(E) 视图(V) 插入(I) 格式(O) 工具(T) 绘图(D) 标注(N) 修改(M) 参数(P) 窗口(W) 帮助(H) ▬ ㅁ ✕

图1-12 菜单栏

AutoCAD共为用户提供了"文件"、"编辑"、"视图"、"插入"、"格式"、"工具"、"绘图"、"标注"、"修改"、"参数"、"窗口"和"帮助"等12个主菜单。各菜单的主要功能如下。

- ◆ "文件"菜单用于对图形文件进行设置、保存、清理、打印以及发布等。
- ◆ "编辑"菜单用于对图形进行一些常规编辑，包括复制、粘贴、链接等。
- ◆ "视图"菜单主要用于调整和管理视图，以方便视图内图形的显示，便于查看和修改图形。
- ◆ "插入"菜单用于向当前文件中引用外部资源，如块、参照、图像、布局以及超链接等。
- ◆ "格式"菜单用于设置与绘图环境有关的参数和样式等，如绘图单位、颜色、线型及文字、尺寸样式等。
- ◆ "工具"菜单为用户设置了一些辅助工具和常规的资源组织管理工具。
- ◆ "绘图"菜单是一个二维和三维图元的绘制菜单，几乎所有的绘图和建模工具都组织在此菜单内。
- ◆ "标注"菜单是一个专用于为图形标注尺寸的菜单，它包含了所有与尺寸标注相关的工具。
- ◆ "修改"菜单主要用于对图形进行修整、编辑、细化和完善。
- ◆ "参数"菜单主要用于为图形添加几何约束和标注约束等。
- ◆ "窗口"菜单主要用于控制AutoCAD多文档的排列方式以及AutoCAD界面元素的锁定状态。
- ◆ "帮助"菜单主要用于为用户提供一些帮助性的信息。

菜单栏左边是"菜单浏览器"图标，菜单栏最右边是AutoCAD文件的窗口控制按钮，包括"最小化" ▬ 、"还原" 🗗/"最大化" 🗖 、"关闭" ✕ ，用于控制AutoCAD图形文件的显示和关闭。

 在默认设置下，菜单栏是隐藏的，当变量MENUBAR的值为1时，显示菜单栏；当变量MENUBAR的值为0时，隐藏菜单栏。

1.3.4 工具栏

工具栏位于绘图窗口的两侧和上侧，将光标移至工具栏按钮上单击鼠标左键，即可快速激活该命令。在默认设置下，AutoCAD 2013共为用户提供了52种工具栏，如图1-13所示。在任一工具栏上单击鼠标右键，即可打开此菜单；在需要打开的选项上单击，即可打开相应的工具栏；将打开的工具栏拖到绘图区任一侧，释放鼠标左键可将其固定；相反，也可将固定工具栏拖至绘图区，灵活控制工具栏的开关状态。

在工具栏右键菜单上选择"锁定位置"|"固定的工具栏／面板"命令，可以将绘图区四侧的工具栏固定，如图1-14所示，工具栏一旦被固定后，是不可以被拖动的。另外，用户也可以单击状态栏上的 🔒 按钮，从弹出的按钮菜单中控制工具栏和窗口的固定状态，如图1-15所示。

图1-13 工具栏菜单

 在工具栏菜单中，带有勾号的表示当前已经打开的工具栏，不带有勾号的表示没有打开的工具栏。为了增大绘图空间，通常只将几种常用的工具栏放在用户界面上，而将其他工具栏隐藏，需要时再调出。

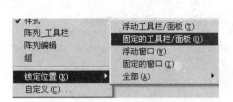

图1-14 固定工具栏

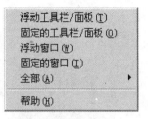

图1-15 按钮菜单

1.3.5 绘图区

绘图区位于工作界面的正中央,即被工具栏和命令行所包围的整个区域,如图1-16所示。此区域是用户的工作区域,图形的设计与修改工作就是在此区域内完成的。

默认状态下,绘图区是一个无限大的电子屏幕,无论尺寸多大或多小的图形,都可以在绘图区中绘制和灵活显示。当用户移动鼠标时,绘图区会出现一个随光标移动的十字符号,此符号被称为"十字光标",它是由"拾取点光标"和"选择光标"叠加而成的,其中"拾取点光标"是点的坐标拾取器,当执行绘图命令时,显示为拾点光标;"选择光标"是对象拾取器,当选择对象时,显示为选择光标;在没有任何命令执行的前提下,显示为十字光标,如图1-17所示。

图1-16 绘图区

十字光标　拾点光标　选择光标

图1-17 光标的三种状态

在绘图区左下部有3个标签,即模型、布局1、布局2,分别代表了两种绘图空间,即模型空间和布局空间。模型标签代表当前绘图区窗口处于模型空间,通常在模型空间进行绘图。布局1和布局2是默认设置下的布局空间,主要用于图形的打印输出。用户可以通过单击标签,在这两种操作空间中进行切换。

1.3.6 命令行及文本窗口

绘图区的下侧则是AutoCAD独有的窗口组成部分,即"命令行",它是用户与AutoCAD软件进行数据交流的平台,主要功能就是用于提示命令和显示用户当前的操作步骤,如图1-18所示。

图1-18 命令行

"命令行"分为"命令历史窗口"和"命令输入窗口"两部分,上面四行为"命令历史窗口",用于记录执行过的操作信息;下面一行是"命令输入窗口",用于提示用户输入命令或命令选项。

提示 由于"命令历史窗口"的显示有限，如果需要直观快速地查看更多的历史信息，按F2功能键，系统则会以"文本窗口"的形式显示历史信息，如图1-19所示，再次按F2功能键，即可关闭文本窗口。

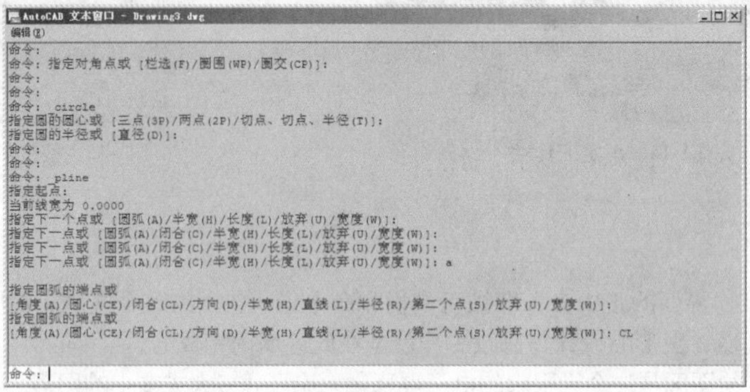

图1-19 文本窗口

1.3.7 状态栏

状态栏位于AutoCAD操作界面的最底部，它由坐标读数器、辅助功能区、状态栏菜单三部分组成，如图1-20所示。

图1-20 状态栏

状态栏左端为坐标读数器，用于显示十字光标所处位置的坐标值；坐标读数器右端为辅助功能区，辅助功能区左端的按钮主要用于控制点的精确定位和追踪，中间的按钮主要用于快速查看布局、查看图形、定位视点、注释比例等，右端的按钮主要用于对工具栏和窗口进行固定、切换工作空间以及全屏显示绘图区等，都是一些辅助绘图功能。

单击状态栏右侧的下拉按钮，将打开如图1-21所示的状态栏快捷菜单，菜单中的各选项与状态栏上的各按钮功能一致，用户也可以通过各菜单项以及菜单中的各功能键控制各辅助按钮的开关状态。

图1-21 状态栏菜单

1.3.8 功能区

功能区主要出现在 "草图与注释"、"三维建模"、"三维基础"等工作空间内，它代替了AutoCAD众多的工具栏，以面板的形式，将各工具按钮分门别类地集合在选项卡内，如图1-22所示。

图1-22 功能区

用户在调用工具时，只需在功能区中展开相应的选项卡，然后在所需面板上单击相应的按钮即可。由于在使用功能区时，无须再显示AutoCAD的工具栏，因此，使得应用程序窗口变得单一、简洁有序。通过这个单一简洁的界面，功能区还可以将可用的工作区域最大化。

1.4 AutoCAD文件设置与管理

本节主要学习AutoCAD 2013绘图文件的基本操作功能，具体包括新建、保存、另存、打开与清理绘图文件等。

1.4.1 新建绘图文件

当启动AutoCAD 2013后，系统会自动打开一个名为"Drawing1.dwg"的绘图文件，如果用户需要重新创建一个绘图文件，则需要使用"新建"命令。

执行"新建"命令主要有以下几种方式。

- ◆ 执行菜单栏中的"文件"|"新建"命令。
- ◆ 单击"标准"工具栏或"快速访问"工具栏上的□按钮。
- ◆ 在命令行输入New后按Enter键。
- ◆ 按组合键Ctrl+N。

激活"新建"命令后，打开如图1-23所示的"选择样板"对话框。在此对话框中，为用户提供了多种基本样板文件，其中"acadISo-Named Plot Styles"和"acadiso"都是公制单位的样板文件，两者的区别就在于前者使用的打印样式为"命名打印样式"，后者使用的打印样式为"颜色相关打印样式"，读者可以根据需求进行取舍。

选择"acadISo-Named Plot Styles"或"acadiso"样板文件后单击 打开(Q) 按钮，即可创建一个新的空白文件，进入AutoCAD 2013默认设置的二维操作界面。

图1-23 "选择样板"对话框

如果用户需要创建一个三维操作空间的公制单位绘图文件，可以启动"新建"命令，在打开的"选择样板"对话框中，选择"acadISo-Named Plot Styles3D"或"acadiso3D"样板文件作为基础样板，即可创建三维绘图文件，进入如图1-24所示的三维工作空间。

图1-24 三维工作空间

另外，AutoCAD 2013为用户提供了"无样板"方式创建绘图文件的功能，具体操作方法是，在"选择样板"对话框中单击 打开⑩ ▾ 按钮右侧的下拉按钮，打开如图1-25所示的按钮菜单，在按钮菜单中选择"无样板打开—公制"命令，即可快速新建一个公制单位的绘图文件。

图1-25 "打开"按钮菜单

1.4.2 保存绘图文件

保存绘图文件的目的就是为了方便以后查看、使用或编辑绘图文件等，在AutoCAD 2013中，"保存"命令用于将绘制的图形以文件的形式进行保存。

执行"保存"命令主要有以下几种方式。

◆ 执行菜单栏中的"文件"|"保存"命令。
◆ 单击"标准"工具栏或"快速访问"工具栏上的■按钮。
◆ 在命令行输入Save后按Enter键。
◆ 按组合键Ctrl+S。

执行"保存"命令后，可打开如图1-26所示的"图形另存为"对话框，在此对话框中可以进行如下操作。

◆ 单击上侧的"保存于"下拉按钮，在展开的下拉列表中设置保存路径。
◆ 在"文件名"文本框中输入文件的名称，如"我的文档"。
◆ 单击对话框底部的"文件类型"下拉按钮，在展开的下拉列表中设置文件的格式类型，如图1-27所示。
◆ 当设置好路径、文件名以及文件格式后，单击 保存⑤ 按钮，即可将当前文件保存。

图1-26 "图形另存为"对话框

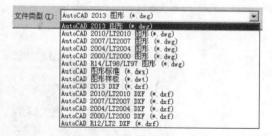

图1-27 设置文件格式

 默认的存储类型为"AutoCAD 2013图形（*.dwg）"，使用此种格式将文件保存后，只能被 AutoCAD 2013及其以后的版本所打开，如果用户需要在AutoCAD早期版本中打开此文件，必须使用低版本的文件格式进行保存。

1.4.3 另存绘图文件

另外，当用户在已保存的图形的基础上进行了其他的修改工作，又不想将原来的图形覆盖时，可以使用"另存为"命令，将修改后的图形以不同的路径或不同的文件名进行保存。

执行"另存为"命令主要有以下几种方式。

- ◆ 执行菜单栏中的"文件"|"另存为"命令
- ◆ 单击"快速访问"工具栏上的■按钮。
- ◆ 在命令行输入Saveas后按Enter键。
- ◆ 按组合键Crtl+Shift+S。

1.4.4　打开保存的文件

当用户需要查看、使用或编辑已经保存的图形时，可以使用"打开"命令，将此图形所在的文件打开。

执行"打开"命令主要有以下几种方式。

- ◆ 执行菜单栏中的"文件"|"打开"命令。
- ◆ 单击"标准"工具栏或"快速访问"工具栏上的■按钮。
- ◆ 在命令行输入Open后按Enter键。
- ◆ 按组合键Ctrl+O。

激活"打开"命令后，系统将打开"选择文件"对话框，在此对话框中选择需要打开的图形文件，如图1-28所示，单击 ■按钮，即可将此文件打开。

图1-28　"选择文件"对话框

1.4.5　清理垃圾文件

有时为了给图形文件进行"减肥"，以减小文件的存储空间，可以使用"清理"命令，将文件内部一些无用的垃圾资源（如图层、样式、图块等）清理掉。

执行"清理"命令主要有以下种方式。

- ◆ 执行菜单栏中的"文件"|"图形实用程序"|"清理"命令。
- ◆ 在命令行输入Purge后按Enter键。
- ◆ 使用命令简写PU。

激活"清理"命令后，系统可打开如图1-29所示的"清理"对话框，在此对话框中，带有"+"号的选项表示该选项内含有未使用的垃圾项目，单击该选项将其展开，即可选择需要清理的项目。如果用户需要清理文件中所有未使用的垃圾项目，可以单击对话框底部的 ■全部清理(A)■按钮。

图1-29　"清理"对话框

1.5　AutoCAD初级操作技能

本节主要学习AutoCAD的一些常用的初级操作技能，使读者快速了解和应用AutoCAD软件，以绘制一些简单的图形。

1.5.1　执行命令

每种软件都有多种命令执行方式，就AutoCAD绘图软件而言，其命令执行方式有以下几种。

1. 通过菜单栏与右键菜单执行命令

单击"菜单"中的命令选项，是一种比较传统、常用的命令启动方式。另外，为了更加方便地启动某些命令或命令选项，AutoCAD还为用户提供了右键菜单。所谓右键菜单，指的就是单击鼠标右键弹出的快捷菜单，用户只需单击右键菜单中的命令或选项，即可快速激活相应的功能。根据操作过程的不同，右键菜单归纳起来共有三种。

◆ 默认模式菜单：此种菜单是在没有命令执行的前提下或没有对象被选择的情况下，单击鼠标右键弹出的菜单。

◆ 编辑模式菜单：此种菜单是在有一个或多个对象被选择的情况下单击鼠标右键弹出的快捷菜单。

◆ 模式菜单：此种菜单是在一个命令执行的过程中，单击鼠标右键而弹出的快捷菜单。

2. 通过工具栏与功能区执行命令

与其他计算机软件一样，单击工具栏或功能区上的命令按钮，也是一种常用、快捷的命令启动方式。通过形象而又直观的图标按钮代替AutoCAD的一个个命令，远比那些复杂烦琐的英文命令及菜单更为方便直接，用户只需将光标放在命令按钮上，系统就会自动显示出该按钮所代表的命令，单击按钮即可激活该命令。

3. 在命令行输入命令表达式

所谓"命令表达式"，指的就是AutoCAD的英文命令，用户只需在命令输入窗口中，输入AutoCAD命令的英文表达式，然后再按键盘上的Enter键，就可以启动命令。此种方式是一种最原始的方式，也是一种很重要的方式。

如果用户需要激活命令中的选项功能，可以在相应步骤提示下，在命令输入窗口中输入该选项的代表字母，然后按Enter键，也可以使用右键快捷菜单方式启动命令的选项功能。

4. 使用功能键及快捷键

"功能键与快捷键"是最快捷的一种命令启动方式。每一种软件都配置了一些命令快捷组合键，如表1-1列出了AutoCAD自身设定的一些命令快捷键，在执行这些命令时只需要按下相应的键即可。

表1-1　AutoCAD功能键

功能键	功能	功能键	功能
F1	AutoCAD帮助	Ctrl+N	新建文件
F2	文本窗口打开	Ctrl+O	打开文件
F3	对象捕捉开关	Ctrl+S	保存文件
F4	三维对象捕捉开关	Ctrl+P	打印文件
F5	等轴测平面转换	Ctrl+Z	撤销上一步操作
F6	动态UCS	Ctrl+Y	重复撤销的操作
F7	栅格开关	Ctrl+X	剪切
F8	正交开关	Ctrl+C	复制
F9	捕捉开关	Ctrl+V	粘贴
F10	极轴开关	Ctrl+K	超级链接
F11	对象跟踪开关	Ctrl+0	全屏
F12	动态输入	Ctrl+1	特性管理器
Delete	删除	Ctrl+2	设计中心
Ctrl+A	全选	Ctrl+3	特性
Ctrl+4	图纸集管理器	Ctrl+5	信息选项板
Ctrl+6	数据库连接	Ctrl+7	标记集管理器
Ctrl+8	快速计算器	Ctrl+9	命令行
Ctrl+W	选择循环	Ctrl+Shift+P	快捷特性
Ctrl+Shift+I	推断约束	Ctrl+Shift+C	带基点复制
Ctrl+Shift+V	粘贴为块	Ctrl+Shift+S	另存为

另外，AutoCAD还有一种更为方便的"命令快捷键"，即命令表达式的缩写。严格说，它算不上是命令快捷键，但是使用命令简写的确能起到快速执行命令的作用，所以也称之为快捷键。不过使用此类快捷键时需要配合Enter键。比如，"直线"命令的英文缩写为L，用户只需按下键盘上的L键后再按下Enter键，就能激活"直线"命令。

1.5.2 选择对象

选择对象是AutoCAD的基本操作技能之一，它常用于对图形对象进行修改编辑之前，下面简单介绍几种常用的对象选择技能。

1. 点选

"点选"是最简单的一种对象选择方式，此方式一次仅能选择一个对象。在命令行"选择对象:"提示下，系统自动进入点选模式，此时鼠标指针切换为矩形选择框状，将选择框放在对象的边沿上单击鼠标左键，即可选择该图形，被选择的图形对象以虚线显示，如图1-30所示。

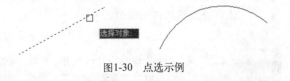

图1-30 点选示例

2. 窗口选择

"窗口选择"是一种常用的选择方式，使用此方式一次可以选择多个对象。在命令行"选择对象:"提示下从左向右拉出一个矩形选择框，此选择框即为窗口选择框，选择框以实线显示，内部以浅蓝色填充，如图1-31所示。当指定窗口选择框的对角点之后，结果所有完全位于框内的对象都能被选择，如图1-32所示。

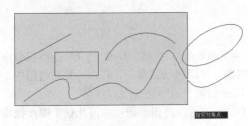

图1-31 窗口选择框

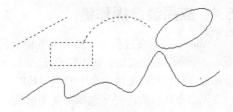

图1-32 选择结果

3. 窗交选择

"窗交选择"是一种使用频率非常高的选择方式，使用此方式一次也可以选择多个对象。在命令行"选择对象:"提示下从右向左拉出一个矩形选择框，此选择框即为窗交选择框，选择框以虚线显示，内部以绿色填充，如图1-33所示。当指定窗交选择框的对角点之后，结果所有与选择框相交和完全位于选择框内的对象才能被选择，如图1-34所示。

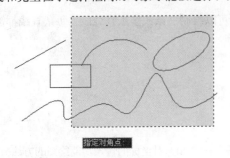

图1-33 窗交选择框

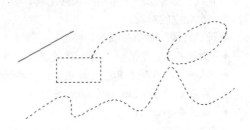

图1-34 选择结果

1.5.3 视图的平移与实时缩放

本节主要学习两个最基本的视图调整工具，即平移和实时缩放。

1. 平移

使用视图的平移工具可以对视图进行平移，以方便观察视图内的图形。单击"视图"菜单中的"平移"下一级菜单中的各命令，如图1-35所示，可执行各种平移命令。

图1-35 "平移"菜单

各菜单项功能如下。

◆ "实时"平移用于将视图随着光标的移动而平移，也可在"标准"工具栏上单击 🖐 按钮，以激活"实时平移"工具。

◆ "点"平移是根据指定的基点和目标点平移视图。定点平移时，需要指定两点，第一点作为基点，第二点作为位移的目标点，平移视图内的图形。

◆ "左"、"右"、"上"和"下"命令分别用于在X轴和Y轴方向上移动视图。

激活"实时平移"命令后光标变为 🖐 形状，此时可以按住鼠标左键向需要的方向平移视图，在任何时候都可以按Enter键或Esc键来停止平移。

2. 实时缩放

单击"标准"工具栏上的 🔍 按钮，或执行菜单栏中的"视图"|"缩放"|"实时"命令，都可激活"实时缩放"功能，此时屏幕上将出现一个放大镜形状的光标，此时便进入了实时缩放状态，按住鼠标左键向下拖动鼠标，则视图缩小显示；按住鼠标左键向上拖动鼠标，则视图放大显示。

1.5.4 应用键盘操作键

在AutoCAD绘图过程中，常用到的键盘操作键主要有Enter、空格、Delete、Esc。当在命令行中输入某个命令表达式后，按下键盘上的Enter或空格键，可以激活该命令；在命令执行过程中，按下Enter或空格键可以激活命令中的选项功能，而按下Esc键则可以中止命令。

在无命令执行的前提下选择了某图形后，按下Delete键可以将图形删除，因此这个键盘操作键的功能等同于"删除"命令。

1.5.5 学习初级制图命令

本节学习几个最初级的制图命令，主要有"直线"、"删除"、"移动"、"放弃"和"重做"等。

1. "直线"命令

"直线"命令是一个常用的画线工具，使用此命令可以绘制一条或多条直线段，每条直线都被看作是一个独立的对象。

执行"直线"命令有以下几种方式。

◆ 执行菜单栏中的"绘图"|"直线"命令。

◆ 单击"绘图"工具栏或面板上的 ✏ 按钮。

◆ 在命令行输入Line后按Enter键。

◆ 使用命令简写L。

下面通过绘制边长为100的正三角形，学习使用"直线"命令和绝对坐标的输入功能绘图的方法。

1 使用"实时平移"功能，将坐标系图标平移至绘图区中央。

2 单击"绘图"工具栏上的 ✏ 按钮，激活"直线"命令。

3 激活"直线"命令后，根据AutoCAD命令行的步骤提示，配合绝对坐标精确画图，命令行操作如下。

命令: _line	
指定第一点:	//0,0 Enter，以原点作为起点
指定下一点或 [放弃(U)]:	// 100,0 Enter，定位第二点
指定下一点或 [放弃(U)]:	//100<120 Enter，定位第三点
指定下一点或 [闭合(C)/放弃(U)]:	//C Enter，闭合图形，绘制结果如图1-36所示

 提示 使用"放弃"选项可以取消上一步操作；使用"闭合"选项可以绘制首尾相连的封闭图形。

2."移动"命令

"移动"命令用于将目标对象从一个位置移动到另一个位置，源对象的尺寸及形状均不发生变化，改变的仅仅是对象的位置。

执行"移动"命令主要有以下几种方式。

◆ 执行菜单栏中的"修改"|"移动"命令。

◆ 单击"修改"工具栏或面板上的 ✛ 按钮。

◆ 在命令行输入Move后按Enter键。

◆ 使用命令简写M。

在移动对象时，一般需要配合点的捕捉功能或坐标的输入功能精确地位移对象，下面通过一个简单操作，学习使用"移动"命令移动对象的方法。

1 单击"标准"工具栏上的 📂 按钮，打开随书光盘中的"\素材文件\1-1.dwg"文件，如图1-37所示。

2 单击"修改"工具栏上的 ✛ 按钮，激活"移动"命令，对矩形进行位移，命令行操作如下。

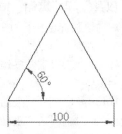

图1-36 绘制结果

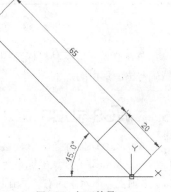

图1-37 打开结果

命令: _move	
选择对象:	//单击如图1-38所示的矩形
选择对象:	// Enter，结束对象的选择
指定基点或 [位移(D)] <位移>:	//0,0 Enter，定位基点
指定第二个点或 <使用第一个点作为位移>:	//65<135 Enter，定位目标点，位移结果如图1-39所示

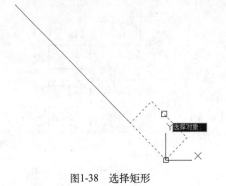

图1-38 选择矩形

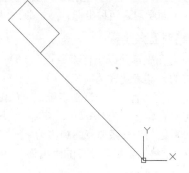

图1-39 位移结果

3. "删除"命令

"删除"命令用于将不需要的图形删除。当激活该命令后，选择需要删除的图形，单击鼠标右键或按Enter键，即可将图形删除。此工具相当于手工绘图时的橡皮擦，用于擦除无用的图形。

执行"删除"命令主要有以下几种方式。

◆ 执行菜单栏中的"修改"|"删除"命令。

◆ 单击"修改"工具栏上的 ⬚ 按钮。

◆ 在命令行输入Erase后按Enter键。

◆ 使用命令简写E。

4. "放弃"和"重做"命令

当用户需要放弃已执行过的操作步骤或恢复放弃的步骤时，可以使用"放弃"和"重做"命令。其中，"放弃"命令用于撤销所执行的操作，"重做"命令用于恢复所撤销的操作。AutoCAD支持用户无限次放弃或重做操作。

单击"标准"工具栏上的 ⬚ 按钮，或执行菜单栏中的"编辑"|"放弃"命令，或在命令行中输入Undo或U，即可激活"放弃"命令；同样，单击"标准"工具栏上的 ⬚ 按钮，或执行菜单栏中的"编辑"|"重做"命令，或在命令行中输入Redo，都可激活"重做"命令，以恢复放弃的操作步骤。

1.6 坐标系与坐标输入法

本节在简单了解两种坐标系的前提下，主要学习绝对坐标输入法和相对坐标输入法，以方便用户精确定位图形中的点。

1.6.1 WCS与UCS

在AutoCAD绘图空间中，会经常用到两种坐标系，即世界坐标系（WCS）和用户坐标系（UCS）。AutoCAD默认坐标系为世界坐标系，此坐标系由三个相互垂直并相交的坐标轴X、Y、Z组成，X轴正方向水平向右，Y轴正方向垂直向上，Z轴正方向垂直屏幕向外，指向用户。

由于绘图的需要，有时用户需要重新定义坐标系，被重新定义的坐标系称为"用户坐标系"，此种坐标系将在后面的章节中详细讲述。

1.6.2 绝对坐标输入法

在具体的绘图过程中，坐标点的精确输入主要包括"绝对坐标输入"和"相对坐标输入"两种，其中"绝对坐标"又包括绝对直角坐标和绝对极坐标两种，下面学习这两种坐标。

1. 绝对直角坐标

绝对直角坐标是以坐标系原点（0,0）作为参考点定位其他点的，其表达式为（X,Y,Z）。用户可以直接输入该点的X、Y、Z绝对坐标值来表示点。如图1-40所示的A点，其绝对直角坐标为（4,7），其中4表示从A点向X轴引垂线，垂足与坐标系原点的距离为4个单位；7表示从A点向Y轴引垂线，垂足与原点的距离为7个单位。

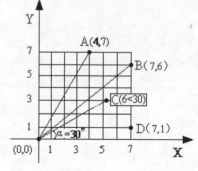

图1-40 坐标系示例

在默认设置下，当前视图为正交视图，用户在输入坐标点时，只需输入点的X坐标和Y坐标值即可。在输入点的坐标值时，其数字和逗号应在英文En方式下进行，坐标中X和Y之间必须以逗号分隔，且标点必须为英文标点。

2. 绝对极坐标

绝对极坐标也是以坐标系原点作为参考点，通过某点相对于原点的极长和角度来定义点的，其表达式为（L<α）。L表示某点和原点之间的极长，即长度；α表示某点连接原点的边线与X轴的夹角。

如图1-40中的C（6<30）点就是用绝对极坐标表示的，6表示C点和原点连线的长度，30°表示C点和原点连线与X轴的正向夹角。

在默认设置下，AutoCAD是以逆时针来测量角度的。水平向右为0°方向，90°垂直向上，180°水平向左，270°垂直向下。

1.6.3 相对坐标输入法

与绝对坐标类似，相对坐标输入法也包括"相对直角坐标"和"相对极坐标"两种，具体内容如下。

1. 相对直角坐标

相对直角坐标是某一点相对于对照点X轴、Y轴和Z轴三个方向上的坐标变化，其表达式为（@x,y,z）。在实际绘图中常把上一点看作参照点，后续绘图操作是相对于前一点而进行的。

在如图1-40所示的坐标系中，如果以B点作为参照点，使用相对直角坐标表示A点，那么表达式则为（@7−4,6−7）=（@3,-1）。

AutoCAD为用户提供了一种变换相对坐标系的方法，只要在输入的坐标值前加"@"符号，就表示该坐标值是相对于前一点的相对坐标。

2. 相对极坐标

相对极坐标是通过相对于参照点的极长距离和偏移角度来表示的，其表达式为（@L<α），L表示极长，α表示角度。

在如图1-40所示的坐标系中，如果以D点作为参照点，使用相对极坐标表示B点，那么表达式为（@5<90），其中5表示D点和B点的极长距离为5个图形单位，偏移角度为90°。

默认设置下，AutoCAD是以X轴正方向作为0°的起始方向逆时针方向计算的，例如在图1-40所示的坐标系中，以B点作为参照点，使用相对坐标表示D点，则为（@5<270）。

3. 动态输入

在输入相对坐标点时，可配合状态栏上的"动态输入"功能，当激活该功能后，输入的坐标点被看作是相对坐标点，用户只需输入点的坐标值即可，不需要输入符号"@"，因系统会自动在坐标值前添加此符号。

单击状态栏上的 按钮，或按下键盘上的功能键F12，都可激活状态栏上的"动态输入"功能。

1.7 初识牛刀——尝试绘制一个简单的图形

下面通过绘制如图1-41所示的图形，对本章知识进行综合练习和应用，体验一下文件的新建、坐标点的输入以及文件的存储等图形设计的整个操作流程。

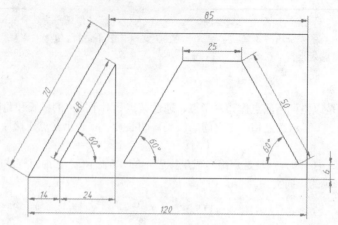

图1-41　实例效果

 操作步骤

1 单击"快速访问"工具栏中的 按钮，在打开的"选择样板"对话框中选择"acadISo-Named Plot Styles"作为基础样板，创建空白文件。

2 单击"标准"工具栏中的 按钮，激活"实时平移"工具，将坐标系图标进行平移。

3 单击"绘图"工具栏或面板中的 按钮，配合坐标输入功能绘制外框，命令行操作如下。

```
命令: _line
    指定第一点:                          //0,0 Enter，以原点作为起点
    指定下一点或 [放弃(U)]:              //120<180 Enter
    指定下一点或 [放弃(U)]:              //@70<60 Enter
    指定下一点或 [闭合(C)/放弃(U)]:      //@85,0 Enter
    指定下一点或 [闭合(C)/放弃(U)]:      //C Enter，绘制结果如图1-42所示
```

提示 当结束某个命令后，按Enter键，可以重复执行该命令。另外，用户也可以在绘图区单击鼠标左键，从弹出的快捷菜单中选择刚执行过的命令。

4 由于图形显示的太小，需要将其放大显示。单击"标准"工具栏中的 按钮，激活"实时缩放"工具，此时鼠标指针变为一个放大镜状，如图1-43所示。

5 按住鼠标左键不放，慢慢向右上方拖曳鼠标，此时图形被放大显示，如图1-44所示。

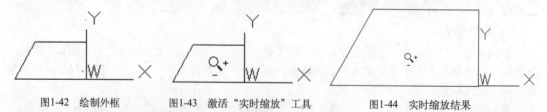

图1-42　绘制外框　　　　图1-43　激活"实时缩放"工具　　　　图1-44　实时缩放结果

 提示 如果拖曳一次鼠标，图形还是不够清楚，可以连续拖曳鼠标，进行连续缩放。

6 当图形被放大显示之后，图形的位置可能会出现偏置现象，为了美观，可以使用"实时平移"工具将其移至绘图区中央。

7 执行菜单栏中的"工具"|"新建UCS"|"原点"命令，更改坐标系的原点，命令行操作如下。

```
命令: _ucs
    当前 UCS 名称: *世界*
    指定 UCS 的原点或 [面(F)/命名(NA)/对象(OB)/上一个(P)/视图(V)/世界(W)/X/Y/Z/Z 轴(ZA)] <世界>: _o
    指定新原点 <0,0,0>:                    //-82,6 Enter，结束命令，移动结果如图1-45所示
```

8 绘制三角形。单击"绘图"工具栏或面板中的 ✏ 按钮，绘制内部的直角三角形，命令行操作如下。

```
命令: _line
    指定第一点:                            //0,0 Enter
    指定下一点或 [放弃(U)]:                 //-24,0 Enter
    指定下一点或 [放弃(U)]:                 //@48<60 Enter
    指定下一点或 [闭合(C)/放弃(U)]:          //C Enter，闭合图形，绘制结果如图1-46所示
```

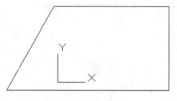

图1-45 移动坐标系

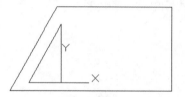

图1-46 绘制三角形

9 执行菜单栏中的"工具"|"新建UCS"|"原点"命令，更改坐标系的原点，命令行操作如下。

```
命令: _ucs
    当前 UCS 名称: *世界*
    指定 UCS 的原点或 [面(F)/命名(NA)/对象(OB)/上一个(P)/视图(V)/世界(W)/X/Y/Z/Z 轴(ZA)] <世界>: _o
    指定新原点 <0,0,0>:                    //78.5,0 Enter，结束命令，移动结果如图1-47所示
```

10 在命令行中输入Line后按Enter键，重复执行"直线"命令，使用坐标输入功能绘制内部等腰梯形，命令行操作如下。

```
命令: _line                               // Enter
    指定第一点:                            //0,0 Enter
    指定下一点或 [放弃(U)]:                 //@50<120 Enter
    指定下一点或 [放弃(U)]:                 //@-25,0 Enter
    指定下一点或 [闭合(C)/放弃(U)]:          //@50<-120 Enter
    指定下一点或 [闭合(C)/放弃(U)]:          //C Enter，闭合图形，绘制结果如图1-48所示
```

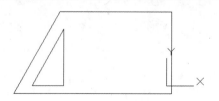

图1-47 移动坐标系

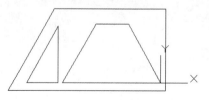

图1-48 绘制结果

11 执行菜单栏中的"视图"|"显示"|"UCS图标"|"开"命令，关闭坐标系，结果如图1-49所示。

12 单击"快速访问"工具栏中的■按钮，在打开的"图形另存为"对话框中，设置保存路径及文件名，如图1-50所示，将图形命名存储。

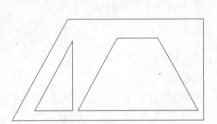

图1-49　关闭坐标系

图1-50　将图形命名存储

第2章 打造便捷的绘图环境

通过第1章的学习，读者轻松了解和体验了AutoCAD的基本绘图流程，但是如果想更加方便灵活、高效精确地自由操控AutoCAD软件，还必须了解和掌握一些基础的设置技能，具体包括界面元素的设置、绘图界限及单位的设置、点的捕捉与追踪设置以及视图的实时调控技能。熟练掌握这些基础技能，不仅能为图形的绘制和编辑奠定良好的基础，同时也为精确绘图以及简捷方便地管理图形提供了条件。本章学习内容如下。

- ◆ 了解界面元素的实时设置
- ◆ 掌握绘图环境的设置技能
- ◆ 设置目标点的捕捉模式
- ◆ 综合实例1——使用点的捕捉功能绘图
- ◆ 设置目标点的追踪模式
- ◆ 点的相对捕捉与临时追踪
- ◆ 使用视图的实时调控技能
- ◆ 综合实例2——使用点的追踪功能绘图

2.1　了解界面元素的实时设置

本节主要学习AutoCAD界面元素的设置技能，具体有设置绘图区背景色、设置十字光标大小、设置拾取框大小以及坐标系图标的设置与隐藏等。

2.1.1　设置绘图区背景色

默认设置下，绘图区背景色为深灰色，用户可以使用菜单"工具"|"选项"命令更改绘图区背景色。下面通过将绘图区背景色更改为白色，学习此种操作技能。

1 执行菜单栏中的"工具"|"选项"命令，或使用命令简写OP激活"选项"命令，打开如图2-1所示的"选项"对话框。

提示　在绘图区单击鼠标右键，从打开的右键菜单中也可以执行"选项"命令，如图2-2所示。

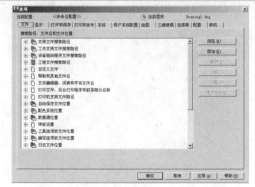

图2-1　"选项"对话框　　　　　　　　　　　　　图2-2　右键菜单

2 展开"显示"选项卡，然后在如图2-3所示的"窗口元素"选项组中单击 [颜色(C)...] 按钮，打开"图形窗口颜色"对话框。

3 在"图形窗口颜色"对话框中展开"颜色"下拉列表，将窗口颜色设置为白色，如图2-4所示。

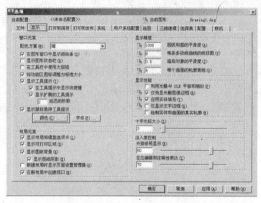
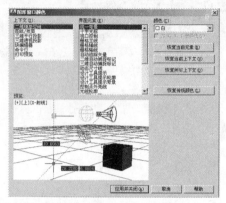

图2-3 "显示"选项卡   图2-4 "图形窗口颜色"对话框

4 单击 [应用并关闭(A)] 按钮返回"选项"对话框。

5 单击 [确定] 按钮，结果绘图区的背景色显示为"白色"，设置结果如图2-5所示。

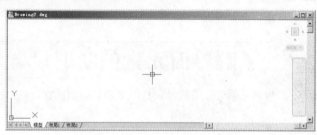

图2-5 设置结果

2.1.2 设置光标尺寸与大小

使用"选项"命令不但可以设置绘图区背景色，还可以设置绘图区十字光标的大小。默认设置下，绘图区光标相对于绘图区的百分比为5，下面通过将十字光标的百分比设置为100，学习十字光标大小的设置技能。

1 再次执行"选项"命令，打开"选项"对话框。

2 在"选项"对话框中展开"显示"选项卡。

3 在"十字光标大小"选项组内设置十字光标的值为100，如图2-6所示。

4 单击 [应用并关闭(A)] 按钮返回"选项"对话框。

5 单击 [确定] 按钮，结果绘图区内十字光标的尺寸被更改，如图2-7所示。

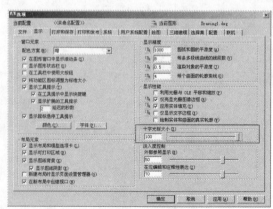

图2-6 设置十字光标大小

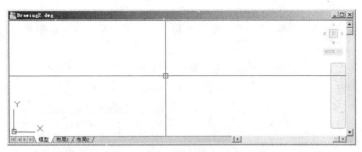

图2-7 设置十字光标大小后的效果

另外，用户也可以使用系统变量CURSORSIZE快速更改十字光标的大小。

2.1.3 设置拾取框的大小

由于十字光标是由"拾取点光标"和"选择光标"叠加而成的，而选择光标是一个矩形框，如图2-8所示，当此拾取框处在对象边缘上时单击鼠标左键，即可选择该对象。有时为了方便对象的选择，需要重新设置该拾取框的大小。下面学习拾取框大小的设置技能。

1 再次执行"选项"命令，打开"选项"对话框。

2 在"选项"对话框中展开"选择集"选项卡。

3 在"拾取框大小"选项组内左右拖动滑块，即可设置拾取框的大小，如图2-9所示。

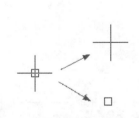

图2-8 十字光标

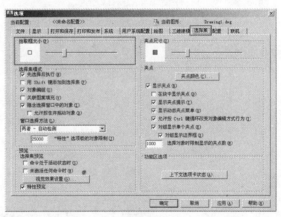

图2-9 设置拾取框大小

4 单击 应用并关闭(A) 按钮返回"选项"对话框。

5 单击 确定 按钮，关闭"选项"对话框。

另外，用户也可以使用系统变量PICKBOX快速设置拾取框的大小。

2.1.4 坐标系图标的设置与隐藏

在绘图过程中，有时需要设置坐标系图标的样式或大小以及隐藏坐标系图标，下面学习坐标系图标的设置与隐藏技能。

1 执行菜单栏中的"视图"|"显示"|"UCS图标"|"特性"命令，打开如图2-10所示的"UCS图标"对话框。

另外，用户在命令行中输入Ucsicon后按Enter键，也可打开图2-10所示的"UCS图标"对话框。

2 从"UCS图标"对话框中可以看出，默认设置下系统显示三维UCS图标样式，用户可以根据作图需要，将UCS图标设置为二维样式，如图2-11所示。

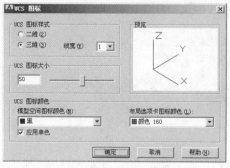
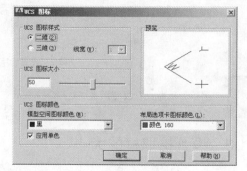

图2-10 "UCS图标"对话框　　　　　　　　图2-11 设置二维样式

3 在"UCS图标大小"选项组中可以设置UCS图标的大小，默认为50。

4 在"UCS图标颜色"选项组中可以设置UCS图标的颜色，模型空间中UCS图标的默认颜色为黑色，布局空间中UCS图标的默认颜色为160号色。

5 执行菜单栏中的"视图"|"显示"|"UCS图标"|"开"命令，可以隐藏UCS图标，隐藏UCS图标后的文件窗口如图2-12所示。

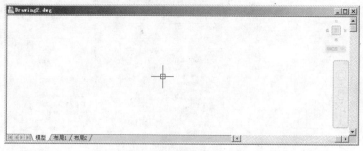

图2-12 隐藏UCS图标后的文件窗口

2.2　掌握绘图环境的设置技能

本节主要学习"图形界限"和"单位"两个命令，以方便设置绘图范围与绘图单位。

2.2.1 设置绘图区域

"图形界限"指的就是绘图的范围，它相当于手工绘图时事先准备的图纸。设置"图形界限"最实用的一个目的，就是为了满足不同尺寸的图形在有限窗口中的恰当显示，以方便视窗的调整及用户的观察编辑等。

执行"图形界限"命令主要有以下几种方式。

◆ 执行菜单栏中的"格式"|"图形界限"命令。

◆ 在命令行输入Limits后按Enter键。

默认设置下，图形界限是一个矩形区域，长度为490、宽度为270，其左下角点位于坐标系原点上。下面通过将图形界限设置为220×120，学习图形界限的设置技能。

1️⃣ 执行"图形界限"命令，在命令行"指定左下角点或 [开（ON）/关（OFF）] <0.0000,0.0000>:"提示下，直接按Enter键，以默认原点作为图形界限的左下角点。

2️⃣ 继续在命令行"指定右上角点<420.0000,297.0000>:"提示下，输入"220,120"，并按 Enter键。

3️⃣ 执行菜单栏中的"视图"|"缩放"|"全部"命令，将图形界限最大化显示。

4️⃣ 当设置了图形界限之后，可以开启状态栏上的"栅格"功能，通过栅格点，可以将图形界限 直观地显示出来，如图2-13所示。另外，也可以使用栅格线显示图形界限，如图2-14所示。

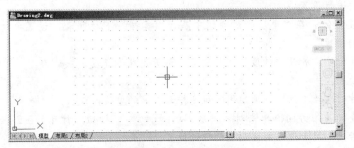

图2-13 图形界限的栅格点显示

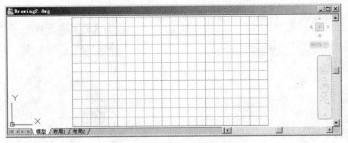

图2-14 图形界限的栅格线显示

2.2.2 绘图区域的检测

当用户设置了图形界限后，如果禁止绘制的图形超出所设置的图形界限，可以开启绘图界限的 检测功能，系统会自动将坐标点限制在设置的图形界限区域内，拒绝图形界限之外的点，这样就不 会使绘制的图形超出边界。

开启绘图区域检测功能的操作步骤如下。

1️⃣ 在命令行输入Limits后按Enter键，激活"图形界限"命令。

2️⃣ 在命令行"指定左下角点或 [开（ON）/关（OFF）] <0.0000,0.0000>:"提示下，输入ON 后按Enter键，即可打开图形界限的自动检测功能。

2.2.3 设置绘图单位与精度

使用"单位"命令可以设置绘图的长度单位、角度单位、角度方向以及各自的精度等参数。

执行"单位"命令主要有以下几种方式。

◆ 执行菜单栏中的"格式"|"单位"命令。

◆ 在命令行输入Units后按Enter键。

◆ 使用命令简写UN。

执行"单位"命令后，可打开如图2-15所示的"图形单位"对话框，此对话框主要用于设置如下内容。

◆ 设置长度单位。在"长度"选项组中打开"类型"下拉列表，设置长度的类型，默认为"小数"。

AutoCAD提供了"建筑"、"小数"、"工程"、"分数"和"科学"等5种长度类型。单击■按钮，可以从中选择需要的长度类型。

◆ 设置长度精度。展开"精度"下拉列表，设置长度的精度，默认为"0.0000"，用户可以根据需要进行设置。

◆ 设置角度单位。在"角度"选项组中展开"类型"下拉列表，设置角度的类型，默认为"十进制度数"。

◆ 设置角度精度。展开"精度"下拉列表，设置角度的精度，默认为"0"，用户可以根据需要进行设置。

◆ "插入时的缩放单位"选项组用于确定拖放内容的单位，默认为"毫米"。

◆ 设置角度的基准方向。单击对话框底部的 方向(D)... 按钮，打开如图2-16所示的"方向控制"对话框，用来设置角度测量的起始位置。

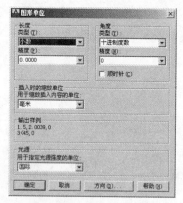

图2-15 "图形单位"对话框

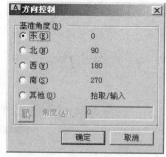

图2-16 "方向控制"对话框

"顺时针"复选框用于设置角度的方向，如果勾选该复选框，那么在绘图过程中就以顺时针为正角度方向，否则以逆时针为正角度方向。

2.3 设置目标点的捕捉模式

除坐标点的输入功能外，AutoCAD还为用户提供了点的精确捕捉功能，如"捕捉"、"对象捕捉"、"临时捕捉"等，使用这些功能可以快速、准确地定位点，以高精度绘制图形。

2.3.1 捕捉与捕捉设置

步长捕捉指的就是强制性地控制十字光标，使其按照事先定义的X轴、Y轴方向的固定距离（即步长）进行跳动，从而精确定位点。例如将X轴的步长设置为50，将Y轴方向上的步长设置为40，那么光标每水平跳动一次，则走过50个单位的距离，每垂直跳动一次，则走过40个单位的距离，如果连续跳动，则走过的距离是步长的整数倍。

执行"捕捉"功能主要有以下几种方式。

- 执行菜单栏中的"工具"|"草图设置"命令，在打开的"草图设置"对话框中展开"捕捉和栅格"选项卡，勾选"启用捕捉"复选框，如图2-17所示。
- 单击状态栏上的 ▦ 按钮或 捕捉 按钮（或在此按钮上单击鼠标右键，在弹出的快捷菜单中选择"启用"命令）。
- 按功能键F9。

下面通过将X轴方向上的步长设置为30，Y轴方向上的步长设置为40，学习"捕捉"功能的参数设置和启用操作。

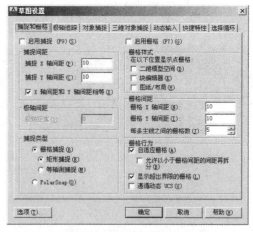

图2-17　"草图设置"对话框

1 在状态栏 ▦ 按钮或 捕捉 按钮上单击鼠标右键，在弹出的快捷菜单中选择"设置"命令，打开如图2-17所示的"草图设置"对话框。

2 勾选"启用捕捉"复选框，即可打开"捕捉"功能。

3 设置X轴步长。在"捕捉X轴间距"文本框内输入数值30，将X轴方向上的捕捉间距设置为30。

4 取消勾选"X轴间距和Y轴间距相等"复选框。

5 设置Y轴步长。在"捕捉Y轴间距"文本框内输入数值40，将Y轴方向上的捕捉间距设置为40。

6 单击 确定 按钮，完成捕捉参数的设置。

选项解析

- "极轴间距"选项组用于设置极轴追踪的距离，此选项需要在"PolarSnap"捕捉类型下使用。
- "捕捉类型"选项组用于设置捕捉的类型，其中"栅格捕捉"单选按钮用于将光标沿垂直栅格或水平栅格捕捉点；"PolarSnap"单选按钮用于将光标沿当前极轴增量角方向追踪点，此选项需要配合"极轴追踪"功能使用。

2.3.2　启用栅格

所谓"栅格"，指的是由一些虚拟的栅格点或栅格线组成，以直观地显示出当前文件内的图形界限区域。这些栅格点和栅格线仅起到一种参照显示功能，它不是图形的一部分，也不会被打印输出。

执行"栅格"功能主要有以下几种方式。

- 执行菜单栏中的"工具"|"草图设置"命令，在打开的"草图设置"对话框中展开"捕捉和栅格"选项卡，然后勾选"启用栅格"复选框。
- 单击状态栏上的 ▦ 按钮或 栅格 按钮（或在此按钮上单击鼠标右键，在弹出的快捷菜单中选择"启用"命令）。
- 按功能键F7。
- 按组合键Ctrl+G。

选项解析

- "栅格样式"选项组用于设置二维模型空间、块编辑器窗口以及布局空间的栅格显示样式，如果勾选了此选项组中的三个复选框，那么系统将会以栅格点的形式显示图形界限区域，如图2-18所示；反之，系统将会以栅格线的形式显示图形界限区域，如图2-19所示。

◆ "栅格间距"选项组用于设置X轴方向和Y轴方向的栅格间距。两个栅格点之间或两条栅格线之间的默认间距为10。

◆ 在"栅格行为"选项组中，"自适应栅格"复选框用于设置栅格点或栅格线的显示密度；"显示超出界限的栅格"复选框用于显示图形界限区域外的栅格点或栅格线；"遵循动态UCS"复选框用于更改栅格平面，以跟随动态UCS的XY平面。

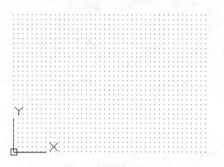

图2-18　栅格点显示

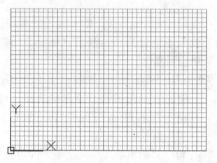

图2-19　栅格线显示

2.3.3　设置自动捕捉

在"草图设置"对话框中展开"对象捕捉"选项卡，此选项卡共为用户提供了13种对象捕捉功能，如图2-20所示，使用这些捕捉功能可以非常方便精确地将光标定位到图形的特征点上，如直线、圆弧的端点和中点；圆的圆心和象限点等。勾选所需捕捉模式复选框，即可开启该捕捉模式。

在此对话框内一旦设置了某种捕捉模式后，系统将一直保持这种捕捉模式，直到用户取消为止，因此，此对话框中的捕捉常被称为"自动捕捉"。

提示 设置"对象捕捉"功能时，不要全部开启各捕捉功能，这样会起到相反的作用。

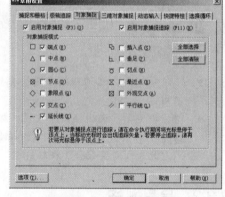

图2-20　"对象捕捉"选项卡

执行"对象捕捉"功能有以下几种方式。

◆ 执行菜单栏中的"工具"|"草图设置"命令，在打开的对话框中展开"对象捕捉"选项卡，然后勾选"启用对象捕捉"复选框。

◆ 单击状态栏上的□按钮或对象捕捉按钮（或在此按钮上单击鼠标右键，在弹出的快捷菜单中选择"启用"命令）。

◆ 按功能键F3。

2.3.4　启用临时捕捉

为了方便绘图，AutoCAD为这13种对象捕捉提供了"临时捕捉"功能。所谓"临时捕捉"，指的就是激活一次捕捉功能后，系统仅能捕捉一次，如果需要反复捕捉点，则需要多次激活该功能。

临时捕捉功能位于图2-21所示的"对象捕捉"工具栏和图2-22所示的临时捕捉菜单上，按住

Shift键或Ctrl键，然后单击鼠标右键，即可打开此临时捕捉菜单。

图2-21 "对象捕捉"工具栏

13种临时捕捉功能的含义如下。

◆ 端点捕捉 。此功能用于捕捉图形上的端点，如线段的端点，矩形、多边形的角点等。激活此功能后，在命令行"指定点："提示下将光标放在对象上，系统将在距离光标最近位置处显示端点标记符号，如图2-23所示，此时单击鼠标左键即可捕捉到该端点。

◆ 中点捕捉 。此功能用于捕捉线、弧等对象的中点。激活此功能后，在命令行"指定点："提示下将光标放在对象上，系统在中点处显示出中点标记符号，如图2-24所示，此时单击鼠标左键即可捕捉到该中点。

◆ 交点捕捉 。此功能用于捕捉对象之间的交点。激活此功能后，在命令行"指定点："提示下将光标放在对象的交点处，系统显示出交点标记符号，如图2-25所示，此时单击鼠标左键即可捕捉到该交点。

图2-22 临时捕捉菜单

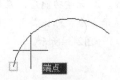 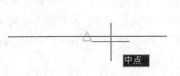 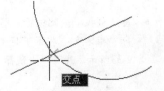

图2-23 端点捕捉　　　　　图2-24 中点捕捉　　　　　图2-25 交点捕捉

 如果需要捕捉图线延长线的交点，那么需要首先将光标移到其中一个对象上单击，拾取该延伸对象，如图2-26所示，然后再将光标放在另一个对象上，系统将自动在延伸交点处显示出交点标记符号，如图2-27所示，此时单击鼠标左键即可精确捕捉到对象延长线的交点。

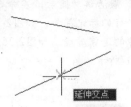 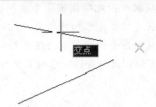

图2-26 拾取延伸对象　　　　　　图2-27 捕捉延长线交点

◆ 外观交点 。此功能主要用于捕捉三维空间内对象在当前坐标系平面内投影的交点。

◆ 延长线捕捉 。此功能用于捕捉对象延长线上的点。激活该功能后，在命令行"指定点："提示下将光标放在对象的末端稍作停留，然后沿着延长线方向移动光标，系统会在延长线处引出一条追踪虚线，如图2-28所示，此时单击鼠标左键，或输入一个距离值，即可在对象延长线上精确定位点。

◆ 圆心捕捉 。此功能用于捕捉圆、弧或圆环的圆心。激活该功能后，在命令行"指定点："提示下将光标放在圆或弧等的边缘上，也可直接放在圆心位置上，系统在圆心处显示出圆心标记符号，如图2-29所示，此时单击鼠标左键即可捕捉到圆心。

◆ 象限点捕捉 ⊕。此功能用于捕捉圆或弧的象限点。激活该功能后，在命令行"指定点:"提示下将光标放在圆的象限点位置上，系统会显示出象限点捕捉标记，如图2-30所示，此时单击鼠标左键即可捕捉到该象限点。

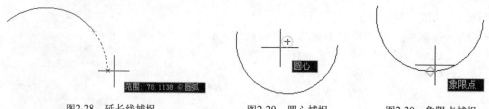

图2-28 延长线捕捉   图2-29 圆心捕捉   图2-30 象限点捕捉

◆ 切点捕捉 ○。此功能用于捕捉圆或弧的切点，以绘制切线。激活该功能后，在命令行"指定点:"提示下将光标放在圆或弧的边缘上，系统会在切点处显示出切点标记符号，如图2-31所示，此时单击鼠标左键即可捕捉到切点，绘制出对象的切线，如图2-32所示。

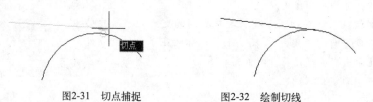

图2-31 切点捕捉   图2-32 绘制切线

◆ 垂足捕捉 ⊥。此功能常用于捕捉对象的垂足点，以绘制对象的垂线。激活该功能后，在命令行"指定点:"提示下将光标放在对象边缘上，系统会在垂足点处显示出垂足标记符号，如图2-33所示，此时单击鼠标左键即可捕捉到垂足点，绘制对象的垂线，如图2-34所示。

图2-33 垂足点捕捉   图2-34 绘制垂线

◆ 平行线捕捉 ∥。此功能常用于绘制线段的平行线。激活该功能后，在命令行"指定点:"提示下将光标放在已知线段上，此时会出现一个平行的标记符号，如图2-35所示，移动光标，系统会在平行位置处出现一条向两方无限延伸的追踪虚线，如图2-36所示，单击鼠标左键即可绘制出与拾取对象相互平行的线，如图2-37所示。

图2-35 平行捕捉   图2-36 引出平行追踪线   图2-37 绘制平行线

◆ 节点捕捉 ⊙。此功能用于捕捉使用"点"命令绘制的点对象。使用时需将拾取框放在节点上，系统会显示出节点的标记符号，如图2-38所示，单击鼠标左键即可拾取该点。

◆ 插入点捕捉 ⊡。此种捕捉方式用来捕捉块、文字、属性或属性定义等的插入点，如图2-39所示。

◆ 最近点捕捉 ⊠。此种捕捉方式用来捕捉光标距离对象最近的点，如图2-40所示。

图2-38　节点捕捉

图2-39　插入点捕捉

图2-40　最近点捕捉

2.4　综合实例1——使用点的捕捉功能绘图

本例通过绘制图2-41所示的矮柜立面轮廓图，主要学习"直线"命令以及坐标点的输入和目标点的捕捉等功能。

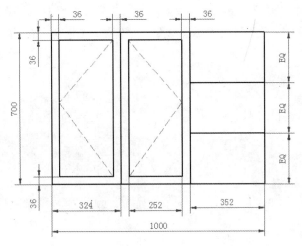

图2-41　实例效果

操作步骤

1 执行菜单栏中的"文件"|"新建"命令，新建一个空白文件。

2 执行菜单栏中的"格式"|"图形界限"命令，将图形界限设置为1500×1200，命令行操作如下。

```
命令: '_limits
    重新设置模型空间界限:
    指定左下角点或 [开(ON)/关(OFF)] <0.0000,0.0000>:        // Enter
    指定右上角点 <420.0000,297.0000>:                        //1500,1200 Enter
```

3 执行菜单栏中的"视图"|"缩放"|"全部"命令，将图形界限全部显示。

4 单击"绘图"工具栏上的 ╱ 按钮，配合坐标输入功能绘制外部轮廓线，命令行操作如下。

```
命令: _line
    指定第一点:                                  //在绘图区左下区域拾取一点作为起点
    指定下一点或 [放弃(U)]:                       //@1000,0 Enter
```

指定下一点或 [放弃(U)]:	//@700<90 Enter
指定下一点或 [闭合(C)/放弃(U)]:	//@-1000,0 Enter
指定下一点或 [闭合(C)/放弃(U)]:	//C Enter，闭合图形，结果如图2-42所示

5 在状态栏 ▢ 按钮上单击鼠标右键，从弹出的快捷菜单中选择"设置"命令，在打开的"草图设置"对话框中设置捕捉模式，如图2-43所示。

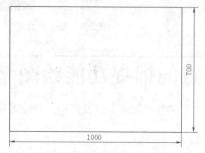

图2-42　绘制结果

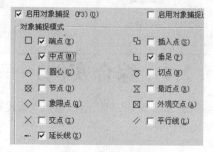

图2-43　设置对象捕捉

6 执行菜单栏中的"绘图"｜"直线"命令，配合点的捕捉功能绘制内部的轮廓线，命令行操作如下。

命令: _line	
指定第一点:	//引出如图2-44所示的延伸线，输入324按 Enter
指定下一点或 [放弃(U)]:	//捕捉如图2-45所示的垂足点
指定下一点或 [放弃(U)]:	// Enter，结束命令
命令:	// Enter，重复执行命令
LINE 指定第一点:	//引出如图2-46所示的延伸线，输入324按 Enter
指定下一点或 [放弃(U)]:	//捕捉如图2-47所示的垂足点
指定下一点或 [放弃(U)]:	// Enter，绘制结果如图2-48所示

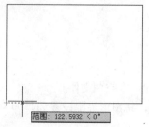

图2-44　引出延伸线

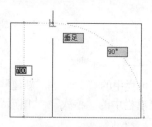

图2-45　捕捉垂足点

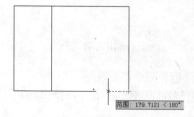

图2-46　引出延伸线

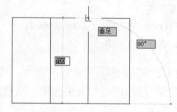

图2-47　捕捉垂足点

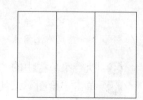

图2-48　绘制结果

7 重复执行"直线"命令，配合两点之间的中点、垂足捕捉和延长线捕捉等功能绘制内部的水平轮廓线，命令行操作如下。

```
命令:_line
    指定第一点:                          //引出如图2-49所示的延伸线，输入700/3按 Enter
    指定下一点或 [放弃(U)]:               //捕捉如图2-50所示的垂足点
    指定下一点或 [放弃(U)]:               // Enter，绘制结果如图2-51所示
```

图2-49 引出延伸线

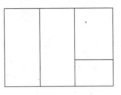

图2-50 捕捉垂足点

图2-51 绘制结果

```
命令:                                    // Enter，重复执行命令
指定第一点://按住Shift键单击鼠标右键，从弹出的快捷菜单中选择"两点之间的中点"命令
    _m2p 中点的第一点:                    //捕捉如图2-52所示的端点
    中点的第二点:                        //捕捉如图2-53所示的端点
    指定下一点或 [放弃(U)]:               //捕捉如图2-54所示的垂足点
    指定下一点或 [放弃(U)]:               // Enter，绘制结果如图2-55所示
```

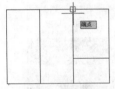

图2-52 捕捉端点

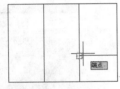

图2-53 捕捉端点

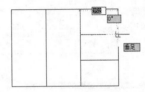

图2-54 捕捉垂足点

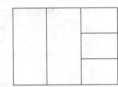

图2-55 绘制结果

提示

在捕捉对象上的特征点时，只需要将光标放在对象的特征点处，系统会自动显示出相应的捕捉标记，此时单击鼠标左键，即可精确捕捉该特征点。

8 执行菜单栏中的"工具"|"新建UCS"|"原点"命令，以左下侧轮廓线的端点作为原点，对坐标系进行位移，结果如图2-56所示。

9 执行菜单栏中的"绘图"|"直线"命令，配合点的坐标输入功能绘制立面图内部结构，命令行操作如下。

```
命令:_line
    指定第一点:                          //36,36 Enter
    指定下一点或 [放弃(U)]:               //@252,0 Enter
    指定下一点或 [放弃(U)]:               //@0,628 Enter
    指定下一点或 [闭合(C)/放弃(U)]:        //@-252,0 Enter
    指定下一点或 [闭合(C)/放弃(U)]:        //C Enter
    命令:
    LINE 指定第一点:                     //360,36 Enter
    指定下一点或 [放弃(U)]:               //@252<0 Enter
    指定下一点或 [放弃(U)]:               //@628<90 Enter
    指定下一点或 [闭合(C)/放弃(U)]:        //@252<180 Enter
    指定下一点或 [闭合(C)/放弃(U)]:        //C Enter，绘制结果如图2-57所示
```

10 执行菜单栏中的"格式"|"线型"命令，打开"线型管理器"对话框，单击 加载(L)... 按钮，从弹出的"加载或重载线型"对话框中加载一种名为"HIDDEN"的线型，如图2-58所示。

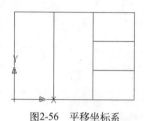
图2-56 平移坐标系

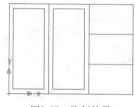
图2-57 绘制结果

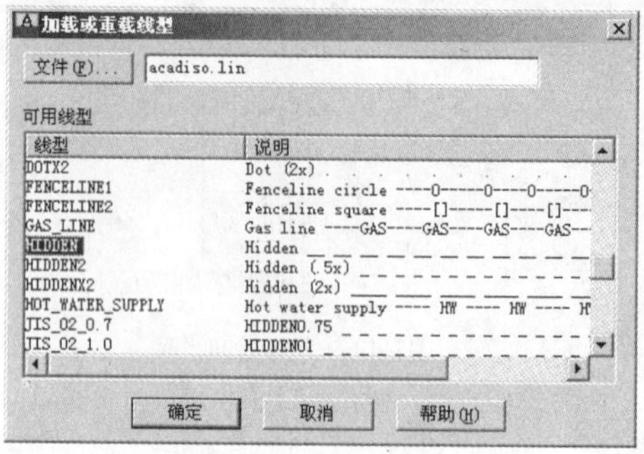

图2-58 加载线型

11 选择"HIDDEN"线型后单击 确定 按钮，加载此线型，并设置线型比例参数，结果如图2-59所示。

12 将刚加载的"HIDDEN"线型设置为当前线型，然后执行菜单栏中的"格式"|"颜色"命令，设置当前颜色为"洋红"，如图2-60所示。

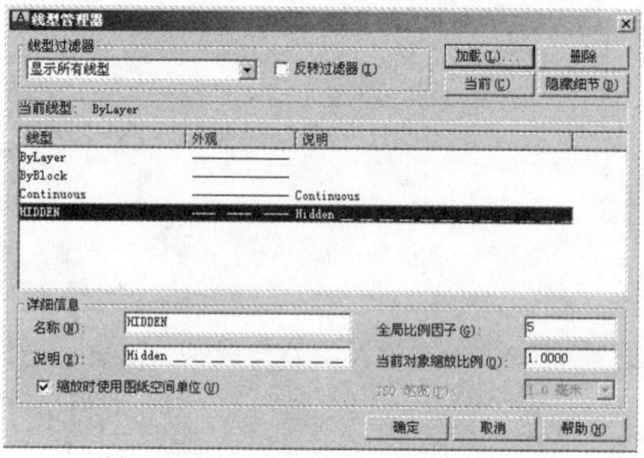

图2-59 加载结果

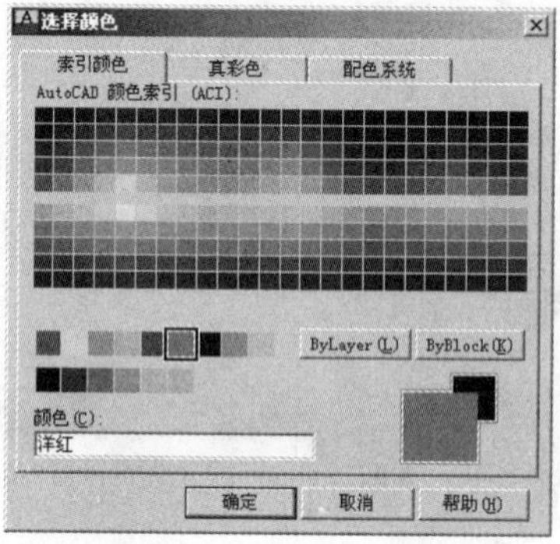

图2-60 设置当前颜色

13 执行菜单栏中的"绘图"|"直线"命令，配合端点捕捉和中点捕捉功能绘制方向线，命令行操作如下。

```
命令: _line
    指定第一点:                          //捕捉如图2-61所示的端点
    指定下一点或 [放弃(U)]:              //捕捉如图2-62所示的中点
    指定下一点或 [放弃(U)]:              //捕捉如图2-63所示的端点
    指定下一点或 [闭合(C)/放弃(U)]:      // Enter ，结束命令
```

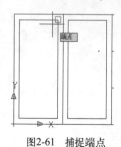
图2-61 捕捉端点

图2-62 捕捉中点

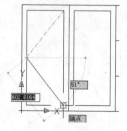
图2-63 捕捉端点

命令：_line
指定第一点：　　　　　　　　　　//捕捉如图2-64所示的端点
指定下一点或 [放弃(U)]：　　　　//捕捉如图2-65所示的中点
指定下一点或 [放弃(U)]：　　　　//捕捉如图2-66所示的端点

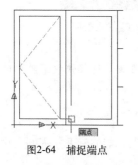
图2-64　捕捉端点

图2-65　捕捉中点

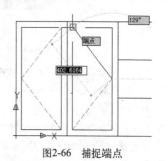
图2-66　捕捉端点

指定下一点或 [闭合(C)/放弃(U)]：　　// Enter ，绘制结果如图2-67所示

14 执行菜单栏中的"视图"|"显示"|"UCS图标"|"开"命令，隐藏坐标系图标，结果如图2-68所示。

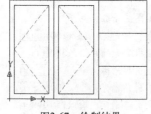
图2-67　绘制结果

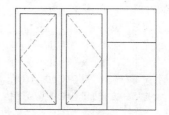
图2-68　隐藏坐标系图标

2.5　设置目标点的追踪模式

使用"对象捕捉"功能只能捕捉对象上的特征点，如果需要捕捉特征点外的目标点，可以使用AutoCAD的追踪功能。常用的追踪功能有"正交模式"、"极轴追踪"、"对象追踪"和"捕捉自"4种。

2.5.1　设置正交模式

"正交模式"功能用于将光标强行地控制在水平或垂直方向上，以追踪并绘制水平和垂直的线段。使用此功能可以追踪定位4个方向，向右引导光标，系统则定位0°方向（如图2-69所示）；向上引导光标，系统则定位90°方向（如图2-70所示）；向左引导引导光标，系统则定位180°方向（如图2-71所示）；向下引导光标，系统则定位270°方向（如图2-72所示）。

图2-69　0°方向矢量

图2-70　90°方向矢量

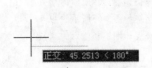

图2-71 180°方向矢量   图2-72 270°方向矢量

执行"正交模式"功能主要有以下几种方式。

◆ 单击状态栏上的 按钮或 正交 按钮（或在此按钮上单击鼠标右键，选择快捷菜单中的"启用"命令）。

◆ 按功能键F8。

◆ 在命令行输入Ortho后按Enter键。

下面通过绘制如图2-73所示的台阶截面轮廓图，学习"正交模式"功能的使用方法和技巧。

1 新建一个公制单位的空白文件。

2 按功能键F8，打开状态栏上的"正交模式"功能。

3 执行菜单栏中的"绘图"|"直线"命令，配合"正交模式"功能精确绘图，命令行操作如下。

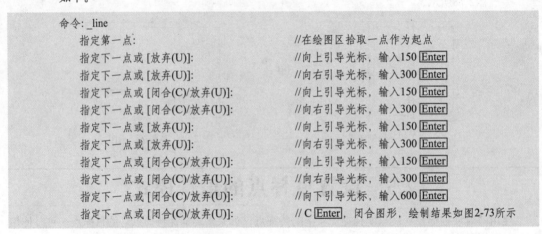

```
命令: _line
    指定第一点:                           //在绘图区拾取一点作为起点
    指定下一点或 [放弃(U)]:                //向上引导光标，输入150 Enter
    指定下一点或 [放弃(U)]:                //向右引导光标，输入300 Enter
    指定下一点或 [闭合(C)/放弃(U)]:         //向上引导光标，输入150 Enter
    指定下一点或 [闭合(C)/放弃(U)]:         //向右引导光标，输入300 Enter
    指定下一点或 [放弃(U)]:                //向上引导光标，输入150 Enter
    指定下一点或 [放弃(U)]:                //向右引导光标，输入300 Enter
    指定下一点或 [闭合(C)/放弃(U)]:         //向上引导光标，输入150 Enter
    指定下一点或 [闭合(C)/放弃(U)]:         //向右引导光标，输入300 Enter
    指定下一点或 [闭合(C)/放弃(U)]:         //向下引导光标，输入600 Enter
    指定下一点或 [闭合(C)/放弃(U)]:         // C Enter，闭合图形，绘制结果如图2-73所示
```

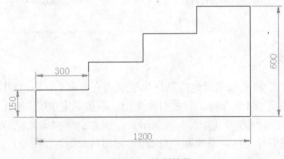

图2-73 绘制结果

2.5.2 设置极轴追踪

"极轴追踪"功能用于根据当前设置的追踪角度，引出相应的极轴追踪虚线，追踪定位目标点，如图2-74所示。

执行"极轴追踪"功能有以下几种方式。

◆ 单击状态栏上的 按钮或 极轴 按钮（或在此按钮
上单击鼠标右键，选择快捷菜单中的"启用"
命令）。

◆ 按功能键F10。

◆ 执行菜单栏中的"工具"|"草图设置"命令，在
打开的对话框中展开"极轴追踪"选项卡，然后
勾选"启用极轴追踪"复选框，如图2-75所示。

图2-74　极轴追踪示例

"正交模式"与"极轴追踪"功能不能同时打开，因为前者是将光标限制在水平或垂直轴上，而
后者则可以追踪任意方向矢量。

下面通过绘制长度为120、角度为45°的倾斜线段，学习使用"极轴追踪"功能。

1 新建空白文件。

2 在状态栏 极轴 按钮上单击鼠标右键，在弹出的快捷菜单中选择"设置"命令，打开如
图2-75所示的对话框。

3 勾选对话框中的"启用极轴追踪"复选框，打开"极轴追踪"功能。

4 单击"增量角"下拉按钮，在展开的下拉列表中选择45，如图2-76所示，将当前的追踪角
设置为45°。

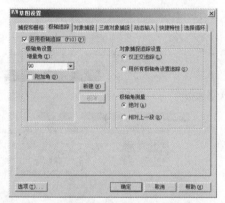

图2-75　"极轴追踪"选项卡

图2-76　设置追踪角

在"极轴角设置"选项组中的"增量角"下拉列表内，系统提供了多种增量角，如90、45、30、
22.5、18、15、10、5等，用户可以从中选择一个角度值作为增量角。

5 单击 确定 按钮关闭对话框，完成角度跟踪设置。

6 执行菜单栏中的"绘图"|"直线"命令，配合"极轴追踪"功能绘制斜线段，命令行操
作如下。

命令:_line
　　指定第一点:　　　　　　　　　　//在绘图区拾取一点作为起点
　　指定下一点或 [放弃(U)]:　　　　//向右上方移动光标，在45°方向上引出如图2-77
所示的极轴追踪虚线，然后输入120 Enter
　　指定下一点或 [放弃(U)]:　　　　// Enter ，结束命令，绘制结果如图2-78所示

AutoCAD不但可以在增量角方向上出现极轴追踪虚线，还可以在增量角的倍数方向上出现极轴追
踪虚线。

如果要选择预设值以外的角度增量值，需事先勾选"附加角"复选框，然后单击 新建(N) 按钮，创建一个附加角，如图2-79所示，系统就会以所设置的附加角进行追踪。另外，如果要删除一个角度值，在选取该角度值后单击 删除 按钮即可。另外，只能删除用户自定义的附加角，而系统预设的增量角不能被删除。

图2-77 引出45°极轴矢量　　　　图2-78 绘制结果　　　　图2-79 创建3°的附加角

2.5.3 设置对象追踪

"对象追踪"功能用于以对象上的某些特征点作为追踪点，引出向两端无限延伸的对象追踪虚线，如图2-80所示，在此追踪虚线上拾取点或输入距离值，即可精确定位目标点。

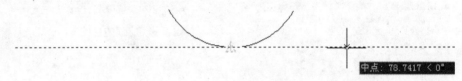

图2-80 对象追踪虚线

执行"对象追踪"功能主要有以下几种方式。

◆ 单击状态栏上的∠按钮或对象追踪按钮。

◆ 按功能键F11。

◆ 执行菜单栏中的"工具"|"草图设置"命令，在打开的对话框中展开"对象捕捉"选项卡，然后勾选"启用对象捕捉追踪"复选框。

在默认设置下，系统仅以水平或垂直的方向追踪点，如果用户需要按照某一角度追踪点，可以在"极轴追踪"选项卡中设置追踪的样式，如图2-81所示。

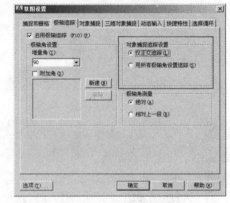

图2-81 设置对象追踪样式

提示

"对象追踪"功能只有在"对象捕捉"和"极轴追踪"同时打开的情况下才可使用，而且只能追踪对象捕捉类型中设置的自动对象捕捉点。

选项解析

◆ 在"对象捕捉追踪设置"选项组中，"仅正交追踪"单选按钮与当前极轴角无关，它仅水平或垂直地追踪对象，即在水平或垂直方向上出现向两方无限延伸的对象追踪虚线。

◆ "用所有极轴角设置追踪"单选按钮是根据当前所设置的极轴角及极轴角的倍数出现对象

追踪虚线，用户可以根据需要进行取舍。
◆ 在"极轴角测量"选项组中，"绝对"单选按钮用于根据当前坐标系确定极轴追踪角度；而"相对上一段"单选按钮用于根据上一个绘制的线段确定极轴追踪的角度。

2.6 点的相对捕捉与临时追踪

本节主要学习两个相对捕捉功能，具体有"捕捉自"和"临时追踪点"。

2.6.1 捕捉自

"捕捉自"功能是借助捕捉和相对坐标定义窗口中相对于某一捕捉点的另外一点。使用"捕捉自"功能时需要先捕捉对象特征点作为目标点的偏移基点，然后再输入目标点的坐标值。
执行"捕捉自"功能主要有以下几种方式。
◆ 单击"对象捕捉"工具栏上的 按钮。
◆ 在命令行输入 _from 后按Enter键。
◆ 按住Ctrl或Shift键单击鼠标右键，选择快捷菜单中的"自"命令。

2.6.2 临时追踪点

"临时追踪点"功能与"对象追踪"功能类似，不同的是前者需要事先精确定位出临时追踪点，然后才能通过此追踪点，引出向两端无限延伸的临时追踪虚线，以追踪定位目标点。
执行"临时追踪点"功能主要有以下几种方式。
◆ 选择临时捕捉菜单中的"临时追踪点"命令。
◆ 单击"对象捕捉"工具栏上的 按钮。
◆ 使用命令简写 _tt。

2.7 使用视图的实时调控技能

AutoCAD为用户提供了众多的视图调控功能，使用这些功能可以随意调整图形在当前视图的显示位置，以方便用户观察、编辑视图内的图形细节或图形全貌。视图调控功能菜单如图2-82所示，其工具栏如图2-83所示，导航栏及按钮菜单如图2-84所示。

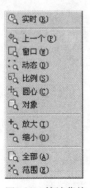

图2-82 缩放菜单

图2-83 "缩放"工具栏

图2-84 导航控制盘

2.7.1 视图的实时调控

1. 窗口缩放

"窗口缩放"功能 🔍 用于在需要缩放显示的区域内拉出一个矩形框，如图2-85所示，将位于框内的图形放大显示在视图内，如图2-86所示。当选择框的宽高比与绘图区的宽高比不同时，AutoCAD将使用选择框宽与高中相对当前视图放大倍数的较小者，以确保所选区域都能显示在视图中。

图2-85　窗口选择框

图2-86　窗口缩放结果

2. 比例缩放

"比例缩放"功能 🔍 用于按照输入的比例参数调整视图，视图被比例调整后，中心点保持不变。在输入比例参数时，有以下三种情况。

- ◆ 直接在命令行内输入数字，表示相对于图形界限的倍数。
- ◆ 在输入的数字后加字母X，表示相对于当前视图的缩放倍数。
- ◆ 在输入的数字后加字母XP，表示系统将根据图纸空间单位确定缩放比例。

通常情况下，相对于视图的缩放倍数比较直观，较为常用。

3. 中心缩放

"中心缩放"功能 🔍 用于根据所确定的中心点调整视图。当激活该功能后，用户可直接用鼠标在屏幕上选择一个点作为新的视图中心点，确定中心点后，AutoCAD要求用户输入放大系数或新视图的高度，具体有两种情况。

- ◆ 直接在命令行输入一个数值，系统将以此数值作为新视图的高度调整视图。
- ◆ 如果在输入的数值后加一个X，则系统将其看作视图的缩放倍数。

4. 缩放对象

"缩放对象"功能 🔍 用于最大限度地显示当前视图内选择的图形，如图2-87和图2-88所示。使用此功能可以缩放单个对象，也可以缩放多个对象。

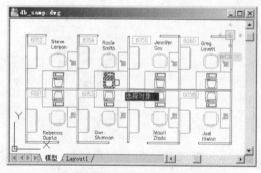

图2-87　选择需要放大显示的图形

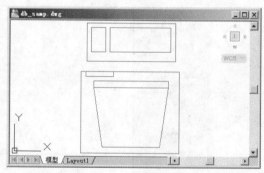

图2-88　缩放结果

5. 放大和缩小

"放大"功能 用于将视图放大一倍显示，"缩小"功能 用于将视图缩小一倍显示。连续单击按钮，可以成倍地放大或缩小视图。

6. 全部缩放

"全部缩放"功能 用于按照图形界限或图形范围的尺寸，在绘图区域内显示图形。图形界限与图形范围中哪个尺寸大，便由哪个决定图形显示的尺寸，如图2-89所示。

7. 范围缩放

"范围缩放"功能 用于将所有图形全部显示在屏幕上，并最大限度地充满整个屏幕，如图2-90所示。此种选择方式与图形界限无关。

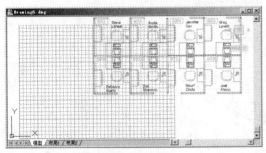

图2-89 全部缩放

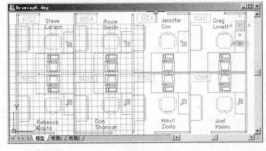

图2-90 范围缩放

2.7.2 视图的动态调控

"动态缩放"功能 用于动态地浏览和缩放视图，此功能常用于观察和缩放比例比较大的图形。激活该功能后，屏幕将临时切换到虚拟显示屏状态，此时屏幕上显示三个视图框，如图2-91所示。

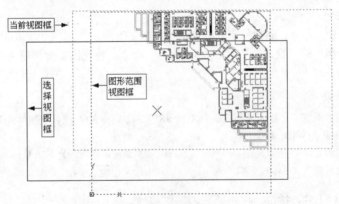

图2-91 动态缩放

- ◆ "图形范围视图框"是一个蓝色的虚线方框，该框显示图形界限和图形范围中较大的一个。
- ◆ "当前视图框"是一个绿色的线框，该框中的区域就是在使用这一选项之前的视图区域。
- ◆ 以实线显示的矩形框为"选择视图框"，该视图框有两种状态，一种是平移视图框，其大小不能改变，只可任意移动；一种是缩放视图框，它不能平移，但可调节大小。用户可用鼠标左键在两种视图框之间切换。

提示 如果当前视图与图形界限或图形范围相同，蓝色虚线框便与绿色虚线框重合。平移视图框中有一个"×"号，它表示下一个视图的中心点位置。

2.7.3 视图的实时恢复

当视图被缩放或平移后，以前视图的显示状态会被AutoCAD自动保存起来，使用AutoCAD软件中的"缩放上一个"功能 可以恢复上一个视图的显示状态，如果用户连续单击该工具按钮，系统将连续地恢复视图，直至退回到前10个视图。

2.8 综合实例2——使用点的追踪功能绘图

本例通过绘制图2-92所示的楼梯图形，主要对"极轴追踪"、"对象追踪"、"对象捕捉"、"正交模式"以及视图缩放等多种功能进行综合练习和巩固应用。

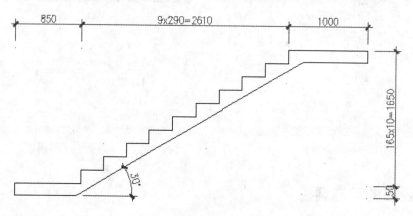

图2-92 实例效果

操作步骤

1 执行"新建"命令，新建一个公制单位的绘图文件。

2 执行菜单栏中的"视图"|"缩放"|"圆心"命令，将视图高度调整为3000个单位，命令行操作如下。

> 命令:'_zoom
>   指定窗口的角点，输入比例因子 (nX 或 nXP)，或者[全部(A)/中心(C)/动态(D)/范围(E)/上一个(P)/比例(S)/窗口(W)/对象(O)] <实时>: _c
>   指定中心点: //在绘图区拾取一点
>   输入比例或高度 <1040.6382>:   //3000 Enter

3 单击状态栏上的 按钮，打开"正交模式"功能。

4 执行菜单栏中的"绘图"|"直线"命令，配合"正交模式"功能绘制楼梯右侧平台板及楼梯台阶轮廓线，命令行操作如下。

> 命令: _line
>   指定第一个点: //在右上侧拾取一点作为起点
>   指定下一点或 [放弃(U)]:   //垂直向上引出如图2-93所示的正交追踪虚线，然后输入
> 150 Enter，定位第二点
>   指定下一点或 [放弃(U)]:   //水平向左引出如图2-94所示的追踪虚线，输入1000 Enter
>   指定下一点或 [闭合(C)/放弃(U)]:   //向下引出如图2-95所示的追踪虚线，输入165 Enter

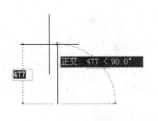
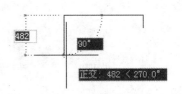

图2-93　引出90°矢量　　图2-94　引出180°矢量　　图2-95　引出270°矢量

指定下一点或 [闭合(C)/放弃(U)]: //向左引出如图2-96所示的追踪虚线，输入290 [Enter]
指定下一点或 [闭合(C)/放弃(U)]: //向下引出如图2-97所示的追踪虚线，输入165 [Enter]
指定下一点或 [闭合(C)/放弃(U)]: //向左引出如图2-98所示的追踪虚线，输入290 [Enter]

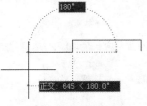
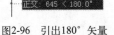
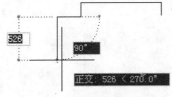
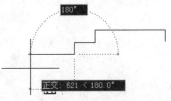

图2-96　引出180°矢量　　图2-97　引出270°矢量　　图2-98　引出180°矢量

指定下一点或 [闭合(C)/放弃(U)]: //垂直向下引出270°追踪虚线，输入165 [Enter]
指定下一点或 [闭合(C)/放弃(U)]: //水平向左引出180°追踪虚线，输入290 [Enter]
指定下一点或 [闭合(C)/放弃(U)]: //垂直向下引出270°追踪虚线，输入165 [Enter]
指定下一点或 [闭合(C)/放弃(U)]: //水平向左引出180°追踪虚线，输入290 [Enter]
指定下一点或 [闭合(C)/放弃(U)]: //垂直向下引出270°追踪虚线，输入165 [Enter]
指定下一点或 [闭合(C)/放弃(U)]: //水平向左引出180°追踪虚线，输入290 [Enter]
指定下一点或 [闭合(C)/放弃(U)]: //垂直向下引出270°追踪虚线，输入165 [Enter]
指定下一点或 [闭合(C)/放弃(U)]: //水平向左引出180°追踪虚线，输入290 [Enter]
指定下一点或 [闭合(C)/放弃(U)]: //垂直向下引出270°追踪虚线，输入165 [Enter]
指定下一点或 [闭合(C)/放弃(U)]: //水平向左引出180°追踪虚线，输入290 [Enter]
指定下一点或 [闭合(C)/放弃(U)]: //垂直向下引出270°追踪虚线，输入165 [Enter]
指定下一点或 [闭合(C)/放弃(U)]: //水平向左引出180°追踪虚线，输入290 [Enter]
指定下一点或 [闭合(C)/放弃(U)]: //垂直向下引出270°追踪虚线，输入165 [Enter]
指定下一点或 [闭合(C)/放弃(U)]: //水平向左引出180°追踪虚线，输入290 [Enter]
指定下一点或 [闭合(C)/放弃(U)]: //垂直向下引出270°追踪虚线，输入165 [Enter]
指定下一点或 [闭合(C)/放弃(U)]: // [Enter]，绘制结果如图2-99所示

5 执行菜单栏中的"工具"|"草图设置"命令，在打开的对话框中启用并设置捕捉和追踪模式，如图2-100所示。

6 展开"极轴追踪"选项卡，设置极轴角并启用"极轴追踪"功能，如图2-101所示。

图2-99　绘制结果　　图2-100　设置捕捉追踪　　图2-101　设置极轴追踪

7 执行菜单栏中的"绘图"|"直线"命令，配合"极轴追踪"、"对象捕捉"和"对象追

踪"功能绘制左侧平台及其他轮廓线,命令行操作如下。

命令: _line
　　指定第一个点:　　　　　　　　　　　//捕捉如图2-102所示的端点
　　指定下一点或 [放弃(U)]:　　　　　　//向左引出如图2-103所示的极轴追踪虚线,输入
850 Enter,定位第二点

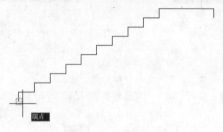

图2-102　捕捉端点　　　　　　　　　　图2-103　引出180°极轴矢量

　　指定下一点或 [放弃(U)]:　　　　　　//向下引出如图2-104所示的极轴追踪虚线,然后
输入150 Enter,定位第三点
　　指定下一点或 [闭合(C)/放弃(U)]:　　//向右引出如图2-105所示的极轴追踪虚线,然后
输入790 Enter,定位第四点

 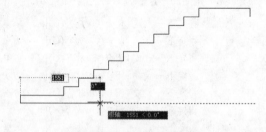

图2-104　引出270°极轴矢量　　　　　　图2-105　引出0°极轴矢量

　　指定下一点或 [闭合(C)/放弃(U)]:　　//引出30°的极轴追踪虚线和180°的端点追踪虚
线,然后捕捉两条追踪虚线的交点,如图2-106所示
　　指定下一点或 [闭合(C)/放弃(U)]:　　//捕捉如图2-107所示的端点
　　指定下一点或 [闭合(C)/放弃(U)]:　　// Enter,结束命令,绘制结果如图2-108所示

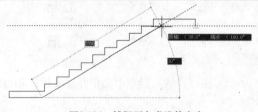 

图2-106　捕捉两条虚线的交点　　　　　　图2-107　捕捉端点

图2-108　绘制结果

8 执行"保存"命令,将图形命名存储为"综合实例(二).dwg"

第3章 常用几何图元的绘制功能

一个复杂的图形大都是由点、线、面或一些闭合图元共同拼接组合构成的。因此，要学好AutoCAD绘图软件，就必须掌握这些基本图元的绘制方法和操作技能，为以后更加方便灵活地组合复杂图形做好准备。本章主要学习各类常用图元的绘制功能，如点、线、圆、弧、多边形等。本章学习内容如下。

- 绘制点与等分点
- 综合实例1——绘制户型天花灯具图
- 绘制射线与构造线
- 绘制多段线
- 绘制多线
- 绘制矩形与多边形
- 综合实例2——绘制户型墙体结构图
- 绘制圆、圆环与椭圆
- 绘制圆弧、云线和样条曲线
- 综合实例3——绘制班台办公家具

3.1 绘制点与等分点

点图元是最基本、最简单的一种几何图元，本节主要学习单点、多点、定数等分点和定距等分点等各类点图元的绘制方法。

3.1.1 绘制单个点

"单点"命令用于绘制单个的点对象，执行一次命令，仅可以绘制一个点。
默认设置下，所绘制的点以一个小点进行显示，如图3-1所示。
执行"单点"命令主要有以下几种方式。

图3-1 单点

- 执行菜单栏中的"绘图"|"点"|"单点"命令。
- 在命令行输入Point后按Enter键。
- 使用命令简写PO。

执行"单点"命令后，AutoCAD系统提示如下。

```
命令：_point
    当前点模式：PDMODE=0 PDSIZE=0.0000
    指定点：                              //在绘图区拾取点或输入点坐标
```

3.1.2 设置点样式

由于默认模式下的点是以一个小点显示，如果该点处在某轮廓线上，那么将会看不到点，为此，AutoCAD为用户提供了点的显示样式，用户可以根据需要进行设置。

1 执行菜单栏中的"格式"|"点样式"命令，或在命令行输入Ddptype并按Enter键，打开如

图3-2所示的"点样式"对话框。

2 设置点的样式。在"点样式"对话框中共有20种点样式，在所需样式上单击，即可将此样式设置为当前点样式，在此设置 ⊗ 为当前点样式。

3 设置点的尺寸。在"点大小"文本框内输入点的大小尺寸。其中，"相对于屏幕设置大小"单选按钮表示按照屏幕尺寸的百分比显示点；"按绝对单位设置"单选按钮表示按照点的实际尺寸来显示点。

4 单击 确定 按钮，结果绘图区的点被更新，如图3-3所示。

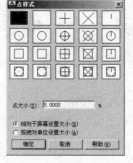

图3-2 "点样式"对话框　　图3-3 更改点样式

3.1.3　绘制多个点

"多点"命令用于连续地绘制多个点对象，直到按下Esc键结束命令为止，如图3-4所示。

执行"多点"命令主要有以下几种方式。

◆ 执行菜单栏中的"绘图"|"点"|"多点"命令。

◆ 单击"绘图"工具栏或面板上的 · 按钮。

图3-4　绘制多点

执行"多点"命令后，AutoCAD系统提示如下。

```
命令: Point
    当前点模式: PDMODE=0  PDSIZE=0.0000 （Current point modes: PDMODE=0
PDSIZE=0.0000）
    指定点:                              //在绘图区给定点的位置
    ……
```

3.1.4　绘制定数等分点

"定数等分"命令用于按照指定的等分数目等分对象，对象被等分的结果仅仅是在等分点处放置了点的标记符号，而源对象并没有被等分为多个对象。

执行"定数等分"命令主要有以下几种方式。

◆ 执行菜单栏中的"绘图"|"点"|"定数等分"命令。

◆ 在命令行输入Divide后按Enter键。

◆ 单击"常用"选项卡|"绘图"面板上的 按钮。

◆ 使用命令简写DVI。

下面通过将某线段进行五等分，学习"定数等分"命令的使用方法和操作技巧。

1 绘制一条长度为120的水平直线段，如图3-5所示。

2 执行菜单栏中的"格式"|"点样式"命令，将当前点样式设置为×。

3 执行菜单栏中的"绘图"|"点"|"定数等分"命令，使用点将线段五等分，命令行操作如下。

```
命令: _divide
    选择要定数等分的对象:              //选择刚绘制的水平线段
    输入线段数目或 [块(B)]:            //5 Enter，设置等分数目
```

结果线段被五等分，在等分点处放置了4个定等分点，如图3-6所示。

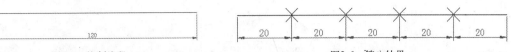

图3-5　绘制线段　　　　　　　　　　　图3-6　等分结果

 使用"块"选项可以在等分点处放置内部图块，在执行此选项时，必须确保当前文件中存在所需使用的内部图块。如图3-7所示的图形，就是使用了点的等分工具，将圆弧进行等分，并在等分点处放置了会议椅内部图块。

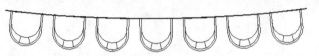

图3-7　在等分点处放置块

3.1.5　绘制定距等分点

"定距等分"命令用于按照指定的等分距离等分对象，对象被等分的结果仅仅是在等分点处放置了点的标记符号，而源对象并没有被等分为多个对象。

执行"定距等分"命令主要有以下几种方式。

◆ 执行菜单栏中的"绘图"|"点"|"定距等分"命令。

◆ 在命令行输入Measure后按Enter键。

◆ 单击"常用"选项卡|"绘图"面板上的　按钮。

◆ 使用命令简写ME。

下面通过将某线段每隔50个单位的距离进行等分，学习"定距等分"命令的使用方法和操作技巧。

1 绘制长度为250的水平线段。

2 执行"点样式"命令，将点样式设置为⊠。

3 执行菜单栏中的"绘图"|"点"|"定距等分"命令，对线段进行定距等分，命令行操作如下。

```
命令: _measure
    选择要定距等分的对象:            //选择刚绘制的线段
    指定线段长度或 [块(B)]:          //50 Enter，设置等分距离
```

定距等分的结果如图3-8所示。

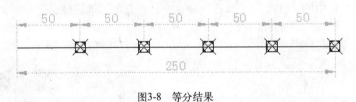

图3-8　等分结果

3.2　综合实例1——绘制户型天花灯具图

本例通过绘制某户型天花灯具图，主要对点的绘制和点样式的设置等相关知识进行综合练习和巩固应用。户型灯具图的最终绘制效果如图3-9所示。

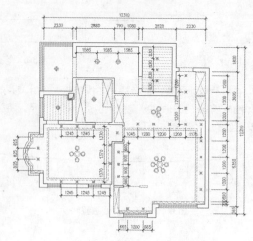

图3-9 实例效果

▶ 操作步骤

1. 执行"打开"命令，打开随书光盘中的"\素材文件\3-1.dwg"文件，如图3-10所示。
2. 打开状态栏上的"对象捕捉"、"对象追踪"和"极轴追踪"功能。
3. 执行"直线"命令，配合捕捉与追踪功能，绘制如图3-11所示的灯具定位辅助线。

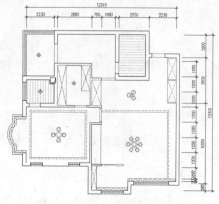

图3-10 打开结果

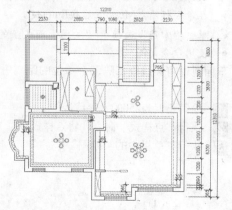

图3-11 绘制辅助线

4. 执行菜单栏中的"格式"|"点样式"命令，在打开的"点样式"对话框中，设置当前点的样式和点的大小，如图3-12所示。
5. 执行菜单栏中的"格式"|"颜色"命令，在打开的"选择颜色"对话框中，设置当前颜色为"洋红"，如图3-13所示。

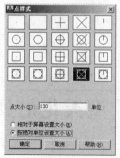

图3-12 设置点样式及点大小

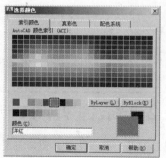

图3-13 设置当前颜色

6 下面来为卧室布置灯具。执行菜单栏中的"绘图"|"点"|"定数等分"命令，对灯具定位线进行等分，在等分点处放置点标记，代表筒灯，命令行操作如下。

```
命令: _divide
    选择要定数等分的对象:              //选择图3-14所示的辅助线1
    输入线段数目或 [块(B)]:            //4 Enter，设置等分数目
    命令:                             //重复执行命令
    DIVIDE
    选择要定数等分的对象:              //选择辅助线2
    输入线段数目或 [块(B)]:            //3 Enter，设置等分数目
    命令:                             //重复执行命令
    DIVIDE
    选择要定数等分的对象:              //选择辅助线3
    输入线段数目或 [块(B)]:            //4 Enter，设置等分数目
    命令:                             //重复执行命令
    DIVIDE
    选择要定数等分的对象:              //选择辅助线4
    输入线段数目或 [块(B)]:            //3 Enter，设置等分数目，等分结果如图3-15所示
```

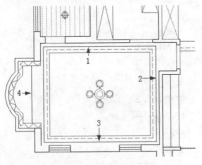

图3-14 定位等分线

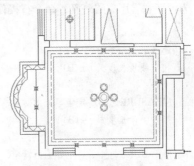

图3-15 等分结果

 使用点标记作为吊顶的辅助灯具，是一种非常常用的操作技巧。这种操作技巧通常需要配合点的等分工具以及点的绘制工具等。

7 执行菜单栏中的"绘图"|"点"|"单点"命令，配合中点捕捉和对象追踪功能，绘制如图3-16所示的点，作为灯具。

8 下面继续为厨房和卫生间布置灯具。执行菜单栏中的"绘图"|"点"|"定数等分"命令，选择卫生间位置的垂直辅助线，将其四等分，结果如图3-17所示。

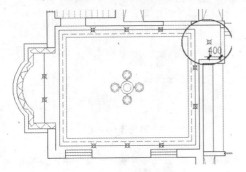

图3-16 绘制结果

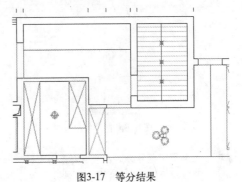

图3-17 等分结果

9 执行菜单栏中的"绘图"|"点"|"定数等分"命令，为厨房布置吸顶灯具，命令行操作如下。

```
命令: _divide
    选择要定数等分的对象:              //选择图3-18所示的辅助线
    输入线段数目或 [块(B)]:           //B Enter
    输入要插入的块名:                 //吸顶灯 Enter
    是否对齐块和对象? [是(Y)/否(N)] <Y>:  // Enter
    输入线段数目:                    //3 Enter，等分结果如图3-19所示
```

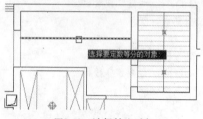

图3-18 选择等分对象

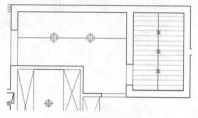

图3-19 等分结果

10 下面继续为餐厅和客厅布置灯具。执行菜单栏中的"绘图"|"点"|"定距等分"命令，为餐厅和客厅布置灯具，命令行操作如下。

```
命令: _measure
    选择要定距等分的对象:              //在如图3-20所示辅助线1的下端单击
    指定线段长度或 [块(B)]:           //1200 Enter
    命令:                           // Enter
    MEASURE选择要定距等分的对象:      //在辅助线2的下端单击
    指定线段长度或 [块(B)]:           //1200 Enter
    命令:                           // Enter
    MEASURE选择要定距等分的对象:      //在辅助线3的左端单击
    指定线段长度或 [块(B)]:           //1200 Enter
    命令:                           // Enter
    MEASURE选择要定距等分的对象:      //在辅助线4的下端单击
    指定线段长度或 [块(B)]:           //900 Enter，结束命令，等分结果如图3-21所示
```

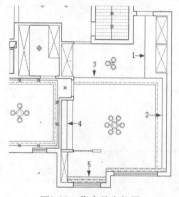

图3-20 指定单击位置

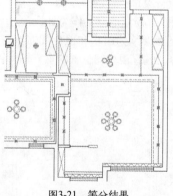

图3-21 等分结果

提示

在进行定距等分时，选取对象时，鼠标靠近哪一端单击，那么系统就从哪一端开始等距离等分。所以鼠标单击对象的位置，决定了等分点的放置次序。

11 执行菜单栏中的"修改"|"移动"命令，对定距等分点进行位移，命令行操作如下。

```
命令: _move
    选择对象:                                //拉出如图3-22所示的窗口选择框
    选择对象:                                // Enter
    指定基点或 [位移(D)] <位移>:             //拾取任一点
    指定第二个点或 <使用第一个点作为位移>:    //@0,-310 Enter
    命令:                                    // Enter
    MOVE
    选择对象:                                //拉出如图3-23所示的窗口选择框
```

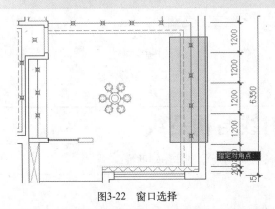

图3-22 窗口选择   图3-23 窗口选择

```
    选择对象:
    指定基点或 [位移(D)] <位移>:             //拾取任一点
    指定第二个点或 <使用第一个点作为位移>:    //@25,0 Enter
    命令:                                    // Enter
    MOVE  选择对象:                          //拉出如图3-24所示的窗口选择框
    选择对象:                                // Enter
    指定基点或 [位移(D)] <位移>:             //拾取任一点
    指定第二个点或 <使用第一个点作为位移>:    //@0,-240 Enter，结果如图3-25所示
```

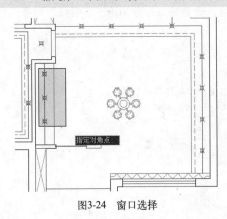
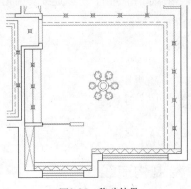

图3-24 窗口选择   图3-25 移动结果

12 单击"绘图"工具栏或面板上的 · 按钮，激活"多点"命令，配合端点捕捉和"捕捉自"功能绘制如图3-26所示的灯具。

13 使用命令简写E激活"删除"命令，删除4条定位辅助线，结果如图3-27所示。

14 执行菜单栏中的"文件"|"另存为"命令，将图形命名存储为"综合实例（一）.dwg"。

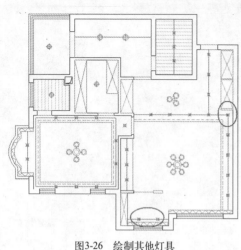

图3-26 绘制其他灯具

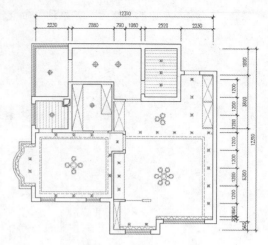

图3-27 删除结果

3.3 绘制射线与构造线

本节主要学习"射线"和"构造线"两个命令，以方便绘制作图辅助线。

3.3.1 绘制射线

"射线"命令用于绘制向一端无限延伸的作图辅助线，如图3-28所示。此类辅助线不能作为图形轮廓线，但是可以将其编辑成图形的轮廓线。

执行"射线"命令主要有以下几种方式。

◆ 执行菜单栏中的"绘图"|"射线"命令。

◆ 单击"绘图"面板上的 按钮。

◆ 在命令行输入Ray后按Enter键。

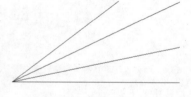

图3-28 射线示例

激活"射线"命令后，可以连续绘制无数条射线，直到结束命令为止。"射线"命令的命令行操作如下。

```
命令: _ray
    指定起点:                          //指定射线的起点
    指定通过点:                        //指定射线的通过点
    指定通过点:                        //指定射线的通过点
    ……
    指定通过点:                        // Enter ，结束命令
```

3.3.2 绘制构造线

"构造线"命令用于绘制向两端无限延伸的直线，如图3-29所示。此种直线通常用作绘图时的辅助线或参照线，不能作为图形轮廓线的一部分，但是可以通过修改工具将其编辑为图形轮廓线。

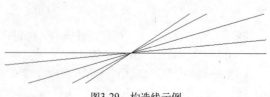

图3-29 构造线示例

执行"构造线"命令主要有以下几种方式。

- 执行菜单栏中的"绘图"|"构造线"命令。
- 单击"绘图"工具栏或面板上的 ⁄ 按钮。
- 在命令行输入Xline后按Enter键。
- 使用命令简写XL。

执行一次"构造线"命令后，可以绘制多条构造线，直到结束命令为止。"构造线"命令的命令行操作如下。

```
命令:_xline
    指定点或 [水平(H)/垂直(V)/角度(A)/二等分(B)/偏移(O)]:    //定位构造线上的一点
    指定通过点:                                        //定位构造线上的通过点
    指定通过点:                                        //定位构造线上的通过点
    ……
    指定通过点:                                        // Enter，结束命令
```

3.3.3　构造线选项设置

使用"构造线"命令，不仅可以绘制水平构造线和垂直构造线，还可以绘制具有一定角度的辅助线以及绘制角的等分线，其选项功能如下。

- 使用"构造线"命令中的"水平"选项，可以绘制向两端无限延伸的水平构造线。
- 使用"构造线"命令中的"垂直"选项，可以绘制向两端无限延伸的垂直构造线。
- 使用"构造线"命令中的"偏移"选项，可以绘制与参照线平行的构造线，如图3-30所示。
- 使用"构造线"命令中的"角度"选项，可以绘制任意角度的作图辅助线，命令行操作如下。

```
命令:_xline
    指定点或 [水平(H)/垂直(V)/角度(A)/二等分(B)/偏移(O)]:    //A Enter，激活"角度"选项
    输入构造线的角度 (0) 或 [参照(R)]:                    //22.5 Enter
    指定通过点:                                        //拾取通过点
    指定通过点:                                        // Enter，结果如图3-31所示
```

- 使用"构造线"命令中的"二等分"选项，可以绘制任意角度的角平分线，如图3-32所示。

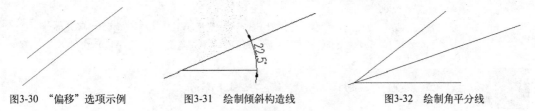

图3-30　"偏移"选项示例　　　　图3-31　绘制倾斜构造线　　　　图3-32　绘制角平分线

3.4　绘制多段线

本节主要学习多段线图元的具体绘制过程和相关技能。

3.4.1　关于多段线

多段线指的是由一系列直线段或弧线段连接而成的一种特殊几何图元，此图元无论包括多少条直线元素或弧线元素，系统都将其看作单个对象。使用"多段线"命令绘制二维多段线图元，所绘

制的多段线可以具有宽度、可以闭合或不闭合，如图3-33所示。

图3-33　多段线示例

执行"多段线"命令主要有以下几种方式。

◆ 执行菜单栏中的"绘图"|"多段线"命令。
◆ 单击"绘图"工具栏或面板上的 按钮。
◆ 在命令行输入Pline后按Enter键。
◆ 使用命令简写PL。

3.4.2　多段线绘制实例

下面通过绘制图3-34所示的平面椅轮廓图，学习"多段线"命令的使用方法和操作技巧。

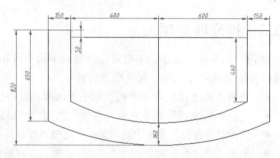

图3-34　多段线示例

 操作步骤

1️⃣ 执行"新建"命令，新建一个公制单位的绘图文件。

2️⃣ 打开"对象捕捉"功能，并设置捕捉模式为端点、中点和延伸捕捉。

3️⃣ 执行菜单栏中的"视图"|"缩放"|"中心"命令，将视图高度调整为1200个单位。

4️⃣ 单击"绘图"工具栏上的 按钮，激活"多段线"命令，配合坐标输入功能绘制平面椅外轮廓线，命令行操作如下。

```
命令: _pline
    指定起点:                                    //在绘图区拾取一点作为起点
    当前线宽为 0.0000
    指定下一个点或 [圆弧(A)/半宽(H)/长度(L)/放弃(U)/宽度(W)]:        //@650<-90 Enter
    指定下一点或 [圆弧(A)/闭合(C)/半宽(H)/长度(L)/放弃(U)/宽度(W)]:   //A Enter
```

 激活"圆弧"选项，可以将当前画线模式转化为画弧模式，以绘制弧线段。

```
    指定圆弧的端点或[角度(A)/圆心(CE)/闭合(CL)/方向(D)/半宽(H)/直线(L)/半径(R)/第二个点(S)/
    放弃(U)/宽度(W)]:                            //S Enter，激活"第二个点"选项
        指定圆弧上的第二个点:                        // @750,-170 Enter
        指定圆弧的端点:                            //@750,170 Enter
        指定圆弧的端点或[角度(A)/圆心(CE)/闭合(CL)/方向(D)/半宽(H)/直线(L)/半径(R)/第二个点(S)/
    放弃(U)/宽度(W)]:                            //L Enter，转入画线模式
```

 激活"直线"选项，可以将当前画弧模式转化为画线模式，以绘制直线段。

指定下一点或 [圆弧(A)/闭合(C)/半宽(H)/长度(L)/放弃(U)/宽度(W)]: //@650<90 [Enter]
指定下一点或 [圆弧(A)/闭合(C)/半宽(H)/长度(L)/放弃(U)/宽度(W)]: //@-150,0 [Enter]
指定下一点或 [圆弧(A)/闭合(C)/半宽(H)/长度(L)/放弃(U)/宽度(W)]: //@0,-510 [Enter]
指定下一点或 [圆弧(A)/闭合(C)/半宽(H)/长度(L)/放弃(U)/宽度(W)]: //A [Enter]
指定圆弧的端点或[角度(A)/圆心(CE)/闭合(CL)/方向(D)/半宽(H)/直线(L)/半径(R)/第二个点(S)/
放弃(U)/宽度(W)]: //S [Enter]
指定圆弧上的第二个点: //激活"捕捉自"功能
_from 基点: //捕捉如图3-35所示的圆弧中点
<偏移>: //@0,160 [Enter]
指定圆弧的端点: //激活"捕捉自"功能
_from 基点: //捕捉如图3-36所示的端点

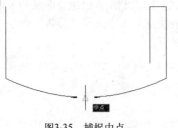

图3-35 捕捉中点

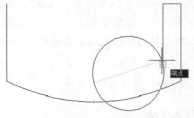

图3-36 捕捉端点

<偏移>: //@-1200,0 [Enter]
指定圆弧的端点或[角度(A)/圆心(CE)/闭合(CL)/方向(D)/半宽(H)/直线(L)/半径(R)/第二个点(S)/
放弃(U)/宽度(W)]: //L [Enter]，转入画线模式
指定下一点或 [圆弧(A)/闭合(C)/半宽(H)/长度(L)/放弃(U)/宽度(W)]: //@510<90 [Enter]
指定下一点或 [圆弧(A)/闭合(C)/半宽(H)/长度(L)/放弃(U)/宽度(W)]:
//C [Enter]，闭合图形，绘制结果如图3-37所示

5 重复执行"多段线"命令，配合延伸捕捉功能绘制水平轮廓线，命令行操作如下。

命令: _pline
指定起点: //引出如图3-38所示的延伸矢量，输入50 [Enter]

图3-37 绘制结果

图3-38 引出延伸矢量

当前线宽为 0.0
指定下一个点或 [圆弧(A)/半宽(H)/长度(L)/放弃(U)/宽度(W)]: //@1200,0 [Enter]
指定下一点或 [圆弧(A)/闭合(C)/半宽(H)/长度(L)/放弃(U)/宽度(W)]:
// [Enter]，结束命令，绘制结果如图3-39所示

6 重复执行"多段线"命令，配合中点捕捉功能绘制垂直轮廓线，结果如图3-40所示。

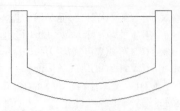

图3-39 绘制水平轮廓线

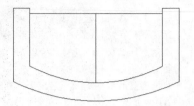

图3-40 绘制垂直轮廓线

3.4.3 多段线选项设置

1. "圆弧"选项

"圆弧"选项用于将当前多段线模式切换为画弧模式，以绘制由弧线组合而成的多段线。在命令行提示下输入A，或在绘图区单击鼠标右键，在弹出的快捷菜单中选择"圆弧"命令，都可激活此选项，此时系统自动切换到画弧状态，且命令行操作如下。

> "指定圆弧的端点或 [角度 (A) /圆心 (CE) /闭合 (CL) /方向 (D) /半宽 (H) /直线 (L) /半径 (R) /第二个点 (S) /放弃 (U) / 宽度 (W)]: "

各次级选项功能如下。

◆ "角度"选项用于指定要绘制的圆弧的圆心角。
◆ "圆心"选项用于指定圆弧的圆心。
◆ "闭合"选项用于用弧线封闭多段线。
◆ "方向"选项用于取消直线与圆弧的相切关系，改变圆弧的起始方向。
◆ "半宽"选项用于指定圆弧的半宽值。激活此选项功能后，AutoCAD将提示用户输入多段线的起点半宽值和终点半宽值。
◆ "直线"选项用于切换直线模式。
◆ "半径"选项用于指定圆弧的半径。
◆ "第二个点"选项用于选择三点画弧方式中的第二个点。
◆ "宽度"选项用于设置弧线的宽度值。

2. 其他选项

◆ "闭合"选项。激活此选项后，AutoCAD将使用直线段封闭多段线，并结束"多段线"命令。

当用户需要绘制一条闭合的多段线时，最后一定要使用此选项功能，才能保证绘制的多段线是完全封闭的。

◆ "长度"选项。此选项用于定义下一段多段线的长度，AutoCAD按照上一线段的方向绘制这一段多段线。若上一段是圆弧，AutoCAD绘制的直线段与圆弧相切。
◆ "半宽"/"宽度"选项。"半宽"选项用于设置多段线的半宽；"宽度"选项用于设置多段线的起始宽度值，起始点的宽度值可以相同也可以不同。

在绘制具有宽度的多段线时，变量FILLMODE控制着多段线是否被填充，当变量值为1时，绘制的宽度多段线将被填充；当变量值为0时，宽度多段线将不会填充，如图3-41所示。

图3-41 非填充多段线

3.5 绘制多线

"多线"命令用于绘制两条或两条以上的平行线元素构成的复合对象,并且平行线元素的线型、颜色及间距都是可以设置的,如图3-42所示。

图3-42 多线示例

 无论多线图元中包含多少条平行线元素,系统都将其看作是一个对象。默认设置下,所绘制的多线是由两条平行线元素构成的。

执行"多线"命令主要有以下几种方式。

◆ 执行菜单栏中的"绘图"|"多线"命令。
◆ 在命令行输入Mline后按Enter键。
◆ 使用命令简写ML。

3.5.1 多线绘制实例

下面通过绘制如图3-43所示的双扇立面柜,学习"多线"命令的使用方法和操作技巧。

1 执行"新建"命令,新建一个公制单位的绘图文件。

2 打开"对象捕捉"功能,并设置捕捉模式为端点捕捉。

3 执行"多线"命令,将当前的多线比例设置为15,对正方式为"下对正",绘制左扇立面柜,命令行操作如下。

```
命令: _mline
    当前设置: 对正 = 上, 比例 = 20.00, 样式 = STANDARD
    指定起点或 [对正(J)/比例(S)/样式(ST)]:        //S Enter
    输入多线比例 <20.00>:                      //15 Enter, 设置多线比例
    当前设置: 对正 = 上, 比例 = 15.00, 样式 = STANDARD
    指定起点或 [对正(J)/比例(S)/样式(ST)]:        //J Enter
    输入对正类型 [上(T)/无(Z)/下(B)] <上>:       //B Enter, 设置对正方式
    当前设置: 对正 = 下, 比例 = 12.00, 样式 = STANDARD
    指定起点或 [对正(J)/比例(S)/样式(ST)]:        //在适当位置拾取一点作为起点
    指定下一点:                              //@250,0 Enter
    指定下一点或 [放弃(U)]:                     //@0,450 Enter
    指定下一点或 [闭合(C)/放弃(U)]:              //@-250,0 Enter
    指定下一点或 [闭合(C)/放弃(U)]:              //C Enter, 闭合图形, 绘制结果如图3-44所示
```

 另外,在设置好多线的对正方式之后,还要注意光标的引导方向,引导方向不同,绘制的图形的尺寸也不同。

4 重复执行"多线"命令,保持多线比例和对正方式不变,绘制右扇立面柜,命令行操作如下。

```
命令:_mline
    当前设置: 对正 = 下，比例 = 15.00，样式 = STANDARD
    指定起点或 [对正(J)/比例(S)/样式(ST)]:          //捕捉图3-44所示的端点作为起点
    指定下一点:                                    //@250,0 Enter
    指定下一点或 [放弃(U)]:                         //@0,450 Enter
    指定下一点或 [闭合(C)/放弃(U)]:                  //@250<180 Enter
    指定下一点或 [闭合(C)/放弃(U)]:                  //C Enter，闭合图形，结果如图3-45所示
```

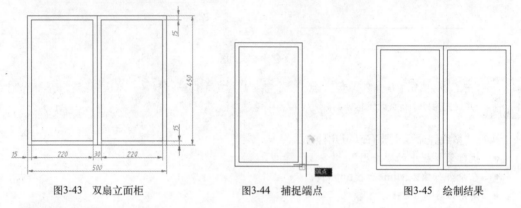

图3-43　双扇立面柜　　　　　　　　图3-44　捕捉端点　　　　　　　图3-45　绘制结果

选项解析

- "比例"选项用于绘制任意宽度的多线。默认比例为20。
- "对正"选项用于设置多线的对正方式，AutoCAD共提供了三种对正方式，即上对正、下对正和中心对正，如图3-46所示。如果当前多线的对正方式不符合用户的要求，可在命令行中输入J，激活该选项，命令行出现"输入对正类型 [上（T）/无（Z）/下（B）] <上>:"提示，提示用户输入多线的对正方式。
- "样式"选项用于选择一种已保存的多线样式。

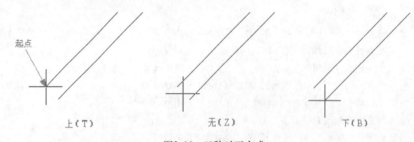

起点

上（T）　　　　　　　　　　无（Z）　　　　　　　　　　下（B）

图3-46　三种对正方式

3.5.2　设置多线样式

默认多线样式只能绘制由两条平行线元素构成的多线，如果需要绘制其他样式的多线，可以使用"多线样式"命令进行设置。

1️⃣　执行菜单栏中的"绘图"|"格式"|"多线样式"命令，或在命令行中输入Mlstyle激活"多线样式"命令，打开"多线样式"对话框。

2️⃣　单击"多线样式"对话框中的 新建(N)... 按钮，在打开的"创建新的多线样式"对话框中为新样式命名，如图3-47所示。

3 单击 继续 按钮，打开图3-48所示的"新建多线样式"对话框。

图3-47 "创建新的多线样式"对话框

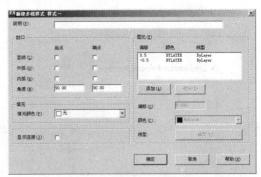

图3-48 "新建多线样式"对话框

4 单击 添加(A) 按钮，添加一个0号元素，并设置元素颜色为红色，如图3-49所示。

5 单击 线型(Y)... 按钮，在打开的"选择线型"对话框中单击 加载(L)... 按钮，打开"加载或重载线型"对话框，为新元素选择线型，如图3-50所示。

图3-49 添加多线元素

图3-50 选择线型

6 单击 确定 按钮，结果线型被加载到"选择线型"对话框内，如图3-51所示。

7 选择加载的线型，单击 确定 按钮，将此线型赋给刚添加的多线元素，结果如图3-52所示。

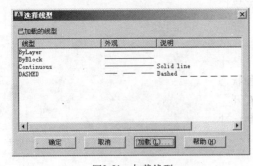

图3-51 加载线型

图3-52 设置元素线型

8 在左侧的"封口"选项组中，设置多线两端的封口形式，如图3-53所示。

9 单击 确定 按钮返回"多线样式"对话框，结果新样式出现在预览框中，如图3-54所示。

10 将新样式设为当前样式，然后在"多线样式"对话框中单击 保存(A)... 按钮，在打开的"保存

图3-53 设置多线封口

多线样式"对话框中可以将新样式以"*.mln"的格式进行保存,如图3-55所示,以方便在其他文件中使用。

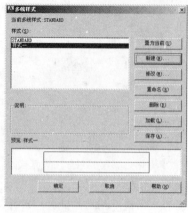

图3-54 样式效果

图3-55 保存样式

11 将设置的新样式置为当前,并关闭"多线样式"对话框。

12 执行"多线"命令,使用当前多线样式绘制一条水平多线,结果如图3-56所示。

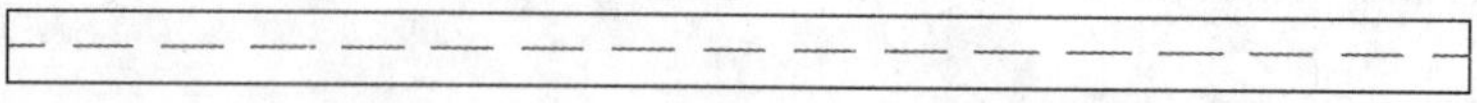

图3-56 多线样式示例

3.5.3 多线编辑工具

"多线编辑工具"专用于控制和编辑多线的交叉点、断开多线和增加多线顶点等。执行菜单栏中的"修改"|"对象"|"多线"命令或在需要编辑的多线上双击可打开如图3-57所示的"多线编辑工具"对话框,从该对话框中可以看出,AutoCAD共提供了4类12种编辑工具,具体如下。

1. 十字交线

所谓"十字交线",指的是两条多线呈十字形交叉状态,如图3-58(左)所示。此种状态下的编辑功能包括"十字闭合"、"十字打开"和"十字合并"三种,各种编辑效果如图3-58(右)所示。

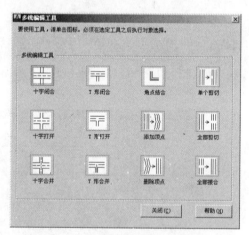

图3-57 "多线编辑工具"对话框

原图　　　　十字闭合　　　　十字打开　　　　十字合并

图3-58 十字编辑

◆ "十字闭合"表示相交两条多线的十字封闭状态，A、B分别代表选择多线的次序，水平多线为A，垂直多线为B。

◆ "十字打开"表示相交两条多线的十字开放状态，将两线的相交部分全部断开，第一条多线的轴线在相交部分也要断开。

◆ "十字合并"表示相交两条多线的十字合并状态，将两线的相交部分全部断开，但两条多线的轴线在相交部分相交。

2. T形交线

所谓"T形交线"，指的是两条多线呈"T形"相交状态，如图3-59（左）所示。此种状态下的编辑功能包括"T形闭合"、"T形打开"和"T形合并"三种，各种编辑效果如图3-59（右）所示。

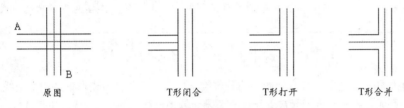

图3-59　T形编辑

◆ "T形闭合"表示相交两条多线的T形封闭状态，将选择的第一条多线与第二条多线的相交部分修剪去掉，而第二条多线保持原样连通。

◆ "T形打开"表示相交两条多线的T形开放状态，将两线的相交部分全部断开，但第一条多线的轴线在相交部分也断开。

◆ "T形合并"表示相交两条多线的T形合并状态，将两线的相交部分全部断开，但第一条与第二条多线的轴线在相交部分相交。

3. 角形交线

"角形交线"编辑功能包括"角点结合"、"添加顶点"和"删除顶点"三种，其编辑的效果如图3-60所示。

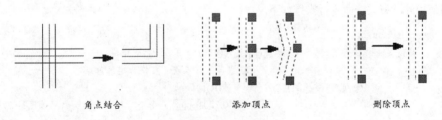

图3-60　角形编辑

◆ "角点结合"表示修剪或延长两条多线直到它们接触形成一个相交角，将第一条和第二条多线的拾取部分保留，并将其相交部分全部断开剪去。

◆ "添加顶点"表示在多线上产生一个顶点并显示出来，相当于打开显示连接开关，显示交点一样。

◆ "删除顶点"表示删除多线转折处的交点，使其变为直线形多线。删除某顶点后，系统会将该顶点两边的另外两个顶点连接成一条多线线段。

4. 切断交线

"切断交线"编辑功能包括"单个剪切"、"全部剪切"和"全部接合"三种，其编辑的效果如图3-61所示。

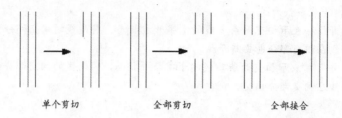

单个剪切   全部剪切   全部接合

图3-61 多线的剪切与接合

◆ "单个剪切" ▓ 表示在多线中的某条线上拾取两个点从而断开此线。

◆ "全部剪切" ▓ 表示在多线上拾取两个点从而将此多线全部切断一截。

◆ "全部接合" ▓ 表示连接多线中的所有可见间断,但不能用来连接两条单独的多线。

3.6 绘制矩形与多边形

本节学习矩形和正多边形两种几何图元的具体绘制技能。这两种多边形都是由多条线元素组合而成的一种复合图元,这种复合图元被看作是一条闭合的多段线,属于一个独立的对象。

3.6.1 绘制矩形

矩形也是一种非常常用的几何图元,它由4条首尾相连的直线组成。在AutoCAD中,将矩形看作是一条闭合多段线,是一个单独的图形对象。

执行"矩形"命令主要有以下几种方式。

◆ 执行菜单栏中的"绘图"|"矩形"命令。

◆ 单击"绘图"工具栏或面板上的□按钮。

◆ 在命令行输入Rectang后按Enter键。

◆ 使用命令简写REC。

默认设置下,绘制矩形的方式为"对角点"方式,下面通过绘制长度为240、宽度为120的矩形,学习使用此种方式,命令行操作如下。

> 命令: _rectang
> 　　　指定第一个角点或 [倒角(C)/标高(E)/圆角(F)/厚度(T)/宽度(W)]:
> 　　　　　　　　　　　　　　　　　　//在适当位置拾取一点作为矩形角点
> 　　　指定另一个角点或 [面积(A)/尺寸(D)/旋转(R)]:
> 　　　　　　　　　　　　//@240,120 Enter ,指定对角点,绘制结果如图3-62所示

"面积"选项用于根据已知的面积和矩形一条边的尺寸,精确绘制矩形;而"旋转"选项则用于绘制具有一定倾斜角度的矩形。

1. 绘制倒角矩形

使用"矩形"命令中的"倒角"选项,可以绘制具有一定倒角的特征矩形,其命令行操作如下。

> 命令: _rectang
> 　　　指定第一个角点或 [倒角(C)/标高(E)/圆角(F)/厚度(T)/宽度(W)]:　//C Enter
> 　　　指定矩形的第一个倒角距离 <0.0000>:　　　　　　　　//25 Enter ,设置第一倒角距离
> 　　　指定矩形的第二个倒角距离 <25.0000>:　　　　　　　//10 Enter ,设置第二倒角距离

指定第一个角点或 [倒角(C)/标高(E)/圆角(F)/厚度(T)/宽度(W)]: //在适当位置拾取一点
指定另一个角点或 [面积(A)/尺寸(D)/旋转(R)]: //D Enter，激活"尺寸"选项
指定矩形的长度 <10.0000>: //200 Enter
指定矩形的宽度 <10.0000>: //100 Enter
指定另一个角点或 [面积(A)/尺寸(D)/旋转(R)]: //在绘图区拾取一点，结果如图3-63所示

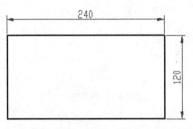

图3-62　绘制结果

图3-63　倒角矩形

此步操作仅仅是用来确定矩形位置，即确定另一个顶点相对于第一顶点的位置。如果在第一顶点的左侧拾取点，结果另一个顶点位于第一顶点的左侧，反之位于右侧。

2. 绘制圆角矩形

使用"矩形"命令中的"圆角"选项，可以绘制具有一定圆角的特征矩形，其命令行操作如下。

命令: _rectang
指定第一个角点或 [倒角(C)/标高(E)/圆角(F)/厚度(T)/宽度(W)]: //F Enter
指定矩形的圆角半径 <0.0000>: //20 Enter，设置圆角半径
指定第一个角点或 [倒角(C)/标高(E)/圆角(F)/厚度(T)/宽度(W)]: //拾取一点作为起点
指定另一个角点或 [面积(A)/尺寸(D)/旋转(R)]: //A Enter，激活"面积"选项
输入以当前单位计算的矩形面积 <100.0000>: //20000 Enter，指定矩形面积
计算矩形标注时依据 [长度(L)/宽度(W)] <长度>: //L Enter，激活"长度"选项
输入矩形长度 <200.0000>: //Enter，绘制结果如图3-64所示

选项解析

◆ "标高"选项用于设置矩形在三维空间内的基面高度，即距离当前坐标系的XOY坐标平面的高度。

◆ "厚度"和"宽度"选项分别用于设置矩形各边的厚度和宽度，以绘制具有一定厚度和宽度的矩形，如图3-65和图3-66所示。矩形的厚度指的是Z轴方向的高度。矩形的厚度和宽度也可以由"特性"命令进行修改和设置。

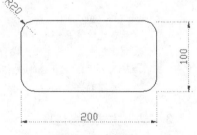

图3-64　圆角矩形

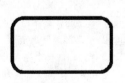

图3-65　宽度矩形

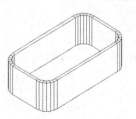

图3-66　厚度矩形

> 当用户绘制一定厚度和标高的矩形时，要把当前视图转变为等轴测视图，才能显示出矩形的厚度和标高，否则在俯视图中看不出什么变化来。

3.6.2 绘制多边形

"正多边形"命令用于绘制由相等的边角组成的闭合图形，如图3-67所示。正多边形也是一个复合对象，不管内部包含多少直线元素，系统都将其看作是一个单一的对象。

执行"正多边形"命令主要有以下几种方式。

图3-67 正多边形

- ◆ 执行菜单栏中的"绘图"|"正多边形"命令。
- ◆ 单击"绘图"工具栏或面板上的◯按钮。
- ◆ 在命令行输入Polygon后按Enter键。
- ◆ 使用命令简写POL。

1. "内接于圆"方式画多边形

此种方式为系统默认方式，在指定了正多边形的边数和中心点后，直接输入正多边形外接圆的半径，即可精确绘制正多边形，其命令行操作如下。

```
命令: _polygon
    输入边的数目 <4>:                       //5 Enter，设置正多边形的边数
    指定正多边形的中心点或 [边(E)]:           //在绘图区拾取一点作为中心点
    输入选项 [内接于圆(I)/外切于圆(C)] <I>:   //I Enter，激活"内接于圆"选项
    指定圆的半径:                            //100 Enter，输入外接圆半径，结果如图3-68所示
```

2. "外切于圆"方式画多边形

当确定了正多边形的边数和中心点之后，使用此种方式输入正多边形内切圆的半径，就可精确绘制出正多边形，其命令行操作如下。

```
命令: _polygon
    输入边的数目 <4>:                       //6 Enter，设置正多边形的边数
    指定正多边形的中心点或 [边(E)]:           //在绘图区拾取一点定位中心点
    输入选项 [内接于圆(I)/外切于圆(C)] <C>:   //C Enter，激活"外切于圆"选项
    指定圆的半径:                            //100 Enter，输入内切圆的半径，绘制结果如图3-69所示
```

3. "边"方式画多边形

此种方式是通过输入多边形一条边的边长，来精确绘制正多边形的。在具体定位边长时，需要分别定位出边的两个端点，其命令行操作如下。

```
命令: _polygon
    输入边的数目 <4>:                       //6 Enter，设置正多边形的边数
    指定正多边形的中心点或 [边(E)]:           //E Enter，激活"边"选项
    指定边的第一个端点:                      //拾取一点作为边的一个端点
    指定边的第二个端点:                      //@150,0 Enter，定位第二个端点，绘制结果如图3-70所示
```

图3-68 "内接于圆"方式示例

图3-69 "外切于圆"方式示例

图3-70 "边"方式示例

3.7 综合实例2——绘制户型墙体结构图

本例通过绘制某小区户型墙体结构平面图，主要对"多线"、"多线样式"、"多线编辑工具"、"多段线"和"矩形"等多种命令进行综合练习和巩固应用。本例最终绘制效果如图3-71所示。

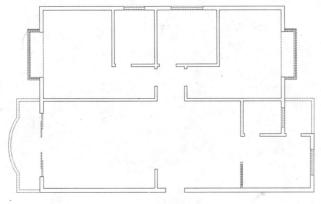
图3-71 实例效果

操作步骤

1 执行"打开"命令，打开随书光盘中的"\效果文件\第5章\综合实例（二）.dwg"，如图3-72所示。

2 展开"图层"工具栏中的"图层控制"下拉列表，将"墙线层"设为当前图层，如图3-73所示。

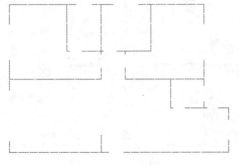
图3-72 打开结果

图3-73 设置当前图层

3 执行菜单栏中的"格式"|"多线样式"命令,将"墙线样式"设置为当前多线样式。

4 执行菜单栏中的"绘图"|"多线"命令,配合端点捕捉功能绘制主墙线,命令行操作如下。

```
命令:_mline
    当前设置:对正 = 上,比例 = 20.00,样式 = 墙线样式
    指定起点或 [对正(J)/比例(S)/样式(ST)]:        //S Enter
    输入多线比例 <20.00>:                        //180 Enter
    当前设置:对正 = 上,比例 = 180.00,样式 = 墙线样式
    指定起点或 [对正(J)/比例(S)/样式(ST)]:        //J Enter
    输入对正类型 [上(T)/无(Z)/下(B)] <上>:        //Z Enter
    当前设置:对正 = 无,比例 = 180.00,样式 = 墙线样式
    指定起点或 [对正(J)/比例(S)/样式(ST)]:        //捕捉如图3-74所示的端点1
    指定下一点:                                 //捕捉如图3-74所示的端点2
    指定下一点或 [闭合(C)/放弃(U)]:              //捕捉如图3-74所示的端点3
    指定下一点或 [放弃(U)]:                      // Enter,绘制结果如图3-75所示
```

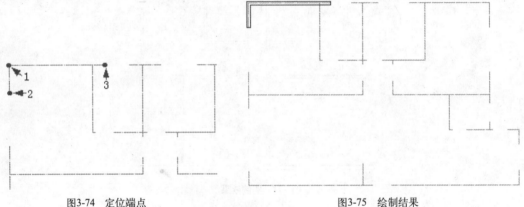

图3-74　定位端点　　　　　　　　　　　　图3-75　绘制结果

5 重复执行"多线"命令,设置多线比例和对正方式保持不变,配合端点捕捉和交点捕捉功能绘制其他主墙线,结果如图3-76所示。

6 重复执行"多线"命令,设置多线对正方式不变,绘制宽度为120的非承重墙线,结果如图3-77所示。

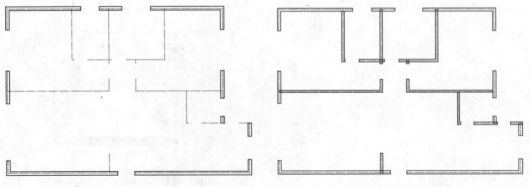

图3-76　绘制其他主墙线　　　　　　　　　　图3-77　绘制非承重墙线

7 展开"图层"工具栏中的"图层控制"下拉列表，关闭"轴线层"，结果如图3-78所示。

8 执行菜单栏中的"修改"|"对象"|"多线"命令，在打开的"多线编辑工具"对话框中单击▉按钮，激活"T形合并"功能，如图3-79所示。

9 返回绘图区，在命令行"选择第一条多线:"提示下，选择如图3-80所示的墙线。

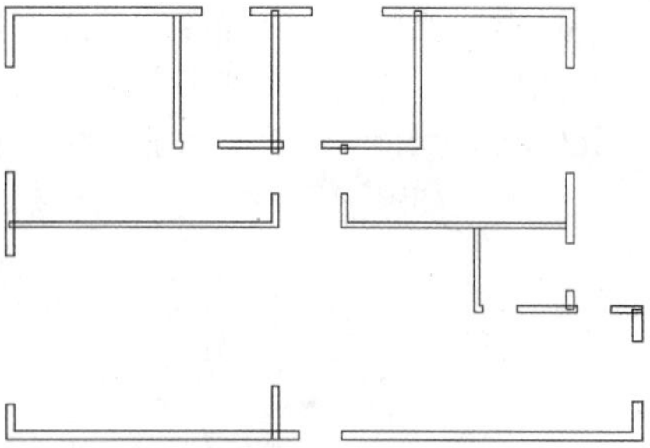

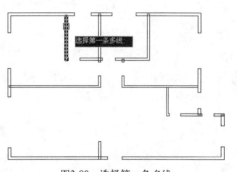

图3-78 关闭轴线层

图3-79 "多线编辑工具"对话框

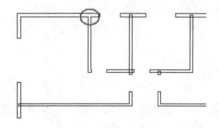

图3-80 选择第一条多线

10 在命令行"选择第二条多线:"提示下，选择如图3-81所示的墙线，结果这两条T形相交的多线被合并，如图3-82所示。

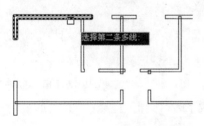

图3-81 选择第二条多线

图3-82 合并结果

11 继续在命令行"选择第一条多线或 [放弃(U)]:"提示下，分别选择其他位置的T形墙线进行合并，合并结果如图3-83所示。

12 在任一墙线上双击，在打开的"多线编辑工具"对话框中激活"角点结合"功能，如图3-84所示。

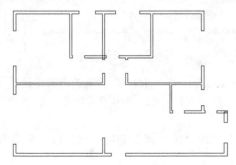

图3-83 T形合并其他墙线

图3-84 "多线编辑工具"对话框

13 返回绘图区，在命令行"选择第一条多线或 [放弃(U)]:"提示下，单击如图3-85所示的墙线。

14 在命令行"选择第二条多线:"提示下，选择如图3-86所示的墙线，结果这两条墙线被合并，如图3-87所示。

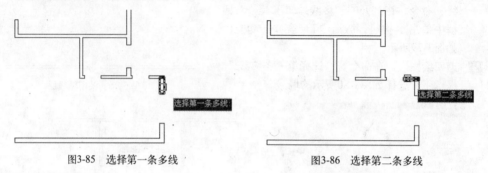

图3-85　选择第一条多线　　　　　图3-86　选择第二条多线

15 在任一墙线上双击，在打开的"多线编辑工具"对话框中激活"十字合并"功能，如图3-88所示。

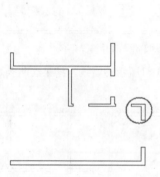
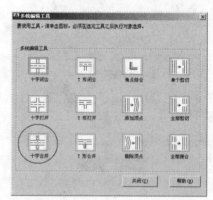

图3-87　角点结合　　　　　　图3-88　"多线编辑工具"对话框

16 返回绘图区，在命令行"选择第一条多线或 [放弃(U)]:"提示下，单击如图3-89所示的墙线。

17 在命令行"选择第二条多线:"提示下，选择如图3-90所示的墙线，结果这两条十字相交的多线被合并，如图3-91所示。

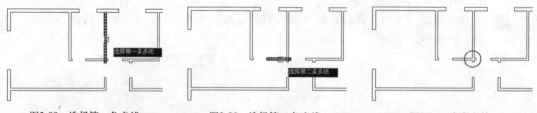

图3-89　选择第一条多线　　　　图3-90　选择第二条多线　　　　图3-91　十字合并

18 展开"图层"工具栏中的"图层控制"下拉列表，将"门窗层"设置为当前图层。

19 执行菜单栏中的"格式"|"多线样式"命令，在打开的"多线样式"对话框中设置"窗线样式"为当前样式。

20 执行菜单栏中的"绘图"|"多线"命令，配合中点捕捉功能绘制窗线，命令行操作如下。

```
命令: _mline
    当前设置: 对正 = 上, 比例 = 100.00, 样式 = 窗线样式
    指定起点或 [对正(J)/比例(S)/样式(ST)]:        //S Enter
    输入多线比例 <100.00>:                       //180 Enter
    当前设置: 对正 = 上, 比例 = 180.00, 样式 = 窗线样式
    指定起点或 [对正(J)/比例(S)/样式(ST)]:        //J Enter
    输入对正类型 [上(T)/无(Z)/下(B)] <上>:        //Z Enter
    当前设置: 对正 = 无, 比例 = 180.00, 样式 = 窗线样式
    指定起点或 [对正(J)/比例(S)/样式(ST)]:        //捕捉如图3-92所示的墙线的中点
    指定下一点:                                 //捕捉如图3-93所示的墙线的中点
    指定下一点或 [放弃(U)]:                       // Enter, 绘制结果如图3-94所示
```

图3-92 捕捉中点   图3-93 捕捉中点   图3-94 绘制结果

21 重复上一步骤, 设置多线比例和对正方式保持不变, 配合中点捕捉功能绘制其他窗线, 结果如图3-95所示。

22 执行菜单栏中的"绘图"|"多段线"命令, 配合点的追踪和坐标输入功能绘制凸窗轮廓线, 命令行操作如下。

```
命令: _pline
    指定起点:                                               //捕捉图3-95所示的端点1
    当前线宽为 0.0
    指定下一个点或 [圆弧(A)/半宽(H)/长度(L)/放弃(U)/宽度(W)]: //捕捉图3-95所示的端点2
    指定下一点或 [圆弧(A)/闭合(C)/半宽(H)/长度(L)/放弃(U)/宽度(W)]: // Enter
    命令:                                                   // Enter
    PLINE指定起点:                                          //捕捉图3-95所示的端点3
    当前线宽为 0.0
    指定下一个点或 [圆弧(A)/半宽(H)/长度(L)/放弃(U)/宽度(W)]:        //@450,0 Enter
    指定下一点或 [圆弧(A)/闭合(C)/半宽(H)/长度(L)/放弃(U)/宽度(W)]:   //@0,-2100 Enter
    指定下一点或 [圆弧(A)/闭合(C)/半宽(H)/长度(L)/放弃(U)/宽度(W)]:   //@450,0 Enter
    指定下一点或 [圆弧(A)/闭合(C)/半宽(H)/长度(L)/放弃(U)/宽度(W)]:
                                                // Enter, 绘制结果如图3-96所示
```

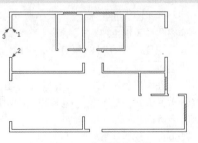
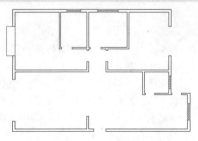

图3-95 绘制其他窗线   图3-96 绘制结果

23 使用命令简写O激活"偏移"命令，将凸窗轮廓线向外侧偏移，命令行操作如下。

命令: O

    OFFSET当前设置: 删除源=否 图层=源 OFFSETGAPTYPE=0

    指定偏移距离或 [通过(T)/删除(E)/图层(L)] <2350.0>:   //40 Enter

    选择要偏移的对象，或 [退出(E)/放弃(U)] <退出>:   //选择左侧的凸窗轮廓线

    指定要偏移的那一侧上的点，或 [退出(E)/多个(M)/放弃(U)] <退出>:

                                             //在所选轮廓线的左侧拾取点

    选择要偏移的对象，或 [退出(E)/放弃(U)] <退出>:   //选择刚偏移出的轮廓线

    指定要偏移的那一侧上的点，或 [退出(E)/多个(M)/放弃(U)] <退出>:

                                             //在所选轮廓线的左侧拾取点

    选择要偏移的对象，或 [退出(E)/放弃(U)] <退出>:   //选择刚偏移出的轮廓线

    指定要偏移的那一侧上的点，或 [退出(E)/多个(M)/放弃(U)] <退出>:

                                           //在所选轮廓线的左侧拾取点

    选择要偏移的对象，或 [退出(E)/放弃(U)] <退出>:   // Enter，结果如图3-97所示

24 参照操作步骤22、23，综合使用"多段线"和"偏移"命令绘制右侧的凸窗轮廓线，结果如图3-98所示。

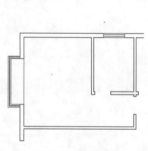

图3-97 偏移结果

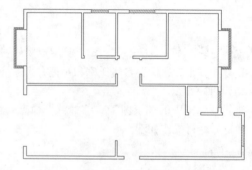

图3-98 绘制结果

25 执行菜单栏中的"绘图"|"多段线"命令，配合坐标输入功能绘制阳台轮廓线，命令行操作如下。

命令: _pline

    指定起点: //捕捉左下侧墙线的外角点

    当前线宽为0

    指定下一个点或 [圆弧(A)/半宽(H)/长度(L)/放弃(U)/宽度(W)]:   //@-1120,0 Enter

    指定下一点或 [圆弧(A)/闭合(C)/半宽(H)/长度(L)/放弃(U)/宽度(W)]:   //@0,875 Enter

    指定下一点或 [圆弧(A)/闭合(C)/半宽(H)/长度(L)/放弃(U)/宽度(W)]:   //A Enter

    指定圆弧的端点或[角度(A)/圆心(CE)/闭合(CL)/方向(D)/半宽(H)/直线(L)/半径(R)/第二个点(S)/放弃(U)/宽度(W)]:   //S Enter

    指定圆弧上的第二个点: //@-400,1300 Enter

    指定圆弧的端点: //@400,1300 Enter

    指定圆弧的端点或[角度(A)/圆心(CE)/闭合(CL)/方向(D)/半宽(H)/直线(L)/半径(R)/第二个点(S)/放弃(U)/宽度(W)]:   //L Enter

    指定下一点或 [圆弧(A)/闭合(C)/半宽(H)/长度(L)/放弃(U)/宽度(W)]:   //@0,875 Enter

    指定下一点或 [圆弧(A)/闭合(C)/半宽(H)/长度(L)/放弃(U)/宽度(W)]:   //@1120,0 Enter

    指定下一点或 [圆弧(A)/闭合(C)/半宽(H)/长度(L)/放弃(U)/宽度(W)]:

                                // Enter，绘制结果如图3-99所示

26 使用命令简写O激活"偏移"命令,将刚绘制的阳台轮廓线向右偏移120个单位,结果如图3-100所示。

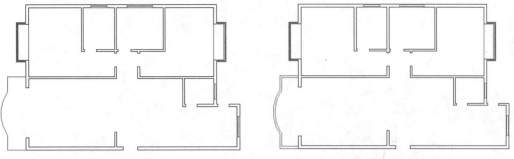

| 图3-99 绘制结果 | 图3-100 偏移结果 |

27 重复执行"多段线"命令,配合捕捉或追踪功能绘制右侧的阳台轮廓线,结果如图3-101所示。

28 使用命令简写I激活"插入块"命令,以默认参数插入随书光盘中的"\图块文件\隔断02.dwg"图块文件,结果如图3-102所示。

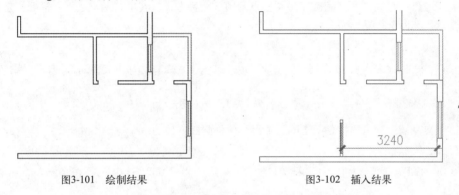

| 图3-101 绘制结果 | 图3-102 插入结果 |

29 执行"另存为"命令,将图形命名存储为"综合实例(二).dwg"。

3.8 绘制圆、圆环与椭圆

本节主要学习"圆"、"圆环"和"椭圆"三个绘图命令,以绘制圆、圆环和椭圆。

3.8.1 绘制圆

AutoCAD共为用户提供了6种画圆方式,如图3-103所示。执行"圆"命令主要有以下几种方式。

◆ 执行菜单栏中的"绘图"|"圆"级联菜单中的各种命令。
◆ 单击"绘图"工具栏或面板上的 ⊘ 按钮。
◆ 在命令行输入Circle后按Enter键。
◆ 使用命令简写C。

1. 定距画圆

"定距画圆"主要分为"半径画圆"和"直径画圆"两种方式,默认方式为"半径画圆"。当定位出圆心之后,只需输入圆的半径或直径,即可精确画圆,其命令行操作如下。

```
命令: _circle
    指定圆的圆心或 [三点(3P)/两点(2P)/切点、切点、半径(T)]:
                                      //在绘图区拾取一点作为圆的圆心
    指定圆的半径或 [直径(D)]:          //150 Enter，输入半径，绘制结果如图3-104所示
```

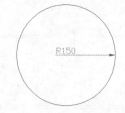

图3-103 "圆"级联菜单　　　　图3-104 半径画圆

 使用"直径"选项需要输入圆的直径，以直径方式画圆。

2. 定点画圆

"定点画圆"分为"两点画圆"和"三点画圆"两种方式，其中"两点画圆"需要指定圆直径的两个端点，其命令行操作如下。

```
命令: _circle
    指定圆的圆心或 [三点(3P)/两点(2P)/切点、切点、半径(T)]: _2p 指定圆直径的第一个端点:
                                      //指定圆直径的一个端点A
    指定圆直径的第二个端点:           //指定圆直径的另一个端点B，绘制结果如图3-105所示
```

而"三点画圆"则需要指定圆上的三个点，此种画圆方式的命令行操作如下。

```
命令: _circle
    指定圆的圆心或 [三点(3P)/两点(2P)/切点、切点、半径(T)]: _3p 指定圆上的第一个点:
                                      //指定圆上的第一个点1
    指定圆上的第二个点:               //指定圆上的第二个点2
    指定圆上的第三个点:               //指定圆上的第三个点3，绘制结果如图3-106所示
```

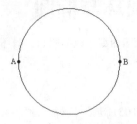
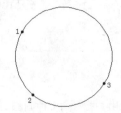

图3-105 两点画圆　　　　图3-106 三点画圆

3. 画相切圆

相切圆有两种绘制方式，即"相切、相切、半径"和"相切、相切、相切"。前一种方式需要拾取两个相切对象，然后再输入相切圆半径；后一种方式直接拾取三个相切对象即可。下面学习两种相切圆的绘制过程。

1 首先绘制如图3-107所示的圆和直线。
2 执行菜单栏中的"绘图"|"圆"|"相切、相切、半径"命令，根据命令行提示绘制与直线和已知圆都相切的圆，命令行操作如下。

```
命令: _circle
    指定圆的圆心或 [三点(3P)/两点(2P)/切点、切点、半径(T)]: _ttr
    指定对象与圆的第一个切点:          //在直线下端单击鼠标左键，拾取第一个相切对象
    指定对象与圆的第二个切点:          //在圆下侧边缘上单击鼠标左键，拾取第二个相切对象
    指定圆的半径 <56.0000>:          //100 Enter，给定相切圆半径，结果如图3-108所示
```

3 执行菜单栏中的"绘图"|"圆"|"相切、相切、相切"命令，绘制与三个已知对象都相切的圆，命令行操作如下。

```
命令: _circle
    指定圆的圆心或 [三点(3P)/两点(2P)/切点、切点、半径(T)]: _3p 指定圆上的第一个点: _tan 到
                                        //拾取直线作为第一相切对象
    指定圆上的第二个点: _tan 到          //拾取小圆作为第二相切对象
    指定圆上的第三个点: _tan 到          //拾取大圆作为第三相切对象，结果如图3-109所示
```

图3-107　绘制结果

图3-108　相切、相切、半径

图3-109　绘制结果

3.8.2　绘制圆环

圆环也是一种常见的几何图元，此种图元由两条圆弧多段线组成，如图3-110所示。圆环的宽度是由圆环的内径和外径决定的，如果需要创建实心圆环，则可以将内径设置为0。

填充圆环

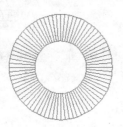
非填充圆环

实心圆环

图3-110　圆环示例

执行"圆环"命令主要有以下几种方式。

◆ 执行菜单栏中的"绘图"|"圆环"命令。

◆ 单击"绘图"面板上的◎按钮。

◆ 在命令行输入Donut后按Enter键。

执行"圆环"命令后，命令行操作如下。

```
命令: donut
    指定圆环的内径 <0.0>:          //100 Enter，输入内径
    指定圆环的外径 <100.0>:        //200 Enter，输入外径
    指定圆环的中心点或 <退出>:      // Enter，绘制结果如图3-110（左）所示
```

提示 默认设置下绘制的圆环是填充的，用户可以使用系统变量FILLMODE控制圆环的填充与非填充特性，当变量值为1时，绘制的圆环为填充圆环，如图3-111所示；当变量值为0时，绘制的圆环为非填充圆环，如图3-112所示。

图3-111　填充圆环　　　　　　　　　图3-112　非填充圆环

3.8.3　绘制椭圆

椭圆是由两条不等的椭圆轴所控制的闭合曲线，包含中心点、长轴和短轴等几何特征。

执行"椭圆"命令主要有以下几种方式。

◆ 执行菜单栏中的"绘图"|"椭圆"级联菜单中的各种命令。

◆ 单击"绘图"工具栏或面板上的按钮。

◆ 在命令行输入Ellipse后按Enter键。

◆ 使用命令简写EL。

1."轴、端点"方式画椭圆

所谓"轴、端点"方式是指定一条轴的两个端点和另一条轴的半长，即可精确画椭圆，其命令行操作如下。

```
命令: _ellipse
    指定椭圆轴的端点或 [圆弧(A)/中心点(C)]:     //拾取一点，定位椭圆轴的一个端点
    指定轴的另一个端点:                        //@150,0 Enter
    指定另一条半轴长度或 [旋转(R)]:            //30 Enter，绘制结果如图3-113所示
```

提示 如果在轴测图模式下启动了"椭圆"命令，那么在此操作步骤中将增加"等轴测圆"选项，用于绘制轴测圆，如图3-114所示。

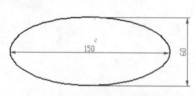　　　　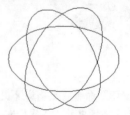

图3-113　"轴、端点"方式画椭圆　　　　　图3-114　等轴测圆示例

2."中心点"方式画椭圆

"中心点"方式画椭圆需要首先确定出椭圆的中心点，然后再确定椭圆轴的一个端点和椭圆另一条半轴的长度，其命令行操作如下。

```
命令: _ellipse
    指定椭圆的轴端点或 [圆弧(A)/中心点(C)]: _c
    指定椭圆的中心点:                        //捕捉刚绘制的椭圆的中心点
```

| 指定轴的端点: | //@0,30 Enter |
| 指定另一条半轴长度或 [旋转(R)]: | //20 Enter，绘制结果如图3-115所示 |

提示

"旋转"选项是以椭圆的短轴和长轴的比值，将一个圆绕定义的第一轴旋转成椭圆。

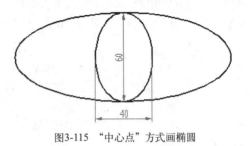

图3-115 "中心点"方式画椭圆

3.9 绘制圆弧、云线和样条曲线

本节主要学习"圆弧"、"修订云线"、"椭圆弧"、"螺旋线"和"样条曲线"5个命令。

3.9.1 绘制圆弧

"圆弧"命令用于绘制圆弧，此命令共为用户提供了5类共11种画弧方式，如图3-116所示。执行"圆弧"命令主要有以下几种方式。

◆ 执行菜单栏中的"绘图"|"圆弧"级联菜单中的各种命令。

◆ 单击"绘图"工具栏或面板上的 按钮。

◆ 在命令行输入Arc后按Enter键。

◆ 使用命令简写A。

1. "三点"画弧

所谓"三点"画弧，指的是直接定位出三个点即可绘制圆弧，其中第一个点和第三个点分别被作为圆弧的起点和端点，如图3-117所示。"三点"画弧的命令行操作如下。

命令: _arc	
指定圆弧的起点或 [圆心(C)]:	//拾取一点作为圆弧的起点
指定圆弧的第二个点或 [圆心(C)/端点(E)]:	//在适当位置拾取圆弧上的第二点
指定圆弧的端点:	//拾取第三点作为圆弧的端点，结果如图3-117所示

三点(P)

起点、圆心、端点(S)
起点、圆心、角度(T)
起点、圆心、长度(A)

起点、端点、角度(N)
起点、端点、方向(D)
起点、端点、半径(R)

圆心、起点、端点(C)
圆心、起点、角度(E)
圆心、起点、长度(L)

继续(O)

图3-116 "圆弧"级联菜单

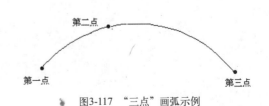

图3-117 "三点"画弧示例

2. "起点、圆心"方式画弧

此种画弧方式分为"起点、圆心、端点"、"起点、圆心、角度"和"起点、圆心、长度"三种方式。当用户确定出圆弧的起点和圆心后,只需要定位出圆弧的端点或角度、弧长等参数,即可精确画弧。"起点、圆心、端点"画弧的命令行操作如下。

```
命令: _arc
    指定圆弧的起点或 [圆心(C)]:              //在绘图区拾取一点作为圆弧的起点
    指定圆弧的第二个点或 [圆心(C)/端点(E)]:    //C Enter
    指定圆弧的圆心:                          //在适当位置拾取一点作为圆弧的圆心
    指定圆弧的端点或 [角度(A)/弦长(L)]:       //拾取一点作为圆弧端点,结果如图3-118所示
```

 提示 当指定了圆弧的起点和圆心后,也可直接输入圆弧的包含角或圆弧的弦长,精确绘制圆弧,如图3-119和图3-120所示。

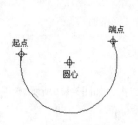

图3-118 绘制结果

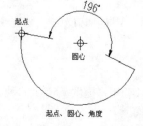

图3-119 "起点、圆心、角度"画弧

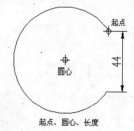

图3-120 "起点、圆心、长度"画弧

3. "起点、端点"方式画弧

此种画弧方式又可分为"起点、端点、角度"、"起点、端点、方向"和"起点、端点、半径"三种方式。当定位出圆弧的起点和端点后,只需再确定弧的角度、半径或方向,即可精确画弧。"起点、端点、角度"画弧的命令行操作如下。

```
命令: _arc
    指定圆弧的起点或 [圆心(C)]:              //定位弧的起点
    指定圆弧的第二个点或 [圆心(C)/端点(E)]: _e
    指定圆弧的端点:                          //定位弧的端点
    指定圆弧的圆心或 [角度(A)/方向(D)/半径(R)]: _a 指定包含角:
                                          //输入190 Enter,定位弧的角度,结果如图3-121所示
```

 提示 如果输入的角度为正值,系统将按逆时针方向绘制圆弧;反之按顺时针方向绘制圆弧。另外,当指定了圆弧的起点和端点后,输入弧的半径或起点切向,也可精确画弧,如图3-122所示。

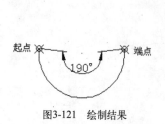

图3-121 绘制结果

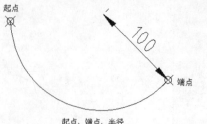

起点、端点、半径

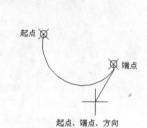

起点、端点、方向

图3-122 另外两种画弧方式

4."圆心、起点"方式画弧

此种画弧方式分为　"圆心、起点、端点"、"圆心、起点、角度"和"圆心、起点、长度"三种。当确定了圆弧的圆心和起点后，只需再给出圆弧的端点或角度、弧长等参数，即可精确绘制圆弧。"圆心、起点、端点"画弧的命令行操作如下。

```
命令:_arc
    指定圆弧的起点或 [圆心(C)]:_c 指定圆弧的圆心:    //拾取一点作为弧的圆心
    指定圆弧的起点:                         //拾取一点作为弧的起点
    指定圆弧的端点或 [角度(A)/弦长(L)]:        //拾取一点作为弧的端点，结果如图3-123所示
```

 当给定了圆弧的圆心和起点后，输入圆弧的圆心角或弦长，也可精确绘制圆弧，如图3-124所示。在配合"长度"绘制圆弧时，如果输入的弦长为正值，系统将绘制小于180°的劣弧；如果输入的弦长为负值，系统将绘制大于180°的优弧。

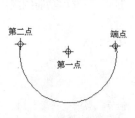

图3-123　绘制结果

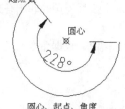

圆心、起点、角度

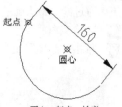

圆心、起点、长度

图3-124　"圆心、起点"方式画弧

5."连续"画弧

执行菜单栏中的"绘图"|"圆弧"|"继续"命令，可进入连续画弧状态，所绘制的圆弧与上一个圆弧自动相切。

另外，在结束画弧命令后，连续两次按Enter键，也可进入"相切圆弧"绘制模式，所绘制的圆弧与前一个圆弧的终点连接并与之相切，如图3-125所示。

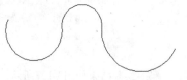

图3-125　"连续"画弧示例

3.9.2　绘制云线

"修订云线"命令用于绘制由连续圆弧构成的图线，所绘制的图线被看作是一条多段线，此种图线可以是闭合的，也可以是断开的，如图3-126所示。

图3-126　修订云线示例

执行"修订云线"命令主要有以下几种方式。

◆　执行菜单栏中的"绘图"|"修订云线"命令。
◆　单击"绘图"工具栏或面板上的 按钮。
◆　在命令行输入Revcloud后按Enter键。

1.绘制闭合修订云线

1 新建空白文件。

2 执行菜单栏中的"绘图"|"修订云线"命令，根据命令行的步骤提示绘制闭合云线。

命令: _revcloud
　　最小弧长: 30　最大弧长: 30　样式: 普通
　　指定起点或 [弧长(A)/对象(O)/样式(S)] <对象>:　　//在绘图区拾取一点作为起点
　　沿云线路径引导十字光标...　　　　　　　　　　//按住鼠标左键不放，沿着所需闭合路径
引导光标，即可绘制闭合的云线图形
　　修订云线完成。

3 绘制结果如图3-126（左）所示。

 在绘制闭合的云线时，需要移动光标，将云线的端点放在起点处，这样系统会自动绘制闭合云线。

2.绘制非闭合云线

下面通过绘制最大弧长为25、最小弧长为10的非闭合云线，学习"弧长"选项功能的应用。

1 新建空白文件。

2 单击"绘图"工具栏上的🖻按钮，根据命令行的步骤提示，精确绘图。

命令: _revcloud
　　最小弧长: 30　最大弧长: 30　样式: 普通
　　指定起点或 [弧长(A)/对象(O)/样式(S)] <对象>:　　//A Enter，激活"弧长"选项
　　指定最小弧长 <30>:　　　　　　　　　　　　　//15 Enter，设置最小弧长度
　　指定最大弧长 <10>:　　　　　　　　　　　　　//30 Enter，设置最大弧长度
　　指定起点或 [弧长(A)/对象(O)/样式(S)] <对象>:　　//在绘图区拾取一点作为起点
　　沿云线路径引导十字光标...　　　　　　　　　　//按住鼠标左键不放，沿着所需闭合路径引导光标
　　反转方向 [是(Y)/否(N)] <否>:　　　　　　　　　//N Enter，采用默认设置
　　修订云线完成。

3 绘制结果如图3-127所示。

 使用命令中的"弧长"选项，可以设置云线的最小弧和最大弧的长度，所设置的最大弧长最大为最小弧长的三倍。

图3-127　绘制结果

选项解析

◆ "对象"选项用于对非云线图形，如直线、圆弧、矩形以及圆等，按照当前的样式和尺寸，将其转化为云线图形，如图3-128所示。另外，在编辑的过程中还可以修改弧线的方向，如图3-129所示。

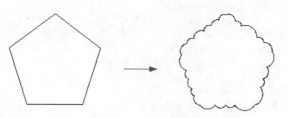

图3-128　"对象"选项示例

图3-129　反转方向

◆ "样式"选项用于设置修订云线的样式，具体有"普通"和"手绘"两种样式，默认为"普通"样式。如图3-130所示的云线就是在"手绘"样式下绘制的。

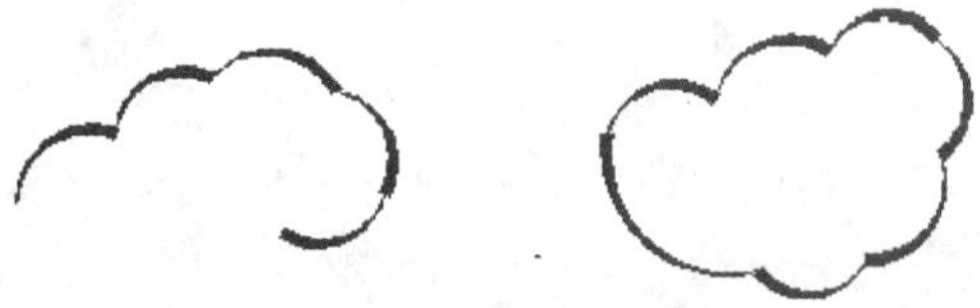

图3-130　手绘示例

3.9.3　绘制椭圆弧

椭圆弧也是一种基本的构图元素，它除了包含中心点、长轴和短轴等几何特征外，还具有角度特征。

执行"椭圆弧"命令主要有以下几种方式。

◆ 执行菜单栏中的"绘图"|"椭圆弧"命令。

◆ 单击"绘图"工具栏或面板上的⌒按钮。

下面绘制长轴为120、短轴为60、角度为90的椭圆弧，其命令行操作如下。

```
命令:_ellipse
    指定椭圆的轴端点或 [圆弧(A)/中心点(C)]:       //A Enter，激活"圆弧"功能
    指定椭圆弧的轴端点或 [中心点(C)]:            //拾取一点，定位弧端点
    指定轴的另一个端点:                      //@150,0 Enter，定位长轴
    指定另一条半轴长度或 [旋转(R)]:            //30 Enter，定位短轴
    指定起始角度或 [参数(P)]:                //0 Enter，定位起始角度
    指定终止角度或 [参数(P)/包含角度(I)]:       //150 Enter，定位终止角度，绘制结果如图3-131所示
```

 椭圆弧的角度就是终止角度和起始角度的差值。另外，用户也可以使用"包含角度"选项功能，直接输入椭圆弧的角度。

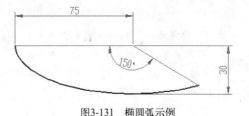

图3-131　椭圆弧示例

3.9.4　绘制螺旋线

"螺旋"命令用于绘制二维螺旋线，将螺旋线用作 Sweep命令的扫掠路径以创建弹簧、螺纹和环形楼梯等。

执行"螺旋"命令主要有以下几种方式。

◆ 执行菜单栏中的"绘图"|"建模"|"螺旋"命令。

◆ 单击"建模"工具栏或"绘图"面板上的▤按钮。

◆ 在命令行输入Helix后按Enter键。

下面通过绘制高度为120、圈数为7的螺旋线，如图3-132所示，学习"螺旋"命令的使用方法和技巧。

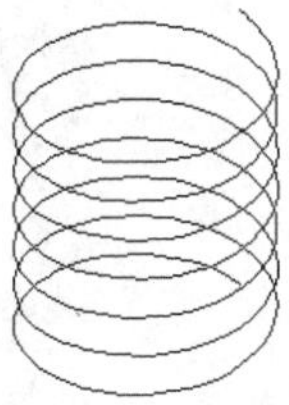

1 新建空白文件。

2 执行菜单栏中的"视图"|"三维视图"|"西南等轴测"命令，将当前视图切换为西南等轴测视图。

图3-132　创建结果

3 单击"建模"工具栏上的▤按钮，激活"螺旋"命令，根据命令行提示创建螺旋线。

```
命令: _helix
    圈数 = 3.0000    扭曲=CCW
```

指定底面的中心点:	//在绘图区拾取一点
指定底面半径或 [直径(D)] <27.9686>:	//50 Enter
指定顶面半径或 [直径(D)] <50.0000>:	// Enter

 如果指定一个值来同时作为底面半径和顶面半径，将创建圆柱形螺旋；如果指定不同值作为顶面半径和底面半径，将创建圆锥形螺旋；不能指定 0 来同时作为底面半径和顶面半径。

指定螺旋高度或 [轴端点(A)/圈数(T)/圈高(H)/扭曲(W)] <923.5423>:	//T Enter
输入圈数 <3.0000>:	//7 Enter
指定螺旋高度或 [轴端点(A)/圈数(T)/圈高(H)/扭曲(W)] <23.5423>:	//120 Enter

 默认设置下，螺旋的圈数为3。绘制图形时，圈数的默认值始终是先前输入的圈数值，螺旋的圈数不能超过 500。另外，如果指定螺旋的高度值为 0，则将创建扁平的二维螺旋。

3.9.5 绘制样条曲线

"样条曲线"命令用于绘制通过某些拟合点（接近控制点）的光滑曲线，如图3-133所示，所绘制的曲线可以是二维曲线，也可以是三维曲线。

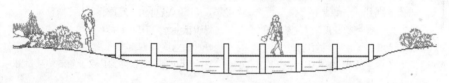

图3-133 木栈道示意图

执行"样条曲线"命令主要有以下几种方式。

◆ 执行菜单栏中的"绘图"|"样条曲线"命令。
◆ 单击"绘图"工具栏或面板中的 ∿ 按钮。
◆ 在命令行输入Spline后按Enter键。
◆ 使用命令简写SPL。

在实际工作中，光滑曲线也是较为常见的一种几何图元，如图3-133所示的木栈道河底断面示意线，就是使用"样条曲线"命令绘制的，其命令行操作如下。

命令: _spline	
当前设置: 方式=拟合 节点=弦	
指定第一个点或 [方式(M)/节点(K)/对象(O)]:	//0,0 Enter
输入下一个点或 [起点切向(T)/公差(L)]:	//1726,-88 Enter
输入下一个点或 [端点相切(T)/公差(L)/放弃(U)]:	//2955,-294 Enter
输入下一个点或 [端点相切(T)/公差(L)/放弃(U)/闭合(C)]:	//4247,-775 Enter
输入下一个点或 [端点相切(T)/公差(L)/放弃(U)/闭合(C)]:	//5054,-957 Enter
输入下一个点或 [端点相切(T)/公差(L)/放弃(U)/闭合(C)]:	//6142,-1028 Enter
输入下一个点或 [端点相切(T)/公差(L)/放弃(U)/闭合(C)]:	//7625,-1105 Enter
输入下一个点或 [端点相切(T)/公差(L)/放弃(U)/闭合(C)]:	//10028,-1124 Enter
输入下一个点或 [端点相切(T)/公差(L)/放弃(U)/闭合(C)]:	//12190,-888 Enter
输入下一个点或 [端点相切(T)/公差(L)/放弃(U)/闭合(C)]:	//13754,-617 Enter
输入下一个点或 [端点相切(T)/公差(L)/放弃(U)/闭合(C)]:	//15067,-340 Enter
输入下一个点或 [端点相切(T)/公差(L)/放弃(U)/闭合(C)]:	//16361,-203 Enter
输入下一个点或 [端点相切(T)/公差(L)/放弃(U)/闭合(C)]:	//18474,-98 Enter

输入下一个点或 [端点相切(T)/公差(L)/放弃(U)/闭合(C)]:　　//Enter，绘制结果如图3-134所示

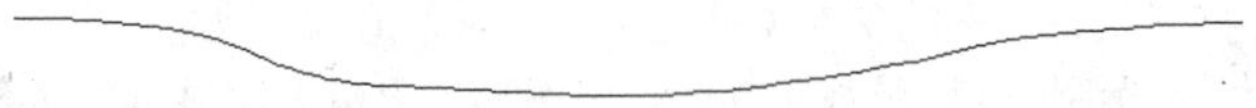

图3-134　绘制结果

选项解析

◆ "方式"选项用于设置样条曲线的创建方式，即使用拟合点或使用控制点，两种方式下样条曲线的夹点示例如图3-135所示。

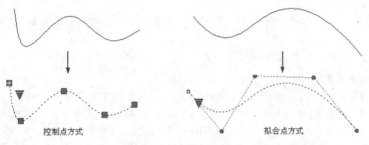

控制点方式　　　　　　　　　　　　　　拟合点方式

图3-135　两种方式示例

◆ "节点"选项用于指定节点的参数化，它会影响曲线在通过拟合点时的形状。
◆ "对象"选项用于将样条曲线拟合的多段线转变为样条曲线。激活此选项后，如果用户选择的是没有经过"编辑多段线"拟合的多段线，则系统无法转换选定的对象。
◆ "闭合"选项用于绘制闭合的样条曲线。激活此选项后，AutoCAD将使样条曲线的起点和终点重合，并且共享相同的顶点和切向，此时系统只提示一次让用户给定切向点。
◆ "公差"选项用来控制样条曲线对数据点的接近程度。公差的大小直接影响到当前图形，公差越小，样条曲线越接近数据点。

3.10　综合实例3——绘制班台办公家具

本例通过绘制班台办公家具平面图，主要对"多段线"、"直线"、"圆弧"、"圆"、"矩形"等多种绘图工具进行综合练习和巩固应用。班台办公家具的最终绘制效果如图3-136所示。

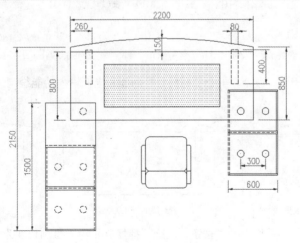

图3-136　实例效果

85

▶ 操作步骤

1 新建文件并打开状态栏上的"对象捕捉"和"对象追踪"功能。

2 使用命令简写Z激活"视图缩放"功能，将图形界限最大化显示，命令行操作如下。

命令: Z   //Enter
    ZOOM指定窗口的角点，输入比例因子 (nX 或 nXP)，或者[全部(A)/中心(C)/动态(D)/范围(E)/上
一个(P)/比例(S)/窗 口(W)/对象(O)] <实时>:   //C Enter
    指定中心点: //在绘图区拾取一点
    输入比例或高度 <5269.2204>:   //3200 Enter

3 单击"绘图"工具栏中的 按钮，配合坐标输入功能绘制桌面板轮廓线，命令行操作如下。

命令: _pline
    指定起点: //在绘图区拾取一点
    当前线宽为 0.0000
    指定下一个点或 [圆弧(A)/半宽(H)/长度(L)/放弃(U)/宽度(W)]:   //@0,-850 Enter
    指定下一点或 [圆弧(A)/闭合(C)/半宽(H)/长度(L)/放弃(U)/宽度(W)]:   //@2000,0 Enter
    指定下一点或 [圆弧(A)/闭合(C)/半宽(H)/长度(L)/放弃(U)/宽度(W)]:   //@0,850 Enter
    指定下一点或 [圆弧(A)/闭合(C)/半宽(H)/长度(L)/放弃(U)/宽度(W)]:   //A Enter
    指定圆弧的端点或[角度(A)/圆心(CE)/闭合(CL)/方向(D)/半宽(H)/直线(L)/半径(R)/第二个点(S)/
放弃(U)/宽度(W)]:   //S Enter
    指定圆弧上的第二个点: //@-1000,100 Enter
    指定圆弧的端点: //@-1000,-100 Enter
    指定圆弧的端点或[角度(A)/圆心(CE)/闭合(CL)/方向(D)/半宽(H)/直线(L)/半径(R)/第二个点(S)/
放弃(U)/宽度(W)]:   // Enter，绘制结果如图3-137所示

4 重复执行"直线"命令，配合端点捕捉功能绘制
内部的水平轮廓线，结果如图3-138所示。

5 单击"绘图"工具栏中的 按钮，绘制长度为
80、宽度为400的桌腿，命令行操作如下。

图3-137　绘制结果

命令: _rectang
    指定第一个角点或 [倒角(C)/标高(E)/圆角(F)/厚度(T)/宽度(W)]:   //激活"捕捉自"功能
    _from 基点: //捕捉主桌左下角端点
    <偏移>:   //@180,420 Enter
    指定另一个角点或 [面积(A)/尺寸(D)/旋转(R)]:   //@80,400 Enter，结果如图3-139所示

6 重复执行"矩形"命令，配合"捕捉自"功能和坐标输入功能绘制另一侧的矩形，结果如
图3-140所示。

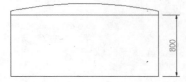

图3-138　绘制水平线

图3-139　绘制结果

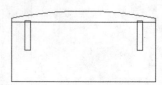

图3-140　绘制结果

7 单击"绘图"工具栏中的 按钮，配合"捕捉自"功能绘制长度为600、宽度为1500的矩
形，命令行操作如下。

```
命令: _rectang
指定第一个角点或 [倒角(C)/标高(E)/圆角(F)/厚度(T)/宽度(W)]:    //激活"捕捉自"功能
_from 基点:                                              //捕捉主桌左下角端点
<偏移>:                                                 //@300,200 Enter
指定另一个角点或 [面积(A)/尺寸(D)/旋转(R)]:               //@-600,-1500 Enter,结果如图3-141所示
```

8 执行菜单栏中的"工具" | "新建UCS" | "原点"命令,以刚绘制的侧柜左下角点作为新坐标系的原点,如图3-142所示。

9 单击"绘图"工具栏中的 □ 按钮,配合端点捕捉功能绘制内部的轮廓线,命令行操作如下。

```
命令: _rectang
指定第一个角点或 [倒角(C)/标高(E)/圆角(F)/厚度(T)/宽度(W)]:           //0,0 Enter
指定另一个角点或 [面积(A)/尺寸(D)/旋转(R)]:                          //@582,18 Enter
命令:                                                          // Enter
RECTANG指定第一个角点或 [倒角(C)/标高(E)/圆角(F)/厚度(T)/宽度(W)]:
                                                             //捕捉刚绘制的矩形左上角点
指定另一个角点或 [面积(A)/尺寸(D)/旋转(R)]:                          //@18,464 Enter
命令:                                                          // Enter
RECTANG指定第一个角点或 [倒角(C)/标高(E)/圆角(F)/厚度(T)/宽度(W)]:
                                                             //捕捉刚绘制的矩形左上角点
指定另一个角点或 [面积(A)/尺寸(D)/旋转(R)]:                          //@582,18 Enter
命令:                                                          // Enter
RECTANG指定第一个角点或 [倒角(C)/标高(E)/圆角(F)/厚度(T)/宽度(W)]:
                                                             //捕捉刚绘制的矩形右上角点
指定另一个角点或 [面积(A)/尺寸(D)/旋转(R)]:                          //@18,-500 Enter,结果如图3-143所示
```

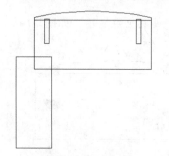

图3-141　绘制结果　　　　　图3-142　移动UCS　　　　　　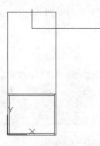　　图3-143　绘制结果

10 重复执行"矩形"命令,配合点的坐标输入功能,绘制抽屉挡板轮廓线,命令行操作如下。

```
命令: _rectang
指定第一个角点或 [倒角(C)/标高(E)/圆角(F)/厚度(T)/宽度(W)]:          //18,18 Enter
指定另一个角点或 [面积(A)/尺寸(D)/旋转(R)]:                         //@564,464 Enter
```

11 执行菜单栏中的"绘图" | "圆" | "圆心、半径"命令,绘制半径为40的圆,命令行操作如下。

```
命令: _circle
指定圆的圆心或 [三点(3P)/两点(2P)/切点、切点、半径(T)]:             //150,250 Enter
```

```
                指定圆的半径或 [直径(D)]:                              //40 Enter
             命令:                                                  // Enter
             CIRCLE 指定圆的圆心或 [三点(3P)/两点(2P)/切点、切点、半径(T)]:  //450,250 Enter
                指定圆的半径或 [直径(D)] <40.0000>:                     //40 Enter，绘制结果如图3-144所示
```

⑫ 参照第9步～第11步，综合使用"矩形"和"圆"命令绘制右侧的侧柜，结果如图3-145 所示。

⑬ 执行"圆"命令，配合点的坐标输入功能继续绘制半径为40的圆，作为桌腿轮廓线，命令 行操作如下。

```
             命令: _circle
                指定圆的圆心或 [三点(3P)/两点(2P)/切点、切点、半径(T)]:  //450,1400 Enter
                指定圆的半径或 [直径(D)] <40.0000>:                     // Enter，绘制结果如图3-146所示
```

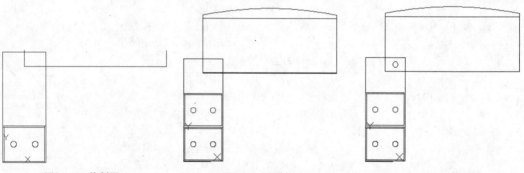

图3-144 绘制圆　　　　　　　　图3-145 绘制侧柜　　　　　　　　图3-146 绘制圆

⑭ 执行菜单栏中的"格式"|"线型"命令，加载一种名为HIDDEN2的线型，并设置线型比 例如图3-147所示。

⑮ 在无命令执行的前提下，选择需要更改线型的所有对象，使其夹点显示，如图3-148 所示。

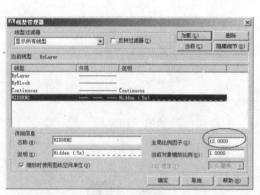

图3-147 加载线型

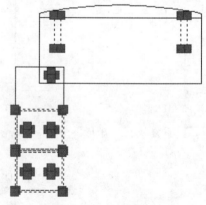

图3-148 夹点显示

⑯ 展开"线型控制"下拉列表，更改夹点对象的线型为HIDDEN2，按Esc键，取消对象的夹 点显示，结果如图3-149所示。

⑰ 参照上述操作，综合使用"圆"、"矩形"等命令绘制右侧的侧柜，也可以使用"复制" 和"镜像"命令，将左侧的侧柜复制到右侧，结果如图3-150所示。

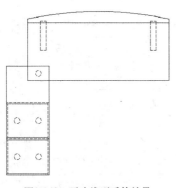

图3-149　更改线型后的效果　　　　　　图3-150　绘制结果

18 使用命令简写S激活"拉伸"命令，配合窗交选择功能对桌面板进行拉伸，命令行操作如下。

命令: S　　　　　　　　　　　　　　　　// Enter

　　STRETCH以交叉窗口或交叉多边形选择要拉伸的对象...

　　选择对象:　　　　　　　　　　　　　//窗交选择如图3-151所示的对象

　　选择对象:　　　　　　　　　　　　　// Enter

　　指定基点或 [位移(D)] <位移>:　　　　　//拾取任一点

　　指定第二个点或 <使用第一个点作为位移>:　//水平向右引出如图3-152所示的极轴矢量，输入

200 Enter，拉伸结果如图3-153所示

19 使用命令简写REC激活"矩形"命令，配合"捕捉自"功能绘制如图3-154所示的矩形。

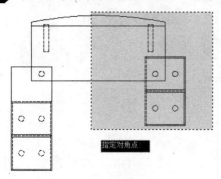

图3-151　窗交选择

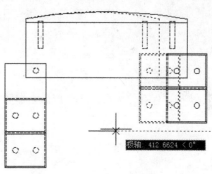

图3-152　引出极轴矢量

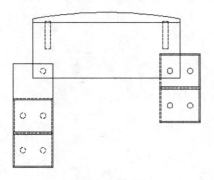

图3-153　拉伸结果

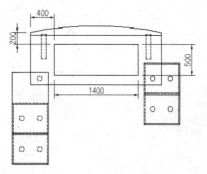

图3-154　绘制结果

20 执行菜单栏中的"绘图"|"图案填充"命令，设置填充图案与参数如图3-155所示，为矩形填充如图3-156所示的图案。

图3-155　设置填充图案与参数

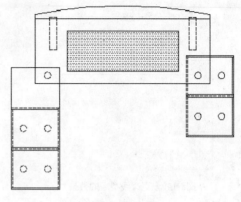

图3-156　填充结果

21 使用命令简写I激活"插入块"命令,以默认参数插入随书光盘中的"\图块文件\班椅.dwg"图块文件,结果如图3-157所示。

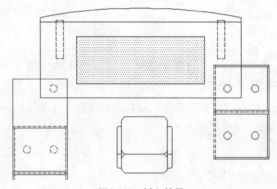

图3-157　插入结果

22 执行"保存"命令,将图形命名存储为"综合实例(三).dwg"。

第4章 常用几何图元的编辑功能

本章集中讲解了AutoCAD的图形修改功能，如对象的边角编辑功能、边角细化功能、更改对象位置、形状及大小等功能，掌握这些基本的修改功能，可以方便用户对图形进行编辑和修饰完善，将有限的基本几何元素，编辑组合为千变万化的复杂图形，以满足设计的需要。本章学习内容如下。

- ◆ 编辑与细化对象
- ◆ 综合实例1——绘制连接杆零件二视图
- ◆ 调整对象位置及形状
- ◆ 对象的其他编辑
- ◆ 综合实例2——绘制沙发茶几平面图
- ◆ 应用夹点功能编辑图元
- ◆ 综合实例3——绘制广场地面拼花

4.1 编辑与细化对象

本节主要学习图形的一些常规编辑和细化功能，具体有"修剪"、"延伸"、"倒角"、"圆角"和"缩放"等命令。

4.1.1 修剪对象

"修剪"命令用于修剪掉对象上指定的部分，不过在修剪时，需要事先指定一个边界，如图4-1所示。

图4-1 修剪示例

执行"修剪"命令主要有以下几种方式。

- ◆ 执行菜单栏中的"修改"|"修剪"命令。
- ◆ 单击"修改"工具栏或面板上的 ⊬ 按钮。
- ◆ 在命令行输入Trim后按Enter键。
- ◆ 使用命令简写TR。

在修剪对象时，边界的选择是关键，边界必须与要修剪的对象或其延长线相交。下面就来学习这两种情况下图线的修剪方法。

1. 常规修剪

大多数情况下，需要修剪的的图线都有相交之处，即修剪边界与修剪图线相交，这种修剪称之为常规修剪。下面通过一个简单操作，学习这种修剪图线的方法。

1 执行"打开"命令，打开随书光盘中的"\素材文件\4-1.dwg"文件，如图4-2所示。

2 执行"圆弧"命令，配合"捕捉自"和"对象捕捉"功能，绘制如图4-3所示的两条圆弧。

图4-2 打开结果

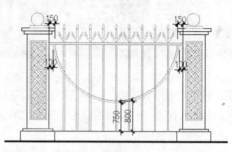

图4-3 绘制结果

3 执行菜单栏中的"修改"|"修剪"命令，或单击"修改"工具栏中的 ╱ 按钮，对铁艺栏杆轮廓线进行修剪，命令行操作如下。

```
命令: _trim
    当前设置:投影=UCS，边=无
    选择剪切边...
    选择对象或 <全部选择>:                //选择如图4-4所示的圆弧作为修剪边界
    选择对象:                          //Enter，结束对象的选择
    选择要修剪的对象，或按住 Shift 键选择要延伸的对象，或[栏选(F)/窗交(C)/投影(P)/边(E)/删除(R)/放
弃(U)]:        //在图4-5所示的图线位置单击鼠标左键，结果处于边界下的图线被修剪掉，如图4-6所示
```

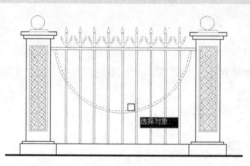

图4-4 选择边界

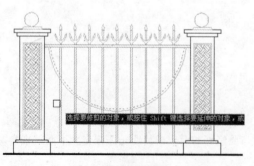

图4-5 指定修剪位置

图4-6 修剪结果

选择要修剪的对象，或按住 Shift 键选择要延伸的对象，或[栏选(F)/窗交(C)/投影(P)/边(E)/删除(R)/放弃(U)]:   //在图4-7所示的图线位置单击鼠标左键，结果处于边界下的图线被修剪掉，如图4-8所示

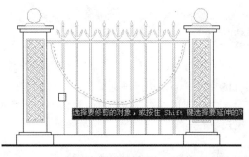

图4-7　指定修剪部分

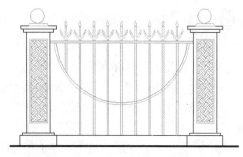

图4-8　修剪结果

> 选择要修剪的对象，或按住 Shift 键选择要延伸的对象，或[栏选(F)/窗交(C)/投影(P)/边(E)/删除(R)/
> 放弃(U)]:　　　　　　　　　　　　　// Enter，结束命令

4 重复执行"修剪"命令，继续对右侧的栏杆轮廓线进行修剪，命令行操作如下。

> 命令:　　　　　　　　　　　　　　　// Enter，重复执行命令
> 　　TRIM当前设置:投影=UCS，边=延伸
> 　　选择剪切边...
> 　　选择对象或<全部选择>:　　　　　　//选择上侧的圆弧作为边界
> 　　选择对象:　　　　　　　　　　　　// Enter
> 　　选择要修剪的对象，或按住 Shift 键选择要延伸的对象，或[栏选(F)/窗交(C)/投影(P)/边(E)/删除
> (R)/放弃(U)]:　　　　　　　　　　　//C Enter，激活"窗交"选项功能
> 　　　指定第一个角点:指定对角点:　　　//拉出如图4-9所示的窗交选择框
> 　　选择要修剪的对象，或按住 Shift 键选择要延伸的对象，或[栏选(F)/窗交(C)/投影(P)/边(E)/删除
> (R)/放弃(U)]:　　　　　　　　　　　// Enter，修剪效果如图4-10所示

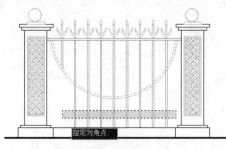

图4-9　窗交选择

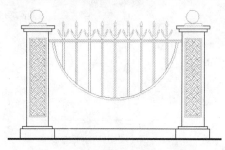

图4-10　修剪结果

5 使用命令简写H激活"图案填充"命令，设置填充图案与参数如图4-11所示，为图形填充
如图 4-12所示的图案。

图4-11　设置填充图案与参数

图4-12　填充结果

"边"选项用于确定修剪边的隐含延伸模式,其中"延伸"选项表示剪切边界可以无限延长,边界与被剪实体不必相交;"不延伸"选项指剪切边界只有与被剪实体相交时才有效。

2. "隐含交点"下的修剪

所谓"隐含交点",指的是边界与对象没有实际的交点,而是边界被延长后,与对象存在一个隐含交点。对"隐含交点"模式下的图线进行修剪时,需要使用"边"选项更改默认的修剪模式,即将默认模式更改为"延伸"模式。下面学习此种模式下的操作。

1 使用画线命令绘制图4-13所示的两条图线。

2 单击"修改"工具栏上的 ⫽ 按钮,对水平图线进行修剪,命令行操作如下。

```
命令: _trim
    当前设置:投影=UCS,边=无
    选择剪切边...
    选择对象或 <全部选择>:                    // Enter,选择刚绘制的倾斜图线
    选择对象:
    选择要修剪的对象,或按住 Shift 键选择要延伸的对象,或[栏选(F)/窗交(C)/投影(P)/边(E)/删除
(R)/放弃(U)]:                              //E Enter,激活"边"选项功能
    输入隐含边延伸模式 [延伸(E)/不延伸(N)] <不延伸>:
                                          //E Enter,设置修剪模式为"延伸"模式
    选择要修剪的对象,或按住 Shift 键选择要延伸的对象,或[栏选(F)/窗交(C)/投影(P)/边(E)/删除
(R)/放弃(U)]:                              //在水平图线的右端单击鼠标左键
    选择要修剪的对象,或按住 Shift 键选择要延伸的对象,或[栏选(F)/窗交(C)/投影(P)/边(E)/删除
(R)/放弃(U)]:                              //Enter,结束命令,图线的修剪结果如图4-14所示
```

图4-13 绘制结果   图4-14 修剪结果

当系统提示"选择剪切边"时,直接按Enter键即可选择待修剪的对象,系统在修剪对象时将使用最靠近的候选对象作为剪切边。

3. "投影"选项

"投影"选项用于设置三维空间剪切实体的不同投影方法,选择该选项后,命令行出现"输入投影选项[无(N)/UCS(U)/视图(V)]<无>:"操作提示,其中各选项含义如下。

◆ "无"选项表示不考虑投影方式,按实际三维空间的相互关系修剪。

◆ "UCS"选项指在当前UCS的XOY平面上修剪。

◆ "视图"选项表示在当前视图平面上修剪。

当修剪多个对象时,可以使用"栏选"和"窗交"两种选项功能,而"栏选"方式需要绘制一条或多条栅栏线,所有与栅栏线相交的对象都会被选择,如图4-15所示。

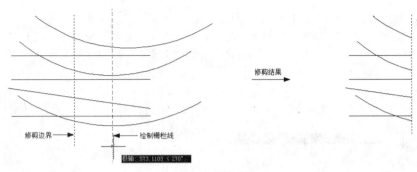

图4-15 栏选示例

4.1.2 延伸对象

"延伸"命令用于将图形对象延伸到指定的边界上，如图4-16所示。用于延伸的对象有直线、圆弧、椭圆弧、非闭合的二维多段线和三维多段线以及射线等。

执行"延伸"命令主要有以下几种方式。

- ◆ 执行菜单栏中的"修改"|"延伸"命令。
- ◆ 单击"修改"工具栏或面板上的 ⫶ 按钮。
- ◆ 在命令行输入Extend后按Enter键。
- ◆ 使用命令简写EX。

与修剪对象相似，在延伸对象时，同样

图4-16 延伸示例

需要为对象指定边界。指定边界时有两种情况，一种是对象被延长后与边界存在一个实际的交点，另一种是与边界的延长线相交于一点。为此，AutoCAD 2013提供了两种模式，即"延伸"模式和"不延伸"模式。

1. 不延伸模式

1 执行"打开"命令，打开随书光盘中的"\素材文件\4-2.dwg"文件，如上图4-12所示。

2 使用命令简写E激活"删除"命令，删除图案填充和两条圆弧，结果如图4-17所示。

3 单击"修改"工具栏或面板上的 ⫶ 按钮，激活"延伸"命令，对栏杆进行延伸，命令行操作如下。

命令: _extend
    当前设置:投影=UCS，边=无
    选择边界的边...
    选择对象或<全部选择>: //选择如图4-18所示的水平边作为边界

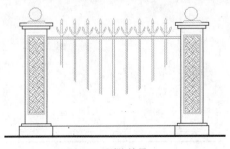

图4-17 删除结果

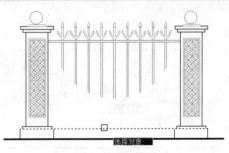

图4-18 选择边界

选择对象: // Enter
选择要延伸的对象，或按住 Shift 键选择要修剪的对象，或[栏选(F)/窗交(C)/投影(P)/边(E)/放弃(U)]:   //在如图4-19所示的位置单击鼠标左键，延伸结果如图4-20所示

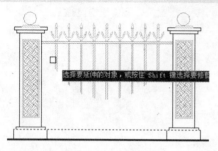

图4-19 指定延伸位置   图4-20 延伸结果

选择要延伸的对象，或按住 Shift 键选择要修剪的对象，或[栏选(F)/窗交(C)/投影(P)/边(E)/放弃(U)]:   //在如图4-21所示的位置单击鼠标左键，延伸结果如图4-22所示
选择要延伸的对象，或按住 Shift 键选择要修剪的对象，或[栏选(F)/窗交(C)/投影(P)/边(E)/放弃(U)]:   // Enter，结束命令

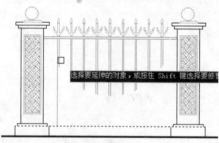

图4-21 指定延伸位置   图4-22 延伸结果。

4 重复执行"延伸"命令，配合窗交选择功能继续对其他栏杆进行延伸，命令行操作如下。

命令: _extend
当前设置:投影=UCS，边=无
选择边界的边...
选择对象或<全部选择>:   //选择下侧的水平边作为边界
选择对象: // Enter
选择要延伸的对象，或按住 Shift 键选择要修剪的对象，或[栏选(F)/窗交(C)/投影(P)/边(E)/放弃(U)]:   //窗交选择如图4-23所示的对象，延伸结果如图4-24所示
选择要延伸的对象，或按住 Shift 键选择要修剪的对象，或[栏选(F)/窗交(C)/投影(P)/边(E)/放弃(U)]:   // Enter，结束命令

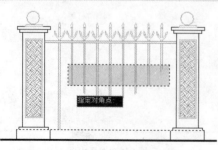

图4-23 窗交选择   图4-24 延伸结果

提示　在选择延伸对象时，要在靠近延伸边界的一端选择，否则对象将不被延伸。

2."隐含交点"下的延伸

所谓"隐含交点"，指的是边界与对象延长线没有实际的交点，而是边界被延长后，与对象延长线存在一个隐含交点。对"隐含交点"下的图线进行延伸时，需要更改默认的延伸模式，即将默认模式更改为"延伸"模式。下面学习此种模式下的延伸操作。

1 绘制图4-25（左）所示的两条图线。

2 单击"修改"工具栏或面板上的 按钮，激活"延伸"命令，将垂直图线的下端延长，使之与水平图线的延长线相交，命令行操作如下。

```
命令:_extend
    当前设置:投影=UCS, 边=无
    选择边界的边...
    选择对象:                                    //选择水平的图线作为延伸边界
    选择对象:                                    // Enter，结束边界的选择
    选择要延伸的对象，或按住 Shift 键选择要修剪的对象，或[栏选(F)/窗交(C)/投影(P)/边(E)/放
弃(U)]:                                       //E Enter，激活"边"选项
    输入隐含边延伸模式 [延伸(E)/不延伸(N)] <不延伸>:   //E Enter，设置"延伸"模式
    选择要延伸的对象，或按住 Shift 键选择要修剪的对象，或[栏选(F)/窗交(C)/投影(P)/边(E)/放
弃(U)]:                                       //在垂直图线的下端单击鼠标左键
    选择要延伸的对象，或按住 Shift 键选择要修剪的对象，或[栏选(F)/窗交(C)/投影(P)/边(E)/放
弃(U)]:                                       // Enter，结束命令，延伸效果如图4-25（右）所示
```

图4-25　"隐含交点"下的延伸

提示　"边"选项用来确定延伸边的方式。"延伸"选项将使用隐含的延伸边界来延伸对象，而实际上边界和延伸对象并没有真正相交，AutoCAD会假想将延伸边延长，然后再延伸；"不延伸"选项确定边界不延伸，而只有边界与延伸对象真正相交后才能完成延伸操作。

4.1.3　倒角对象

"倒角"命令用于对图线进行倒角，倒角的结果使用一条线段连接两个非平行的图线。
执行"倒角"命令主要有以下几种方式。

- ◆　执行菜单栏中的"修改"|"倒角"命令。
- ◆　单击"修改"工具栏或面板上的 按钮。
- ◆　在命令行输入Chamfer后按Enter键。
- ◆　使用命令简写CHA。

1.距离倒角

所谓"距离倒角"，指的就是直接输入两条图线上的倒角距离，为图线倒角。下面通过实例学习此种倒角方式。

1 绘制图4-26（左）所示的两条图线。
2 单击"修改"工具栏或面板上的◰按钮，对两条图线进行距离倒角，命令行操作如下。

命令: _chamfer
　　（"修剪"模式）当前倒角距离 1 = 0.0000，距离 2 = 0.0000
　　选择第一条直线或 [放弃(U)/多段线(P)/距离(D)/角度(A)/修剪(T)/方式(E)/多个(M)]:
　　　　　　　　　　　　　　　　// D Enter，激活"距离"选项
　　指定第一个倒角距离 <0.0000>:　　　//150 Enter，设置第一倒角长度
　　指定第二个倒角距离 <25.0000>:　　//100 Enter，设置第二倒角长度
　　选择第一条直线或 [放弃(U)/多段线(P)/距离(D)/角度(A)/修剪(T)/方式(E)/多个(M)]:
　　　　　　　　　　　　　　　　//选择水平线段
　　选择第二条直线，或按住Shift键选择要应用角点的直线:
　　　　　　　　　　　　　　　　//选择倾斜线段，距离倒角的结果如图4-26（右）所示

 用于倒角的两个倒角距离值不能为负值，如果将两个倒角距离值设置为零，那么倒角的结果就是两条图线被修剪或延长，直至相交于一点。

图线倒角前　　　　　　　　　　　图线倒角后

图4-26　距离倒角

2. 角度倒角

所谓"角度倒角"，指的是通过设置一条图线的倒角长度和倒角角度，为图线倒角。使用此种方式为图线倒角时，首先需要设置对象的长度尺寸和角度尺寸。下面通过实例学习此种倒角方式。

1 使用画线命令绘制图4-27（左）所示的两条垂直图线。
2 单击"修改"工具栏或面板上的◰按钮，对两条图线进行角度倒角，命令行操作如下。

命令: _chamfer
　　（"修剪"模式）当前倒角距离 1 = 25.0000，距离 2 = 15.0000
　　选择第一条直线或 [放弃(U)/多段线(P)/距离(D)/角度(A)/修剪(T)/方式(E)/
　　多个(M)]:　　　　　　　　　　//A Enter，激活"角度"选项
　　指定第一条直线的倒角长度 <0.0000>:　　//100 Enter，设置倒角长度
　　指定第一条直线的倒角角度 <0>:　　//30 Enter，设置倒角距离
　　选择第一条直线或 [放弃(U)/多段线(P)/距离(D)/角度(A)/修剪(T)/方式(E)/多个(M)]:
　　　　　　　　　　　　　　　　//选择水平线段
　　选择第二条直线，或按住Shift键选择要应用角点的直线:
　　　　　　　　　　　　　　　　//选择垂直线段，角度倒角的结果如图4-27（右）所示

 "方式"选项用于确定倒角的方式，要求选择"距离倒角"或"角度倒角"。另外，系统变量CHAMMODE控制着倒角的方式：当CHAMMODE=0时，系统支持"距离倒角"模式；当CHAMMODE=1时，系统支持"角度倒角"模式。

图线倒角前　　　　　　　　　　　　　图线倒角后

图4-27　角度倒角

3. 多段线倒角

"多段线"选项用于为整条多段线的所有相邻元素边同时进行倒角操作。在为多段线进行倒角操作时，可以使用相同的倒角距离值，也可以使用不同的倒角距离值。多段线倒角的命令行操作如下。

```
命令：_chamfer
    ("修剪"模式) 当前倒角距离 1 = 0.0000，距离 2 = 0.0000
    选择第一条直线或 [放弃(U)/多段线(P)/距离(D)/角度(A)/修剪(T)/方式(E)/多个(M)]：
                                    // D Enter
    指定第一个倒角距离 <0.0000>：        //50 Enter，设置第一倒角长度
    指定第二个倒角距离 <50.0000>：       //30 Enter，设置第二倒角长度
    选择第一条直线或 [放弃(U)/多段线(P)/距离(D)/角度(A)/修剪(T)/方式(E)/多个(M)]：
                                    //P Enter，激活"多段线"选项
    选择二维多段线：        //选择图4-28（左）所示的多段线，倒角结果如图4-28（右）所示
    6 条直线已被倒角
```

多段线倒角前　　　　　　　　　　　　多段线倒角后

图4-28　多段线倒角

4. 设置倒角模式

"修剪"选项用于设置倒角的修剪状态。系统提供了两种倒角边的修剪模式，即"修剪"和"不修剪"。当将倒角模式设置为"修剪"时，被倒角的两条直线被修剪到倒角的端点，系统默认的模式为"修剪"模式；当将倒角模式设置为"不修剪"时，用于倒角的图线将不被修剪，如图4-29所示。

图4-29　非修剪模式下的倒角

系统变量TRIMMODE用于控制倒角的修剪状态。当TRIMMODE=0时，系统保持对象不被修剪；当TRIMMODE=1时，系统支持倒角的修剪模式。

4.1.4 圆角对象

"圆角"命令是使用一段给定半径的圆弧光滑连接两条图线。一般情况下，用于圆角的图线有直线、多段线、样条曲线、构造线、射线、圆弧和椭圆弧等。

执行"圆角"命令主要有以下几种方式。

◆ 执行菜单栏中的"修改"|"圆角"命令。
◆ 单击"修改"工具栏或面板上的 ⬜ 按钮。
◆ 在命令行输入Fillet后按Enter键。
◆ 使用命令简写F。

下面通过对直线和圆弧进行圆角，学习"圆角"命令的使用方法和操作技巧。

1 绘制图4-30（左）所示的直线和圆弧。

2 单击"修改"工具栏或面板上的 ⬜ 按钮，对直线和圆弧进行圆角，命令行操作如下。

```
命令: _fillet
    当前设置: 模式＝修剪，半径＝0.0000
    选择第一个对象或 [放弃(U)/多段线(P)/半径(R)/修剪(T)/多个(M)]:    //R Enter
    指定圆角半径 <0.0000>:                                        //100 Enter
    选择第一个对象或 [放弃(U)/多段线(P)/半径(R)/修剪(T)/多个(M)]:    //选择倾斜线段
    选择第二个对象，或按住 Shift 键选择对象以应用角点或 [半径(R)]:
                                              //选择圆弧，图线的圆角效果如图4-30（右）所示
```

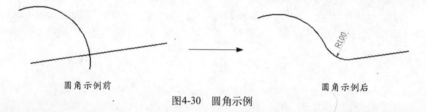

圆角示例前　　　　　　　　　　　　　　　　　　圆角示例后

图4-30　圆角示例

 提示　如果用于圆角的图线是相互平行的，那么在执行"圆角"命令后，AutoCAD将不考虑当前的圆角半径，而是自动使用一条半圆弧连接两条平行图线，半圆弧的直径为两条平行线之间的距离，如图4-31所示。

图4-31　平行线圆角

选项解析

◆ "多个"选项用于为多个对象进行圆角处理，不需要重复执行命令。如果用于圆角的图线处于同一图层中，那么圆角也处于同一图层上；如果两个圆角对象不在同一图层中，那么圆角将处于当前图层上。同样，圆角的颜色、线型和线宽也都遵守这一规则。

◆ "多段线"选项用于对多段线每相邻元素进行圆角处理，激活此选项后，AutoCAD将以默认的圆角半径对整条多段线相邻各边进行圆角操作，如图4-32所示。

与"倒角"命令一样，"圆角"命令也存在两种圆角模式，即"修剪"和"不修剪"。以上各例都是在"修剪"模式下进行

圆角后

图4-32　多段线圆角

圆角的，而"不修剪"模式下的圆角效果如图4-33所示。

图4-33 非修剪模式下的圆角

用户也可通过系统变量TRIMMODE设置圆角的修剪模式，当该系统变量值为0时，保持对象不被修剪；当该系统变量值为1时，表示圆角后将修剪对象。

4.1.5 缩放对象

"缩放"命令用于将选定的对象进行等比例放大或缩小。使用此命令可以创建形状相同、大小不同的图形结构。

执行"缩放"命令主要有以下几种方式。

◆ 执行菜单栏中的"修改"|"缩放"命令。
◆ 单击"修改"工具栏或面板上的 按钮。
◆ 在命令行输入Scale后按Enter键。
◆ 使用命令简写SC。

执行"缩放"命令后，其命令行操作如下。

```
命令: _scale
    选择对象:                          //选择图4-34（左）所示的图形
    选择对象:                          // Enter，结束选择
    指定基点:                          //捕捉花盆一侧的中点
    指定比例因子或 [复制(C)/参照(R)] <1.0000>:    //0.5 Enter，结果如图4-34（右）所示
```

选项解析

◆ "参照"选项使用参考值作为比例因子缩放操作对象。此选项需要用户分别指定一个参照长度和一个新长度，AutoCAD将以参考长度和新长度的比值决定缩放的比例因子。
◆ "复制"选项用于在缩放图形的同时将源图形复制，如图4-35所示。

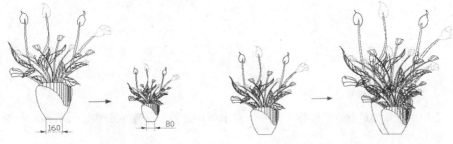

图4-34 缩放示例   图4-35 缩放复制示例

4.2 综合实例1——绘制连接杆零件二视图

本例主要学习绘制连接杆零件二视图，对本章所学知识进行综合练习和巩固应用。连接杆零件二视图的最终绘制效果，如图4-36所示。

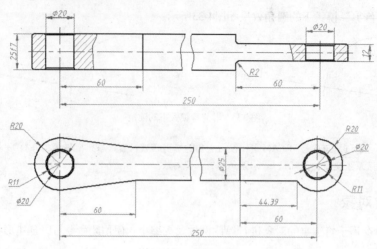

图4-36 实例效果

📀 操作步骤

1️⃣ 执行"新建"命令,以随书光盘中的"\样板文件\机械样板.dwt"作为基础样板,新建空白文件。

2️⃣ 打开状态栏上的"对象捕捉"、"极轴追踪"等功能。

3️⃣ 使用命令简写Z激活"视图缩放"功能,将视图高度设置为180个绘图单位。

4️⃣ 展开"图层"工具栏中的"图层控制"下拉列表,将"中心线"设置为当前图层。

5️⃣ 执行菜单栏中的"绘图"|"构造线"命令,绘制水平和垂直的构造线作为定位辅助线,如图4-37所示。

6️⃣ 展开"图层"工具栏中的"图层控制"下拉列表,将"轮廓线"设置为当前图层。

7️⃣ 使用命令简写C激活"圆"命令,配合交点捕捉功能绘制两组同心圆,同心圆的半径分别为10、11和20,结果如图4-38所示。

图4-37 绘制构造线   图4-38 绘制同心圆

8️⃣ 使用命令简写O激活"偏移"命令,对水平构造线和垂直构造线进行偏移,命令行操作如下。

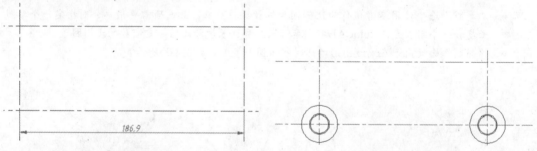

```
命令: O                                                              // Enter
OFFSET当前设置: 删除源=否 图层=源 OFFSETGAPTYPE=0
指定偏移距离或 [通过(T)/删除(E)/图层(L)] <180.0>:              //L Enter
输入偏移对象的图层选项 [当前(C)/源(S)] <源>:                    //C Enter
指定偏移距离或 [通过(T)/删除(E)/图层(L)] <180.0>:              //60 Enter
选择要偏移的对象,或 [退出(E)/放弃(U)] <退出>:                //选择左侧的垂直构造线
```

指定要偏移的那一侧上的点，或 [退出(E)/多个(M)/放弃(U)] <退出>：

//在所选构造线的右侧拾取点

选择要偏移的对象，或 [退出(E)/放弃(U)] <退出>：　　　//选择右侧的垂直构造线
指定要偏移的那一侧上的点，或 [退出(E)/多个(M)/放弃(U)] <退出>：

//在所选构造线的左侧拾取点

选择要偏移的对象，或 [退出(E)/放弃(U)] <退出>：　　　// Enter
命令：　　　　　　　　　　　　　　　　　　　　　　// Enter
OFFSET当前设置：删除源=否　图层=当前　OFFSETGAPTYPE=0
指定偏移距离或 [通过(T)/删除(E)/图层(L)] <60.0>：　　//12.5 Enter
选择要偏移的对象，或 [退出(E)/放弃(U)] <退出>：.　　//选择下侧的水平构造线
指定要偏移的那一侧上的点，或 [退出(E)/多个(M)/放弃(U)] <退出>：

//在所选构造线的上侧拾取点

选择要偏移的对象，或 [退出(E)/放弃(U)] <退出>：　　　//选择下侧的水平构造线
指定要偏移的那一侧上的点，或 [退出(E)/多个(M)/放弃(U)] <退出>：

//在所选构造线的下侧拾取点

选择要偏移的对象，或 [退出(E)/放弃(U)] <退出>：　　　// Enter，结果如图4-39所示

9 执行菜单栏中的"绘图"|"直线"命令，配合交点捕捉和切点捕捉功能绘制如图4-40所示的两条切线。

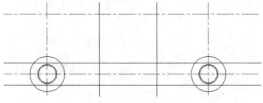

图4-39　偏移结果　　　　　　　　　　　图4-40　绘制切线

10 使用命令简写TR激活"修剪"命令，对图4-40所示的图线进行修剪，结果如图4-41所示。

11 展开"图层"工具栏中的"图层控制"下拉列表，将"波浪线"设置为当前图层。

12 使用命令简写SPL激活"样条曲线"命令，配合最近点捕捉功能绘制如图4-42所示的两条边界线。

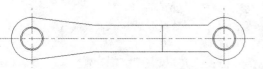

图4-41　修剪结果　　　　　　　　　　　图4-42　绘制结果

13 使用命令简写TR激活"修剪"命令，以两条样条曲线作为边界，对两条水平的轮廓线进行修剪，结果如图4-43所示。

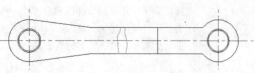

图4-43　修剪结果

14 展开"图层"工具栏中的"图层控制"下拉列表，将"轮廓线"设置为当前图层。

15 使用命令简写O激活"偏移"命令，对上侧的水平构造线进行偏移，命令行操作如下。

命令：O　　　　　　　　　　　　　　　　　　　　　// Enter
OFFSET当前设置：删除源=否　图层=当前　OFFSETGAPTYPE=0

指定偏移距离或 [通过(T)/删除(E)/图层(L)] <60.0>:   //12.5 Enter

选择要偏移的对象，或 [退出(E)/放弃(U)] <退出>:   //选择上侧的水平构造线

指定要偏移的那一侧上的点，或 [退出(E)/多个(M)/放弃(U)] <退出>:

    //在所选构造线的上侧拾取点

选择要偏移的对象，或 [退出(E)/放弃(U)] <退出>:   //选择上侧的水平构造线

指定要偏移的那一侧上的点，或 [退出(E)/多个(M)/放弃(U)] <退出>:

    //在所选构造线的下侧拾取点

选择要偏移的对象，或 [退出(E)/放弃(U)] <退出>:   //Enter

命令: //Enter

指定偏移距离或 [通过(T)/删除(E)/图层(L)] <12.5>:   //6 Enter

选择要偏移的对象，或 [退出(E)/放弃(U)] <退出>:   //选择上侧的水平构造线

指定要偏移的那一侧上的点，或 [退出(E)/多个(M)/放弃(U)] <退出>:

    //在所选构造线的上侧拾取点

选择要偏移的对象，或 [退出(E)/放弃(U)] <退出>:   //选择上侧的水平构造线

指定要偏移的那一侧上的点，或 [退出(E)/多个(M)/放弃(U)] <退出>:

    //在所选构造线的下侧拾取点

选择要偏移的对象，或 [退出(E)/放弃(U)] <退出>:   //Enter，结果如图4-44所示

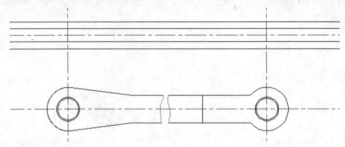

图4-44 偏移结果

16 重复执行"偏移"命令，对两条垂直的构造线进行偏移，命令行操作如下。

命令: // Enter

OFFSET当前设置: 删除源=否 图层=当前 OFFSETGAPTYPE=0

指定偏移距离或 [通过(T)/删除(E)/图层(L)] <6>:   //20 Enter

选择要偏移的对象，或 [退出(E)/放弃(U)] <退出>:   //选择左侧的垂直构造线

指定要偏移的那一侧上的点，或 [退出(E)/多个(M)/放弃(U)] <退出>:

    //在所选构造线的左侧拾取点

选择要偏移的对象，或 [退出(E)/放弃(U)] <退出>:   //选择右侧的垂直构造线

指定要偏移的那一侧上的点，或 [退出(E)/多个(M)/放弃(U)] <退出>:

    //在所选构造线的右侧拾取点

选择要偏移的对象，或 [退出(E)/放弃(U)] <退出>:   // Enter

命令: // Enter

OFFSET当前设置: 删除源=否 图层=当前 OFFSETGAPTYPE=0

指定偏移距离或 [通过(T)/删除(E)/图层(L)] <20>:   //60 Enter

选择要偏移的对象，或 [退出(E)/放弃(U)] <退出>:   //再次选择左侧的垂直构造线

指定要偏移的那一侧上的点，或 [退出(E)/多个(M)/放弃(U)] <退出>:

    //在所选构造线的右侧拾取点

选择要偏移的对象，或 [退出(E)/放弃(U)] <退出>:   //再次选择右侧的垂直构造线

指定要偏移的那一侧上的点，或 [退出(E)/多个(M)/放弃(U)] <退出>:

选择要偏移的对象，或 [退出(E)/放弃(U)] <退出>　　　//在所选构造线的左侧拾取点
　　　　　　　　　　　　　　　　　　　　　　　　　// Enter，结果如图4-45所示

17 执行菜单栏中的"修改"|"修剪"命令，对各构造线进行修剪，编辑出主视图外轮廓结构，结果如图4-46所示。

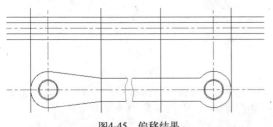

图4-45　偏移结果　　　　　　　　　　　　　　图4-46　修剪结果

18 绘制边界线和抹角结构。执行菜单栏中的"修改"|"复制"命令，对俯视图中的两条样条曲线进行复制，命令行操作如下。

```
命令:_copy
    选择对象:                           //选择两条样条曲线边界
    选择对象:                           // Enter
    当前设置: 复制模式 = 多个
    指定基点或 [位移(D)/模式(O)] <位移>:   //捕捉如图4-47所示的端点
```

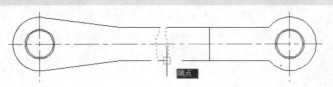

图4-47　捕捉端点

　　指定第二个点或 [阵列(A)] <使用第一个点作为位移>　　//捕捉如图4-48所示的交点
　　指定第二个点或 [阵列(A)/退出(E)/放弃(U)] <退出>:　// Enter，复制结果如图4-49所示

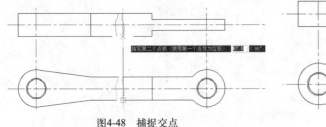

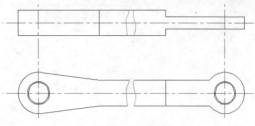

图4-48　捕捉交点　　　　　　　　　　　　　　图4-49　复制结果

19 使用命令简写TR激活"修剪"命令，以复制出的两条样条曲线作为边界，对主视图两侧的水平轮廓线进行修剪，结果如图4-50所示。

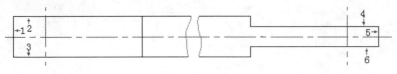

图4-50　修剪结果

20 执行菜单栏中的"修改"|"倒角"命令，对主视图外轮廓线进行倒角，命令行操作如下。

```
命令: _chamfer
    ("修剪"模式) 当前倒角距离 1 = 0.0, 距离 2 = 0.0
    选择第一条直线或 [放弃(U)/多段线(P)/距离(D)/角度(A)/修剪(T)/方式(E)/多个(M)]:
                                                    //A Enter
    指定第一条直线的倒角长度 <0.0>:                  //1 Enter
    指定第一条直线的倒角角度 <0>:                    //45 Enter
    选择第一条直线或 [放弃(U)/多段线(P)/距离(D)/角度(A)/修剪(T)/方式(E)/多个(M)]:
                                                    //M Enter
    选择第一条直线或 [放弃(U)/多段线(P)/距离(D)/角度(A)/修剪(T)/方式(E)/多个(M)]:
                                        //在图4-50所示的图线1的上端单击
    选择第二条直线, 或按住 Shift 键选择要应用角点的直线:    //在图线2的左端单击
    选择第一条直线或 [放弃(U)/多段线(P)/距离(D)/角度(A)/修剪(T)/方式(E)/多个(M)]:
                                        //在图线3的左端单击
    选择第二条直线, 或按住 Shift 键选择要应用角点的直线:    //在图线1的下端单击
    选择第一条直线或 [放弃(U)/多段线(P)/距离(D)/角度(A)/修剪(T)/方式(E)/多个(M)]:
                                        //在水平轮廓线6的右端单击
    选择第二条直线, 或按住 Shift 键选择要应用角点的直线:    //在图线5的下端单击
    选择第一条直线或 [放弃(U)/多段线(P)/距离(D)/角度(A)/修剪(T)/方式(E)/多个(M)]:
                                        //在水平轮廓线4的右端单击
    选择第二条直线, 或按住 Shift 键选择要应用角点的直线:    //在图线5的上端单击
    选择第一条直线或 [放弃(U)/多段线(P)/距离(D)/角度(A)/修剪(T)/方式(E)/多个(M)]:
                                        // Enter, 结果如图4-51所示
```

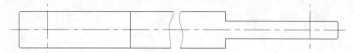

图4-51   倒角结果

21 绘制柱孔结构。执行菜单栏中的"修改"|"偏移"命令, 根据视图间的对正关系, 绘制如图4-52所示的4条垂直构造线。

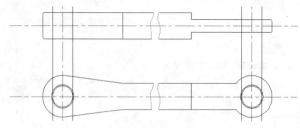

图4-52   绘制结果

22 执行菜单栏中的"修改"|"修剪"命令, 以主视图外轮廓线作为边界, 对4条垂直构造线进行修剪, 结果如图4-53所示。

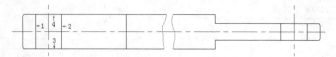

图4-53   修剪结果

23 执行菜单栏中的"修改"|"倒角"命令, 对主视图外轮廓线和修剪后产生的垂直轮廓线进行倒角, 命令行操作如下。

命令: _chamfer

　　("修剪"模式) 当前倒角长度 = 1.0, 角度 = 45

　　选择第一条直线或 [放弃(U)/多段线(P)/距离(D)/角度(A)/修剪(T)/方式(E)/多个(M)]:

　　　　　　　　　　　　　　　　　　　　　　//T Enter

　　输入修剪模式选项 [修剪(T)/不修剪(N)] <修剪>:　//N Enter

　　选择第一条直线或 [放弃(U)/多段线(P)/距离(D)/角度(A)/修剪(T)/方式(E)/多个(M)]:

　　　　　　　　　　　　　　　　　　　　　　//M Enter

　　选择第一条直线或 [放弃(U)/多段线(P)/距离(D)/角度(A)/修剪(T)/方式(E)/多个(M)]:

　　　　　　　　　　　　　　　　//在图4-53所示的垂直轮廓线1的上端单击

　　选择第二条直线，或按住 Shift 键选择要应用角点的直线:　//在图线4的左端单击

　　选择第一条直线或 [放弃(U)/多段线(P)/距离(D)/角度(A)/修剪(T)/方式(E)/多个(M)]:

　　　　　　　　　　　　　　　　　　　//在垂直轮廓线1的下端单击

　　选择第二条直线，或按住 Shift 键选择要应用角点的直线:　//在图线3的左端单击

　　选择第一条直线或 [放弃(U)/多段线(P)/距离(D)/角度(A)/修剪(T)/方式(E)/多个(M)]:

　　　　　　　　　　　　　　　　　　　//在垂直轮廓线2的上端单击

　　选择第二条直线，或按住 Shift 键选择要应用角点的直线:　//在图线4的右端单击

　　选择第一条直线或 [放弃(U)/多段线(P)/距离(D)/角度(A)/修剪(T)/方式(E)/多个(M)]:

　　　　　　　　　　　　　　　　　　　//在垂直轮廓线2的下端单击

　　选择第二条直线，或按住 Shift 键选择要应用角点的直线:　//在图线3的右端单击

　　选择第一条直线或 [放弃(U)/多段线(P)/距离(D)/角度(A)/修剪(T)/方式(E)/多个(M)]:

　　　　　　　　　　　　　　　　// Enter，结束命令，结果如图4-54所示

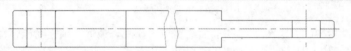

图4-54　倒角结果

24 执行菜单栏中的"修改"|"修剪"命令，以倒角后产生的4条倾斜图线作为边界，对柱孔两侧的垂直轮廓线进行修剪，结果如图4-55所示。

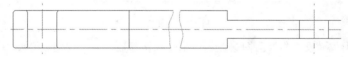

图4-55　修剪结果

25 使用命令简写L激活"直线"命令，配合端点捕捉功能绘制倒角位置的水平轮廓线，结果如图4-56所示。

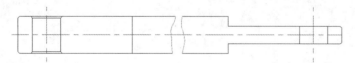

图4-56　绘制结果

26 参照上述步骤，综合使用"倒角"、"修剪"、"直线"命令，绘制右侧柱孔的内部结构，结果如图4-57所示。

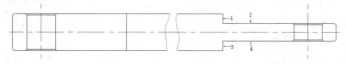

图4-57　绘制结果

27 执行菜单栏中的"修改"|"圆角"命令，对主视图外轮廓线进行圆角编辑，命令行操作如下。

```
命令: _fillet
    当前设置: 模式 = 不修剪, 半径 = 0.0
    选择第一个对象或 [放弃(U)/多段线(P)/半径(R)/修剪(T)/多个(M)]:    //R Enter
    指定圆角半径 <0.0>:                                        //2 Enter
    选择第一个对象或 [放弃(U)/多段线(P)/半径(R)/修剪(T)/多个(M)]:    //T Enter
    输入修剪模式选项 [修剪(T)/不修剪(N)] <不修剪>:               //T Enter
    选择第一个对象或 [放弃(U)/多段线(P)/半径(R)/修剪(T)/多个(M)]:    //M Enter
    选择第一个对象或 [放弃(U)/多段线(P)/半径(R)/修剪(T)/多个(M)]:
                                              //单击图4-57所示的垂直轮廓线1
    选择第二个对象, 或按住 Shift 键选择要应用角点的对象:        //单击水平轮廓线2
    选择第一个对象或 [放弃(U)/多段线(P)/半径(R)/修剪(T)/多个(M)]:
                                              //单击图4-57所示的垂直轮廓线3
    选择第二个对象, 或按住 Shift 键选择要应用角点的对象:        //单击水平轮廓线4
    选择第一个对象或 [放弃(U)/多段线(P)/半径(R)/修剪(T)/多个(M)]:
                                              //Enter, 结果如图4-58所示
```

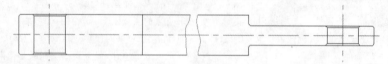

图4-58 圆角结果

28 执行菜单栏中的"绘图"|"样条曲线"命令，配合最近点捕捉功能，在"波浪线"图层内绘制如图4-59所示的样条曲线作为边界线。

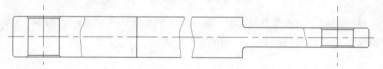

图4-59 绘制结果

29 将"剖面线"设置为当前图层，然后采用默认参数，为主视图填充ANSI31图案，结果如图4-60所示。

30 使用命令简写TR激活"修剪"命令，以两视图外轮廓线作为剪切边界，对构造线进行修剪，将其转化图中心线，结果如图4-61所示。

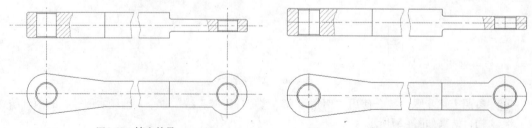

图4-60 填充结果   图4-61 修剪结果

31 执行菜单栏中的"修改"|"拉长"命令，将长度增量设置为5，分别对两视图的中心线进行两端拉长，拉长结果如图4-62所示。

32 单击状态栏上的 ➕ 按钮，打开状态栏上的线宽显示功能，最终结果如图4-63所示。

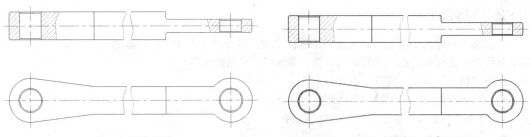

图4-62 拉长结果　　　　　　　　　　　　　图4-63 打开线宽

33 执行"保存"命令，将图形命名存储为"综合实例（一）.dwg"。

4.3　调整对象位置及形状

本节主要学习"旋转"、"拉伸"、"拉长"和"对齐"4个命令，以方便调整图形的位置及形状。

4.3.1　旋转对象

"旋转"命令用于将图形围绕指定的基点进行角度旋转。在旋转对象时，输入的角度为正值，系统将按逆时针方向旋转；输入的角度为负值，系统将按顺时针方向旋转。

执行"旋转"命令主要有以下几种方式。

- ◆ 执行菜单栏中的"修改"|"旋转"命令。
- ◆ 单击"修改"工具栏或面板上的 ○ 按钮。
- ◆ 在命令行输入Rotate后按Enter键。
- ◆ 使用命令简写RO。

执行"旋转"命令后，其命令行操作如下。

```
命令: _rotate
        UCS 当前的正角方向: ANGDIR=逆时针 ANGBASE=0
        选择对象:                    //选择如图4-64所示的沙发
        选择对象:                    // Enter
        指定基点:                    //拾取任一点
        指定旋转角度, 或 [复制(C)/参照(R)] <0>:   //-90 Enter, 旋转结果如图4-65所示
```

✎ 选项解析

- ◆ "参照"选项用于将对象进行参照旋转，即指定一个参照角度和新角度，两个角度的差值就是对象的实际旋转角度。
- ◆ "复制"选项用于在旋转图形对象的同时将其复制，而源对象保持不变，如图4-66所示。

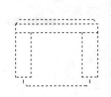

图4-64 选择沙发

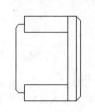

图4-65 旋转结果

图4-66 旋转复制示例

4.3.2 拉伸对象

"拉伸"命令用于将图形对象进行不等比缩放，进而改变对象的尺寸或形状。通常用于拉伸的基本几何图形主要有直线、圆弧、椭圆弧、多段线、样条曲线等。

执行"拉伸"命令主要有以下几种方式。

◆ 执行菜单栏中的"修改" | "拉伸"命令。

◆ 单击"修改"工具栏或面板上的 ▣ 按钮。

◆ 在命令行输入Stretch后按Enter键。

◆ 使用命令简写S。

下面通过将图4-67（左）所示的图形编辑成图4-67（右）所示的结构，学习"拉伸"命令的使用方法与操作技巧。

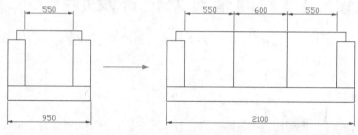

图4-67 拉伸示例

1 执行"打开"命令，打开随书光盘中的"\素材文件\4-3.dwg"文件，如图4-67（左）所示。

2 单击"修改"工具栏或面板上的 ▣ 按钮，对单人沙发平面图进行拉伸，命令行操作如下。

> 命令: _stretch
> 以交叉窗口或交叉多边形选择要拉伸的对象...
> 选择对象: //从图4-68所示第一点向左下拉出矩形选择框，然后在第二点位置单击鼠标左键，选择拉伸对象

 提 示 在窗交选择时，需要拉长的图形必须与选择框相交，需要平移的图线只需处在选择框内即可。

> 选择对象: // Enter ，结束选择
> 指定基点或 [位移(D)] <位移>: //在任意位置单击鼠标左键，拾取一点作为拉伸基点，此时系统进入拉伸状态，如图4-69所示

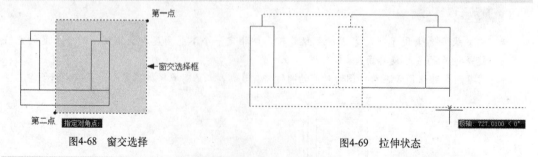

图4-68 窗交选择　　　　　　　　　　图4-69 拉伸状态

> 指定第二个点或 [阵列(A)] <使用第一个点作为位移>:
> //向右拉出水平的极轴虚线，输入1150并按 Enter 键，结果如图4-70所示

3 使用命令简写L激活"直线"命令，绘制内部的垂直轮廓线，结果如图4-71所示。

图4-70　拉伸结果

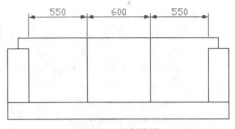

图4-71　绘制结果

4.3.3　拉长对象

"拉长"命令用于将图线拉长或缩短，在拉长的过程中不仅可以改变线对象的长度，还可以更改弧的角度，如图4-72所示。

图4-72　拉长示例

执行"拉长"命令主要有以下几种方式。

◆　执行菜单栏中的"修改" | "拉长"命令。

◆　单击"常用"选项卡 | "修改"面板上的 按钮。

◆　在命令行输入Lengthen后按Enter键。

◆　使用命令简写LEN。

在拉长对象时，可以使用"增量"拉长、"百分数"拉长、"全部"拉长和"动态"拉长这几种方式，下面将详细进行讲解。

1. "增量"拉长

所谓"增量"拉长，指的是按照事先指定的长度增量或角度增量拉长或缩短对象。下面通过拉伸零件图中心线，学习"拉长"命令的使用方法和操作技巧。

1 执行"打开"命令，打开随书光盘中的"\素材文件\4-4.dwg"文件，如图4-73所示。

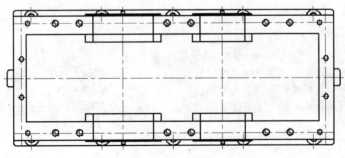

图4-73　打开结果

2 执行菜单栏中的"修改" | "拉长"命令，将水平中心线两端拉长65个单位，命令行操作如下。

```
命令: _lengthen
    选择对象或 [增量(DE)/百分数(P)/全部(T)/动态(DY)]:    //DE Enter，激活"增量"选项
    输入长度增量或 [角度(A)] <0.0000>:                    //65 Enter，设置长度增量
    选择要修改的对象或 [放弃(U)]:                          //在上侧水平中心线的左端单击
    选择要修改的对象或 [放弃(U)]:                          //在上侧水平中心线的右端单击
    选择要修改的对象或 [放弃(U)]:                          //在下侧水平中心线的左端单击
    选择要修改的对象或 [放弃(U)]:                          //在下侧水平中心线的右端单击
    选择要修改的对象或 [放弃(U)]:                          // Enter，拉长结果如图4-74所示
```

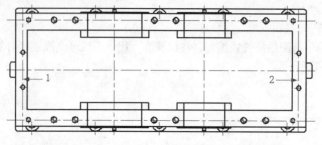

图4-74　拉长结果

如果把增量值设置为正值，系统将拉长对象；如果将增量设置为负值，系统将缩短对象。

3 重复执行"拉长"命令，将两侧的垂直中心线1和2两端拉长25个单位，结果如图4-75所示。

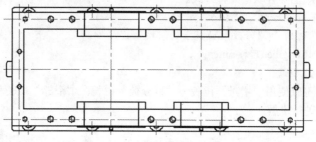

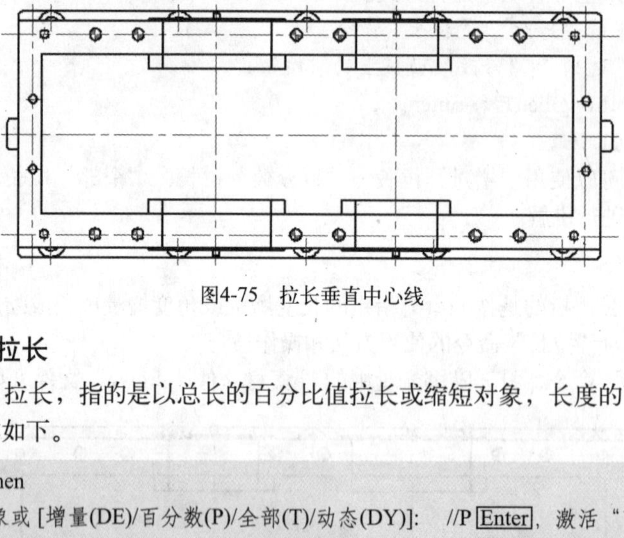

图4-75　拉长垂直中心线

2. "百分数"拉长

所谓"百分数"拉长，指的是以总长的百分比值拉长或缩短对象，长度的百分比数值必须为正且非零，命令行操作如下。

```
命令: _lengthen
    选择对象或 [增量(DE)/百分数(P)/全部(T)/动态(DY)]:    //P Enter，激活"百分数"选项
    输入长度百分数 <100.0000>:                            //200 Enter，设置拉长的百分比值
    选择要修改的对象或 [放弃(U)]:                          //在图4-76（上）所示直线的右端单击
    选择要修改的对象或 [放弃(U)]:                          // Enter，拉长结果如图4-76（下）所示
```

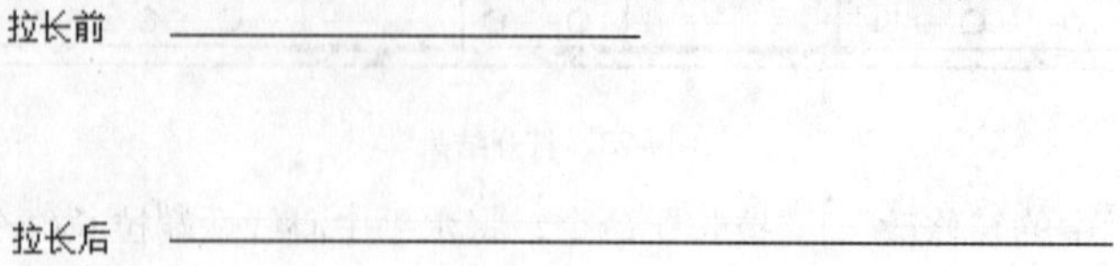

拉长前 ————————————————————

拉长后 ——————————————————————————————

图4-76　百分数拉长

提示 当长度百分比值小于100时，将缩短对象；当长度百分比值大于100时，将拉伸对象。

3."全部"拉长

所谓"全部"拉长，指的是根据指定的总长度或者总角度拉长或缩短对象，命令行操作如下。

```
命令：_lengthen
    选择对象或 [增量(DE)/百分数(P)/全部(T)/动态(DY)]：   //T Enter，激活"全部"选项
    指定总长度或 [角度(A)] <1.0000>：                    //500 Enter，设置总长度
    选择要修改的对象或 [放弃(U)]：                        //在图4-77（上）所示直线的右端单击
    选择要修改的对象或 [放弃(U)]：                        // Enter，拉长结果如图4-77（下）所示
```

 提示 如果原对象的总长度或总角度大于所指定的总长度或总角度，则原对象将被缩短；反之，将被拉长。

4."动态"拉长

所谓"动态"拉长，指的是根据图形对象的端点位置动态改变其长度。激活"动态"选项功能之后，AutoCAD将端点移动到所需的长度或角度，另一端保持固定，如图4-78所示。

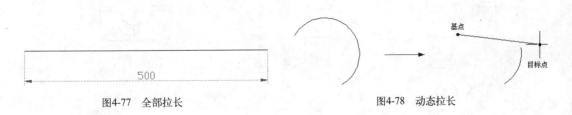

图4-77 全部拉长　　　　　　　　　　　　图4-78 动态拉长

4.3.4 对齐图形

"对齐"命令用于将选择的图形对象，在二维空间或三维空间中与其他图形对象进行对齐。在对齐图形时，需要指定三个源点和三个目标点，这些点不能处在同一水平或垂直位置上。

执行"对齐"命令主要有以下几种方式。

◆ 执行菜单栏中的"修改"|"三维操作"|"对齐"命令。

◆ 单击"常用"选项卡|"修改"面板中的■按钮。

◆ 在命令行输入Align后按Enter键。

◆ 使用命令简写AL。

本例通过将如图4-79（左）所示的零件图组装成图4-79（右）所示的零件图，学习"对齐"命令的使用方法和操作技巧。

1 执行"打开"命令，打开随书光盘中的"\素材文件\4-5.dwg"文件，如图4-79（左）所示。

2 执行菜单栏中的"修改"|"三维操作"|"对齐"命令，对图形进行对齐操作，命令行操作如下。

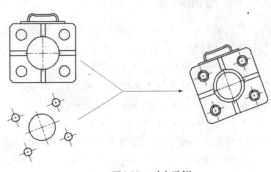

图4-79 对齐示例

```
命令: _align
    选择对象:                          //窗交选择如图4-80所示的图形
    选择对象:                          //[Enter]，结束选择
    指定第一个源点:                    //捕捉如图4-81所示的圆心作为对齐的第一个源点
    指定第一个目标点:                  //捕捉如图4-82所示的圆心作为对齐的第一个目标点
    指定第二个源点:                    //捕捉如图4-83所示的圆心作为对齐的第二个源点
```

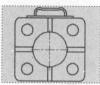   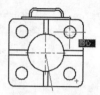

图4-80 窗交选择框　　　图4-81 定位第一个源点　　　图4-82 定位第一个目标点　　　图4-83 定位第二个源点

```
    指定第二个目标点:                  //捕捉如图4-84所示的圆心作为对齐的第二个目标点
    指定第三个源点或 <继续>:           //捕捉如图4-85所示的圆心作为对齐的第三个源点
    指定第三个目标点:                  //捕捉如图4-86所示的圆心作为对齐的第三个目标点，
    对齐结果如上图4-79（右）所示
```

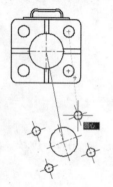 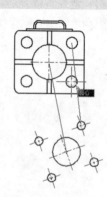 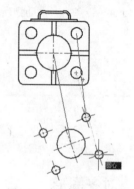

图4-84 定位第二个目标点　　　图4-85 定位第三个源点　　　图4-86 定位第三个目标点

4.4 对象的其他编辑

本节主要学习"打断"、"合并"、"光顺曲线"、"分解"和"编辑多段线"5个命令。

4.4.1 打断对象

"打断"命令用于将选择的图线打断为相连的两部分，或打断并删除图线上的一部分。

执行"打断"命令主要有以下几种方式。

◆ 执行菜单栏中的"修改"|"打断"命令。
◆ 单击"修改"工具栏或面板上的 按钮。
◆ 在命令行输入Break后按Enter键。
◆ 使用命令简写BR。

在打断图线时，往往需要配合"对象捕捉"功能或坐标输入功能，精确定位断点。下面通过典型的实例，学习"打断"命令的使用方法和操作技巧。

1 执行"打开"命令，打开随书光盘中的"\素材文件\4-6.dwg"文件，如图4-87所示。

2 单击"修改"工具栏上的 □ 按钮，配合交点捕捉功能对内部的水平图线进行打断，命令行操作如下。

　　命令: _break
　　　　选择对象: 　　　　　　　　　　　　　　//选择如图4-88所示的水平图线
　　　　指定第二个打断点 或 [第一点(F)]: 　　//F Enter ，激活"第一点"选项
　　　　指定第一个打断点: 　　　　　　　　　　//捕捉图4-88所示的交点1
　　　　指定第二个打断点: 　　　　　　　　　　//捕捉交点2，打断结果如图4-89所示

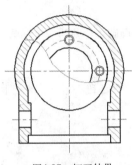
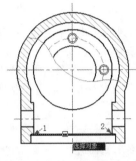
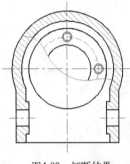

图4-87　打开结果　　　　　　　图4-88　选择对象　　　　　　　图4-89　打断结果

"第一点"选项用于重新确定第一断点。由于在选择对象时不可能拾取到准确的第一点，所以需要激活该选项，以重新定位第一断点。

3 重复执行"打断"命令，配合交点捕捉功能，对外螺纹进行打断，命令行操作如下。

　　命令: _break
　　　　选择对象: 　　　　　　　　　　　　　　//选择如图4-90所示的螺纹轮廓圆
　　　　指定第二个打断点 或 [第一点(F)]: 　　//F Enter ，激活"第一点"选项
　　　　指定第一个打断点: 　　　　　　　　　　//捕捉交点1
　　　　指定第二个打断点: 　　　　　　　　　　//捕捉交点2
　　　　命令: _break
　　　　选择对象: 　　　　　　　　　　　　　　//选择右下侧的螺纹轮廓圆
　　　　指定第二个打断点 或 [第一点(F)]: 　　//F Enter ，激活"第一点"选项
　　　　指定第一个打断点: 　　　　　　　　　　//捕捉交点3
　　　　指定第二个打断点: 　　　　　　　　　　//捕捉交点4，打断结果如图4-91所示

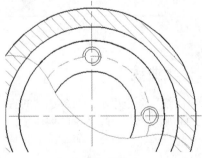

图4-90　选择对象　　　　　　　　　图4-91　打断结果

要将一个对象拆分为二而不删除其中的任何部分，可以在指定第二断点时输入相对坐标符号@，也可以直接单击"修改"工具栏上的 □ 按钮。

4.4.2 合并对象

"合并"命令用于将两个或多个相似对象合并成一个完整的对象，还可以将圆弧或椭圆弧合并为一个整圆和椭圆。

执行"合并"命令主要有以下几种方式。

- ◆ 执行菜单栏中的"修改"|"合并"命令。
- ◆ 单击"修改"工具栏或面板上的 ⊷ 按钮。
- ◆ 在命令行输入Join后按Enter键。
- ◆ 使用命令简写J。

下面通过将两条线段合并为一条线段，将圆弧合并为一个整圆，将椭圆弧合并为一个椭圆，学习"合并"命令的使用方法和操作技巧。

1 使用画线命令绘制图4-92（上）所示的两条线段和图4-93（上）所示的圆弧。

2 单击"常用"选项卡|"修改"面板中的"合并"按钮 ⊷，将两条线段合并为一条线段，命令行操作如下。

命令: _join
    选择源对象或要一次合并的多个对象: //选择图4-92（上）所示左侧的线段作为源对象
    选择要合并的对象: //选择图4-92（上）所示右侧的线段
    选择要合并的对象: // Enter，合并结果如图4-92（下）所示
    2 条直线已合并为 1 条直线

3 重复执行"合并"命令，将圆弧合并为一个整圆，命令行操作如下。

命令:JOIN
    选择源对象或要一次合并的多个对象: //选择图4-93（上）所示的圆弧
    选择要合并的对象: // Enter
    选择圆弧，以合并到源或进行 [闭合(L)]:
                    //L Enter，激活"闭合"选项，合并结果如图4-93（下）所示
    已将圆弧转换为圆

图4-92　合并线段　　　　　　　　　　图4-93　合并圆弧

4.4.3 光顺曲线

"光顺曲线"命令用于在两条选定的直线或曲线之间创建样条曲线，如图4-94所示。

执行"光顺曲线"命令主要有以下几种方式。

- ◆ 执行菜单栏中的"修改"|"光顺曲线"命令。
- ◆ 单击"修改"工具栏或面板上的 ∿ 按钮。

图4-94　光顺曲线示例

◆　在命令行输入BLEND后按Enter键。

◆　使用命令简写BL。

使用"光顺曲线"命令在两图线之间创建样条曲时，具体有两个过渡类型，分别是"相切"和"平滑"。下面通过小实例学习"光顺曲线"命令的使用方法和操作技巧。

1 绘制图4-94（上）所示的直线和样条曲线。

2 单击"修改"工具栏或面板上的　　按钮，在直线和样条曲线之间，创建一条过渡样条曲线，命令行操作如下。

命令: _BLEND
　　连续性 = 相切
　　选择第一个对象或 [连续性(CON)]:　　　　//在直线的右上端点单击
　　选择第二个点:　　　　//在样条曲线的左端单击，创建如图4-94（下）所示的光顺曲线

 提示 图4-94（下）所示的光顺曲线是在"相切"模式下创建的一条 3 阶样条曲线（其夹点效果如图4-95所示），在选定对象的端点处具有相切（G1）连续性。

图4-95　"相切"模式下的3阶光顺曲线

3 重复执行"光顺曲线"命令，在"平滑"模式下创建一条5阶样条曲线，命令行操作如下。

命令: _BLEND
　　连续性 = 相切
　　选择第一个对象或 [连续性(CON)]:　　　　//CON Enter
　　输入连续性 [相切(T)/平滑(S)] <切线>:　　　//S Enter，激活"平滑"选项
　　选择第一个对象或 [连续性(CON)]:　　　　//在直线的右上端点单击
　　选择第二个点:　　　　//在样条曲线的左端单击，创建如图4-96所示的光顺曲线

平滑模式下的5阶光顺曲线

相切模式下的3阶光顺曲线

图4-96　创建结果

 提示 图4-96所示的光顺曲线是在"平滑"模式下创建的一条 5阶样条曲线（其夹点效果如图4-97所示），在选定对象的端点处具有曲率（G2）连续性。

图4-97　"平滑"模式下的5阶光顺曲线

 提示 如果使用"平滑"选项，请勿将显示从控制点切换为拟合点。此操作将样条曲线更改为 3 阶，这会改变样条曲线的形状。

第 1 章　第 2 章　第 3 章　第 4 章　第 5 章

4.4.4 分解对象

"分解"命令用于将复合图形分解成各自独立的对象，以方便对分解后的各对象进行修改编辑。

执行"分解"命令主要有以下几种方式。

◆ 执行菜单栏中的"修改"|"分解"命令。

◆ 单击"修改"工具栏或面板上的 按钮。

◆ 在命令行输入Explode后按Enter键。

◆ 使用命令简写X。

在激活"分解"命令后，只需选择需要分解的对象按Enter键即可将对象分解。若对具有一定宽度的多段线分解，AutoCAD将忽略其宽度并沿多段线的中心位置分解多段线，如图4-98所示。

图4-98 分解宽度多段线

4.4.5 编辑多段线

"编辑多段线"命令用于编辑多段线或具有多段线性质的图形，如矩形、正多边形、圆环、三维多段线、三维多边形网格等。

执行"编辑多段线"命令主要有以下几种方式。

◆ 执行菜单栏中的"修改"|"对象"|"多段线"命令。

◆ 单击"修改II"工具栏或"修改"面板中的 按钮。

◆ 在命令行输入Pedit后按Enter键。

◆ 使用命令简写PE。

执行"编辑多段线"命令可以闭合、打断、拉直、拟合多段线，还可以增加、移动、删除多段线顶点等。执行"编辑多段线"命令后命令行提示如下。

```
命令：Pedit
    选择多段线或 [多条（M）]：              //系统提示选择需要编辑的多段线。如果用户选
择了直线或圆弧，而不是多段线，系统出现如下提示：
    是否将其转换为多段线？<Y>:              //输入Y，将选择的对象即直线或圆弧转换为多段
线，再进行编辑。如果选择的对象是多段线，系统出现如下提示：
    输入选项 [闭合(C)/合并(J)/宽度(W)/编辑顶点(E)/拟合(F)/样条曲线(S)/非曲线化(D)/线型生成
(L)/反转(R)/放弃(U)]:
```

选项解析

◆ "闭合"选项用于打开或闭合多段线。如果用户选择的多段线是非闭合的，使用该选项可使之封闭；如果用户选择的多段线是闭合的，该选项替换成"打开"，使用该选项可打开闭合的多段线。

◆ "合并"选项用于将其他的多段线、直线或圆弧连接到正在编辑的多段线上，形成一条新的多段线。要往多段线上连接实体，与原多段线必须有一个共同的端点，即需要连接的对象必须首尾相连。

◆ "拟合"选项用于对多段线进行曲线拟合，将多段线变成通过每个顶点的光滑连续的圆弧曲线，曲线经过多段线的所有顶点并使用任何指定的切线方向，如图4-99所示。

曲线拟合前　　　　　　曲线拟合后

图4-99 对多段线进行曲线拟合

- ◆ "样条曲线"选项将用B样条曲线拟合多段线，生成由多段线顶点控制的样条曲线。变量SPLINESEGS控制样条曲线的精度，值越大，曲线越光滑；变量SPLFRAME决定是否显示原多段线，值设为1时，样条曲线与原多段线一同显示，值设为0时，不显示原多段线；变量SPLINETRYPE控制样条曲线的类型，值等于5时，为二次B样条曲线，值为6时，为三次B样条曲线，如图4-100所示。

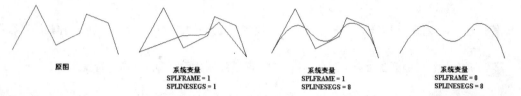

图4-100　选项示例

- ◆ "宽度"选项用于修改多段线的线宽，并将多段线的各段线宽统一变为新输入的线宽值。激活该选项后系统提示输入所有线段的新宽度。
- ◆ "非曲线化"选项用于还原已被编辑的多段线。取消拟合、样条曲线以及"多段线"命令创建的圆弧段，将多段线中各段拉直，同时保留多段线顶点的所有切线信息。
- ◆ "线型生成"选项用于控制多段线为非实线状态时的显示方式，当该项为ON状态时，虚线或中心线等非实线线型的多段线在角点处封闭；当该项为OFF状态时，角点处是否封闭，取决于线型比例的大小。

4.5　综合实例2——绘制沙发茶几平面图

本例通过绘制沙发组与茶几的平面图，主要对"拉伸"、"旋转"、"修剪"、"延伸"、"拉长"、"倒角"、"圆角"等多种命令进行综合练习和巩固应用。本例最终绘制效果如图4-101所示。

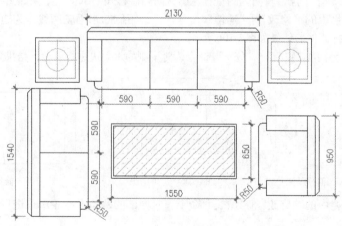

图4-101　实例效果

▶ 操作步骤

1 快速新建绘图文件。

2 设置捕捉模式为中点捕捉和端点捕捉。

3 执行菜单栏中的"视图"|"缩放"|"中心"命令，将视图高度调整为2400个单位，命令

行操作如下。

命令: '_zoom
    指定窗口的角点，输入比例因子 (nX 或 nXP)，或者[全部(A)/中心(C)/动态(D)/范围(E)/上一个
(P)/比例(S)/窗口(W)/对象(O)] <实时>: _c
      指定中心点：   //在绘图区拾取一点
      输入比例或高度 <480.7215>：   //2400 Enter

4 使用命令简写REC激活"矩形"命令，绘制长度为950、宽度为150的矩形，作为沙发靠背轮廓线。

5 重复执行"矩形"命令，配合"捕捉自"功能绘制扶手轮廓线，命令行操作如下。

命令: _rectang
    指定第一个角点或 [倒角(C)/标高(E)/圆角(F)/厚度(T)/宽度(W)]：
                                      //捕捉如图4-102所示的端点
    指定另一个角点或 [面积(A)/尺寸(D)/旋转(R)]：   //@180,-500 Enter
    命令：   //Enter
    RECTANG指定第一个角点或 [倒角(C)/标高(E)/圆角(F)/厚度(T)/宽度(W)]：
                                      //捕捉如图4-103所示的端点
    指定另一个角点或 [面积(A)/尺寸(D)/旋转(R)]：   //@-180,-500 Enter，结果如图4-104所示

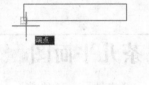
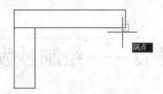
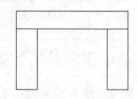

图4-102　捕捉端点   图4-103　捕捉端点   图4-104　绘制结果

6 将三个矩形分解，然后执行菜单栏中的"修改"|"偏移"命令，将最上侧的水平轮廓线向下偏移750个单位，将两侧的垂直轮廓线向内偏移90个单位，结果如图4-105所示。

7 执行菜单栏中的"修改"|"延伸"命令，以最下侧的水平轮廓线作为边界，对其他两条垂直边进行延伸，结果如图4-106所示。

8 执行菜单栏中的"修改"|"修剪"命令，对下侧的水平边进行修剪，结果如图4-107所示。

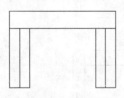
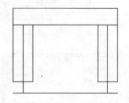
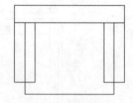

图4-105　偏移结果   图4-106　延伸结果   图4-107　修剪结果

9 执行菜单栏中的"修改"|"拉长"命令，对内部的两条垂直轮廓边进行编辑，命令行操作如下。

命令: _lengthen
    选择对象或 [增量(DE)/百分数(P)/全部(T)/动态(DY)]： //DE Enter
    输入长度增量或 [角度(A)] <10.0000>：   //-500 Enter
    选择要修改的对象或 [放弃(U)]：   //在如图4-108所示的位置单击
    选择要修改的对象或 [放弃(U)]：   //在如图4-109所示的位置单击
    选择要修改的对象或 [放弃(U)]：   //Enter，操作结果如图4-110所示

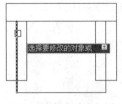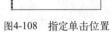
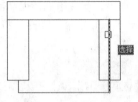
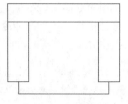

图4-108 指定单击位置   图4-109 指定单击位置   图4-110 操作结果

10 执行菜单栏中的"修改"|"倒角"命令，对靠背轮廓边进行倒角编辑，命令行操作如下。

命令: _chamfer
    ("修剪"模式) 当前倒角距离 1 = 0.0000，距离 2 = 0.0000
    选择第一条直线或 [放弃(U)/多段线(P)/距离(D)/角度(A)/修剪(T)/方式(E)/多个(M)]:
                                        //A Enter，激活"角度"选项
    指定第一条直线的倒角长度 <0.0000>:   //50 Enter
    指定第一条直线的倒角角度 <45>:   //45 Enter
    选择第一条直线或 [放弃(U)/多段线(P)/距离(D)/角度(A)/修剪(T)/方式(E)/多个(M)]:
                                        //M Enter，激活"多个"选项
    选择第一条直线或 [放弃(U)/多段线(P)/距离(D)/角度(A)/修剪(T)/方式(E)/多个(M)]:
                                        //在图4-111所示轮廓边1的上端单击
    选择第二条直线，或按住 Shift 键选择要应用角点的直线: //在轮廓边2的左端单击
    选择第一条直线或 [放弃(U)/多段线(P)/距离(D)/角度(A)/修剪(T)/方式(E)/多个(M)]:
                                        //在轮廓边2的右端单击
    选择第二条直线，或按住 Shift 键选择要应用角点的直线: //在轮廓边3的上端单击
    选择第一条直线或 [放弃(U)/多段线(P)/距离(D)/角度(A)/修剪(T)/方式(E)/多个(M)]:
                                        // Enter，倒角结果如图4-112所示

11 使用命令简写L激活"直线"命令，配合端点捕捉功能，绘制如图4-113所示的水平轮廓边。

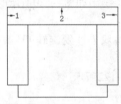
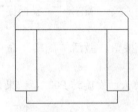
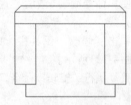

图4-111 定位倒角边   图4-112 倒角结果   图4-113 绘制结果

12 单击"修改"工具栏上的⌒按钮，激活"圆角"命令，对下侧的轮廓边进行圆角，圆角半径为50，圆角结果如图4-114所示。

13 执行菜单栏中的"修改"|"复制"命令，将绘制的单人沙发复制两份。

14 单击"修改"工具栏上的按钮，激活"拉伸"命令，配合"极轴追踪"功能，将复制出的沙发拉伸为双人沙发，命令行操作如下。

命令: _stretch
    以交叉窗口或交叉多边形选择要拉伸的对象...
    选择对象: //拉出如图4-115所示的窗交选择框
    选择对象: // Enter
    指定基点或 [位移(D)] <位移>:   //在绘图区拾取一点
    指定第二个点或 <使用第一个点作为位移>:
            //水平向右引出如图4-116所示的极轴矢量，输入590 Enter，拉伸结果如图4-117所示

15 使用命令简写L激活"直线"命令，配合中点捕捉功能绘制如图4-118所示的分界线。

16 重复执行"拉伸"命令，配合"极轴追踪"功能，将另一个沙发拉伸为三人沙发，命令行操作如下。

```
命令: _stretch
    以交叉窗口或交叉多边形选择要拉伸的对象...
    选择对象:                        //拉出上图4-115所示的窗交选择框
    选择对象:                        // Enter
    指定基点或 [位移(D)] <位移>:      //在绘图区拾取一点
    指定第二个点或 <使用第一个点作为位移>:
                            //引出0°的极轴矢量，输入1180 Enter，拉伸结果如图4-119所示
```

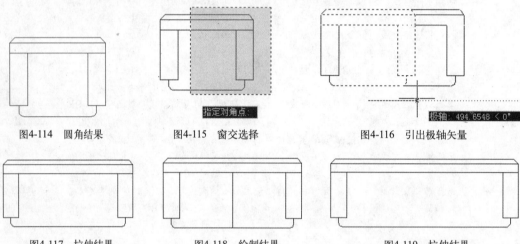

图4-114　圆角结果　　　　　图4-115　窗交选择　　　　　图4-116　引出极轴矢量

图4-117　拉伸结果　　　　　图4-118　绘制结果　　　　　图4-119　拉伸结果

17 使用命令简写L激活"直线"命令，配合"对象捕捉"功能绘制如图4-120所示的两条分界线。

18 单击"修改"工具栏上的 按钮，激活"旋转"命令，将双人沙发旋转90°，结果如图4-121所示。

19 重复执行"旋转"命令，将单人沙发旋转-90°，结果如图4-122所示。

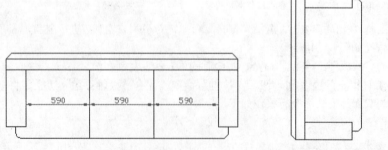

图4-120　绘制结果　　　　图4-121　旋转双人沙发 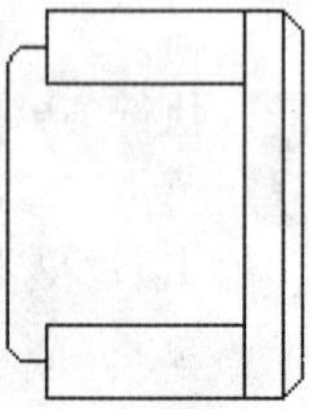　　图4-122　旋转单人沙发

20 使用命令简写M激活"移动"命令，将单人沙发、双人沙发和三人沙发进行位移，组合成沙发组，结果如图4-123所示。

21 绘制长度为1500、宽度为600的矩形作为茶几，并将矩形向外侧偏移25个单位，结果如图4-124所示。

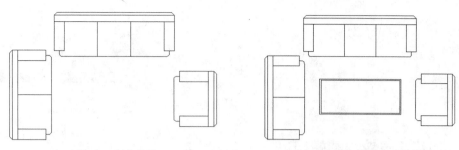

图4-123 组合结果　　　　　图4-124 绘制结果

22 使用命令简写H激活"图案填充"命令，设置填充图案和参数如图4-125所示，为茶几填充如图4-126所示的图案。

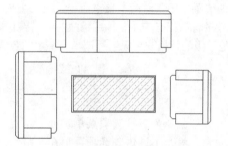

图4-125 设置填充图案及参数　　　图4-126 填充结果

23 使用命令简写I激活"插入块"命令，以默认参数插入光盘中的"\图块文件\block1.dwg"图块文件，结果如图4-127所示。

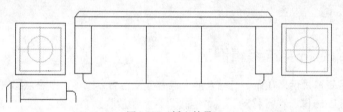

图4-127 插入结果

24 执行"保存"命令，将图形命名存储为"综合实例（二）.dwg"。

4.6 应用夹点功能编辑图元

"夹点编辑"功能是一种比较特殊而且方便实用的功能，使用此功能可以非常方便地编辑图形。本节主要学习"夹点编辑"功能的概念及使用方法。

4.6.1 关于夹点编辑

在学习此功能之前，首先了解两个概念，即"夹点"和"夹点编辑"。

在没有命令执行的前提下选择这些图形后，图形上会显示出一些蓝色实心的小方框，如图4-128所示，而这些蓝色小方框即为图形的夹点，不同的图形结构，其夹点个数及位置也会不同。

而"夹点编辑"功能就是将多种修改工具组合在一起，通过编辑图形上的这些夹点，来达到快速编辑图形的目的。用户只需单击图形上的任何一个夹点，即可进入夹点编辑模式，此时所单击的夹点以红色亮显，称之为"热点"或者"夹基点"，如图4-129所示。

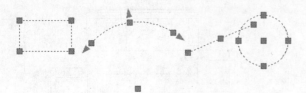
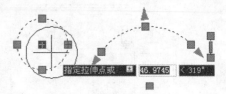

图4-128 图形的夹点 图4-129 热点

4.6.2 使用夹点菜单编辑图形

当进入夹点编辑模式后，在绘图区单击鼠标右键，可打开夹点编辑菜单，如图4-130所示。用户可以在夹点编辑菜单中选择一种夹点模式。

夹点编辑菜单中共有两类夹点命令，第一类夹点命令为一级修改菜单，包括"移动"、"旋转"、"缩放"、"镜像"、"拉伸"命令，这些命令是平级的，用户可以通过选择菜单中的各修改命令进行编辑。

 夹点编辑菜单中的"移动"、"旋转"等功能与"修改"工具栏中的"移动"、"旋转"等功能是一样的，在此不再细述。

第二类夹点命令为二级选项菜单，如"基点"、"复制"、"参照"、"放弃"等，不过这些选项菜单在一级修改命令的前提下才能使用。

图4-130 夹点编辑菜单

 如果用户要将多个夹点作为夹基点，并且保持各选定夹点之间的几何图形完好如初，需要在选择夹点时按住Shift键再单击各夹点使其变为夹基点；如果要从显示夹点的选择集中删除特定对象，也要按住Shift键。

4.6.3 通过命令行夹点编辑图形

当进入夹点编辑模式后，在命令行输入各夹点命令及各命令选项，以夹点编辑图形。另外，用户也可以通过连续按Enter键，在"移动"、"旋转"、"缩放"、"镜像"、"拉伸"这5种命令及各命令选项中循环执行，也可以通过命令简写MI、MO、RO、ST、SC循环选取这些模式。

4.7 综合实例3——绘制广场地面拼花

本例通过绘制广场地面拼花图例，主要对夹点编辑中的各功能进行综合练习和巩固应用。广场地面拼花图例的最终绘制效果如图4-131所示。

▶ 操作步骤

1 新建一个公制单位的绘图文件，并设置捕捉模式为端点捕捉。

2 使用命令简写Z激活"视图缩放"功能，将当前视图高度调整为4500个绘图单位。

3 使用命令简写L激活"直线"命令，绘制长度为1200的垂直线段。

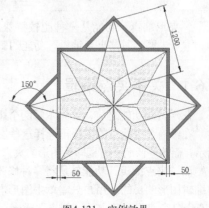

图4-131 实例效果

4 在无命令执行的前提下选择垂直线段，使其夹点显示，如图4-132所示。

5 单击上侧的夹点，进入夹点编辑模式，然后单击鼠标右键，从夹点编辑菜单中选择"旋转"命令。

6 再次单击鼠标右键，从夹点编辑菜单中选择"复制"命令，然后根据命令行的提示旋转和复制线段，命令行操作如下。

```
命令:
    ** 拉伸 **
    指定拉伸点或 [基点(B)/复制(C)/放弃(U)/退出(X)]: _rotate
    ** 旋转 **
    指定旋转角度或 [基点(B)/复制(C)/放弃(U)/参照(R)/退出(X)]: _copy
    ** 旋转 (多重) **
    指定旋转角度或 [基点(B)/复制(C)/放弃(U)/参照(R)/退出(X)]:            //15 Enter
    ** 旋转 (多重) **
    指定旋转角度或 [基点(B)/复制(C)/放弃(U)/参照(R)/退出(X)]:            //-15 Enter
    ** 旋转 (多重) **
    指定旋转角度或 [基点(B)/复制(C)/放弃(U)/参照(R)/退出(X)]:
                    // Enter，退出夹点编辑模式，编辑结果如图4-133所示
```

7 按Delete键，删除夹点显示的垂直线段，结果如图4-134所示。

8 选择夹点编辑出的两条线段，使其呈现夹点显示，如图4-135所示。

9 按住Shift键，依次单击下侧两个夹点，将其转变为夹基点，然后再单击其中的一个夹基点，进入夹点编辑模式，对夹点图线进行镜像复制，命令行操作如下。

```
命令:
    ** 拉伸 **
    指定拉伸点或 [基点(B)/复制(C)/放弃(U)/退出(X)]: _mirror
    ** 镜像 **
    指定第二点或 [基点(B)/复制(C)/放弃(U)/退出(X)]: _copy
    ** 镜像 (多重) **
    指定第二点或 [基点(B)/复制(C)/放弃(U)/退出(X)]:            //@1,0 Enter
    ** 镜像 (多重) **
    指定第二点或 [基点(B)/复制(C)/放弃(U)/退出(X)]:
                    // Enter，退出夹点编辑模式，编辑结果如图4-136所示
```

   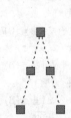 

图4-132 夹点显示　　图4-133 编辑结果　　图4-134 删除结果　　图4-135 夹点显示线段　图4-136 镜像结果

10 夹点显示下侧的两条图线，以最下侧的夹点作为基点，对图线进行夹点拉伸，命令行操作如下。

```
命令:
    ** 拉伸 **
    指定拉伸点或 [基点(B)/复制(C)/放弃(U)/退出(X)]:            //@0,800 Enter，结果如图4-137所示
```

11 以最下侧的夹点作为基点，对所有图线进行夹点旋转并复制，命令行操作如下。

命令：
  ** 拉伸 **
  指定拉伸点或 [基点(B)/复制(C)/放弃(U)/退出(X)]: _rotate
  ** 旋转 **
  指定旋转角度或 [基点(B)/复制(C)/放弃(U)/参照(R)/退出(X)]: _copy
  ** 旋转 (多重) **
  指定旋转角度或 [基点(B)/复制(C)/放弃(U)/参照(R)/退出(X)]:   //90 Enter
  ** 旋转 (多重) **
  指定旋转角度或 [基点(B)/复制(C)/放弃(U)/参照(R)/退出(X)]:   //180 Enter
  ** 旋转 (多重) **
  指定旋转角度或 [基点(B)/复制(C)/放弃(U)/参照(R)/退出(X)]:   //270 Enter
  ** 旋转 (多重) **
  指定旋转角度或 [基点(B)/复制(C)/放弃(U)/参照(R)/退出(X)]:
                      // Enter，编辑结果如图4-138所示

12 按下Esc键取消对象的夹点显示，结果如图4-139所示。

13 夹点显示所有的图形对象，如图4-140所示。

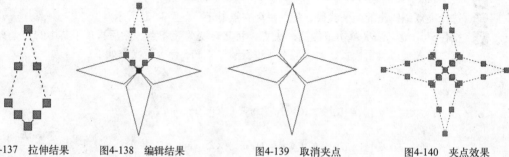

图4-137 拉伸结果   图4-138 编辑结果   图4-139 取消夹点   图4-140 夹点效果

14 单击中心位置的夹点，然后单击鼠标右键，在夹点编辑菜单中选择"缩放"命令，对夹点图形进行缩放并复制，命令行操作如下。

命令：
  ** 拉伸 **
  指定拉伸点或 [基点(B)/复制(C)/放弃(U)/退出(X)]: _scale
  ** 比例缩放 **
  指定比例因子或 [基点(B)/复制(C)/放弃(U)/参照(R)/退出(X)]: _copy
  ** 比例缩放 (多重) **
  指定比例因子或 [基点(B)/复制(C)/放弃(U)/参照(R)/退出(X)]:   //0.9 Enter
  ** 比例缩放 (多重) **
  指定比例因子或 [基点(B)/复制(C)/放弃(U)/参照(R)/退出(X)]:
       // Enter，结束命令，编辑结果如图4-141所示，取消夹点后的效果如图4-142所示

15 夹点显示如图4-143所示的图形，然后以中心位置的夹点作为基点，对其进行夹点旋转，命令行操作如下。

命令：** 拉伸 **
  指定拉伸点或 [基点(B)/复制(C)/放弃(U)/退出(X)]: _rotate
  ** 旋转 **
  指定旋转角度或 [基点(B)/复制(C)/放弃(U)/参照(R)/退出(X)]:

//45 Enter，旋转结果如图4-144所示，取消夹点后的效果如图4-145所示

16 使用命令简写PL激活"多段线"命令，配合端点捕捉功能绘制如图4-146所示的两条闭合多段线。

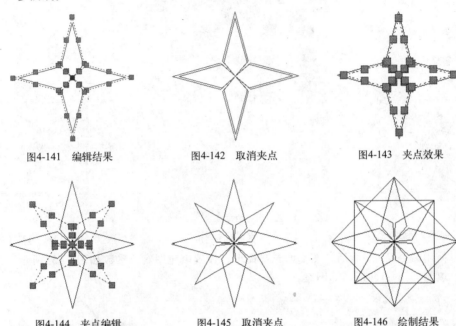

图4-141 编辑结果   图4-142 取消夹点   图4-143 夹点效果

图4-144 夹点编辑   图4-145 取消夹点   图4-146 绘制结果

17 执行菜单栏中的"修改"|"偏移"命令，将两条多段线进行偏移复制，命令行操作如下。

```
命令: _offset
    当前设置: 删除源=否 图层=源 OFFSETGAPTYPE=0
    指定偏移距离或 [通过(T)/删除(E)/图层(L)] <0.0>:        //50 Enter
    选择要偏移的对象，或 [退出(E)/放弃(U)] <退出>:        //选择其中的一条多段线
    指定要偏移的那一侧上的点，或 [退出(E)/多个(M)/放弃(U)] <退出>:
                                                        //在所选多段线的外侧拾取点
    选择要偏移的对象，或 [退出(E)/放弃(U)] <退出>:        //选择另一条多段线
    指定要偏移的那一侧上的点，或 [退出(E)/多个(M)/放弃(U)] <退出>:
                                                        //在所选多段线的外侧拾取点
    选择要偏移的对象，或 [退出(E)/放弃(U)] <退出>:        // Enter，偏移结果如图4-147所示
```

18 使用命令简写TR激活"修剪"命令，以如图4-148所示的多段线作为边界，对内部的两条多段线进行修剪，结果如图4-149所示。

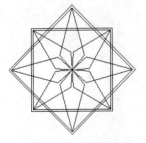
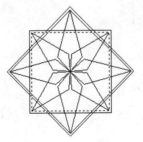

图4-147 偏移结果   图4-148 选择边界   图4-149 修剪结果

⑲ 重复执行"修剪"命令,继续对多段线进行修剪,结果如图4-150所示。

⑳ 使用命令简写H激活"图案填充"命令,设置填充图案及参数如图4-151所示,为图形填充如图4-152所示的实体图案。

图4-150　修剪结果　　　　　图4-151　设置填充图案及参数　　　　　图4-152　填充结果

㉑ 使用命令简写H激活"图案填充"命令,设置填充图案及参数如图4-153所示,为图形填充如图4-154所示的图案。

图4-153　设置填充图案及参数　　　　　　图4-154　填充结果

㉒ 执行"保存"命令,将图形命名存储为"综合实例(三).dwg"。

第5章 绘制边界、图案与复合图元

前几章主要学习了各类常用几何图元的绘制功能和编辑功能，本章则主要学习一些特殊图元的绘制方法和夹点编辑技巧，具体包括边界、面域、图案填充和复合图元的快速绘制功能等，以方便日后组合较为复杂的图形结构。本章学习内容如下。

- ◆ 绘制边界
- ◆ 绘制面域
- ◆ 绘制填充图案与渐变色
- ◆ 综合实例1——"图案填充"命令的典型应用
- ◆ 绘制复合图元——复制与偏移
- ◆ 综合实例2——绘制某小区户型墙体轴线图
- ◆ 绘制复合图元——矩形阵列
- ◆ 绘制复合图元——环形阵列
- ◆ 绘制复合图元——路径阵列
- ◆ 绘制对称图形结构
- ◆ 综合实例3——绘制直齿轮零件二视图

5.1 绘制边界

本节在介绍边界概念的前提下，主要学习"边界"命令的使用方法和技巧，以快速创建所需边界。

5.1.1 关于边界

所谓"边界"，实际上就是一条闭合的多段线，此种多段线不能直接绘制，而需要使用"边界"命令，从多个相交对象中进行提取或将多个首尾相连的对象转化成边界。

执行"边界"命令主要有以下几种方式。

- ◆ 执行菜单栏中的"绘图"|"边界"命令。
- ◆ 单击"常用"选项卡|"绘图"面板上的 ⬚ 按钮。
- ◆ 在命令行输入Boundary后按Enter键。
- ◆ 使用命令简写BO。

5.1.2 从对象中提取边界

下面通过从多个对象中提取边界，学习"边界"命令的使用方法和操作技巧。

1 新建文件并绘制如图5-1所示的图形。

2 执行菜单栏中的"绘图"|"边界"命令，打开如图5-2所示的"边界创建"对话框。

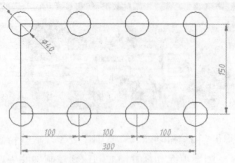

图5-1　绘制结果　　　　　　　　图5-2　"边界创建"对话框

3 单击对话框左上角的"拾取点"按钮，返回绘图区，根据命令行"拾取内部点："提示，在矩形内部拾取一点，此时系统自动分析出一个闭合的虚线边界，如图5-3所示。

4 继续在命令行"拾取内部点："提示下，按Enter键，结束命令，结果创建出一个闭合的多段线边界。

5 使用命令简写M激活"移动"命令，使用"点选"的方式选择刚创建的闭合边界进行位移，结果如图5-4所示。

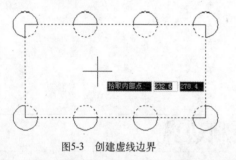

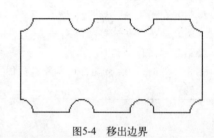

图5-3　创建虚线边界　　　　　　　　图5-4　移出边界

提示
"对象类型"下拉列表用于设置导出的是边界还是面域，默认为多段线边界。如果需要导出面域，即可将面域设置为当前。

选项解析

◆ "边界集"选项组用于定义从指定点定义边界时AutoCAD导出来的对象集合，共有"当前视口"和"现有集合"两种类型，其中前者用于从当前视口可见的所有对象中定义边界集，后者是从选择的所有对象中定义边界集。

◆ 单击"新建"按钮，在绘图区选择对象后，系统返回"边界创建"对话框，在"边界集"下拉列表中显示"现有集合"类型，用户可以从选择的现有对象集合中定义边界集。

5.2　绘制面域

　　本节在介绍面域概念的前提下，主要学习"面域"命令的使用方法和技巧，以快速创建所需面域。

5.2.1　关于面域

　　所谓"面域"，其实就是实体的表面，是一个没有厚度的二维实心区域。它具备实体模型的一切特性，不但含有边的信息，还有边界内的信息，用户可以利用这些信息计算工程属性，如面积、重心和惯性矩等。

执行"面域"命令主要有以下几种方式。

◆ 执行菜单栏中的"绘图"|"面域"命令。

◆ 单击"绘图"工具栏或面板上的 按钮。

◆ 在命令行输入Region后按Enter键。

◆ 使用命令简写REG。

5.2.2　将对象转化成面域

面域不能直接被创建，而是通过其他闭合图形进行转化。在激活"面域"命令后，只需选择封闭的图形对象即可将其转化为面域，如圆、矩形、正多边形等。

封闭对象在没有转化为面域之前，仅是一种几何线框，没有什么属性信息；而这些封闭图形一旦被转化为面域，它就转变为一种实体对象，具备实体属性，可以着色、渲染等，如图5-5所示。

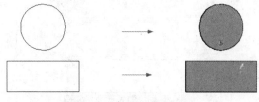

图5-5　几何线框转化为面域

 使用"面域"命令只能将单个闭合对象或多个首尾相连的闭合区域转化成面域，如果用户需要从多个相交对象中提取面域，则可以使用"边界"命令，在"边界创建"对话框中，将"对象类型"设置为"面域"。

5.3　绘制填充图案与渐变色

"图案"是由各种图线进行不同的排列组合而构成的一种图形元素，此类图形元素作为一个独立的整体，被填充到各种封闭的区域内，以表达各自的图形信息，如图5-6所示。

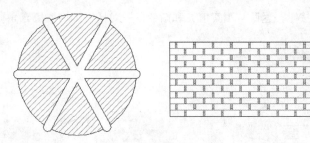

图5-6　图案填充示例

执行"图案填充"命令主要有以下几种方式。

◆ 执行菜单栏中的"绘图"|"图案填充"命令。

◆ 单击"绘图"工具栏或面板上的 按钮。

◆ 在命令行输入Bhatch后按Enter键。

◆ 使用命令简写H或BH。

5.3.1　绘制预定义图案

AutoCAD共为用户提供了预定义图案和用户定义图案两种现有图案，下面学习预定义图案的填充过程。

1 执行"打开"命令，打开随书光盘中的"\素材文件\图案填充示例.dwg"文件，如图5-7
所示。

2 执行菜单栏中的"绘图"|"图案填充"命令，打开如图5-8所示的"图案填充和渐变色"
对话框。

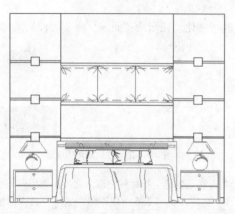

图5-7 打开结果

图5-8 "图案填充和渐变色"对话框

3 单击"样例"文本框中的图案，或单击"图案"下拉列表右侧的按钮 ，打开"填充图
案选项板"对话框，然后选择如图5-9所示的填充图案。

"样例"文本框用于显示当前图案的预览图像。

4 单击"确定"按钮，返回"图案填充和渐变色"对话框，设置填充角度和填充比例，如
图5-10所示。

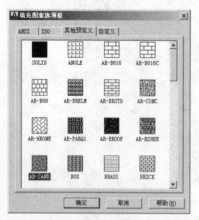

图5-9 选择填充图案

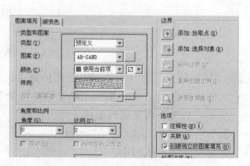

图5-10 设置填充参数

"角度"下拉列表用于设置图案的倾斜角度；"比例"下拉列表用于设置图案的填充比例。

5 在"边界"选项组中单击"添加:选择对象"按钮，返回绘图区，分别在如图5-11所示的A、B、C、E、F等5个区域内部单击鼠标左键，指定填充边界。

6 按Enter键返回"图案填充和渐变色"对话框，单击 ▢确定 按钮结束命令，填充结果如图5-12所示。

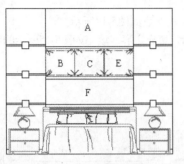

图5-11 定位填充边界

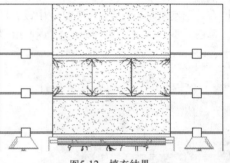

图5-12 填充结果

 如果填充效果不理想，或者不符合需要，可以按下Esc键返回"图案填充和渐变色"对话框重新调整参数。

选项解析

◆ "添加:拾取点"按钮▦用于在填充区域内部拾取任意一点，系统将自动搜索到包含该点的区域边界，并以虚线显示边界。

 用户可以连续地拾取多个要填充的目标区域，如果选择了不需要的区域，可单击鼠标右键，从弹出的快捷菜单中选择"放弃上次选择/拾取"或"全部清除"命令。

◆ "添加:选择对象"按钮▦用于直接选择需要填充的单个闭合图形，作为填充边界。

◆ "删除边界"按钮▦用于删除位于选定填充区内但不填充的区域。

◆ "查看选择集"按钮▦用于查看所确定的边界。

◆ "继承特性"按钮▦用于在当前图形中选择一个已填充的图案，系统将继承该图案类型的一切属性并将其设置为当前图案。

◆ "关联"复选框与"创建独立的图案填充"复选框用于确定填充图形与边界的关系，分别用于创建关联和不关联的填充图案。

◆ "注释性"复选框用于为图案添加注释特性。

◆ "绘图次序"下拉列表用于设置填充图案和填充边界的绘图次序。

◆ "图层"下拉列表用于设置填充图案所在的图层。

◆ "透明度"下拉列表用于设置填充图案的透明度，拖曳下侧的滑块，可以调整透明度值。设置透明度后的图案显示效果如图5-13所示。

 当为图案指定透明度后，还需要单击状态栏上的按钮，以显示透明度效果。

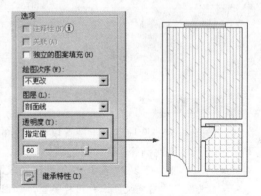

图5-13 设置透明效果

5.3.2　绘制用户定义图案

下面通过为卧室立面墙填充装饰图案，主要学习用户定义图案的填充过程。

1 继续上例操作。

2 执行"图案填充"命令，打开"图案填充和渐变色"对话框。

3 在"图案填充和渐变色"对话框中设置图案类型及参数如图5-14所示。

4 单击"添加:选择对象"按钮，返回绘图区，指定填充边界，填充如图5-15所示的图案。

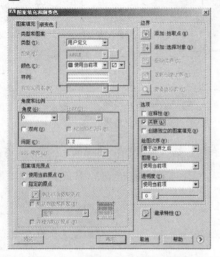

图5-14　设置填充图案和填充参数

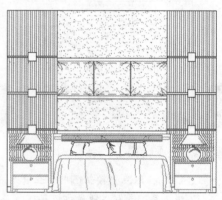

图5-15　填充结果

提 示 如果在"图案填充和渐变色"对话框中勾选了"双向"复选框，系统则为边界填充双向图案，如图5-16所示。

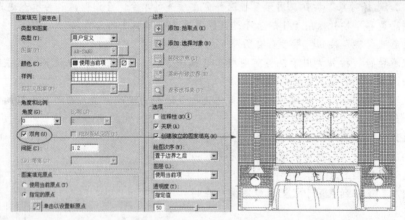

图5-16　双向填充示例

选项解析

"图案填充"选项卡用于设置填充图案的类型、样式、填充角度及填充比例等，各常用选项如下。

图5-17　"类型"下拉列表

◆ "类型"下拉列表中包含"预定义"、"用户定义"、"自定义"三种图样类型，如图5-17所示。

提示 “预定义”图样只适用于封闭的填充边界；“用户定义”图样可以使用图形的当前线型创建填充图样；“自定义”图样就是使用自定义的PAT文件中的图样进行填充。

- “图案”下拉列表用于显示预定义类型的填充图案名称。用户可从下拉列表中选择所需的图案。
- “相对图纸空间”复选框仅用于布局选项卡，它是相对图纸空间单位进行图案的填充。运用此选项，可以根据适合于布局的比例显示填充图案。
- “间距”文本框用于设置用户定义填充图案的直线间距，只有激活了“类型”下列列表中的“用户定义”选项，此选项才可用。
- “双向”复选框仅适用于用户定义图案，勾选该复选框，将增加一组与原图线垂直的线。
- “ISO笔宽”选项决定运用ISO剖面线图案的线与线之间的间隔，它只在选择ISO线型图案时才可用。

5.3.3　绘制渐变色

下面通过为灯罩和灯座填充渐变色，主要学习渐变色的填充过程。

1 继续上例操作。

2 执行“图案填充”命令，打开“图案填充和渐变色”对话框。

3 展开“渐变色”选项卡，然后选中“双色”单选按钮。

4 将颜色1的颜色设置为211号色，将颜色2的颜色设置为黄色，然后设置渐变方式等，如图5-18所示。

5 单击“添加:选择对象”按钮，返回绘图区，指定填充边界，填充如图5-19所示的渐变色。

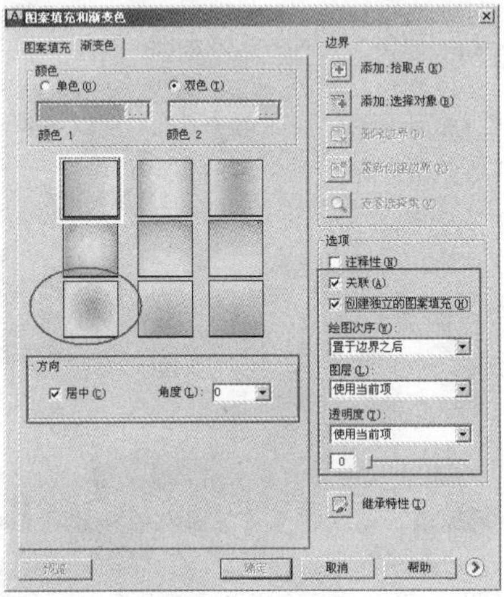

图5-18　设置渐变色

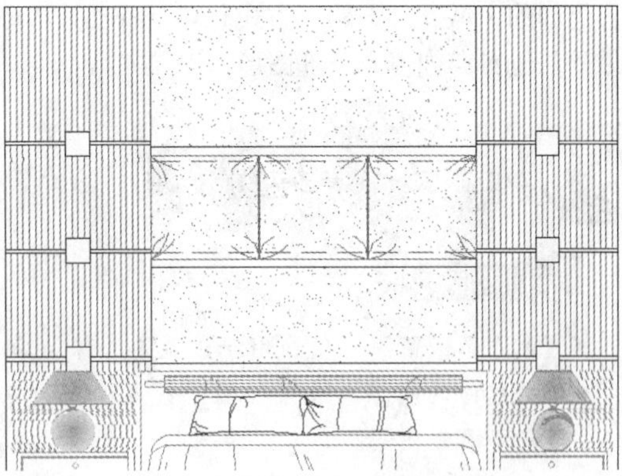

图5-19　填充渐变色

选项解析

在“图案填充和渐变色”对话框中单击渐变色标签，打开如图5-20所示的“渐变色”选项卡，用于为指定的边界填充渐变色。

- “单色”选项用于以一种渐变色进行填充。
- 显示框用于显示当前的填充颜色，双击该颜色框或单击其右侧的...按钮，可以弹出如图5-21所示的"选择颜色"对话框,在该对话框中用户可根据需要选择所需的颜色。

◆ ◀▭▭▭▭▭▶用于调整填充颜色的明暗度,如果用户激活"双色"选项,此滑动条自动转换为颜色显示框。

◆ "双色"选项用于以两种颜色的渐变色作为填充色。

◆ "角度"选项用于设置渐变填充的倾斜角度。

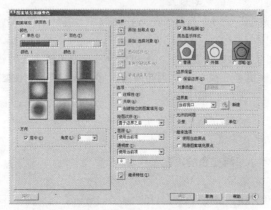

图5-20 "渐变色"选项卡

图5-21 "选择颜色"对话框

5.3.4 孤岛检测与其他

孤岛是指在一个边界包围的区域内又定义了另外一个边界,它可以实现对两个边界之间的区域进行填充,而内边界包围的内区域不填充。

"孤岛显示样式"选项组提供了"普通"、"外部"和"忽略"三种方式,如图5-22所示。其中,"普通"方式是从最外层的外边界向内边界填充,第一层填充,第二层不填充,如此交替进行;"外部"方式只填充从最外边界向内第一边界之间的区域;"忽略"方式忽略最外层边界以内的其他任何边界,以最外层边界向内填充全部图形。

图5-22 孤岛填充样式

提示

单击右下角的"更多选项"扩展按钮⊙,即可展开右侧的"孤岛"选项。

选项解析

◆ "边界保留"选项组用于设置是否保留填充边界。系统默认设置为不保留填充边界。

◆ "允许的间隙"选项组用于设置填充边界的允许间隙值,处在间隙值范围内的非封闭区域也可填充图案。

◆ "继承选项"选项组用于设置图案填充的原点,即使用当前原点还是使用源图案填充的原点。

5.4 综合实例1——"图案填充"命令的典型应用

本例在综合应用和巩固所学知识的前提下,主要学习某小区户型布置图地面装饰线的具体绘制过程和操作技巧。本例最终的绘制效果如图5-23所示。

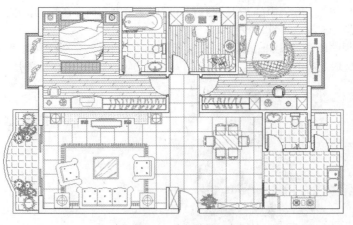

图5-23 实例效果

▶ 操作步骤

1 执行"打开"命令，打开随书光盘中的"\效果文件\第8章\综合实例.dwg"文件。

2 执行菜单栏中的"格式"|"图层"命令，在打开的"图层特性管理器"对话框中，双击"地面层"，将其设置为当前图层。

3 执行菜单栏中的"绘图"|"直线"命令，配合捕捉功能分别将各房间两侧门洞连接起来，以形成封闭区域，结果如图5-24所示。

4 在无命令执行的前提下，分别选择各卫生间内的平面图块以及厨房操作台轮廓线，使其呈现夹点显示，如图5-25所示。

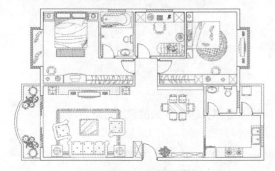

图5-24 绘制结果

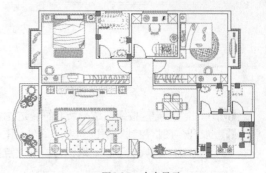

图5-25 夹点显示

5 将夹点显示的图块暂时放入"0"图层，然后取消对象的夹点显示，在"图层控制"下拉列表中暂时冻结"图块层"，如图5-26所示，此时平面图的显示效果如图5-27所示。

图5-26 "图层控制"下拉列表

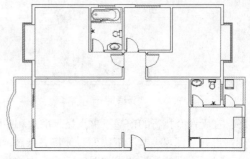

图5-27 平面图的显示效果

6 单击"绘图"工具栏中的 ▢ 按扭，打开"图案填充和渐变色"对话框，设置填充比例和填充类型等参数，如图5-28所示。

7 在对话框中单击"添加:拾取点"按钮 ▣，返回绘图区，分别在卫生间、阳台和厨房内部的空白区域上单击鼠标左键，系统会自动分析出填充区域，如图5-29所示。

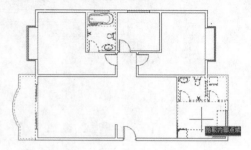

图5-28 设置填充参数　　　　图5-29 指定填充区域

8 按Enter键返回"图案填充和渐变色"对话框，单击 确定 按钮，即可为厨房、阳台和卫生间填充地砖装饰图案，填充结果如图5-30所示。

9 执行菜单栏中的"工具"|"快速选择"命令，在打开的"快速选择"对话框中设置过滤参数，如图5-31所示。

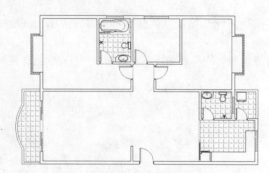

图5-30 填充结果　　　　图5-31 设置过滤参数

10 单击 确定 按钮，结果所有符合过滤条件的图形都被选中，如图5-32所示。

11 展开"图层控制"下拉列表，单击"图块层"，将夹点显示的图形放到"图块层"上，然后解冻"图块层"，并取消对象的夹点显示，平面图的显示效果如图5-33所示。

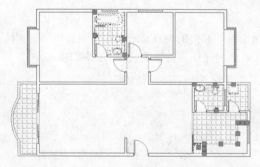

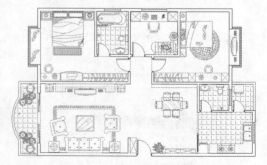

图5-32 选择结果　　　　图5-33 平面图的显示效果

12 在无命令执行的前提下夹点显示书房和主卧室内的家具图块，如图5-34所示。

13 展开"图层控制"下拉列表，将夹点显示的图块放到"0"图层上，并冻结"0"图层，此时平面图的显示效果如图5-35所示。

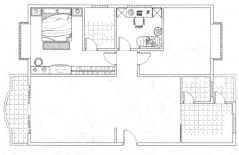

图5-34　夹点效果

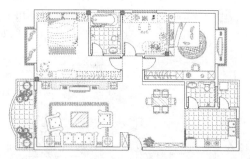

图5-35　平面图的显示效果

14 执行菜单栏中的"绘图"|"图案填充"命令，设置填充图案及参数如图5-36所示，为书房填充如图5-37所示的地板图案。

图5-36　设置填充图案及参数

图5-37　填充结果

15 重复执行"图案填充"命令，设置填充图案与参数如图5-38所示，为主卧室填充如图5-39所示的图案。

图5-38　设置填充图案及参数

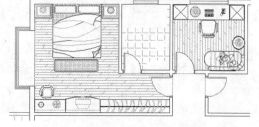

图5-39　填充结果

16 将"0"图层上的图块放到"图块层"上，同时解冻"图块层"，此时平面图的显示效果如图5-40所示。

17 将"其他层"设置为当前图层，然后使用"多段线"命令，配合最近点捕捉和端点捕捉等功能，分别沿着客厅沙发组合和右侧房间内的双人床图块外边缘绘制闭合的边界，边界的夹点效果如图5-41所示。

图5-40　平面图的显示效果

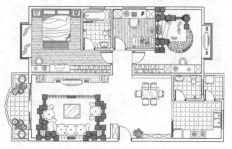

图5-41　边界的夹点效果

18 在无命令执行的前提下夹点显示如图5-42所示的对象，将其放到"0"图层上，同时冻结 "图块层"，此时平面图的显示效果如图5-43所示。

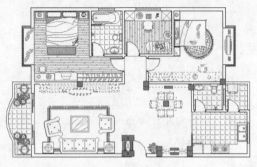

图5-42　夹点效果

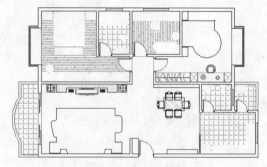

图5-43　平面图的显示效果

19 将"地面层"设置为当前图层，然后使用命令简写H激活"图案填充"命令，设置填充图 案的类型以及填充比例等参数如上图5-38所示，然后返回绘图区拾取如图5-44所示的填充 区域，为子女房填充如图5-45所示的地板装饰图案。

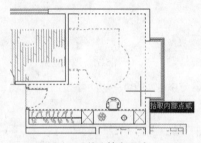

图5-44　拾取填充区域

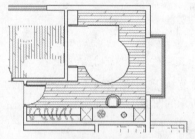

图5-45　填充结果

20 重复执行"图案填充"命令，设置填充图 案的类型以及填充比例等参数如图5-46所 示，然后返回绘图区拾取如图5-47所示的 填充区域，为客厅填充如图5-48所示的地 砖装饰图案。

21 在无命令执行的前提下夹点显示如图5-49所 示的对象，将其放到"图块层"上，同时解 冻此图层，此时平面图的显示效果如图5-50 所示。

图5-46　设置填充图案及参数

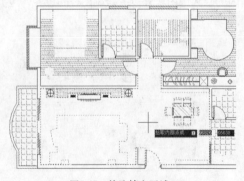

图5-47　拾取填充区域

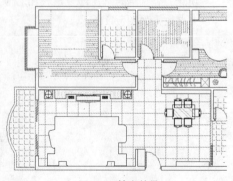

图5-48　填充结果

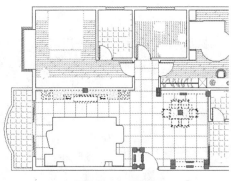

图5-49 夹点效果

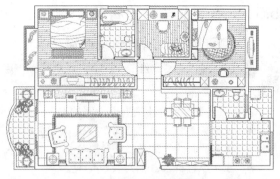

图5-50 平面图的显示效果

22 在客厅地砖填充图案上单击鼠标右键，从弹出的快捷菜单中选择"设定原点"命令，如图5-51所示。

23 在命令行"选择新的图案填充原点："提示下，激活"两点之间的中点"功能。

24 继续在命令行"_m2p 中点的第一点："提示下捕捉如图5-52所示的端点。

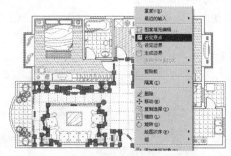

图5-51 图案快捷菜单

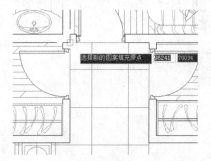

图5-52 捕捉端点

25 在命令行"中点的第二点："提示下捕捉如图5-53所示的端点，修改图案原点后的效果如图5-54所示。

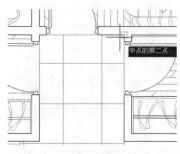

图5-53 捕捉端点

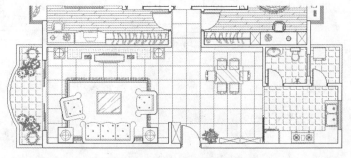

图5-54 修改图案原点后的效果

26 调整视图，使平面图全部显示，最终结果如上图5-23所示。

27 使用"另存为"命令，将图形命名存储为"综合实例（一）.dwg"。

5.5 绘制复合图元——复制与偏移

本节主要学习"复制"命令，以绘制相同结构的复合图形。此命令经常需要配合"对象捕捉"功能或坐标输入功能使用。

5.5.1 复制及命令的启动

"复制"命令用于复制图形,通常使用此命令创建结构相同、位置不同的复合图形。

 "复制"命令只能在当前文件中使用,如果用户要在多个文件之间复制对象,需使用"编辑"菜单中的"复制"命令。

执行"复制"命令主要有以下几种方式。

◆ 执行菜单栏中的"修改"|"复制"命令。
◆ 单击"修改"工具栏上的 🖏 按钮。
◆ 在命令行输入Copy后按Enter键。
◆ 使用命令简写CO。

5.5.2 复制对象实例

下面通过典型实例,学习"复制"命令的使用方法和操作技巧。

1 执行"打开"命令,打开随书光盘中的"\素材文件\5-1.dwg"文件。

2 单击"修改"工具栏上的 🖏 按钮,激活"复制"命令,配合坐标输入功能快速创建孔结构,命令行操作如下。

```
命令: _copy
    选择对象:                                   //拉出如图5-55所示的窗口选择框
    选择对象:                                   // Enter ,结束选择
    当前设置: 复制模式 = 多个
    指定基点或 [位移(D)/模式(O)] <位移>:         //捕捉圆心
    指定第二个点或 [阵列(A)] <使用第一个点作为位移>: //@160,0 Enter
    指定第二个点或 [阵列(A)/退出(E)/放弃(U)] <退出>: // Enter ,复制结果如图5-56所示
```

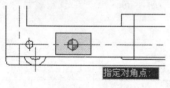

图5-55　窗口选择

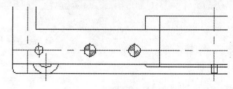

图5-56　复制结果

3 重复执行"复制"命令,配合坐标输入功能,继续对孔进行复制,命令行操作如下。

```
命令: _copy
    选择对象:                                   //拉出如图5-57所示的窗口选择框
```

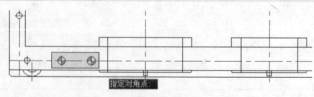

图5-57　窗口选择

```
    选择对象:                                   // Enter ,结束选择
    当前设置: 复制模式 = 多个
    指定基点或 [位移(D)/模式(O)] <位移>:         //捕捉孔的圆心
```

指定第二个点或 [阵列(A)] <使用第一个点作为位移>:	//@740,0 Enter
指定第二个点或 [阵列(A)/退出(E)/放弃(U)] <退出>:	//@1400,0 Enter
指定第二个点或 [阵列(A)/退出(E)/放弃(U)] <退出>:	//@0,716 Enter
指定第二个点或 [阵列(A)/退出(E)/放弃(U)] <退出>:	//@740,716 Enter
指定第二个点或 [阵列(A)/退出(E)/放弃(U)] <退出>:	//@1400,716 Enter
指定第二个点或 [阵列(A)/退出(E)/放弃(U)] <退出>:	//Enter，复制结果如图5-58所示

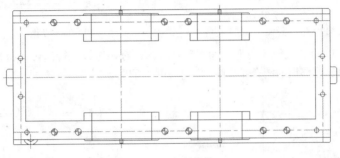

图5-58　复制结果

5.5.3　偏移及命令的启动

"偏移"命令用于将选择的图线按照一定的距离或指定的通过点进行偏移复制，以创建同尺寸或同形状的复合对象。此命令是使用频率非常高的一种工具。

执行"偏移"命令主要有以下几种方式。

◆ 执行菜单栏中的"修改"|"偏移"命令。
◆ 单击"修改"工具栏或面板上的 按钮。
◆ 在命令行输入Offset后按Enter键。
◆ 使用命令简写O。

不同结构的对象，其偏移结果也会不同。比如，在对圆、椭圆等对象偏移后，对象的尺寸发生了变化，而对直线偏移后，尺寸则保持不变。

5.5.4　偏移对象实例

下面通过典型实例，学习"偏移"命令的使用方法和操作技巧。

1 执行"打开"命令，打开随书光盘中的"\素材文件\5-2.dwg"文件，如图5-59所示。

2 单击"修改"工具栏上的 按钮，激活"偏移"命令，对图形进行距离偏移，命令行操作如下。

命令: _offset
　　当前设置: 删除源=否 图层=源 OFFSETGAPTYPE=0
　　指定偏移距离或 [通过(T)/删除(E)/图层(L)] <10.0000>:　　//7.5 Enter，设置偏移距离
　　选择要偏移的对象，或 [退出(E)/放弃(U)] <退出>:　　//选择最外侧的闭合轮廓线
　　指定要偏移的那一侧上的点，或 [退出(E)/多个(M)/放弃(U)] <退出>:
　　　　　　　　　　　　　　　　　　　　　　　//在闭合轮廓线的外侧拾取一点
　　选择要偏移的对象，或 [退出(E)/放弃(U)] <退出>: //Enter，结束命令，偏移结果如图5-60所示

在选择偏移对象时，只能以点选的方式选择对象，且每次只能偏移一个对象。

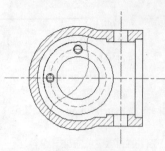

图5-59　选择偏移对象

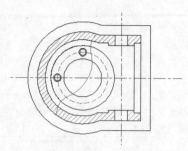

图5-60　偏移结果

3 以偏移出的轮廓线作为边界，如图5-61所示，对构造线进行修剪，将其转化为图形中心线，并删除偏移出的闭合轮廓线，结果如图5-62所示。

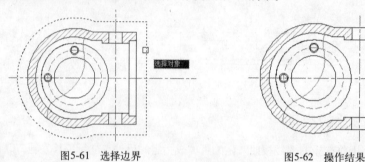

图5-61　选择边界　　　　　　　　　　　图5-62　操作结果

选项解析

◆ 使用"偏移"命令中的"删除"选项，可以在偏移图线的过程中将源图线删除。

◆ 使用"偏移"命令中的"图层"选项，可以设置偏移后的图线所在的图层。

◆ 使用"偏移"命令中的"通过"选项，可以按照指定的通过点偏移对象，所偏移出的对象将通过事先指定的目标点。

5.6　综合实例2——绘制某小区户型墙体定位轴线图

本例通过绘制某小区户型墙体定位轴线图，对本章重点知识进行综合练习和巩固应用。墙体定位轴线图的最终绘制效果，如图5-63所示。

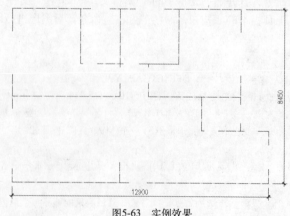

图5-63　实例效果

操作步骤

1 执行"新建"命令，选择随书光盘中的"\样板文件\建筑样板.dwt"作为基础样板，新建空白文件。

2 展开"图层控制"下拉列表，将"轴线层"设置为当前图层，如图5-64所示。

3 在命令行输入Ltscale，将线型比例暂时设置为1，命令操作如下。

图5-64 设置当前图层

```
命令: ltscale                              //Enter，激活命令
    输入新线型比例因子 <100.0000>:            //1 Enter
```

4 单击状态栏上的 按钮或按下F8功能键，打开"正交"功能。

5 单击"绘图"工具栏中的 按扭，激活"直线"命令，绘制两条垂直相交的直线作为基准轴线，命令行操作如下。

```
命令: _line
    指定第一点:                             //在绘图区指定起点
    指定下一点或 [放弃(U)]:                  //向下引导光标，输入8450 Enter
    指定下一点或 [放弃(U)]:                  //向右引导光标，输入12900 Enter
    指定下一点或 [闭合(C)/放弃(U)]: // Enter，绘制结果如图5-65所示
```

6 单击"修改"工具栏中的 按钮，激活"偏移"命令，将水平基准轴线向上偏移，命令行操作如下。

```
命令: _offset
    当前设置: 删除源=否 图层=源 OFFSETGAPTYPE=0
    指定偏移距离或 [通过(T)/删除(E)/图层L)] <通过>:   //4200 Enter
    选择要偏移的对象，或 [退出(E)/放弃(U)] <退出>:     //选择水平基准轴线
    指定要偏移的那一侧上的点，或 [退出(E)/多个(M)/放弃(U)] <退出>:
                                                //在所选轴线的上侧拾取点
    选择要偏移的对象，或 [退出(E)/放弃(U)] <退出>:    // Enter，结束命令
    命令:
    OFFSET当前设置: 删除源=否 图层=源 OFFSETGAPTYPE=0
    指定偏移距离或 [通过(T)/删除(E)/图层(L)] <4200.0>:  //1600 Enter
    选择要偏移的对象，或 [退出(E)/放弃(U)] <退出>:     //选择刚偏移出的水平轴线
    指定要偏移的那一侧上的点，或 [退出(E)/多个(M)/放弃(U)] <退出>:
                                                //在所选轴线的上侧拾取点
    选择要偏移的对象，或 [退出(E)/放弃(U)] <退出>:    // Enter，结束命令
    命令:
    OFFSET当前设置: 删除源=否 图层=源 OFFSETGAPTYPE=0
    指定偏移距离或 [通过(T)/删除(E)/图层(L)] <1600.0>:  //2650 Enter
    选择要偏移的对象，或 [退出(E)/放弃(U)] <退出>:     //选择刚偏移出的水平轴线
    指定要偏移的那一侧上的点，或 [退出(E)/多个(M)/放弃(U)] <退出>:
                                                //在所选轴线的上侧拾取点
    选择要偏移的对象，或 [退出(E)/放弃(U)] <退出>:    // Enter，偏移结果如图5-66所示
```

图5-65　绘制定位轴线

图5-66　偏移结果

7 重复执行"偏移"命令，将最左侧的垂直轴线向右偏移3410、5430和12900个单位，结果如图5-67所示。

8 使用命令简写CO激活"复制"命令，将最上侧的水平轴线向下复制5900个单位，命令行操作如下。

命令：_copy	
选择对象：	//选择最上侧的水平轴线
选择对象：	// Enter，结束选择
当前设置：复制模式＝多个	
指定基点或 [位移(D)/模式(O)] <位移>：	//拾取任一点
指定第二个点或 [阵列(A)] <使用第一个点作为位移>：	//@0,-5900 Enter
指定第二个点或 [阵列(A)/退出(E)/放弃(U)] <退出>：	// Enter，复制结果如图5-68所示

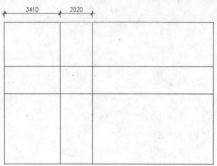

图5-67　偏移结果

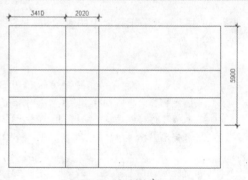

图5-68　复制结果

9 重复执行"复制"命令，配合坐标输入功能，对垂直轴线进行复制，命令行操作如下。

命令：_copy	
选择对象：	//选择最右侧的垂直轴线
选择对象：	// Enter，结束选择
当前设置：复制模式＝多个	
指定基点或 [位移(D)/模式(O)] <位移>：	//拾取任一点
指定第二个点或 [阵列(A)] <使用第一个点作为位移>：	//@-1400,0 Enter
指定第二个点或 [阵列(A)/退出(E)/放弃(U)] <退出>：	//@-3350,0 Enter
指定第二个点或 [阵列(A)/退出(E)/放弃(U)] <退出>：	//@-4500,0 Enter
指定第二个点或 [阵列(A)/退出(E)/放弃(U)] <退出>：	//@-6050,0 Enter
指定第二个点或 [阵列(A)/退出(E)/放弃(U)] <退出>：	// Enter，复制结果如图5-69所示

10 在无命令执行的前提下，选择最右侧的垂直轴线，使其呈现夹点显示状态，如图5-70所示。

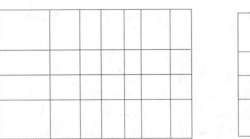

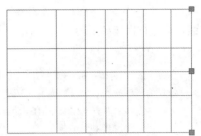

图5-69　复制结果　　　　　　　　　　　　　图5-70　夹点效果

11 在上侧的夹点上单击鼠标左键，使其变为夹基点，此时该点变为红色。

12 在命令行"** 拉伸 ** 指定拉伸点或 [基点(B)/复制(C)/放弃(U)/退出(X)]:"提示下捕捉如图5-71所示的端点，对其进行夹点拉伸，结果如图5-72所示。

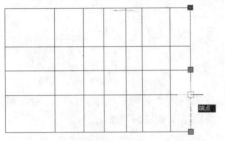

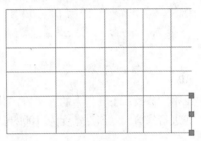

图5-71　捕捉端点　　　　　　　　　　　　　图5-72　编辑结果

13 按Esc键，取消对象的夹点显示状态，结果如图5-73所示。

14 参照第10～13步骤，配合端点捕捉和交点捕捉功能，分别对其他轴线进行夹点拉伸，编辑结果如图5-74所示。

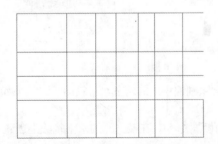

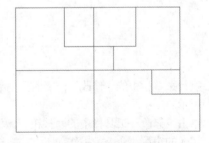

图5-73　取消夹点后的效果　　　　　　　　　图5-74　编辑其他轴线

15 使用命令简写TR激活"修剪"命令，以图5-75所示的垂直轴线1和2作为边界，对水平轴线3进行修剪，结果如图5-76所示。

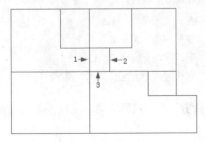

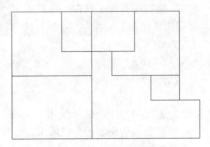

图5-75　定位修剪边界　　　　　　　　　　　图5-76　修剪结果

16 执行菜单栏中的"修改"|"偏移"命令,将最上侧的水平轴线向下偏移,以创建辅助线,命令行操作如下。

```
命令:_offset
    当前设置:删除源=否 图层=源 OFFSETGAPTYPE=0
    指定偏移距离或 [通过(T)/删除(E)/图层(L)]:              //1090 Enter
    选择要偏移的对象,或 [退出(E)/放弃(U)] <退出>:         //选择最上侧的水平轴线
    指定要偏移的那一侧上的点,或 [退出(E)/多个(M)/放弃(U)] <退出>:
                                                    //在所选择轴线的下侧拾取点
    选择要偏移的对象,或 [退出(E)/放弃(U)] <退出>:         // Enter,结束命令
    命令:
    OFFSET当前设置:删除源=否 图层=源 OFFSETGAPTYPE=0
    指定偏移距离或 [通过(T)/删除(E)/图层(L)] <1090.0>:     //2100 Enter
    选择要偏移的对象,或 [退出(E)/放弃(U)] <退出>:         //选择刚偏移出的轴线
    指定要偏移的那一侧上的点,或 [退出(E)/多个(M)/放弃(U)] <退出>:
                                                    //在所选择轴线的下侧拾取点
    选择要偏移的对象,或 [退出(E)/放弃(U)] <退出>:         // Enter,结果如图5-77所示
```

17 单击"修改"工具栏中的 ⊬ 按钮,以刚偏移出的两条辅助轴线作为边界,对左侧的垂直轴线进行修剪,以创建宽度为2100的窗洞,修剪结果如图5-78所示。

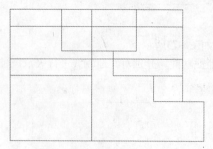

图5-77 偏移结果

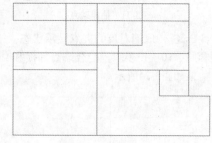

图5-78 修剪结果

18 执行菜单栏中的"修改"|"删除"命令,删除刚偏移出的两条水平辅助线,结果如图5-79所示。

19 单击"修改"工具栏中的 □ 按钮,激活"打断"命令,在最上侧的水平轴线上创建宽度为1000的窗洞,命令行操作如下。

```
命令:_break
    选择对象:                           //选择最上侧的水平轴线
    指定第二个打断点 或 [第一点(F)]:      //F Enter,重新指定第一断点
    指定第一个打断点:                    //激活"捕捉自"功能
    _from 基点:                         //捕捉如图5-80所示的端点
    <偏移>:                            //@3920, 0 Enter
    指定第二个打断点:                    //@1000, 0 Enter,结果如图5-81所示
```

20 参照上述打洞方法,综合使用"偏移"、"修剪"和"打断"命令,分别创建其他位置的门洞和窗洞,结果如图5-82所示。

21 执行"保存"命令,将图形命名存储为"综合实例(二).dwg"。

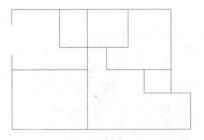

图5-79 删除结果

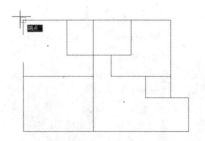

图5-80 捕捉端点

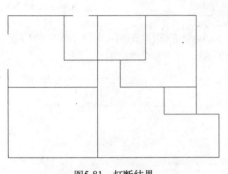

图5-81 打断结果

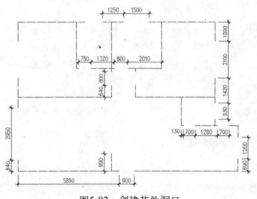

图5-82 创建其他洞口

5.7 绘制复合图元——矩形阵列

本节主要学习"矩形阵列"命令的使用方法和相关技能。此命令是非常重要且常用的一种工具。

5.7.1 关于矩形阵列

"矩形阵列"命令用于将选择的图形对象按照指定的行数和列数，成"矩形"的排列方式进行大规模复制，以创建均布结构的复合图形。

执行"矩形阵列"命令主要有以下几种方式。

- 执行菜单栏中的"修改"|"阵列"|"矩形阵列"命令。
- 单击"修改"工具栏或面板上的 按钮。
- 在命令行输入Arrayrect后按Enter键。
- 使用命令简写AR。

5.7.2 矩形阵列对象实例

下面通过典型实例，学习"矩形阵列"命令的使用方法和操作技巧。

1. 执行"打开"命令，打开随书光盘中的"\素材文件\5-3.dwg"文件，如图5-83所示。

2. 单击"修改"工具栏或面板上的 按钮，配合窗交选择功能对橱柜进行阵列，命令行操作如下。

图5-83 打开结果

```
命令：_arrayrect
    选择对象：                                    //选择如图5-84所示的对象
    选择对象：                                    // Enter
    类型 = 矩形  关联 = 是
    选择夹点以编辑阵列或 [关联(AS)/基点(B)/计数(COU)/间距(S)/列数(COL)/行数(R)/层数(L)/退出
(X)] <退出>：                                     //COU Enter
    输入列数数或 [表达式(E)] <4>：                  //8 Enter
    输入行数数或 [表达式(E)] <3>：                  //1 Enter
    选择夹点以编辑阵列或 [关联(AS)/基点(B)/计数(COU)/间距(S)/列数(COL)/行数(R)/层数(L)/退出
(X)] <退出>：                                     //S Enter
    指定列之间的距离或 [单位单元(U)] <7610>：        //339 Enter
    指定行之间的距离 <4369>：                       //1 Enter
    选择夹点以编辑阵列或 [关联(AS)/基点(B)/计数(COU)/间距(S)/列数(COL)/行数(R)/层数(L)/退出
(X)] <退出>：                                     // Enter，阵列结果如图5-85所示
```

图5-84　选择阵列对象　　　　　　　　　　　　　　　　图5-85　阵列结果

3 重复执行"矩形阵列"命令，配合窗口选择功能继续对橱柜立面图进行阵列，命令行操作如下。

```
命令：_arrayrect
    选择对象：                                    //选择如图5-86所示的对象
    选择对象：                                    // Enter
    类型 = 矩形  关联 = 是
    选择夹点以编辑阵列或 [关联(AS)/基点(B)/计数(COU)/间距(S)/列数(COL)/行数(R)/层数(L)/退出
(X)] <退出>：                                     //COU Enter
    输入列数数或 [表达式(E)] <4>：                  //4 Enter
    输入行数数或 [表达式(E)] <3>：                  //1 Enter
    选择夹点以编辑阵列或 [关联(AS)/基点(B)/计数(COU)/间距(S)/列数(COL)/行数(R)/层数(L)/退出
(X)] <退出>：                                     //S Enter
    指定列之间的距离或 [单位单元(U)] <7610>：        //679 Enter
    指定行之间的距离 <4369>：                       //1 Enter
    选择夹点以编辑阵列或 [关联(AS)/基点(B)/计数(COU)/间距(S)/列数(COL)/行数(R)/层数(L)/退出
(X)] <退出>：                                     // Enter，阵列结果如图5-87所示
```

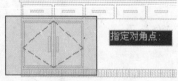

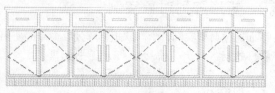

图5-86　选择对象　　　　　　　　　　　　　　　　　　图5-87　阵列结果

默认设置下，矩形阵列出的图形具有关联性，是一个独立的图形结构，跟图块的性质类似。

选项解析

◆ "关联"选项用于设置阵列后图形的关联性，如果为阵列图形设定了关联特性，那么阵列的图形和源图形一起，被作为一个独立的图形结构，跟图块的性质类似。用户可以使用"分解"命令取消这种关联特性。

◆ "基点"选项用于设置阵列的基点。

◆ "计数"选项用设置阵列的行数、列数。

◆ "间距"选项用于设置对象的行偏移或列偏移距离。

5.8 绘制复合图元——环形阵列

本节主要学习"环形阵列"命令的使用方法和相关技能。

5.8.1 关于环形阵列

"环形阵列"命令用于将选择的图形对象按照阵列中心点和设定的数目，成"圆形"阵列复制，以快速创建聚心结构图形。

执行"环形阵列"命令主要有以下几种方式。

◆ 执行菜单栏中的"修改"|"阵列"|"环形阵列"命令。

◆ 单击"修改"工具栏或面板上的 ⬚ 按钮。

◆ 在命令行输入Arraypola后按Enter键。

◆ 使用命令简写AR。

5.8.2 环形阵列对象实例

下面通过典型实例，学习"环形阵列"命令的使用方法和操作技巧。

1 执行"打开"命令，打开随书光盘中的"\素材文件\5-4.dwg"文件，如图5-88所示。

2 单击"修改"工具栏或面板上的 ⬚ 按钮，窗口选择如图5-89所示的对象进行阵列，命令行操作如下。

```
命令：_arraypolar
    选择对象：                           //拉出如图5-89所示的窗口选择框
    选择对象：                           // Enter
    类型 = 极轴  关联 = 是
    指定阵列的中心点或 [基点(B)/旋转轴(A)]：  //捕捉同心圆的圆心
    选择夹点以编辑阵列或 [关联(AS)/基点(B)/项目(I)/项目间角度(A)/填充角度(F)/行(ROW)/层(L)/
旋转项目(ROT)/退出(X)] <退出>：          //I Enter
    输入阵列中的项目数或 [表达式(E)] <6>：   //6 Enter
    选择夹点以编辑阵列或 [关联(AS)/基点(B)/项目(I)/项目间角度(A)/填充角度(F)/行(ROW)/层(L)/
旋转项目(ROT)/退出(X)] <退出>：          //F Enter
    指定填充角度(+=逆时针、-=顺时针)或 [表达式(EX)] <360>：    // Enter
    选择夹点以编辑阵列或 [关联(AS)/基点(B)/项目(I)/项目间角度(A)/填充角度(F)/行(ROW)/层(L)/
旋转项目(ROT)/退出(X)] <退出>：          // Enter，阵列结果如图5-90所示
```

3 重复执行"环形阵列"命令，对外侧的菱形单元进行环形阵列，命令行操作如下。

```
命令：_arraypolar
    选择对象：                           //拉出如图5-91所示的窗口选择框
```

选择对象:　　　　/　　　　　　　　　　　　　　/ Enter

类型＝极轴　关联＝是

指定阵列的中心点或 [基点(B)/旋转轴(A)]:　　　//捕捉同心圆的圆心

选择夹点以编辑阵列或 [关联(AS)/基点(B)/项目(I)/项目间角度(A)/填充角度(F)/行(ROW)/层(L)/旋转
项目(ROT)/退出(X)] <退出>:　　　　　　　//I Enter

输入阵列中的项目数或 [表达式(E)] <6>:　　　//24 Enter

选择夹点以编辑阵列或 [关联(AS)/基点(B)/项目(I)/项目间角度(A)/填充角度(F)/行(ROW)/层(L)/旋转
项目(ROT)/退出(X)] <退出>:　　　　　　　//F Enter

指定填充角度(+=逆时针、-=顺时针)或 [表达式(EX)] <360>:　　// Enter

选择夹点以编辑阵列或 [关联(AS)/基点(B)/项目(I)/项目间角度(A)/填充角度(F)/行(ROW)/层(L)/旋转
项目(ROT)/退出(X)] <退出>:　　　　　　　// Enter，阵列结果如图5-92所示

 默认设置下，环形阵列出的图形具有关联性，是一个独立的图形结构，跟图块的性质类似，其夹
点效果如图5-93所示，用户可以使用"分解"命令取消这种关联特性。

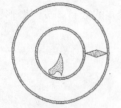

图5-88　打开结果

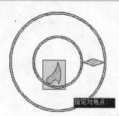

图5-89　窗口选择

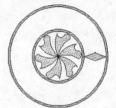

图5-90　阵列结果

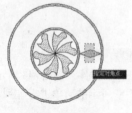

图5-91　窗口选择

图5-92　阵列结果

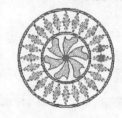

图5-93　环形阵列的关联效果

选项解析

- ◆ "基点"选项用于设置阵列对象的基点.
- ◆ "旋转轴"选项用于指定阵列对象的旋转轴。
- ◆ "项目"选项用于设置环形阵列的数目。
- ◆ "填充角度"选项用于输入设置环形阵列的角度，正值为逆时针阵列，负值为顺时针阵列。
- ◆ "项目间角度"选项用于设置每相邻阵列单元间的角度。
- ◆ "旋转项目"选项用于设置阵列对象的旋转角度。

5.9　绘制复合图元——路径阵列

本节主要学习"路径阵列"命令的使用方法和相关技能。

5.9.1　关于路径阵列

"路径阵列"命令用于将对象沿指定的路径或路径的某部分进行等距阵列。路径可以是直线、

多段线、三维多段线、样条曲线、螺旋线、圆、椭圆和圆弧等。

执行"路径阵列"命令主要有以下几种方式。

◆ 执行菜单栏中的"修改"|"阵列"|"路径阵列"命令。

◆ 单击"修改"工具栏或面板上的 按钮。

◆ 在命令行输入Arraypath后按Enter键。

◆ 使用命令简写AR。

5.9.2 路径阵列对象实例

下面通过典型实例,学习"路径阵列"命令的使用方法和操作技巧。

1 执行"打开"命令,打开随书光盘中的"\素材文件\5-5.dwg"文件,如图5-94所示。

2 单击"修改"工具栏或面板中的 按钮,激活"路径阵列"命令,窗口选择楼梯栏杆进行阵列,命令行操作如下。

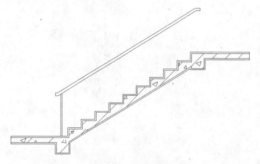

图5-94 打开结果

```
命令: _arraypath
    选择对象:                            //窗交选择如图5-95所示的栏杆
    选择对象:                            // Enter
    类型=路径 关联=是
    选择路径曲线:                        //选择如图5-96所示的轮廓线
```

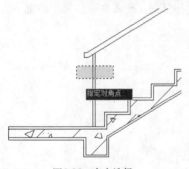

图5-95 窗交选择

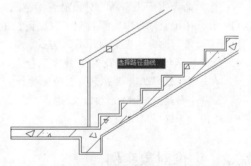

图5-96 选择路径曲线

```
    选择夹点以编辑阵列或 [关联(AS)/方法(M)/基点(B)/切向(T)/项目(I)/行(R)/层(L)/对齐项目(A)/Z
方向(Z)/退出(X)] <退出>:                 //M Enter
    输入路径方法 [定数等分(D)/定距等分(M)] <定距等分>:    //M Enter
    选择夹点以编辑阵列或 [关联(AS)/方法(M)/基点(B)/切向(T)/项目(I)/行(R)/层(L)/对齐项目(A)/Z
方向(Z)/退出(X)] <退出>:                 //I Enter
    指定沿路径的项目之间的距离或 [表达式(E)] <75>:       //652 Enter
    最大项目数=11
    指定项目数或 [填写完整路径(F)/表达式(E)] <11>:       //11 Enter
    选择夹点以编辑阵列或 [关联(AS)/方法(M)/基点(B)/切向(T)/项目(I)/行(R)/层(L)/对齐项目(A)/Z
方向(Z)/退出(X)] <退出>:                 //A Enter
```

是否将阵列项目与路径对齐？[是(Y)/否(N)] <否>:   //N Enter

选择夹点以编辑阵列或 [关联(AS)/方法(M)/基点(B)/切向(T)/项目(I)/行(R)/层(L)/对齐项目(A)/Z 方向(Z)/退出(X)] <退出>:   //AS Enter

创建关联阵列 [是(Y)/否(N)] <是>:   //N Enter

选择夹点以编辑阵列或 [关联(AS)/方法(M)/基点(B)/切向(T)/项目(I)/行(R)/层(L)/对齐项目(A)/Z 方向(Z)/退出(X)] <退出>:   // Enter，阵列结果如图5-97所示

3 使用"修剪"命令，对上侧的栏杆进行修整完善，结果如图5-98所示。

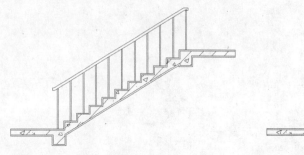
图5-97　阵列结果

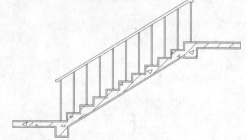
图5-98　完善结果

5.10　绘制对称图形结构

本节主要学习"镜像"命令的使用方法和操作技巧。

5.10.1　镜像及命令的启动

"镜像"命令用于将选择的对象沿着指定的两点进行对称复制。此命令通常用于创建一些结构对称的图形，在镜像过程中，源对象可以保留，也可以删除。

执行"镜像"命令主要有以下几种方式。

- 执行菜单栏中的"修改"|"镜像"命令。
- 单击"修改"工具栏或面板上的 按钮。
- 在命令行输入Mirror后按Enter键。
- 使用命令简写MI。

5.10.2　镜像对象实例

下面通过典型实例，学习"镜像"命令的使用方法和操作技巧。

1 执行"打开"命令，打开随书光盘中的"\素材文件\5-6.dwg"文件，如图5-99所示。

2 单击"修改"工具栏上的 按钮，激活"镜像"命令，对平面图进行镜像，命令行操作如下。

图5-99　打开结果

```
命令：_mirror
    选择对象：                              //框选图5-99所示的平面图
    选择对象：                              // Enter ，结束选择
    指定镜像线的第一点：                    //捕捉如图5-100所示的端点
    指定镜像线的第二点：                    //@0,1 Enter
    要删除源对象吗？[是(Y)/否(N)] <N>：     // Enter ，镜像结果如图5-101所示
```

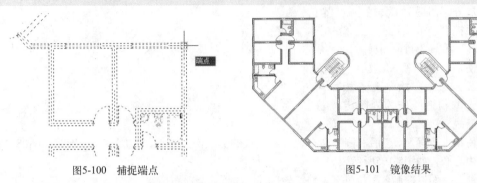

图5-100　捕捉端点 　　　　　　　　　　　　　　图5-101　镜像结果

3 重复执行"镜像"命令，以最上侧的水平轴线作为对称轴，对图5-101所示的平面图进行镜像，镜像结果如图5-102所示。

4 展开"图层控制"下拉列表，关闭"轴线层"，结果如图5-103所示。

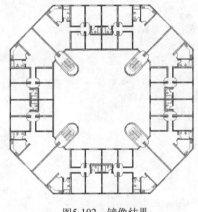 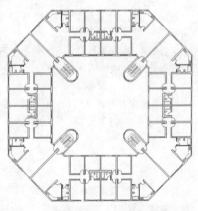

图5-102　镜像结果 　　　　　　　　　　　　　图5-103　关闭"轴线层"后的效果

 对文字进行镜像时，镜像后文字的可读性取决于系统变量MIRRTEX的值，当变量值为1时，镜像文字不具有可读性；当变量值为0时，镜像文字具有可读性。

5.11　综合实例3——绘制直齿轮零件二视图

本例通过绘制直齿轮零件二视图，对本章重点知识进行综合练习和巩固应用。直齿轮零件二视图的最终绘制效果，如图5-104所示。

▶ 操作步骤

1 执行"新建"命令，以随书光盘中的"\样板文件\机械样板.dwt"作为基础样板，新建空白文件。

2 打开状态栏上的"对象捕捉"、"极轴追踪"和"线宽"等功能。

3 使用命令简写Z激活"视图缩放"命令，将视图高度设置为240。

4 展开"图层"工具栏中的"图层控制"下拉列表，将"中心线"设置为当前图层。

5 使用命令简写XL激活"构造线"命令，绘制两条相互垂直的构造线作为视图定位基准线。

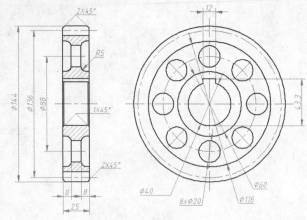

图5-104　实例效果

6 使用命令简写C激活"圆"命令，以构造线的交点作为圆心，绘制直径分别为136和88的中心圆，如图5-105所示。

7 展开"图层控制"下拉列表，将"轮廓线"设置为当前图层。

8 单击"绘图"工具栏中的◎按钮，激活"圆"命令，配合交点捕捉功能，绘制同心轮廓圆，命令行操作如下。

```
命令: _circle
指定圆的圆心或 [三点(3P)/两点(2P)/切点、切点、半径(T)]:
                                    //捕捉下侧辅助线的交点作为圆心
指定圆的半径或 [直径(D)]:                //D Enter
指定圆的直径:                          //40 Enter
命令:                                //重复执行画圆命令
CIRCLE 指定圆的圆心或 [三点(3P)/两点(2P)/切点、切点、半径(T)]:   //@ Enter
指定圆的半径或 [直径(D)] <20.00>:        //D Enter
指定圆的直径 <40.00>:                   //60 Enter
命令:                                //重复执行画圆命令
CIRCLE 指定圆的圆心或 [三点(3P)/两点(2P)/切点、切点、半径(T)]:   //@ Enter
指定圆的半径或 [直径(D)] <30.00>:        //D Enter
指定圆的直径 <60.00>:                   //116 Enter
命令:                                //重复执行画圆命令
CIRCLE 指定圆的圆心或 [三点(3P)/两点(2P)/切点、切点、半径(T)]:   //@ Enter
指定圆的半径或 [直径(D)] <58.00>:        //d Enter
指定圆的直径 <116.00>:                  //144 Enter，绘制结果如图5-106所示
```

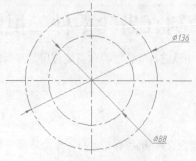

图5-105　绘制结果

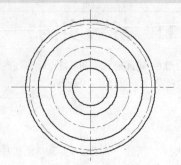

图5-106　绘制同心圆

9 重复执行"圆"命令，配合交点捕捉功能绘制如图5-107所示的圆，圆的直径为20。

10 单击"修改"工具栏中的▦按钮，激活"环形阵列"命令，对刚绘制的圆进行阵列，命令行操作如下。

```
命令: _arraypolar
    选择对象:                                      //选择直径为20的圆
    选择对象:                                      // Enter
    类型 = 极轴  关联 = 是
    指定阵列的中心点或 [基点(B)/旋转轴(A)]:          //捕捉如图5-108所示的圆心
    选择夹点以编辑阵列或 [关联(AS)/基点(B)/项目(I)/项目间角度(A)/填充角度(F)/行(ROW)/层(L)/
旋转项目(ROT)/退出(X)] <退出>:                      //I Enter
    输入阵列中的项目数或 [表达式(E)] <6>:             //8 Enter
    选择夹点以编辑阵列或 [关联(AS)/基点(B)/项目(I)/项目间角度(A)/填充角度(F)/行(ROW)/层(L)/
旋转项目(ROT)/退出(X)] <退出>:                      //F Enter
    指定填充角度(+=逆时针、-=顺时针)或 [表达式(EX)] <360>:       // Enter
    选择夹点以编辑阵列或 [关联(AS)/基点(B)/项目(I)/项目间角度(A)/填充角度(F)/行(ROW)/层(L)/
旋转项目(ROT)/退出(X)] <退出>:                      // Enter，阵列结果如图5-109所示
```

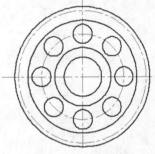

图5-107　绘制结果　　　　　图5-108　捕捉圆心　　　　　图5-109　阵列结果

11 绘制键槽结构。单击"修改"工具栏中的▦按钮，激活"偏移"命令，对垂直构造线进行对称偏移，命令行操作如下。

```
命令: _offset
    当前设置: 删除源=否  图层=源 OFFSETGAPTYPE=0
    指定偏移距离或 [通过(T)/删除(E)/图层(L)] <通过>:          //6 Enter
    选择要偏移的对象，或 [退出(E)/放弃(U)] <退出>:             //选择垂直构造线
    指定要偏移的那一侧上的点，或 [退出(E)/多个(M)/放弃(U)] <退出>:
                                                      //在构造线的左侧单击鼠标左键
    选择要偏移的对象，或 [退出(E)/放弃(U)] <退出>:             //选择垂直构造线
    指定要偏移的那一侧上的点，或 [退出(E)/多个(M)/放弃(U)] <退出>:
                                                      //在构造线的右侧单击鼠标左键
    选择要偏移的对象，或 [退出(E)/放弃(U)] <退出>:             // Enter，结果如图5-110所示
```

12 重复执行"偏移"命令，将水平构造线向上偏移23.3个单位，如图5-111所示。

13 在无命令执行的前提下夹点显示偏移出的三条构造线，将其放到"轮廓线"图层上，结果如图5-112的示。

14 使用命令简写TR激活"修剪"命令，对构造线和圆进行修剪，编辑出键槽结构，结果如图5-113所示。

15 展开"图层控制"下拉列表,将"中心线"设置为当前图层。

16 使用命令简写L激活"直线"命令,配合捕捉追踪功能绘制如图5-114所示的圆中心线,中心线超出圆的长度为2。

17 单击"修改"工具栏中的 ⊞ 按钮,激活"环形阵列"命令,对刚绘制的圆中心线进行阵列,命令行操作如下。

```
命令:_arraypolar
    选择对象:                                    //选择刚绘制的圆中心线
    选择对象:                                    // Enter
    类型 = 极轴  关联 = 是
    指定阵列的中心点或 [基点(B)/旋转轴(A)]:         //捕捉如图5-115所示的交点
```

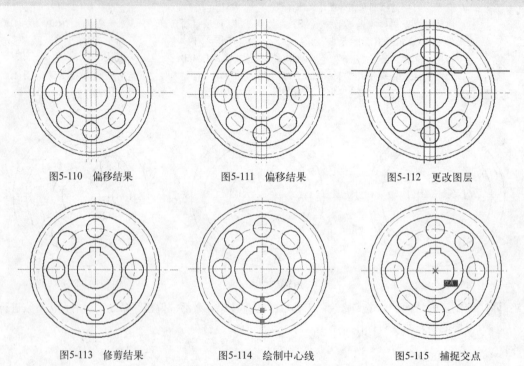

图5-110 偏移结果	图5-111 偏移结果	图5-112 更改图层
图5-113 修剪结果	图5-114 绘制中心线	图5-115 捕捉交点

```
        选择夹点以编辑阵列或 [关联(AS)/基点(B)/项目(I)/项目间角度(A)/填充角度(F)/行(ROW)/层(L)/
    旋转项目(ROT)/退出(X)] <退出>:                              //I Enter
        输入阵列中的项目数或 [表达式(E)] <6>:                    //8 Enter
        选择夹点以编辑阵列或 [关联(AS)/基点(B)/项目(I)/项目间角度(A)/填充角度(F)/行(ROW)/层(L)/
    旋转项目(ROT)/退出(X)] <退出>:                              //F Enter
        指定填充角度(+=逆时针、-=顺时针)或 [表达式(EX)] <360>:   // Enter
        选择夹点以编辑阵列或 [关联(AS)/基点(B)/项目(I)/项目间角度(A)/填充角度(F)/行(ROW)/层(L)/
    旋转项目(ROT)/退出(X)] <退出>:                              //AS Enter
        创建关联阵列 [是(Y)/否(N)] <否>:                         // Enter
        选择夹点以编辑阵列或 [关联(AS)/基点(B)/项目(I)/项目间角度(A)/填充角度(F)/行(ROW)/层(L)/
    旋转项目(ROT)/退出(X)] <退出>:                              // Enter,阵列结果如图5-116所示
```

18 在无命令执行的前提下夹点显示如图5-117所示的4条中心线。

19 按Delete键,将夹点显示的中心线删除,结果如图5-118所示。

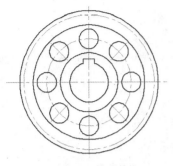
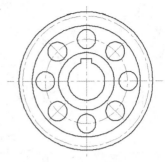

图5-116　阵列结果　　　　　　　图5-117　夹点效果　　　　　　　图5-118　删除结果

20 展开"图层"工具栏中的"图层控制"下拉列表，将"轮廓线"设置为当前图层。

21 单击"修改"工具栏中的▱按钮，激活"偏移"命令，对垂直构造线进行偏移，命令行操作如下。

```
命令: _offset
    当前设置: 删除源=否 图层=源 OFFSETGAPTYPE=0
    指定偏移距离或 [通过(T)/删除(E)/图层(L)] <通过>:          //L Enter
    输入偏移对象的图层选项 [当前(C)/源(S)] <源>:              //C Enter
    指定偏移距离或 [通过(T)/删除(E)/图层(L)] <通过>:          //115 Enter
    选择要偏移的对象，或 [退出(E)/放弃(U)] <退出>:            //单击上侧的水平构造线
    指定要偏移的那一侧上的点，或 [退出(E)/多个(M)/放弃(U)] <退出>:
                                                            //在所选构造线上侧拾取一点
    选择要偏移的对象，或 [退出(E)/放弃(U)] <退出>:            // Enter
    命令:                                                   // Enter
    OFFSET当前设置: 删除源=否 图层=当前 OFFSETGAPTYPE=0
    指定偏移距离或 [通过(T)/删除(E)/图层(L)] <115.00>:        //140 Enter
    选择要偏移的对象，或 [退出(E)/放弃(U)] <退出>:            //再次单击上侧的水平构造线
    指定要偏移的那一侧上的点，或 [退出(E)/多个(M)/放弃(U)] <退出>:
                                                            //在所选构造线上侧拾取一点
    选择要偏移的对象，或 [退出(E)/放弃(U)] <退出>:            // Enter，结果如图5-119所示
```

22 执行菜单栏中的"绘图"|"构造线"命令，根据视图间的对正关系，配合圆心捕捉和交点捕捉功能绘制如图5-120所示的水平构造线。

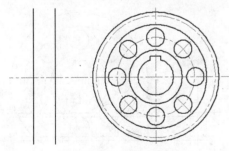
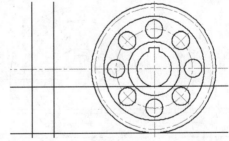

图5-119　偏移结果　　　　　　　　　　图5-120　绘制结果

23 单击"修改"工具栏中的▱按钮，激活"修剪"命令，对构造线进行修剪，编辑出主视图主体结构，结果如图5-121所示。

24 使用命令简写CHA激活"倒角"命令，对主视图外轮廓线进行倒角，倒角线的长度为2、角度为45°，倒角结果如图5-122所示。

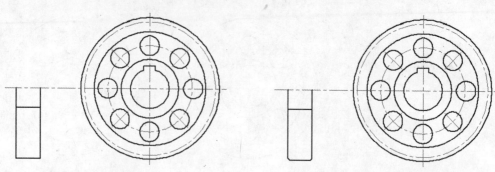

图5-121　修剪结果　　　　　　　　　　　　　图5-122　倒角结果

25　重复执行"倒角"命令，将倒角模式设置为"不修剪"，将倒角线长度设置为1、角度为45°，创建内部的倒角，结果如图5-123所示。

26　执行菜单栏中的"修改"|"修剪"命令，对内部的水平轮廓线进行修剪，结果如图5-124所示。

27　使用命令简写L激活"直线"命令，配合对象捕捉功能绘制倒角位置的垂直轮廓线，结果如图5-125所示。

图5-123　倒角结果　　　　　　图5-124　修剪结果　　　　　　图5-125　绘制结果

28　使用命令简写XL激活"构造线"命令，根据视图间的对正关系，绘制如图5-126所示的水平构造线。

29　使用命令简写O激活"偏移"命令，将主视图外侧的两条垂直轮廓线向内偏移8个单位，结果如图5-127所示。

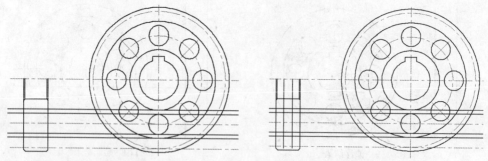

图5-126　绘制结果　　　　　　　　　　　　图5-127　偏移结果

30　使用命令简写TR激活"修剪"命令，对各图线进行修剪，编辑出柱形圆孔轮廓线，如图5-128所示。

31　使用命令简写F激活"圆角"命令，将圆角半径设置为5，将圆角模式设置为"修剪"，对内部的图线进行圆角，结果如图5-129所示。

32 执行菜单栏中的"修改"|"延伸"命令，以圆角后产生的4条圆弧作为边界，对圆弧之间的两条水平轮廓线进行两端延伸。

33 使用命令简写LEN激活"拉长"命令，将水平中心线两端缩短4个单位，结果如图5-130所示。

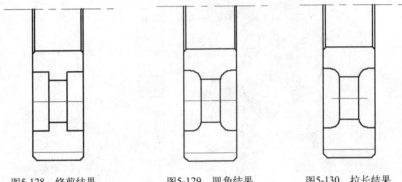

图5-128 修剪结果   图5-129 圆角结果   图5-130 拉长结果

34 执行菜单栏中的"修改"|"镜像"命令，选择图5-130所示的主视图结构进行镜像，结果如图5-131所示。

35 根据视图间的对正关系，使用"构造线"命令绘制如图5-132所示的水平构造线。

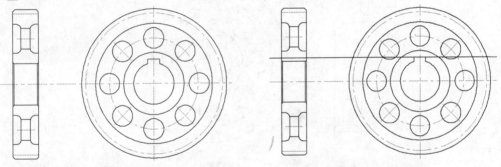

图5-131 镜像结果   图5-132 绘制构造线

36 使用命令简写TR激活"修剪"命令，对水平构造线进行修剪，将其转换为图形轮廓线，结果如图5-133所示。

37 将修剪出的水平轮廓线向上偏移39.7个单位，然后再将偏移出的水平轮廓线向下偏移126个单位，结果如图5-134所示。

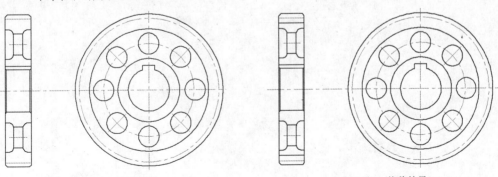

图5-133 修剪结果   图5-134 偏移结果

38 展开"图层"工具栏中的"图层控制"下拉列表,将"剖面线"设置为当前图层。

39 使用命令简写H激活"图案填充"命令,采用默认填充参数,为主视图填充如图5-135所示的剖面线,填充图案为ANSI31。

40 使用命令简写TR激活"修剪"命令,以两视图外轮廓线作为边界,对构造线进行修剪,将其转换为图形中心线,结果如图5-136所示。

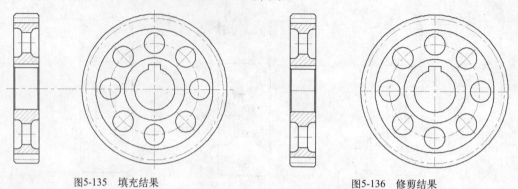

图5-135　填充结果　　　　　　　　　　　　　　　　图5-136　修剪结果

41 执行菜单栏中的"修改"|"拉长"命令,将二视图中心线两端拉长7.5个单位,结果如图5-137所示。

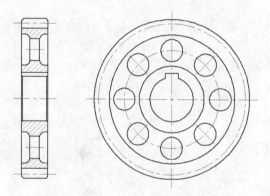

图5-137　拉长结果

42 执行"另存为"命令,将图形命名存储为"综合实例(三).dwg"。

第2篇

技能提高

PART

02

本篇包括第6～10章内容，结合大量典型案例，重点讲解创建图块、参照、文字、表格以及图形尺寸标注、图形资源共享等内容，具体内容包括图块的应用与编辑属性、图层的设置、图形尺寸的标注、图形资源的共享与查询以及文字和表格的创建等，使读者通过对本篇内容的学习，彻底掌握AutoCAD 2013二维制图技能。本篇内容如下。

- 第6章　图形资源的组合与引用——块、属性与参照
- 第7章　图形资源的规划与管理——图层
- 第8章　图形资源的查看共享与信息查询
- 第9章　标注图形尺寸与参数化绘图
- 第10章　创建文字、符号和插入表格

第6章 图形资源的组合与引用 ——块、属性与参照

图块是一个综合性的概念，也是一种重要的制图功能，它通过将多个图形或文字组合起来，形成单个对象的集合。在文件中引用了块后，不仅可以很大程度地提高绘图速度、节省存储空间，还可以使绘制的图形更标准化和规范化。本章学习内容如下。

- ◆ 创建图块
- ◆ 引用与嵌套图块
- ◆ 动态块
- ◆ 综合实例1——为户型图快速布置门图例
- ◆ 属性的定义与编辑
- ◆ 块的编辑与更新
- ◆ DWF参照的引用
- ◆ 综合实例2——标注齿轮零件表面粗糙度

6.1 创建图块

"图块"指的是将多个图形集合起来，形成一个单一的组合图元，以方便用户对其进行选择、应用和编辑等。图形被定义成块前后的夹点效果，如图6-1所示。

源图形　　　　　　　　　　夹点效果　　　　　　　　转化为块后的夹点效果

图6-1　图形与图块的夹点显示

6.1.1 创建内部块

"创建块"命令主要用于将单个或多个图形集合成为一个整体图形单元，保存于当前图形文件内，以供当前文件重复使用。使用此命令创建的图块被称之为"内部块"。

执行"创建块"命令主要有以下几种方式。

- ◆ 执行菜单栏中的"绘图"|"块"|"创建"命令。
- ◆ 单击"绘图"工具栏或"块"面板上的![按钮]按钮。
- ◆ 在命令行输入Block或Bmake后按Enter键。
- ◆ 使用命令简写B。

下面通过典型实例，学习"创建块"命令的使用方法和操作技巧。

1 执行"打开"命令，打开随书光盘中的"\素材文件\6-1.dwg"文件，如图6-2所示。

2 单击"绘图"工具栏上的 按钮，激活"创建块"命令，打开如图6-3所示的"块定义"对话框。

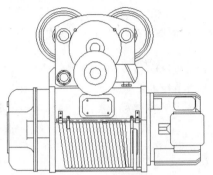

图6-2 打开结果

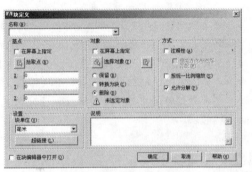

图6-3 "块定义"对话框

3 定义块名。在"名称"文本框内输入"bolck01"作为块的名称，在"对象"选项组中选中"保留"单选按钮，其他参数采用默认设置。

图块名是一个不超过255个字符的字符串，可包含字母、数字、"$"、"-"及"_"等符号。

4 定义基点。在"基点"选项组中，单击"拾取点"按钮，返回绘图区捕捉如图6-4所示的圆心作为块的基点。

在定位图块的基点时，一般是在图形上的特征点中进行捕捉。

5 选择块对象。单击"选择对象"按钮，返回绘图区框选如图6-2所示的所有图形对象。

6 预览效果。按Enter键返回"块定义"对话框，则在此对话框内出现图块的预览图标，如图6-5所示。

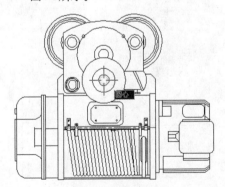

图6-4 捕捉圆心

图6-5 参数设置

如果在定义块时，勾选了"按统一比例缩放"复选框，那么在插入块时，仅可以对块进行等比缩放。

7 单击 确定 按钮关闭"块定义"对话框，结果所创建的图块保存在当前文件内，此块将会与文件一起保存。

选项解析

◆ "名称"文本框用于为新块赋名。

◆ "基点"选项组主要用于确定图块的插入基点。在定义基点时，用户可以直接在"X"、"Y"、"Z"文本框中输入基点坐标值，也可以在绘图区直接捕捉图形上的特征点。AutoCAD默认基点为原点。

◆ 单击"快速选择"按钮，将弹出"快速选择"对话框，在此对话框内用户可以按照一定的条件定义一个选择集。

◆ "转换为块"单选按钮用于将创建块的源图形转化为图块。

◆ "删除"单选按钮用于将组成图块的图形对象从当前绘图区中删除。

◆ "在块编辑器中打开"复选框用于定义完块后自动进入块编辑器窗口，以便对图块进行编辑管理。

6.1.2　创建外部块

由于"内部块"仅供当前文件引用，所以为了弥补内部块的这一缺陷，AutoCAD为用户提供了"写块"命令，使用此命令创建的图块不但可以被当前文件使用，还可以供其他文件进行重复引用，这种图块称为外部块。下面学习外部块的具体创建过程。

1 继续上例操作。

2 在命令行输入Wblock或W后按Enter键，激活"写块"命令，打开"写块"对话框。

3 在"源"选项组内激活"块"选项，然后展开"块"下拉列表，选择"block01"内部块，如图6-6所示。

4 在"目标"选项组内，设置外部块的保存路径、名称和单位，如图6-7所示。

5 单击 确定 按钮，结果"block01"内部块被转化为外部图块，以独立文件形式保存。

> **提示** 在默认状态下，系统将继续使用源内部块的名称作为外部图块的新名称进行保存。

图6-6　选择块

图6-7　创建外部块

 选项解析

◆ "块"单选按钮用于将当前文件中的内部图块转换为外部块。当激活该选项时，其右侧的下拉列表被激活，用户可从中选择需要被写入块文件的内部图块。

◆ "整个图形"单选按钮用于将当前文件中的所有图形对象，创建为一个整体图块。

- "对象"单选按钮是系统默认选项，用于有选择性的，将当前文件中的部分图形或全部图形创建为一个独立的外部图块。具体操作与创建内部块相同。

6.2 引用与嵌套图块

本节主要学习图块的引用、块的编辑更新、块的嵌套与分解等知识，以更有效地组织、使用和管理图块。

6.2.1 引用图块

"插入块"命令用于将内部块、外部块和已保存的DWG文件，引用到当前图形文件中，以组合更为复杂的图形结构。

执行"插入块"命令主要有以下几种方式。

- 执行菜单栏中的"插入"|"块"命令。
- 单击"绘图"工具栏或"块"面板上的 按钮。
- 在命令行输入Insert后按Enter键。
- 使用命令简写I。

下面通过典型实例，学习"插入块"命令的使用方法和操作技巧。

1 继续上例操作。

2 单击"绘图"工具栏上的 按钮，打开"插入"对话框。

3 展开"名称"下拉列表，选择"block1"内部块作为需要插入的图块。

4 在"比例"选项组中勾选下侧的"统一比例"复选框，同时设置图块的缩放比例为0.5，如图6-8所示。

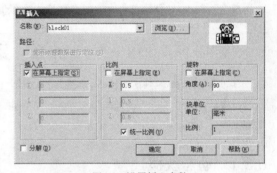

图6-8 设置插入参数

 如果勾选了"分解"复选框，那么插入的图块则不是一个独立的对象，而是被还原成一个个单独的图形对象。

5 其他参数采用默认设置，单击 确定 按钮返回绘图区，在命令行"指定插入点或 [基点(B)/比例(S)/旋转(R)]:"提示下，拾取一点作为块的插入点，结果如图6-9所示。

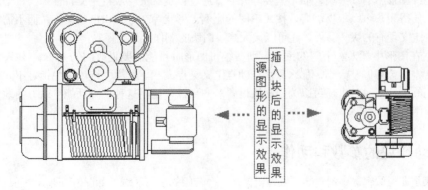

图6-9 插入结果

选项解析

◆ "名称"下拉列表用于设置需要插入的内部块。

◆ 如果需要插入外部块或已保存的图形文件，可以单击 浏览(B)... 按钮，从打开的"选择图形文件"对话框中选择相应的外部块或文件。

◆ "插入点"选项组用于确定图块插入点的坐标。用户可以勾选"在屏幕上指定"复选框，直接在绘图区拾取一点，也可以在"X"、"Y"、"Z"三个文本框中输入插入点的坐标值。

◆ "比例"选项组用于确定图块的插入比例。

◆ "旋转"选项组用于确定图块插入时的旋转角度。用户可以勾选"在屏幕上指定"复选框，直接在绘图区指定旋转的角度，也可以在"角度"文本框中输入图块的旋转角度。

6.2.2 嵌套图块

用户可以在一个图块中引用其他图块，称之为"嵌套块"，如可以将厨房作为插入到每一个房间的图块，而在厨房块中，又包含水池、冰箱、炉具等其他图块。

使用嵌套块需要注意以下两点。

◆ 块的嵌套深度没有限制。

◆ 块定义不能嵌套自身，即不能使用嵌套块的名称作为将要定义的新块名称。

总之，AutoCAD对嵌套块的复杂程度没有限制，只是不可以引用自身。

6.3 动态块

所谓"动态块"，是指建立在"块"基础之上的，事先预设好数据，在使用时可以随设置的数值进行操作的块。动态块不仅具有块的一切特性，还具有其独特的特性。本节在了解动态块概念的基础上，学习动态块的制作过程和应用技能。

6.3.1 动态块概述

上面几节讲述的图块仅是一些普通的图块，它仅是将多个对象集合成一个单元，然后应用到其他图形中，那么在应用这种普通块时，常常会遇到图块的外观有些区别，而大部分结构形状相同的情况，以前在处理这种情况时，需要事先炸开图块，然后再编辑块中的几何图形，这样不仅会产生较大的工作量，而且还容易出现错误。

而动态块则可以弥补这种不足，因为动态块具有灵活性和智能性的特征，用户在操作时可以非常方便地更改图形中的动态块，而不需要炸开它。通过自定义夹点或自定义特性来操作动态块中的几何图形，使得用户可以根据需要，按照不同的比例、形状等在位编辑调整图块，而不需要搜索另一个块或重定义现有的块。另外，还可以大大减少图块的制作数量。

例如，在图形中插入一个门的图块，则在编辑图形时可能需要更改门的大小。如果该块是动态的，并且定义为可调整大小，那么只需拖动自定义夹点或在"特性"选项板中指定不同的大小就可以修改门的大小。另外，还可以为门图块设置对齐夹点，使用这种夹点功能可以方便地将门图块与其他几何图形对齐。

6.3.2 动态块的参数和动作

动态块是在块编辑器中创建的，块编辑器是一个专门的编写区域，如图6-10所示。通过添加参数和动作等元素，使块升级为动态块。用户可以从头创建块，也可以向现有的块定义中添加动态行为。

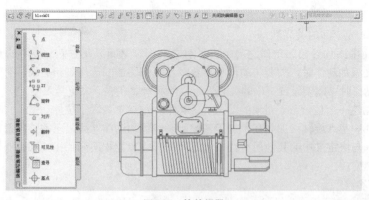

图6-10 块编辑器

参数和动作是实现动态块动态功能的两个内部因素，如果将参数比作"原材料"，那么动作则可以比作"加工工艺"，块编辑器则可以形象地比作"生产车间"，动态块则是"产品"。原材料在生产车间里按照某种加工工艺就可以形成产品，即"动态块"。

1. 参数

参数的实质是指定其关联对象的变化方式，比如，点参数的关联对象可以向任意方向发生变化；线性参数和XY参数的关联对象只能沿参数所指定的方向发生改变；极轴参数的关联对象可以按照极轴方式发生旋转、拉伸或移动；翻转、可见性、对齐参数的关联对象可以发生翻转、隐藏与显示、自动对齐等。

参数添加到动态块定义中后，系统会自动向块中添加自定义夹点和特性，使用这些自定义夹点和特性可以操作图形中的块参照。而夹点将添加到该参数的关键点，关键点是用于操作块参照的参数部分。例如，线性参数在其基点和端点具有关键点，可以从任一关键点操作参数距离。添加到动态块中的参数类型决定了添加的夹点类型。每种参数类型仅支持特定类型的动作。

2. 动作

动作定义了在图形中操作动态块时，该块参照中的几何图形将如何移动或更改。所有的动作必须与参数配对才能发挥作用，参数只是指定对象变化的方式，而动作则可以指定变化的对象。

向块中添加动作后，必须将这些动作与参数相关联，并且通常情况下要与几何图形相关联；当向块中添加了参数和动作这些元素后，也就为块几何图形增添了灵活性和智能性，通过参数和动作的配合，动态块才可以轻松地实现旋转、翻转、查询等各种各样的动态功能。

 参数和动作仅显示在块编辑器中，将动态块插入到图形中时，将不会显示动态块定义中包含的参数和动作。

6.3.3 动态块的制作步骤

为了制作高质量的动态块，以便达到用户的预期效果，可以按照如下步骤进行操作。

（1）在创建动态块之前首先规划动态块的内容

在创建动态块之前，应当了解块的外观以及在图形中的使用方式，不但要了解块中的哪些对象需要更改或移动，而且还要确定这些对象将如何更改或移动。例如，如果创建一个可调整大小的动态块，但是在调整块大小时还需要显示出其他几何图形，那么这些因素则决定了添加到块定义中的参数和动作的类型，以及如何使参数、动作和几何图形进行共同作用。

（2）绘制几何图形

用户可以在绘图区或块编辑器中绘制动态块中的几何图形，也可以在现有几何图形或图块的基础上进行操作。

（3）了解块元素间的关联性

在向块定义中添加参数和动作之前，应了解它们相互之间以及它们与块中的几何图形的关联性。在向块定义添加动作时，需要将动作与参数以及几何图形的选择集相关联。在向动态块参照添加多个参数和动作时，需要设置正确的关联性，以便块参照在图形中正常工作。

例如，要创建一个包含若干对象的动态块，其中一些对象关联了拉伸动作，同时用户还希望将所有对象围绕同一基点旋转，那么在添加了其他所有参数和动作之后，还需要再添加旋转动作。如果旋转动作并非与块定义中的其他所有对象（几何图形、参数和动作）相关联，那么块参照的某些部分就可能不会旋转。

（4）添加参数

按照命令行的提示及用户要求，向动态块定义中添加适当的参数。另外，使用"块编写选项板"中的"参数集"选项卡可以同时添加参数和关联动作。有关使用参数集的详细信息，请参见使用参数集。

（5）添加动作

根据需要向动态块定义中添加适当的动作。按照命令行的提示进行操作，确保将动作与正确的参数和几何图形相关联。

（6）指定动态块的操作方式

在为动态块添加动作之后，还需指定动态块在图形中的操作方式，用户可以通过自定义夹点和自定义特性来操作动态块。具体在创建动态块时，需要定义显示哪些夹点以及如何通过这些夹点来编辑动态块。另外，还需指定是否在"特性"选项板中显示出块的自定义特性，以及是否可以通过该选项板或自定义夹点来更改这些特性等。

（7）保存动态块定义并在图形中进行测试

当完成上述操作后，需要将动态块定义进行保存，并退出块编辑器，然后将动态块插入到几何图形中，测试动态块。

6.4　综合实例1——为户型图快速布置门图例

本例通过为某户型图布置单开门图例，主要对图块的创建与应用功能进行综合练习和巩固应用。户型图单开门图例的最终布置效果，如图6-11所示。

操作步骤

1　执行"打开"命令，打开随书光盘中的"\效果文件\第3章\综合实例（二）.dwg"文件，如图6-12所示。

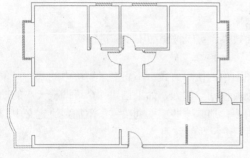

图6-11　实例效果

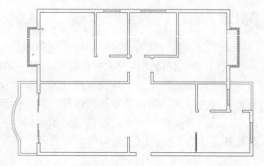

图6-12　打开结果

2 打开状态栏上的"对象捕捉"功能，并将捕捉模式设置为中点捕捉。

3 展开"图层"工具栏上的"图层控制"下拉列表，将"0"图层设置为当前图层。

4 使用命令简写L激活"直线"命令，配合"正交追踪"功能绘制单开门的门垛，命令行操作如下。

```
命令: _line
    指定第一点:                          //在绘图窗口的左下区域拾取一点
    指定下一点或 [放弃(U)]:              //水平向右引导光标，输入60 Enter
    指定下一点或 [放弃(U)]:              //水平向上引导光标，输入80 Enter
    指定下一点或 [闭合(C)/放弃(U)]:       //水平向左引导光标，输入40 Enter
    指定下一点或 [闭合(C)/放弃(U)]:       //水平向下引导光标，输入40 Enter
    指定下一点或 [闭合(C)/放弃(U)]:       //水平向左引导光标，输入20 Enter
    指定下一点或 [闭合(C)/放弃(U)]:       //C Enter，闭合图形，结果如图6-13所示
```

5 使用命令简写MI激活"镜像"命令，配合"捕捉自"功能，将刚绘制的门垛镜像复制，命令行操作如下。

```
命令: _mirror
    选择对象:                            //选择刚绘制的门垛
    选择对象:                            // Enter
    指定镜像线的第一点:                   //激活"捕捉自"功能
    _from 基点:                          //捕捉门垛的右下角点
    <偏移>:                             //@-450,0 Enter
    指定镜像线的第二点:                   //@0,1 Enter
    要删除源对象吗? [是(Y)/否(N)] <N>:    // Enter，镜像结果如图6-14所示
```

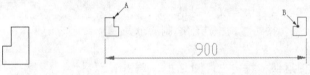

图6-13 绘制门垛　　　　　　　　　　图6-14 镜像结果

6 使用命令简写REC激活"矩形"命令，以图6-14所示的点A、B作为对角点，绘制如图6-15所示的矩形作为门的轮廓线。

7 使用命令简写RO激活"旋转"命令，对刚绘制的矩形进行旋转，命令行操作如下。

```
命令: _rotate
    UCS 当前的正角方向: ANGDIR=逆时针 ANGBASE=0.00
    选择对象:                                //选择刚绘制的矩形
    选择对象:                                // Enter
    指定基点:                                //捕捉矩形的右上角点
    指定旋转角度，或 [复制(C)/参照(R)] <0.00>: //-90 Enter，结束命令，旋转结果如图6-16所示
```

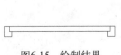

图6-15 绘制结果　　　　　　　　　　图6-16 旋转结果

8 执行菜单栏中的"绘图"|"圆弧"|"起点、圆心、端点"命令，绘制圆弧作为门的开启方向，命令行操作如下。

```
命令: _arc
    指定圆弧的起点或 [圆心(C)]:              //捕捉矩形右上角点
    指定圆弧的第二个点或 [圆心(C)/端点(E)]: _c 指定圆弧的圆心:
                                         //捕捉矩形右下角点
    指定圆弧的端点或 [角度(A)/弦长(L)]:      //捕捉如图6-17所示的端点，绘制结果如图6-18所示
```

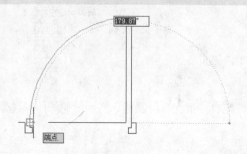

图6-17　捕捉端点

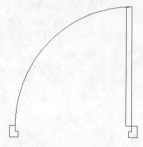

图6-18　绘制结果

9 执行菜单栏中的"绘图"|"块"|"创建"命令，打开"块定义"对话框，在此对话框内设置块名及创建方式等参数，如图6-19所示。

10 单击"拾取点"按扭，返回绘图区拾取单开门右侧门垛的中心点作为基点。

11 按Enter键返回"块定义"对话框，单击"选择对象"按扭，框选刚绘制的单开门图形。

12 按Enter键返回"块定义"对话框，单击 确定 按钮结束命令。

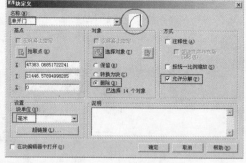

图6-19　"块定义"对话框

提示　如果需要在其他文件中引用此单开门图块，可以使用"写块"命令，将单开门内部块转化为外部块。

13 将"门窗层"设置为当前图层，然后单击"绘图"工具栏上的 按钮，在打开的"插入"对话框内选择"单开门"内部块，同时设置参数如图6-20所示。

14 单击 确定 按钮返回绘图区，在命令行"指定插入点或 [基点(B)/比例(S)/旋转(R)]:"提示下，捕捉图6-21所示的中点作为插入点。

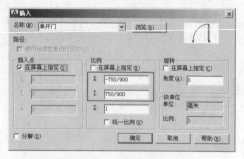

图6-20　设置参数

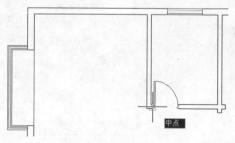

图6-21　定位插入点

⑮ 重复执行"插入块"命令，设置插入参数如图6-22所示，插入点为图6-23所示的中点。

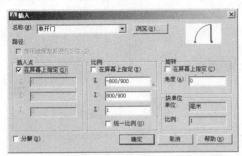

图6-22　设置参数

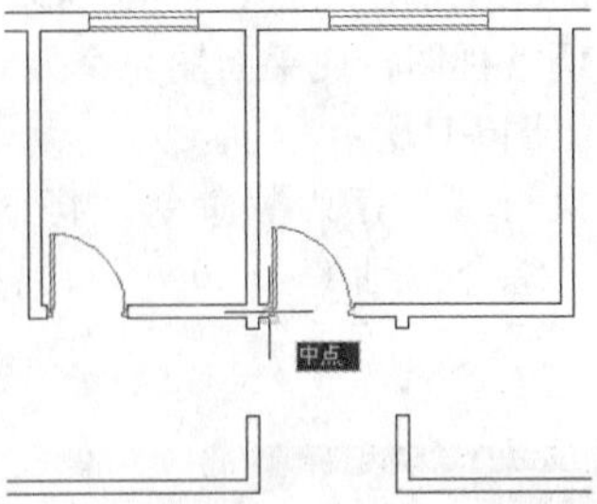

图6-23　定位插入点

⑯ 重复执行"插入块"命令，设置插入参数如图6-24所示，插入点为图6-25所示的中点。

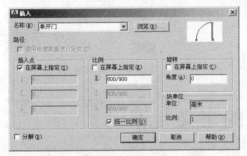
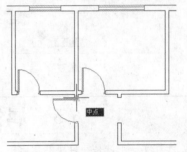

图6-24　设置参数

图6-25　定位插入点

⑰ 重复执行"插入块"命令，设置插入参数如图6-26所示，插入点为图6-27所示的中点。

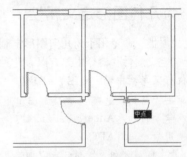

图6-26　设置参数

图6-27　定位插入点

⑱ 重复执行"插入块"命令，设置插入参数如图6-28所示，插入点为图6-29所示的中点。

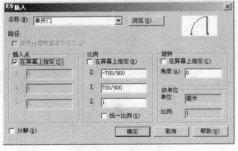

图6-28　设置参数

图6-29　定位插入点

⑲ 重复执行"插入块"命令，设置插入参数如上图6-28所示，插入点为图6-30所示的中点。

20 重复执行"插入块"命令，设置插入参数如图6-31所示，插入点为图6-32所示的中点。

21 调整视图，使平面图完全显示，最终结果如上图6-11所示。

22 执行"另存为"命令，将图形命名存储为"综合实例（一）.dwg"。

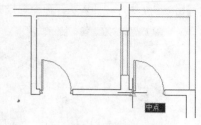

图6-30 定位插入点

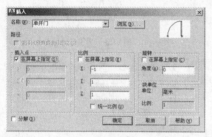

图6-31 设置参数

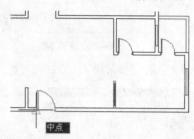

图6-32 定位插入点

6.5 属性的定义与编辑

"属性"实际上就是一种块的文字信息，属性不能独立存在，它是附属于图块的一种非图形信息，用于对图块进行文字说明。

6.5.1 为几何图形定义属性

"定义属性"命令用于为几何图形定制文字属性，以表达几何图形无法表达的一些内容。

执行"定义属性"命令主要有以下几种方式。

◆ 执行菜单栏中的"绘图"|"块"|"定义属性"命令。

◆ 单击"常用"选项卡|"块"面板上的 按钮。

◆ 在命令行输入Attdef后按Enter键。

◆ 使用命令简写ATT。

下面通过典型实例，学习"定义属性"命令的使用方法和操作技巧。

1 新建绘图文件并设置捕捉模式为圆心捕捉。

2 执行"圆"命令，绘制直径为8的圆，如图6-33所示。

3 打开状态栏上的"对象捕捉"功能，并将捕捉模式设为圆心捕捉。

4 执行菜单栏中的"绘图"|"块"|"定义属性"命令，打开"属性定义"对话框，然后设置属性的标记名、提示说明、默认值、对正方式以及属性高度等参数，如图6-34所示。

图6-33 绘制结果

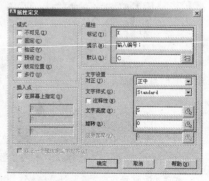

图6-34 "属性定义"对话框

当用户需要重复定义对象的属性时，可以勾选"在上一个属性定义下对齐"复选框，此时系统将自动沿用上次设置的各属性的文字样式、对正方式以及高度等参数。

5 单击 确定 按钮返回绘图区，在命令行"指定起点:"提示下捕捉如图6-35所示的圆心作为属性插入点，插入结果如图6-36所示。

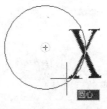

图6-35　捕捉圆心　　　　　　　　　　图6-36　插入属性

 当用户为几何图形定义了文字属性后，所定义的文字属性暂时以属性标记名显示。

6.5.2　属性的显示模式

"模式"选项组主要用于控制属性的显示模式，具体功能如下。

◆　"不可见"复选框用于设置插入属性块后是否显示属性值。
◆　"固定"复选框用于设置属性是否为固定值。
◆　"验证"选项用于设置在插入块时提示确认属性值是否正确。
◆　"预设"复选框用于将属性值设定为默认值。
◆　"锁定位置"复选框用于将属性位置进行固定。
◆　"多行"复选框用于设置多行的属性文本。

 用户可以运用系统变量ATTDISP直接在命令行中设置或修改属性的显示状态。

6.5.3　更改图形属性的定义

当定义了属性后，如果需要改变属性的标记、提示或默认值，可以执行菜单栏中的"修改" | "对象" | "文字" | "编辑"命令，在命令行"选择注释对象或 [放弃(U)]:"提示下，选择需要编辑的属性，系统可弹出如图6-37所示的"编辑属性定义"对话框，通过此对话框，用户可以修改属性定义的标记、提示或默认值。

最后单击对话框中的 确定 按钮，属性将按照修改后的标记、提示或默认值进行显示。

图6-37　"编辑属性定义"对话框

6.5.4　属性块的实时编辑

"编辑属性"命令主要对含有属性的图块进行编辑和管理，比如更改属性的值、特性等。
执行"编辑属性"命令主要有以下几种方式。

◆　执行菜单栏中的"修改" | "对象" | "属性" | "单个"命令。
◆　单击"修改 II"工具栏或"块"面板上的 按钮。

◆ 在命令行输入Eattedit后按Enter键。

下面通过典型实例，学习"编辑属性"命令的使用方法和操作技巧。

1 继续上例操作。

2 执行"创建块"命令，将上例绘制的圆及其属性一起创建为属性块，基点为如图6-38所示的圆心，其他参数设置如图6-39所示。

图6-38 捕捉圆心

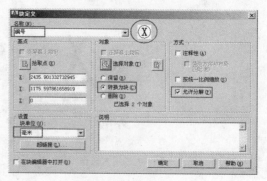

图6-39 设置块参数

3 单击 确定 按钮，打开如图6-40所示的"编辑属性"对话框，在此对话框中即可定义正确的文字属性值。

4 将序号属性值设置为"C"，然后单击 确定 按钮，结果创建了一个属性值为C的属性块，如图6-41所示。

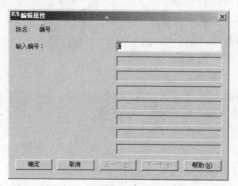

图6-40 "编辑属性"对话框

图6-41 定义属性块

5 执行菜单栏中的"修改"|"对象"|"属性"|"单个"命令，在命令行"选择块:"提示下，选择属性块，打开"增强属性编辑器"对话框，然后修改属性值为G，如图6-42所示。

6 单击 确定 按钮关闭"增强属性编辑器"对话框，结果属性值被修改，如图6-43所示。

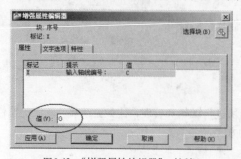

图6-42 "增强属性编辑器"对话框

图6-43 修改结果

选项解析

◆ "属性"选项卡用于显示当前文件中所有属性块的属性标记、提示和默认值，还可以修改属性块的属性值。

提示 通过单击右上角的"选择块"按钮，可以连续对当前图形中的其他属性块进行修改。

◆ 在"特性"选项卡中可以修改属性的图层、线型、颜色和线宽等特性。

◆ "文字选项"选项卡用于修改属性的文字特性，比如文字样式、对正方式、高度和宽度比例等。修改属性高度及宽度特性后的效果，如图6-44所示。

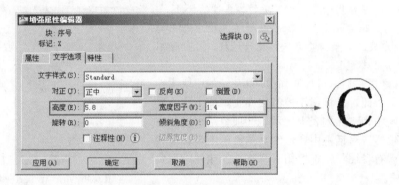

图6-44　修改属性的文字特性

6.6　块的编辑与更新

当创建图块或属性块后，用户还可以对块或属性块进行编辑管理，本节重点学习块的编辑管理功能。

6.6.1　块属性管理器

"块属性管理器"命令用于对当前文件中的众多属性块进行编辑管理，是一个综合性的属性块管理工具。使用此工具，不但可以修改属性的标记、提示以及默认值等参数，还可以修改属性所在的图层、颜色、宽度及重新定义属性文字如何在图形中显示。另外，它还可以用来修改属性块各属性值的显示顺序以及从当前属性块中删除不需要的属性内容。

执行"块属性管理器"命令主要有以下几种方式。

◆ 执行菜单栏中的"修改"|"对象"|"属性"|"块属性管理器"命令。

◆ 单击"修改II"工具栏或面板上的按钮。

◆ 在命令行输入Battman后按Enter键。

激活"块属性管理器"命令后，系统将弹出如图6-45所示的"块属性管理器"对话框，用于对当前图形文件中的所有属性块进行管理。

提示 在执行"块属性管理器"命令时，必须在当前图形文件中含有带有属性的图块。

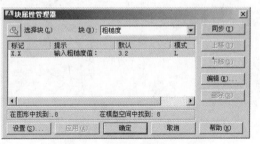

图6-45　"块属性管理器"对话框

选项解析

◆ "块"下拉列表用于显示当前正在编辑的属性块的名称，在此下拉列表中列出了当前图形中所有带有属性的图块的名称，用户可以选择其中的一个属性块将其设置为当前需要编辑的属性块。

◆ 在属性文本框内列出了当前选择块的所有属性定义，包括属性的标记、提示、默认值和模式等。在属性文本框下侧，显示选择的属性块在当前图形和当前模型空间（和布局空间）中相应块的总数目。

◆ 同步① 按钮用于更新已修改的属性特性，它不会影响在每个块中指定给属性的任何值。

◆ 上移① 和 下移① 按钮用于修改属性值的显示顺序。

◆ 编辑E... 按钮用于修改属性块的各属性的特性。

◆ 删除 此按钮用于删除在属性文本框中选中的属性定义。对于仅具有一个属性的块，此按钮不可使用。

单击 设置S... 按钮，可打开如图6-46所示的"块属性设置"对话框，此对话框用于控制属性文本框中具体显示的内容。其中，"在列表中显示"选项组用于设置在"块属性管理器"对话框中属性的具体显示内容；"将修改应用到现有参照"复选框用于将修改的属性应用到现有的属性块。

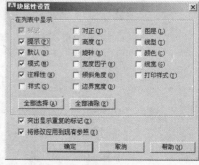
图6-46 "块属性设置"对话框

> **提示** 默认情况下所做的属性更改将应用到当前图形中现有的所有块参照。如果在对属性块进行编辑修改时，当前文件中的固定属性或嵌套属性块受到一定影响，此时可使用"重生成"命令更新这些块的显示。

6.6.2 块编辑器

"块编辑器"命令用于为当前图形创建和更改块的定义，还可以向现有块添加动态行为。

执行"块编辑器"命令主要有以下几种方式。

◆ 执行菜单栏中的"工具"|"块编辑器"命令。

◆ 单击"块"面板上的 🖼 按钮。

◆ 在命令行输入Bedit后按Enter键。

◆ 使用命令简写BE。

下面通过典型实例，学习"块编辑器"命令的使用方法和操作技巧。

1 执行"打开"命令，打开随书光盘中的"\素材文件\6-3.dwg"文件，如图6-47所示。

2 执行菜单栏中的"工具"|"块编辑器"命令，打开如图6-48所示的"编辑块定义"对话框。

图6-47 打开结果

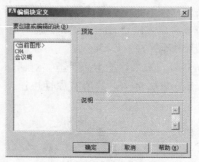
图6-48 "编辑块定义"对话框

3 在"编辑块定义"对话框中双击"会议椅"图块，打开如图6-49所示的"块编辑器"窗口。

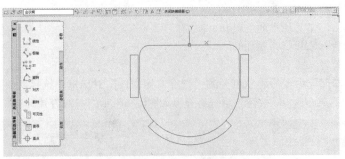

图6-49　"块编辑起"窗口

4 执行菜单栏中的"绘图"|"图案填充"命令，设置填充图案及填充参数如图6-50所示，为椅子平面图填充如图6-51所示的图案。

图6-50　设置填充图案及填充参数

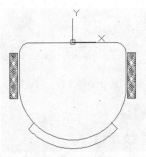

图6-51　填充结果

 提示　在"块编辑器"窗口中可以为块添加约束、参数及动作特征，还可以对块进行另名存储。

5 重复执行"图案填充"命令，设置填充图案及填充参数如图6-52所示，为椅子平面图填充如图6-53所示的图案。

6 单击上侧的"保存块定义"按钮 ，对上述操作进行保存。

7 单击 关闭块编辑器(C) 按钮，返回绘图区，结果所有会议椅图块被更新，如图6-54所示。

图6-52　设置填充图案及填充参数

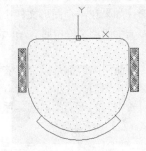

图6-53　填充结果

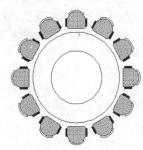

图6-54　操作结果

6.7　DWG参照的引用

"DWG参照"命令用于为当前文件中的图形附着外部参照，使附着的对象与当前图形文件存在一种参照关系。

执行"DWG参照"命令主要有以下几种方式。

◆ 执行菜单栏中的"插入"|"DWG参照"命令。

◆ 单击"参照"工具栏中的 按钮。

◆ 在命令行输入Xattach后按Enter键。

◆ 使用命令简写XA。

激活"DWG参照"命令后，从打开的"选择参照文件"对话框中选择所要附着的图形文件，如图6-55所示，然后单击 打开① 按钮，系统将弹出如图6-56所示的"附着外部参照"对话框。

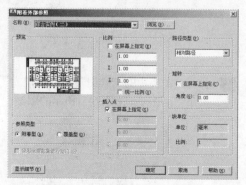

图6-55 "选择参照文件"对话框   图6-56 "附着外部参照"对话框

 选项解析

1."名称"文本框

当用户附着了一个外部参照后，该外部参照的名称将出现在此文本框内，并且此外部参照文件所在的位置及路径都显示在文本框的下部。如果在当前图形文件中含有多个参照，这些参照的文件名都排列在此文本框中。单击"名称"文本框右侧的 浏览⑧... 按钮，可以打开"选择参照文件"对话框，用户可以从中为当前图形选择新的外部参照。

2."参照类型"选项组

"参照类型"选项组用于指定外部参照图形文件的引用类型。引用的类型主要影响嵌套参照图形的显示。系统提供了"附着型"和"覆盖型"两种参照类型。如果在一个图形文件中以"附着型"的方式引用了外部参照图形，当这个图形文件又被参照在另一个图形文件中时，AutoCAD仍显示这个图形文件中的嵌套的参照图形；如果在一个图形文件中以"覆盖型"的方式引用了外部参照图形，当这个图形文件又被参照在另一个图形文件中时，AutoCAD将不再显示这个图形文件中的嵌套的参照图形。

如图6-57（左）所示的图形中，平面门图形都是以"附着型"的方式参照在图形文件中，所有家具图形都是以"覆盖型"的方式参照在图形文件中，当含有这两种参照类型的图形作为外部参照被引用到其他的图形文件中时，"附着型"的平面门嵌套参照图形仍然被显示，而"覆盖型"的家具嵌套参照图形不被显示，如图6-57（右）所示。

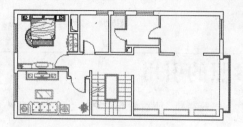
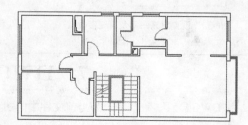

图6-57 参照类型示例

当A图形以外部参照的形式被引用到B图形，而B图形又以外部参照的形式被引用到C图形时，则相对C图形来说，A图形就是一个嵌套参照图形，它在C图形中的显示与否，取决于它被引用到B图形时的参照类型。

3."路径类型"下拉列表

"路径类型"下拉列表用于指定外部参照的保存路径，AutoCAD提供了"完整路径"、"相对路径"和"无路径"三种路径类型。将路径类型设置为"相对路径"之前，必须保存当前图形。

对于嵌套的外部参照，相对路径通常是指其直接宿主的位置，而不一定是当前打开的图形的位置。如果参照的图形位于另一个本地磁盘驱动器或网络服务器上，则"相对路径"选项不可用。

一个图形可以作为外部参照同时附着到多个图形中。同样，也可以将多个图形作为外部参照附着到单个图形中。如果一个被定义属性的图形以外部参照的形式引用到另一个图形中，那么AutoCAD将把参照的属性忽略掉，仅显示参照图形，不显示图形的属性。

6.8　综合实例2——标注齿轮零件表面粗糙度

本例通过为齿轮零件二视图标注表面粗糙度，主要对图块及属性的定义、插入、编辑等重点知识进行综合应用和巩固。齿轮零件表面粗糙度的最终标注效果，如图6-58所示。

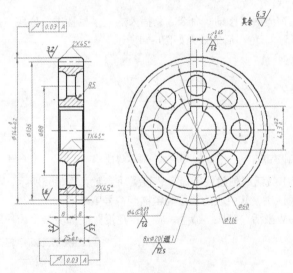

图6-58　实例效果

操作步骤

1 执行"打开"命令，打开随书光盘中的"\效果文件\第9章\综合实例（三）.dwg"文件。

2 展开"图层"工具栏中的"图层控制"下拉列表，将"0"图层设置为当前图层。

3 按F10功能键，激活状态栏上的"极轴追踪"功能，并设置增量角如图6-59所示。

4 使用命令简写PL激活"多段线"命令，配合"极轴追踪"功能绘制粗糙度符号，命令行操作如下。

命令: _pline

　　指定起点: 　　　　　　　　　　　　　　　　　　//在绘图区拾取一点

当前线宽为 0.0
指定下一个点或 [圆弧(A)/半宽(H)/长度(L)/放弃(U)/宽度(W)]:　　//@-4.9,0 Enter
指定下一点或 [圆弧(A)/闭合(C)/半宽(H)/长度(L)/放弃(U)/宽度(W)]:　　//@4.9<300 Enter
指定下一点或 [圆弧(A)/闭合(C)/半宽(H)/长度(L)/放弃(U)/宽度(W)]:　　//@9.8<608 Enter
指定下一点或 [圆弧(A)/闭合(C)/半宽(H)/长度(L)/放弃(U)/宽度(W)]:
　　　　　　　　　　　　　　　　// Enter，结束命令，绘制结果如图6-60所示

5 定义粗糙度属性块。使用命令简写ATT激活"定义属性"命令，在打开的"属性定义"对话框中设置参数如图6-61所示，为粗糙度定义文字属性。

  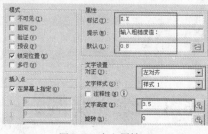

图6-59　设置极轴追踪　　　　图6-60　绘制结果　　　　图6-61　定义属性

6 单击 确定 按钮，返回绘图区捕捉如图6-62所示的端点作为属性的插入点，插入后的效果如图6-63所示。

7 使用命令简写M激活"移动"命令，将插入的文字属性进行位移，基点为任一点，目标点为（@-0.55,65），位移后的效果如图6-64所示。

 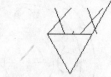

图6-62　捕捉端点　　　　图6-63　插入属性　　　　图6-64　移动属性

8 使用命令简写B激活"创建块"命令，设置块参数如图6-65所示，将粗糙度及其文字属性一起创建为属性块，其中块的基点为粗糙度符号下端点。

9 使用命令简写W激活"写块"命令，将"粗糙度"内部块转化为外部块，如图6-66所示。

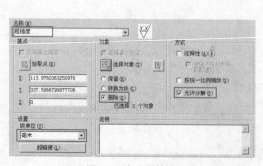 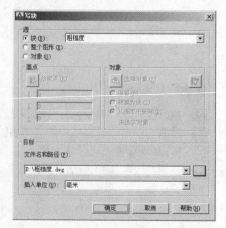

图6-65　定义属性块　　　　图6-66　定义外部块

10 标注粗糙度。展开"图层"工具栏中的"图层控制"下拉列表，将"细实线"设置为当前图层。

11 使用命令简写I激活"插入块"命令，插入刚定义的"粗糙度"属性块，其中块参数设置如图6-67所示，命令行操作如下。

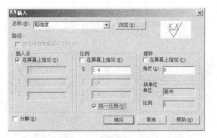

图6-67　设置块参数

命令：I　　　　　　　　　　　　　　　　　　　　// Enter，激活"插入块"命令
　INSERT指定插入点或 [基点(B)/比例(S)/X/Y/Z/旋转(R)]:
　　　　　　　　　　　　　　　　　　　　　　　//在主视图下侧水平轮廓线上单击鼠标左键
　输入属性值
　输入粗糙度值：<3.2>:　　　　　　　　　　　// Enter，结果如图6-68所示

12 使用命令简写CO激活"复制"命令，将刚插入的粗糙度属性块进行复制，结果如图6-69所示。

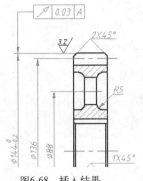

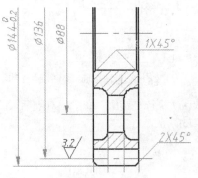

图6-68　插入结果　　　　　　　　　　　　　　图6-69　复制结果

13 在复制出的粗糙度属性块上双击，打开"增强属性编辑器"对话框，然后修改属性值如图6-70所示。

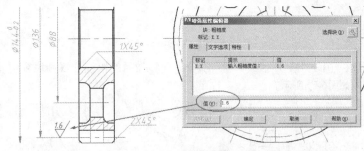

图6-70　修改属性值

14 重复执行"插入块"命令，设置块参数如图6-71所示，标注主视图下侧的粗糙度，结果如图6-72所示。

15 连续两次执行"镜像"命令，对刚插入的粗糙度属性块进行水平镜像和垂直镜像，结果如图6-73所示。

16 执行菜单栏中的"修改"|"复制"命令，将1.6号粗糙度属性块复制到左视图中，结果如图6-74所示。

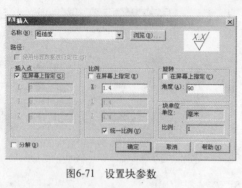

图6-71 设置块参数

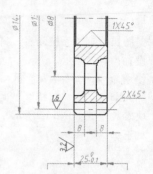

图6-72 插入结果

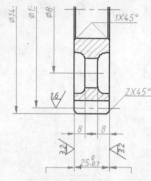

图6-73 镜像结果

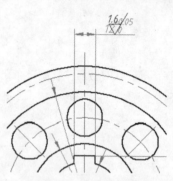

图6-74 复制结果

17 连续两次执行"镜像"命令，对刚插入的粗糙度属性块进行水平镜像和垂直镜像，结果如图6-75所示。

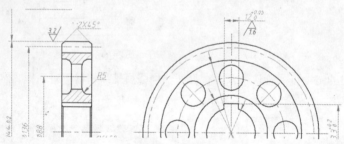

图6-75 镜像结果

18 执行菜单栏中的"修改"|"复制"命令，将镜像后的粗糙度属性块分别复制到其他位置上，结果如图6-76所示。

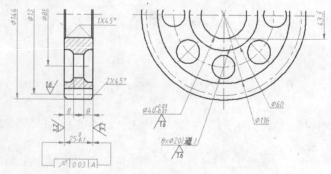

图6-76 复制结果

⓳ 在最下侧的1.6号粗糙度属性块上双击，在打开的"增强属性编辑器"对话框中修改其属性值如图6-77所示。

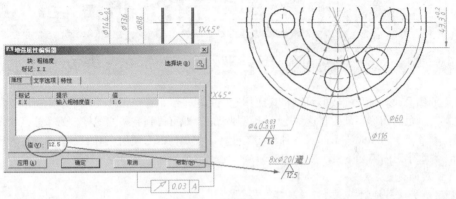

图6-77　修改属性值

⓴ 重复执行"插入块"命令，设置块参数如图6-78所示，标注如图6-79所示的粗糙度，其中属性值为6.3。

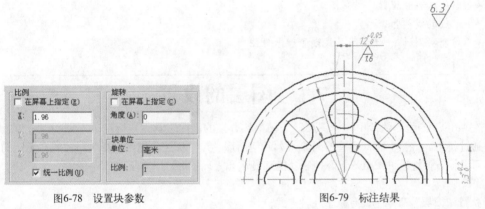

图6-78　设置块参数　　　　　　　　　图6-79　标注结果

㉑ 使用命令简写DT激活"单行文字"命令，标注如图6-80所示的"其余"字样，其中字高为8。

㉒ 执行"另存为"命令，将图形命名存储为"综合实例（二）.dwg"。

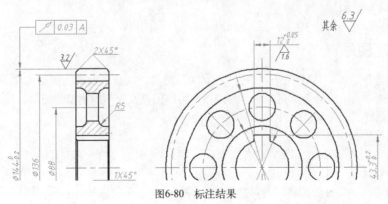

图6-80　标注结果

第7章 图形资源的规划与管理——图层

图层的概念比较抽象，我们可以将其比作透明的电子纸，在每张透明电子纸上可以绘制不同线型、线宽、颜色的图形，最后将这些电子纸叠加起来，即可得到完整的图样。为了提高绘图的效率和质量，本章将学习AutoCAD的另一种重要功能，即图层，以方便用户对图形资源进行管理、规划和控制。本章学习内容如下。

- 图层的设置
- 图层的状态控制
- 图层的相关特性
- 综合实例1——设置工程图中的常用图层
- 图层的过滤功能
- 图层状态管理器
- 图层的规划管理
- 综合实例2——使用图层规划管理零件图

7.1 图层的设置

在AutoCAD绘图软件中，"图层"是一个综合性的制图工具，主要用于规划和组合复杂的图形。通过将不同性质、不同类型的对象（如几何图形、尺寸标注、文本注释等）放置在不同的图层上，可以很方便地通过图层的状态控制功能来显示和管理图形，以方便对其观察和编辑。

执行"图层"命令主要有以下几种方式。
- 执行菜单栏中的"格式"|"图层"命令。
- 单击"图层"工具栏或面板上的 按钮。
- 在命令行输入Layer后按Enter键。
- 使用命令简写LA。

7.1.1 新建图层

在默认状态下，AutoCAD仅为用户提供了"0"图层，以前所绘制的图形都位于这个"0"图层。在开始绘图之前，一般需要根据图形的表达内容等因素设置不同类型的图层，并且为各图层命名。下面通过创建三个图层，学习图层的具体创建过程。

1. 新建绘图文件。
2. 单击"图层"工具栏上的 按钮，激活"图层"命令，打开图7-1所示的"图层特性管理器"对话框。
2. 单击"图层特性管理器"对话框中的 按钮，新图层将以临时名称"图层1"显示在列表中，如图7-2所示。
3. 用户在反白显示的"图层1"区域输入新图层的名称，如图7-3所示，创建第一个新图层。

图7-1　"图层特性管理器"对话框

图7-2　新建图层

图7-3　输入图层名

图层名最长可达255个字符，可以是数字、字母或其他字符；图层名中不允许含有大于号（>）、小于号（<）、斜杠（/）、反斜杠（\）以及标点等符号；另外，为图层命名时，必须确保图层名的唯一性。

4 按Alt+N组合键，或再次单击 按钮，创建另外两个图层，结果如图7-4所示。

图7-4　创建新图层

如果在创建新图层时选择了一个现有图层，或为新建图层指定了图层特性，那么以后创建的新图层将继承先前图层的一切特性（如颜色、线型等）。

　　使用相同的方式可以新建多个图层，新图层的默认特性与当前"0"图层的特性相同。另外，用户也可以通过以下三种方式快速新建多个图层。

◆ 在刚创建了一个图层后，连续按下键盘上的Enter键，可以新建多个图层。

◆ 通过按Alt+N组合键，也可以创建多个图层。

◆ 在"图层特性管理器"对话框中单击鼠标右键，选择快捷菜单中的"新建图层"命令，如图7-5所示。

图7-5　快捷菜单

7.1.2 更名图层

为图层更名时，可以按照如下操作步骤进行。

1 在"图层特性管理器"对话框中选择需要更名的图层，使其反白显示，如图7-6所示。

状	名称	开	冻结	锁定	颜色	线型	线宽	透明度	打印样式	打印	新视口冻结	说明
✓	0	♀	☼	🔓	■白	Continuous	—— 默认	0	Color_7	🖨	🔲	
	点画线	♀	☼	🔓	■白	Continuous	—— 默认	0	Color_7	🖨	🔲	
	轮廓线	♀	☼	🔓	■白	Continuous	—— 默认	0	Color_7	🖨	🔲	
	细实线	♀	☼	🔓	■白	Continuous	—— 默认	0	Color_7	🖨	🔲	

图7-6 选择图层

2 在"图层特性管理器"对话框中单击鼠标右键，选择快捷菜单中的"重命名图层"命令。

3 此时图层名区域切换为浮动的文本框形式，如图7-7所示。

状	名称	开	冻结	锁定	颜色	线型	线宽	透明度	打印样式	打印	新视口冻结	说明
	0	♀	☼	🔓	■白	Continuous	—— 默认	0	Color_7	🖨	🔲	
	点画线	♀	☼	🔓	□白	Continuous	—— 默认	0	Color_7	🖨	🔲	
	轮廓线	♀	☼	🔓	■白	Continuous	—— 默认	0	Color_7	🖨	🔲	
	细实线	♀	☼	🔓	■白	Continuous	—— 默认	0	Color_7	🖨	🔲	

图7-7 重命名图层

4 在"点画线"文本框中输入新的图层名如"中心线"，如图7-8所示。

状	名称	开	冻结	锁定	颜色	线型	线宽	透明度	打印样式	打印	新视口冻结	说明
✓	0	♀	☼	🔓	■白	Continuous	—— 默认	0	Color_7	🖨	🔲	
	中心线	♀	☼	🔓	■白	Continuous	—— 默认	0	Color_7	🖨	🔲	
	轮廓线	♀	☼	🔓	■白	Continuous	—— 默认	0	Color_7	🖨	🔲	
	细实线	♀	☼	🔓	■白	Continuous	—— 默认	0	Color_7	🖨	🔲	

图7-8 输入新层名

5 按Enter键，即可为原图层更名，结果如图7-9所示。

状	名称	开	冻结	锁定	颜色	线型	线宽	透明度	打印样式	打印	新视口冻结	说明
✓	0	♀	☼	🔓	■白	Continuous	—— 默认	0	Color_7	🖨	🔲	
	轮廓线	♀	☼	🔓	■白	Continuous	—— 默认	0	Color_7	🖨	🔲	
	细实线	♀	☼	🔓	■白	Continuous	—— 默认	0 .	Color_7	🖨	🔲	
	中心线	♀	☼	🔓	■白	Continuous	—— 默认	0	Color_7	🖨	🔲	

图7-9 操作结果

7.1.3 删除图层

在实际绘图过程中，经常会遇到一些无用的图层，使用AutoCAD的"删除图层"功能可以将无用的图层删除，具体操作步骤如下。

1 继续上节操作。

2 打开"图层特性管理器"对话框，选择需要删除的无用图层，如图7-10所示。

状	名称	开	冻结	锁定	颜色	线型	线宽	透明度	打印样式	打印	新视口冻结	说明
	0	♀	☼	🔓	■白	Continuous	—— 默认	0	Color_7	🖨	🔲	
	轮廓线	♀	☼	🔓	■白	Continuous	—— 默认	0	Color_7	🖨	🔲	
	细实线	♀	☼	🔓	□白	Continuous	—— 默认	0	Color_7	🖨	🔲	
	中心线	♀	☼	🔓	■白	Continuous	—— 默认	0	Color_7	🖨		

图7-10 选择图层

3 单击"图层特性管理器"对话框中的"删除图层"按钮❌，即可将无用的图层删除，结果如图7-11所示。

4 另外，也可以在选择图层后单击鼠标右键，选择快捷菜单中的"删除图层"命令，删除图层。

图7-11 删除图层后的效果

 使用"清理"命令也可以快速删除当前文件中的无用图层。

在删除图层时，要注意以下几点。

◆ 0图层和Defpoints图层不能被删除。

◆ 当前图层不能被删除。

◆ 包含对象的图层或依赖外部参照的图层都不能被删除。

7.1.4 切换图层

在绘图过程中会经常切换图层，以分别在不同的图层上绘制不同的图形对象，具体操作步骤如下。

1 打开"图层特性管理器"对话框，然后选择需要切换的图层，使其反白显示，如图7-12所示。

图7-12 选择图层

2 单击"图层特性管理器"对话框中的"置为当前"按钮 ✔，即可将选择的图层切换为当前图层，此时图层前面的状态图标显示对号 ✔，如图7-13所示。

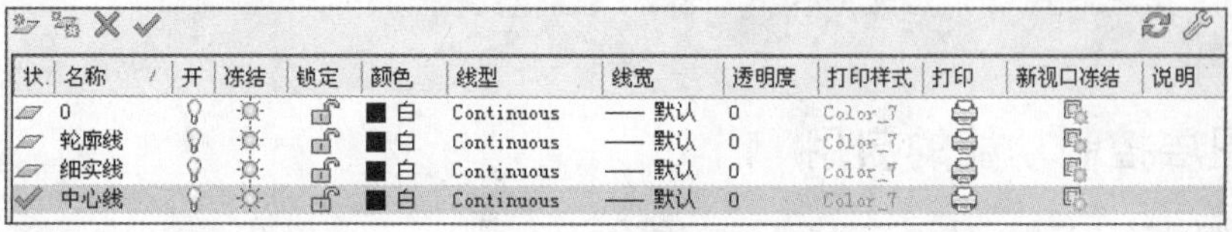

图7-13 切换图层

另外，还可以通过以下三种方式切换图层。

◆ 选择图层后单击鼠标右键，选择快捷菜单中的"置为当前"命令。

◆ 选择图层后按Alt+C组合键，也可以切换图层。

◆ 展开"图层"工具栏中的"图层控制"下拉列表，快速切换当前图层。

7.2 图层的状态控制

为了方便对图形资源进行规划和状态控制，AutoCAD为用户提供了几种图层控制功能，具体有开关、冻结与解冻、锁定与解锁等，如图7-14所示。

图7-14 状态控制图标

7.2.1 开关控制功能

♀/♀按钮用于控制图层的开关状态。默认状态下的图层都为打开的图层，按钮显示为♀。当按钮显示为♀时，位于图层上的对象都是可见的，并且可在该图层上进行绘图和修改操作；在该按钮上单击鼠标左键，即可关闭该图层，按钮显示为♀（按钮变暗）。

图层被关闭后，位于图层上的所有图形对象被隐藏，该图层上的图形也不能被打印或由绘图仪输出，但重新生成图形时，图层上的实体仍将重新生成。

7.2.2 冻结与解冻

✿/✿按钮用于在所有视图窗口中冻结或解冻图层。默认状态下图层是被解冻的，按钮显示为✿；在该按钮上单击鼠标左键，按钮显示为✿，位于该图层上的内容不能在屏幕上显示或由绘图仪输出，不能进行重生成、消隐、渲染和打印等操作。

> 关闭与冻结的图层都是不可见和不可以输出的。但被冻结图层不参加运算处理，可以加快视窗缩放、视窗平移和许多其他操作的处理速度，增强对象选择的性能并减少复杂图形的重生成时间。建议冻结长时间不用看到的图层。

7.2.3 在视口中冻结

▣按钮用于冻结或解冻当前视口中的图形对象，不过它在模型空间内是不可用的，只能在图纸空间内使用此功能。

7.2.4 锁定与解锁

🔓/🔒按钮用于锁定图层或解锁图层。默认状态下图层是解锁的，按钮显示为🔓，在此按钮上单击，图层被锁定，按钮显示为🔒，用户只能观察该图层上的图形，不能对其编辑和修改，但该图层上的图形仍可以显示和输出。

> 当前图层不能被冻结，但可以被关闭和锁定。

7.2.5 图层控制功能的启用

图层控制功能的启用，主要有以下两种方式。

◆ 展开"图层控制"下拉列表♀✿🔓■0   ，然后单击各图层左端的控制按钮。

◆ 在"图层特性管理器"对话框中选择要操作的图层，然后单击相应的控制按钮。

7.3 图层的相关特性

在绘图过程中，为了区分不同图层上的图形对象，为每个图层设置不同的颜色、线型和线宽，这样就可以通过设置的图层特性区分和控制不同性质的图形对象。本节主要学习图层常用特性的设置技能。

7.3.1 图层颜色

在创建图层后，一般还需要为图层指定不同的图层特性。本节主要学习图层颜色特性的具体设置过程，操作步骤如下。

1 执行"图层"命令，快速创建图7-15所示的三个图层。

2 在"图层特性管理器"对话框中单击名为"点画线"的图层，使其处于激活状态，如图7-15所示。

3 在如图7-15所示的颜色区域上单击鼠标左键，打开"选择颜色"对话框，然后选择如图7-16所示的颜色。

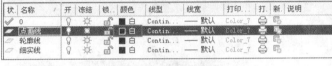

图7-15　修改图层颜色

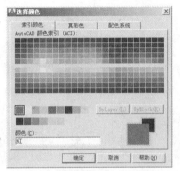

图7-16　"选择颜色"对话框

4 单击"选择颜色"对话框中的 ▨确定▨ 按钮，即可将图层的颜色设置为红色，结果如图7-17所示。

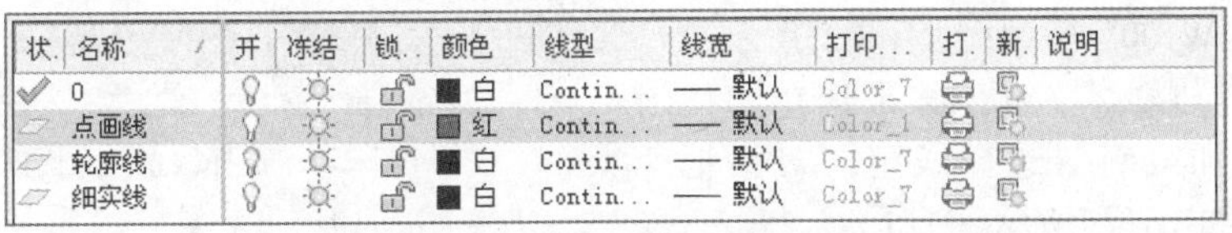

图7-17　设置颜色后的图层

5 参照上述操作，将"细实线"图层的颜色设置为102号色，结果如图7-18所示。

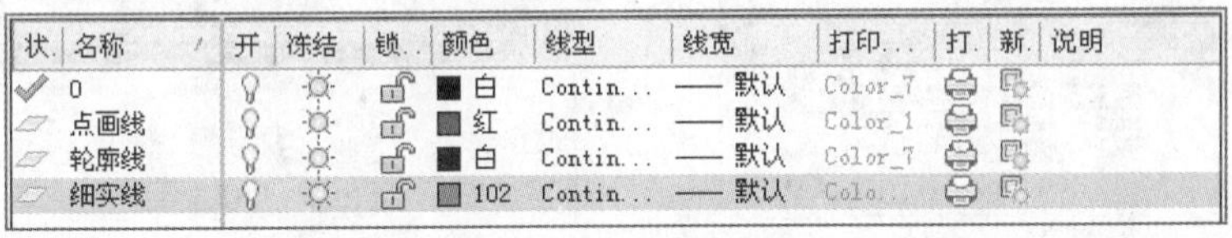

图7-18　设置结果

 提示

用户也可以选择对话框中的"真彩色"和"配色系统"两个选项卡，如图7-19和图7-20所示，定义自己需要的色彩。

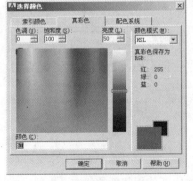

图7-19　"真彩色"选项卡

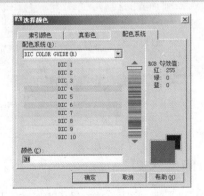

图7-20　"配色系统"选项卡

7.3.2　图层线型

在默认设置下,系统为用户提供了一种"Continuous"线型,用户如果需要使用其他的线型,必须进行加载。本节主要学习线型的加载和图层线型的具体设置过程,操作步骤如下。

1 继续上节操作。

2 在"图层特性管理器"对话框中单击名为"点画线"的图层,使其处于激活状态,如图7-21所示。

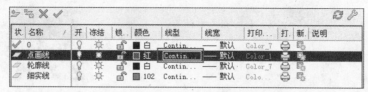

图7-21　指定单击位置

3 在如图7-21所示的图层位置上单击鼠标左键,打开如图7-22所示的"选择线型"对话框。

4 在"选择线型"对话框中单击 加载(L)... 按钮,打开"加载或重载线型"对话框,选择"ACAD_ISO04W100"线型,如图7-23所示。

5 单击 确定 按钮,结果选择的线型被加载到"选择线型"对话框内,如图7-24所示。

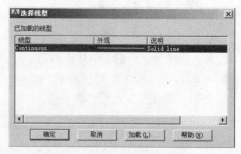

图7-22　"选择线型"对话框

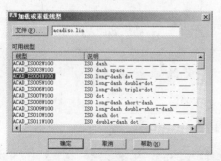

图7-23　"加载或重载线型"对话框

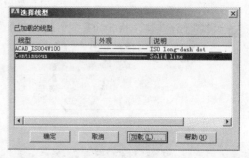

图7-24　加载线型

6 选择刚加载的线型,单击 确定 按钮,即将此线型附加给当前被选择的图层,结果如图7-25所示。

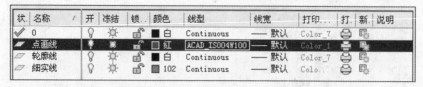

图7-25　设置线型

7.3.3　图层线宽

在默认设置下,图层的线宽为0.25mm,用户如果需要使用其他的线宽,必须进行设置。下面通过将“轮廓线”的线宽特性设置为“0.30mm”，学习图层线宽的具体设置过程。

1 继续上节操作。

2 在“图层特性管理器”对话框中单击名为“轮廓线”的图层，使其处于激活状态，如图7-26所示。

3 在图7-26所示的位置单击鼠标左键，打开如图7-27所示的“线宽”对话框。

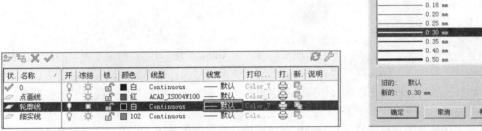

状.
名称
开
冻结
锁.
颜色
线型
线宽
打印...
打.
新.
说明
0
点画线
轮廓线
细实线
白
红
白
102
Continuous
ACAD_ISO04W100
Continuous
Continuous
默认
默认
默认
默认
Color_7
Color_1
Color_7
Colo...

图7-26　修改图层的线宽

线宽
线宽:
0.09 mm
0.13 mm
0.15 mm
0.18 mm
0.20 mm
0.25 mm
0.30 mm
0.35 mm
0.40 mm
0.50 mm
旧的: 默认
新的: 0.30 mm
确定
取消
帮助(H)

图7-27　“线宽”对话框

4 在“线宽”对话框中选择“0.30mm”线宽，然后单击 确定 按钮返回“图层特性管理器”对话框，结果“轮廓线”图层的线宽被设置为“0.30mm”，如图7-28所示。

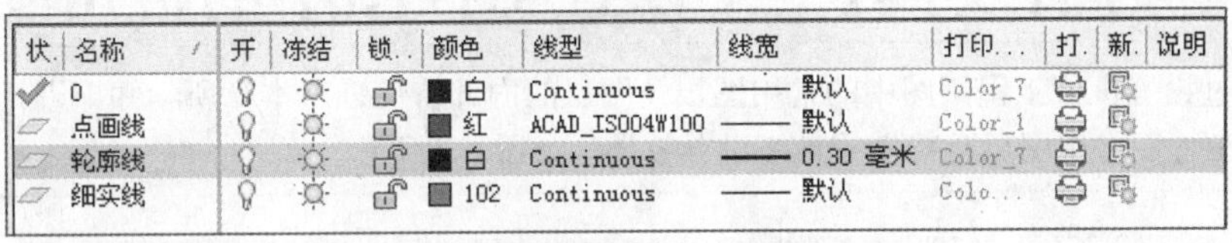

状.
名称
开
冻结
锁.
颜色
线型
线宽
打印...
打.
新.
说明
0
点画线
轮廓线
细实线
白
红
白
102
Continuous
ACAD_ISO04W100
Continuous
Continuous
默认
默认
0.30 毫米
默认
Color_7
Color_1
Color_7
Colo...

图7-28　设置结果

5 单击 确定 按钮关闭“图层特性管理器”对话框。

另外，当为图层设置了线宽特性后，还需要打开状态栏上的线宽显示功能，方可显示出图层中图形对象的线宽特性。

7.3.4　图层透明度

在默认设置下，图层的透明度值为0。下面通过将“细实线”图层的透明度设置为90，学习图层透明度的具体设置过程。

1 继续上节操作。

2 在“图层特性管理器”对话框中选择需要设置透明度特性的“细实线”图层，使其反白显示。

3 在“细实线”图层的透明度区域单击鼠标左键，如图7-29所示，打开“图层透明度”对话框。

状态
名称
开
冻结
锁定
颜色
线型
线宽
透明度
打印样式
打印
新视口冻结
0
点画线
轮廓线
细实线
白
红
白
102
Continuous
ACAD_ISO04...
Continuous
Continuous
默认
默认
0.30 毫米
默认
0
0
0
0
Color_7
Color_1
Color_7
Color...

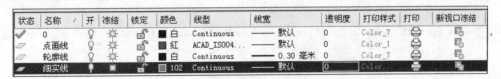

图7-29　指定单击位置

4 在“图层透明度”对话框中设置图层的透明度值为90，如图7-30所示。

5 单击 确定 按钮返回"图层特性管理器"对话框,透明度的设置效果如图7-31所示。

状态	名称	开	冻结	锁定	颜色	线型	线宽	透明度	打印样式	打印	新视口冻结
✓	0				■白	Continuous	—— 默认	0	Color_7		
	点画线				■红	ACAD_ISO04...	—— 默认	0	Color_1		
	轮廓线				■白	Continuous	—— 0.30 毫米	0	Color_7		
	细实线				□102	Continuous	—— 默认	90	Color		

图7-30 设置透明度值 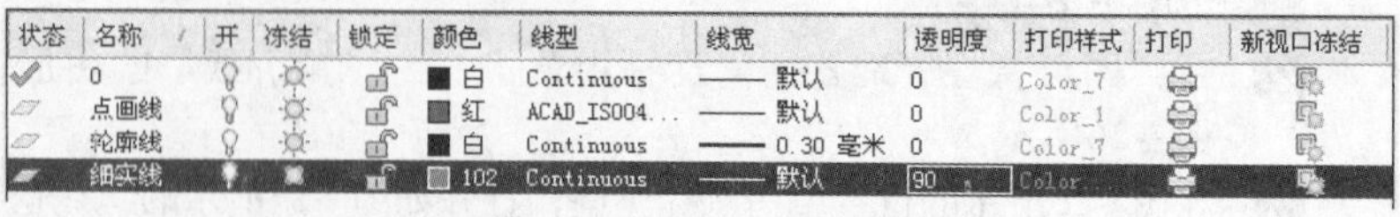   图7-31 设置透明度后的效果

另外,当为图层设置了透明度特性后,还需要打开状态栏上的透明度显示功能,方可显示出图层中对象的透明效果。

7.3.5 图层其他特性

除上述讲述的颜色、线型、线宽和透明度特性外,AutoCAD还为用户指定了图层的打印样式特性、图层的打印特性以及图层在新视口冻结特性等。使用图层的打印样式特性可以控制图层中图形对象的打印样式效果;使用图层的打印特性可以控制图层中图形对象的打印;使用"新视口冻结"特性则可以控制在新视口内新建图层的冻结状态。

在新建了图层并为图层指定了相应的内部特性后,那么位于图层上的所有图形对象,都会具备该图层上的一切特性。

7.4 综合实例1——设置工程图中的常用图层

本例通过设置机械工程制图中的常用图层及图层的内部特性,对本章所学知识进行综合练习和巩固应用。工程图常用图层及特性的最终设置效果,如图7-32所示。

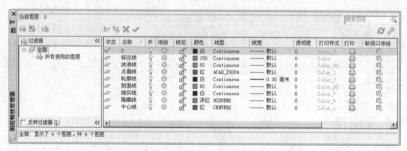

图7-32 实例效果

▶ 操作步骤

1 执行"新建"命令,以"acadiso.dwt"作为基础样板,创建空白文件。

2 设置常用图层。单击"图层"工具栏或面板上的 按钮,打开"图层特性管理器"对话框。

3 单击"图层特性管理器"对话框中的"新建图层"按钮 ,新图层将以临时名称"图层1"显示在列表中。

4 用户在反白显示的"图层1"区域输入新图层的名称,如图7-33所示,创建第一个新图层。

状态	名称	开	冻结	锁定	颜色	线型	线宽	透明度	打印样式	打印	新视口冻结
✓	0				■白	Continuous	—— 默认	0	Color_7		
✓	标注线				□白	Continuous	—— 默认	0	Color_7		

图7-33 输入图层名

5 按Alt+N组合键，或再次单击 按钮，创建第二个图层，结果如图7-34所示。

状态	名称	开	冻结	锁定	颜色	线型	线宽	透明度	打印样式	打印	新视口冻结
✓	0				■白	Continuous	——默认	0	Color_7		
	标注线				■白	Continuous	——默认	0	Color_7		
	波浪线				□白	Continuous	——默认	0	Color_7		

图7-34 创建图层

6 重复上一操作步骤，或连续按Enter键，快速创建其他新图层，创建结果如图7-35所示。

状态	名称	开	冻结	锁定	颜色	线型	线宽	透明度	打印样式	打印	新视口冻结
✓	0	♀	☼	🔓	■白	Continuous	——默认	0	Color_7	🖶	🗐
	标注线	♀	☼	🔓	■白	Continuous	——默认	0	Color_7	🖶	🗐
	波浪线	♀	☼	🔓	■白	Continuous	——默认	0	Color_7	🖶	🗐
	轮廓线	♀	☼	🔓	■白	Continuous	——默认	0	Color_7	🖶	🗐
	剖面线	♀	☼	🔓	■白	Continuous	——默认	0	Color_7	🖶	🗐
	中心线	♀	☼	🔓	■白	Continuous	——默认	0	Color_7	🖶	🗐
	细实线	♀	☼	🔓	■白	Continuous	——默认	0	Color_7	🖶	🗐
	隐藏线	♀	☼	🔓	■白	Continuous	——默认	0	Color_7	🖶	🗐

图7-35 创建其他图层

7 设置图层颜色特性。在"图层特性管理器"对话框中单击名为"标注线"的图层，使其处于激活状态，如图7-36所示。

状态	名称	开	冻结	锁定	颜色	线型	线宽	透明度	打印样式	打印	新视口冻结
✓	0	♀	☼	🔓	■白	Continuous	——默认	0	Color_7	🖶	🗐
	标注线	♀	☼	🔓	■白	Continuous	——默认	0	Color_7	🖶	🗐
	波浪线	♀	☼	🔓	■白	Continuous	——默认	0	Color_7	🖶	🗐
	轮廓线	♀	☼	🔓	■白	Continuous	——默认	0	Color_7	🖶	🗐
	剖面线	♀	☼	🔓	■白	Continuous	——默认	0	Color_7	🖶	🗐
	中心线	♀	☼	🔓	■白	Continuous	——默认	0	Color_7	🖶	🗐
	细实线	♀	☼	🔓	■白	Continuous	——默认	0	Color_7	🖶	🗐
	隐藏线	♀	☼	🔓	■白	Continuous	——默认	0	Color_7	🖶	🗐

图7-36 修改图层颜色

8 在如图7-36所示的图层颜色区域上单击鼠标左键，打开"选择颜色"对话框，然后设置图层的颜色值为150号色，如图7-37所示。

9 单击"选择颜色"对话框中的 确定 按钮，结果图层的颜色被设置为150号色，如图7-38所示。

10 参照上述操作，分别在其他图层的颜色区域单击鼠标左键，设置其他图层的颜色特性，结果如图7-39所示。

11 设置图层线型特性。在"图层特性管理器"对话框中单击名为"隐藏线"的图层，使其处于激活状态，如图7-40所示。

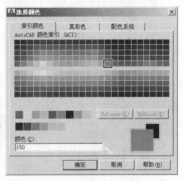

图7-37 "选择颜色"对话框

状态	名称	开	冻结	锁定	颜色	线型	线宽	透明度	打印样式	打印	新视口冻结
✓	0	♀	☼	🔓	■白	Continuous	——默认	0	Color_7	🖶	🗐
	标注线	♀	☼	🔓	■150	Continuous	——默认	0	Color...	🖶	🗐
	波浪线	♀	☼	🔓	■白	Continuous	——默认	0	Color_7	🖶	🗐
	轮廓线	♀	☼	🔓	■白	Continuous	——默认	0	Color_7	🖶	🗐
	剖面线	♀	☼	🔓	■白	Continuous	——默认	0	Color_7	🖶	🗐
	中心线	♀	☼	🔓	■白	Continuous	——默认	0	Color_7	🖶	🗐
	细实线	♀	☼	🔓	■白	Continuous	——默认	0	Color_7	🖶	🗐
	隐藏线	♀	☼	🔓	■白	Continuous	——默认	0	Color_7	🖶	🗐

图7-38 设置颜色后的图层

状态	名称	开	冻结	锁定	颜色	线型	线宽	透明度	打印样式	打印	新视口冻结
✔	0	♀	☼	🔒	■白	Continuous	—— 默认	0	Color_7	🖨	🖫
⊘	标注线	♀	☼	🔒	■150	Continuous	—— 默认	0	Color...	🖨	🖫
⊘	波浪线	♀	☼	🔒	■82	Continuous	—— 默认	0	Color_82	🖨	🖫
⊘	轮廓线	♀	☼	🔒	■白	Continuous	—— 默认	0	Color_7	🖨	🖫
⊘	剖面线	♀	☼	🔒	■82	Continuous	—— 默认	0	Color_82	🖨	🖫
⊘	中心线	♀	☼	🔒	■红	Continuous	—— 默认	0	Color_1	🖨	🖫
⊘	细实线	♀	☼	🔒	■白	Continuous	—— 默认	0	Color_7	🖨	🖫
⊘	隐藏线	♀	☼	🔒	■洋红	Continuous	—— 默认	0	Color_6	🖨	🖫

图7-39 设置结果

状态	名称	开	冻结	锁定	颜色	线型	线宽	透明度	打印样式	打印	新视口冻结
✔	0	♀	☼	🔒	■白	Continuous	—— 默认	0	Color_7	🖨	🖫
⊘	标注线	♀	☼	🔒	■150	Continuous	—— 默认	0	Color...	🖨	🖫
⊘	波浪线	♀	☼	🔒	■82	Continuous	—— 默认	0	Color_82	🖨	🖫
⊘	轮廓线	♀	☼	🔒	■白	Continuous	—— 默认	0	Color_7	🖨	🖫
⊘	剖面线	♀	☼	🔒	■82	Continuous	—— 默认	0	Color_82	🖨	🖫
⊘	中心线	♀	☼	🔒	■红	Continuous	—— 默认	0	Color_1	🖨	🖫
⊘	细实线	♀	☼	🔒	■白	Continuous	—— 默认	0	Color_7	🖨	🖫
✔	隐藏线	♀	☼	🔒	■洋红	Continuous	—— 默认	0	Color_6	🖨	🖫

图7-40 指定单击位置

12 在如图7-40所示的图层线型位置上单击鼠标左键，打开"选择线型"对话框。

13 在"选择线型"对话框中单击 加载(L)... 按钮，打开"加载或重载线型"对话框，选择如图7-41所示的线型进行加载。

14 单击 确定 按钮，结果选择的线型被加载到"选择线型"对话框内，如图7-42所示。

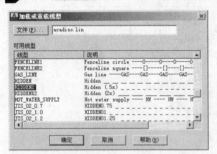

图7-41 "加载或重载线型"对话框

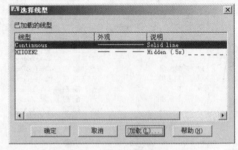

图7-42 加载线型

15 选择刚加载的线型，单击 确定 按钮，即将此线型附加给当前被选择的图层，结果如图7-43所示。

状态	名称	开	冻结	锁定	颜色	线型	线宽	透明度	打印样式	打印	新视口冻结
✔	0	♀	☼	🔒	■白	Continuous	—— 默认	0	Color_7	🖨	🖫
⊘	标注线	♀	☼	🔒	■150	Continuous	—— 默认	0	Color...	🖨	🖫
⊘	波浪线	♀	☼	🔒	■82	Continuous	—— 默认	0	Color_82	🖨	🖫
⊘	轮廓线	♀	☼	🔒	■白	Continuous	—— 默认	0	Color_7	🖨	🖫
⊘	剖面线	♀	☼	🔒	■82	Continuous	—— 默认	0	Color_82	🖨	🖫
⊘	中心线	♀	☼	🔒	■红	Continuous	—— 默认	0	Color_1	🖨	🖫
⊘	细实线	♀	☼	🔒	■白	Continuous	—— 默认	0	Color_7	🖨	🖫
⊘	隐藏线	♀	☼	🔒	■洋红	HIDDEN2	—— 默认	0	Color_6	🖨	🖫

图7-43 设置线型

16 参照上述操作，为"中心线"图层设置"CENTER"线型特性，结果如图7-44所示。

状态	名称	开	冻结	锁定	颜色	线型	线宽	透明度	打印样式	打印	新视口冻结
✔	0	♀	☼	🔒	■白	Continuous	—— 默认	0	Color_7	🖨	🖫
⊘	标注线	♀	☼	🔒	■150	Continuous	—— 默认	0	Color...	🖨	🖫
⊘	波浪线	♀	☼	🔒	■82	Continuous	—— 默认	0	Color_82	🖨	🖫
⊘	轮廓线	♀	☼	🔒	■白	Continuous	—— 默认	0	Color_7	🖨	🖫
⊘	剖面线	♀	☼	🔒	■82	Continuous	—— 默认	0	Color_82	🖨	🖫
✔	中心线	♀	☼	🔓	■红	CENTER	—— 默认	0	Color_1	🖨	🖫
⊘	细实线	♀	☼	🔒	■白	Continuous	—— 默认	0	Color_7	🖨	🖫
⊘	隐藏线	♀	☼	🔒	■洋红	HIDDEN2	—— 默认	0	Color_6	🖨	🖫

图7-44 设置"中心线"线型

17 设置图层线宽特性。在"图层特性管理器"对话框中单击名为"轮廓线"的图层，使其处于激活状态，如图7-45所示。

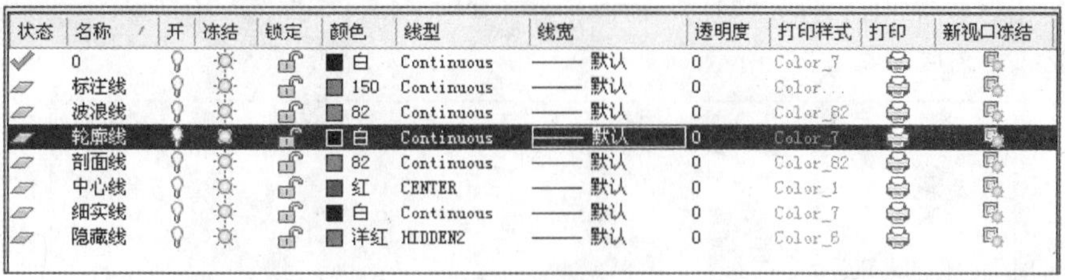

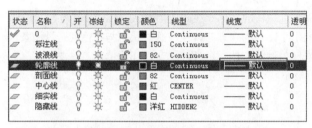

图7-45　设置线宽

18 在图7-46所示位置单击鼠标左键，在打开的"线宽"对话框中选择如图7-47所示的线宽。

图7-46　指定单击位置　　　　　　　图7-47　"线宽"对话框

19 单击 确定 按钮返回"图层特性管理器"对话框，结果"轮廓线"图层的线宽被设置为"0.30mm"，如图7-48所示。

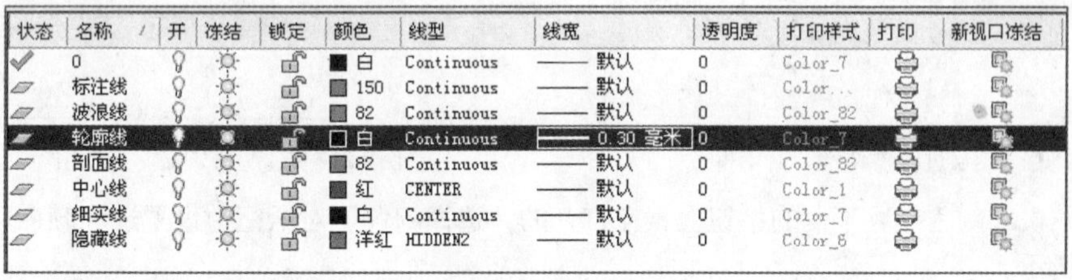

图7-48　设置结果

20 单击 确定 按钮关闭"图层特性管理器"对话框。

21 执行"保存"命令，将当前文件命名存储为"综合实例（一）.dwg"。

7.5　图层的过滤功能

本节主要学习图层的过滤功能，具体有"图层特性过滤器"和"图层组过滤器"两种。

7.5.1　图层特性过滤器

如果在图形文件中包含大量的图层，那么要查找某些图层时就会有些困难，鉴于这种情况，AutoCAD为用户提供了图层的过滤功能，用户可以根据图层的状态特征或内部特性，对图层进行分组，将具有某种共同特点的图层过滤出来，这样在查找所需图层时就会方便很多。

下面通过典型实例，学习"图层特性过滤器"功能的使用方法和相关技巧。

1 执行"打开"命令，打开随书光盘中的"\效果文件\第7章\综合实例（一）.dwg"文件。

2 使用命令简写LA激活"图层"命令，打开"图层特性管理器"对话框，在此对话框内包含多个图层，如图7-49所示。

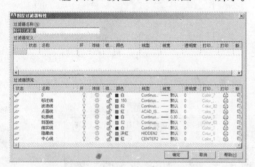

状态	名称	开	冻结	锁定	颜色	线型	线宽	透明度	打印样式	打印	新视口冻结
✓	0				■白	Continuous	—— 默认	0	Color_7		
	标注线				■150	Continuous	—— 默认	0	Color...		
	波浪线				■82	Continuous	—— 默认	0	Color_82		
	点画线				■红	ACAD_ISO04...	—— 默认	0	Color_1		
	轮廓线				■白	Continuous	—— 0.30 毫米	0	Color_7		
	剖面线				■82	Continuous	—— 默认	0	Color_82		
	细实线				■白	Continuous	—— 默认	0	Color_7		
	隐藏线				■洋红	HIDDEN2	—— 默认	0	Color_8		
	中心线				■红	CENTER2	—— 默认	0	Color_1		

图7-49 "图层特性管理器"对话框

3 在"图层特性管理器"对话框中单击"新建特性过滤器"按钮 ，打开如图7-50所示的"图层过滤器特性"对话框。

4 在"过滤器名称"文本框内输入过滤器的名称，在此使用默认名称。

5 在"过滤器定义"选项组内列出了图层的状态与特性，这些状态与特性就是过滤条件，用户可以使用一种或多种特性来作为过滤条件，定义过滤器。在此单击"过滤器定义"选项组中的"颜色"块，如图7-51所示。

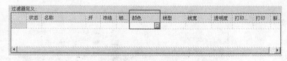

图7-50 "图层过滤器特性"对话框　　　　　图7-51 "过滤器定义"选项组

6 单击"颜色"块下侧的按钮 ，在打开的"选择颜色"对话框中设置过滤颜色，如图7-52所示。

7 单击 确定 按钮返回"图层过滤器特性"对话框，结果符合过滤条件的图层被过滤，如图7-53所示。

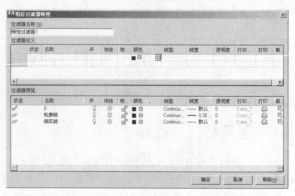

图7-52 设置过滤颜色　　　　　图7-53 过滤效果

8 单击 确定 按钮返回"图层特性管理器"对话框，所创建的"特性过滤器1"显示在对话框左侧的树状图中，右侧则显示过滤出的图层，如图7-54所示。

图7-54　"图层特性管理器"对话框

7.5.2　图层组过滤器

图层组过滤器指的就是用户人为地把某些图层放到一个组里，没有符合的过滤条件。将某些图层归为一个组的目的，就是为了方便图层的选取和查找。例如，在建筑制图中可以把与墙柱相关的图层都放到一个组内，那么在"图层特性管理器"对话框左侧的树状图中，单击该组，则可以立刻显示出与墙柱相关的所有图层。

下面通过典型实例，学习图层组过滤器的使用方法和相关技巧。

1 继续上节操作。在"图层特性管理器"对话框左侧的树状图中单击"全部"选项，结果文件内的所有图层都显示在右侧的列表中，如图7-55所示。

图7-55　显示所有图层

2 在"图层特性管理器"对话框中单击"新建组过滤器"按钮 ，创建一个名为"组过滤器1"的图层组，此时该组过滤器是空的，不包含任何图层，如图7-56所示。

图7-56　创建组过滤器

3 单击"全部"选项，显示出所有的图层，然后按住Ctrl键分别选择"波浪线"、"点画线"、"隐藏线"和"中心线"4个图层，如图7-57所示。

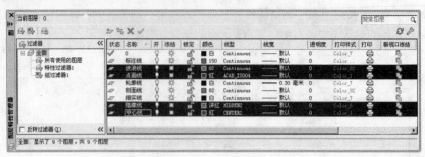

图7-57　选择图层

4 按住鼠标左键，将选择的图层拖曳至新建的"组过滤器1"内，如图7-58所示。

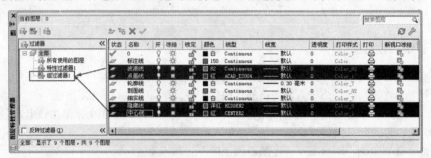

图7-58　定义过滤图层

5 选择左侧树状图中的"组过滤器1"选项，则在右侧的列表中可看到该组过滤器所过滤的4个图层，如图7-59所示。

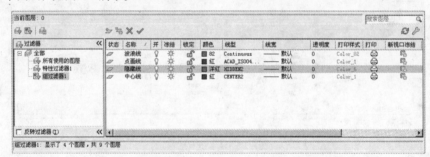

图7-59　使用"组过滤器"过滤图层

6 在"图层特性管理器"对话框中勾选"反转过滤器"复选框，可显示选择过滤器所过滤图层以外的所有图层，如图7-60所示。

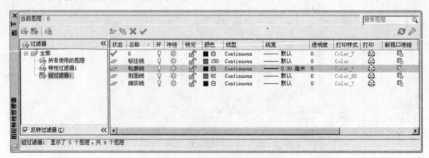

图7-60　反转过滤器后的效果

7 关闭"图层特性管理器"对话框，完成过滤器的设置。

7.6　图层状态管理器

使用"图层状态管理器"命令可以保存图层的状态和特性，一旦保存图层的状态和特性，可以随时调用和恢复，还可以将图层的状态和特性输出到文件中，然后在另一个图形文件中使用这些设置。

执行"图层状态管理器"命令主要有以下几种方式。

◆　执行菜单栏中的"格式"|"图层状态管理器"命令。

◆　单击"图层"工具栏中的 按钮。

◆　在命令行输入Layerstate后按Enter键。

◆　在"图层特性管理器"对话框中单击"图层状态管理器"按钮 。

使用上述4种方式中的任何一种，都可以打开"图层状态管理器"对话框，如图7-61所示。

选项解析

◆　"图层状态"文本框用于保存在图形中的命名图层的状态、保存它们的空间（模型空间、布局或外部参照）、图层列表是否与图形中的图层列表相同以及说明。

◆　"不列出外部参照中的图层状态"复选框用于控制是否显示外部参照中的图层状态。

◆　新建(N) 按钮用于定义要保存的新图层状态的名称和说明，单击该按钮，可打开如图7-62所示的"要保存的新图层状态"对话框。

图7-61　"图层状态管理器"对话框　　　图7-62　"要保存的新图层状态"对话框

◆　保存(V) 按钮用于保存选定的图层状态。

◆　编辑(T)… 按钮用于修改选定的图层状态。

◆　重命名 按钮用于为选定的图层状态更名。

◆　删除(D) 按钮用于删除选定的图层状态。

◆　输入(M)… 按钮用于将先前输出的图层状态*.las文件加载到当前图形文件中。

◆　输出(X)… 按钮用于将选定的图层状态保存到图层状态*.las文件中。

◆　"恢复选项"选项组用于指定要恢复的图层状态和图层特性设置。

◆　恢复(R) 按钮用于将图形中所有图层的状态和特性设置恢复为先前保存的设置，仅恢复使用复选框指定的图层状态和特性设置。

7.7　图层的规划管理

在AutoCAD中，利用图层可以很方便地管理各种图形对象。本节主要学习图层的匹配、图层的隔离、图层的漫游以及图层的状态控制等功能，以方便对图层进行管理、控制和切换。

7.7.1 图层的匹配

"图层匹配"命令用于将选定对象的图层更改为目标图层。执行此命令主要有以下几种方式。

◆ 执行菜单栏中的"格式"|"图层工具"|"图层匹配"命令。

◆ 单击"图层 II"工具栏或"图层"面板上的 按钮。

◆ 在命令行输入Laymch后按Enter键。

下面通过简单实例学习"图层匹配"命令的使用方法和技巧。

1 执行"打开"命令，打开随书光盘中的"\效果文件\第7章\综合实例（一）.dwg"文件。

2 在"中心线"图层上绘制一个半径为50的圆，如图7-63所示。

3 执行"图层匹配"命令，将圆图形所在层更改为"隐藏线"，命令行操作如下。

```
命令: _laymch
    选择要更改的对象:              //选择圆
    选择对象:                      // Enter，结束选择
    选择目标图层上的对象或 [名称(N)]:  //N Enter，打开如图7-64所示的"更改到图层"对话框
```

4 在"更改到图层"对话框中双击"隐藏线"，结果圆被更改到图层"隐藏线"上，此时图形的显示效果如图7-65所示。

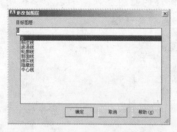

图7-63 绘制圆　　　　　　图7-64 "更改到图层"对话框　　　　　图7-65 图层更改后的效果

 提示 如果单击"更改为当前图层"按钮 ，可以将选定对象的图层更改为当前图层；如果单击"将对象复制到新图层"按钮 ，可以将选定的对象复制到其他图层。

7.7.2 图层的隔离

"图层隔离"命令用于将选定对象的图层之外的所有图层都锁定，如图7-66所示。执行此命令主要有以下几种方式。

◆ 执行菜单栏中的"格式"|"图层工具"|"图层隔离"命令。

◆ 单击"图层 II"工具栏或"图层"面板上的 按钮。

◆ 在命令行输入Layiso后按Enter键。

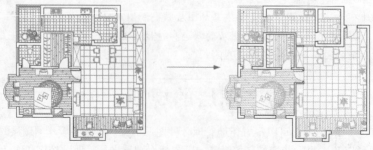

图7-66 隔离墙线所在的图层

激活"图层隔离"命令后，其命令行操作如下。

```
命令: _layiso
    当前设置: 锁定图层, Fade=50
    选择要隔离的图层上的对象或 [设置(S)]:
    //选择任一位置的墙线，将墙线所在的图层进行隔离
    选择要隔离的图层上的对象或 [设置(S)]:
    //Enter，结果除墙线层外的所有图层均被锁定，如图7-66（右）所示
    已隔离图层墙线层。
```

另外，使用"取消图层隔离"命令可以取消图层的隔离，将被锁定的图层解锁。执行此命令主要有以下几种方式。

◆ 执行菜单栏中的"格式"|"图层工具"|"取消图层隔离"命令。

◆ 单击"图层II"工具栏上的 按钮。

◆ 在命令行输入Layiso后按Enter键。

7.7.3 图层的漫游

"图层漫游"命令用于将选定对象的图层之外的所有图层都关闭。执行此命令主要有以下几种方式。

◆ 执行菜单栏中的"格式"|"图层工具"|"图层漫游"命令。

◆ 单击"图层II"工具栏或"图层"面板上的 按钮。

◆ 在命令行输入Laywalk后按Enter键。

下面通过典型实例学习"图层漫游"命令的使用方法和技巧。

1 执行"打开"命令，打开随书光盘中的"\效果文件\第15章\综合实例（六）.dwg"文件，如图7-67所示。

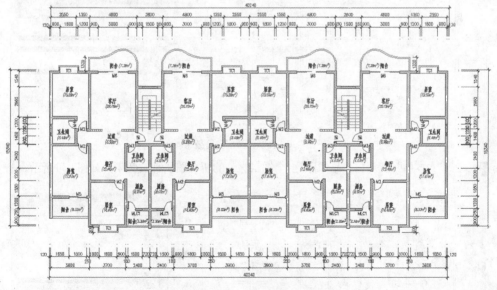

图7-67　打开结果

2 执行菜单栏中的"格式"|"图层工具"|"图层漫游"命令，打开如图7-68所示的"图层漫游"对话框。

"图层漫游"对话框列表中反白显示的图层,表示当前被打开的图层;反之,则表示当前被关闭的图层。

图7-68 "图层漫游"对话框

3 在"图层漫游"对话框中单击"轴线层",结果除"轴线层"外的所有图层都被关闭,如图7-69所示。

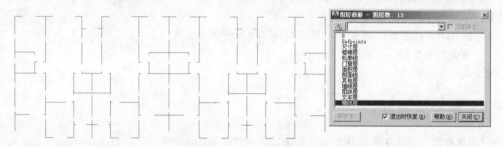

图7-69 图层漫游的预览效果

在对话框列表中的图层上双击,结果此图层被视为"总图层",总图层前端自动添加一个星号。

4 分别在"墙线层"、"门窗层"和"楼梯层"三个图层上双击,结果除这三个图层之外的所有图层都被关闭,如图7-70所示。

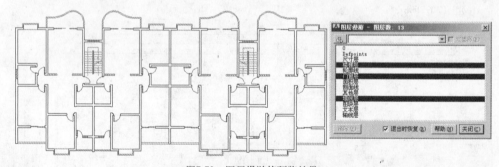

图7-70 图层漫游的预览效果

5 在"文本层"上双击,结果除这4个图层之外的所有图层都被关闭,如图7-71所示。

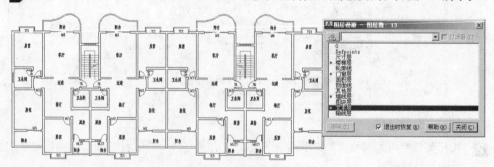

图7-71 图层漫游的预览效果

6 在"尺寸层"上双击，结果除这5个图层之外的所有图层都被关闭，如图7-72所示。

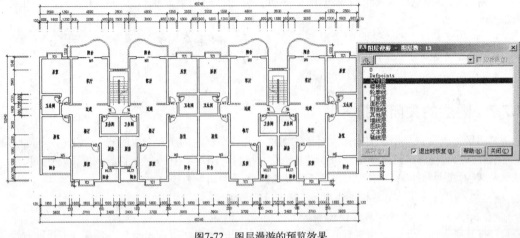

图7-72　图层漫游的预览效果

 在"图层漫游"对话框中的图层列表内单击鼠标右键，在弹出的快捷菜单中可以进行更多的操作。

7 单击 关闭ⓒ 按钮，结果图形将恢复原来的显示状态；如果取消勾选"退出时恢复"复选框，那么图形将显示漫游时的显示状态。

7.7.4　更改为当前图层

"更改为当前图层"命令用于将选定对象的图层特性更改为当前图层。使用此命令可以将在错误的图层上创建的对象更改到当前图层上，并继承当前图层的一切特性。执行"更改为当前图层"命令主要有以下几种方式。

◆ 执行菜单栏中的"格式"|"图层工具"|"更改为当前图层"命令。
◆ 单击"图层Ⅱ"工具栏或"图层"面板上的 按钮。
◆ 在命令行输入Laycur后按Enter键。

7.7.5　将对象复制到新图层

使用"将对象复制到新图层"命令可以将一个或多个选定对象复制到其他图层上，还可以为复制的对象指定位置。执行"将对象复制到新图层"命令主要有以下几种方式。

◆ 执行菜单栏中的"格式"|"图层工具"|"将对象复制到新图层"命令。
◆ 单击"图层Ⅱ"工具栏或"图层"面板上的 按钮。
◆ 在命令行输入Copytolayer后按Enter键。

7.7.6　图层的冻结与解冻

"图层冻结"命令用于冻结选定对象的图层，使该图层上的所有对象隐藏，这样可以加快显示和重生成视图的操作速度。执行"图层冻结"命令主要有以下几种方式。

◆ 执行菜单栏中的"格式"|"图层工具"|"图层冻结"命令。
◆ 单击"图层Ⅱ"工具栏或"图层"面板上的 按钮。

◆ 在命令行输入Layfrz后按Enter键。

"解冻所有图层"命令用于解冻图形中所有被冻结的图层。执行此命令主要有以下几种方式。

◆ 执行菜单栏中的"格式"|"图层工具"|"解冻所有图层"命令。
◆ 单击"图层Ⅱ"工具栏或"图层"面板上的 按钮。
◆ 在命令行输入Laythw后按Enter键。

7.7.7　图层的关闭与打开

"图层关闭"命令用于关闭选定对象的图层，使该图层上的所有对象隐藏。如果在处理图形时需要不被遮挡的视图，可以使用此命令将其隐藏。执行"图层关闭"命令主要有以下几种方式。

◆ 执行菜单栏中的"格式"|"图层工具"|"图层关闭"命令。
◆ 单击"图层Ⅱ"工具栏或"图层"面板上的 按钮。
◆ 在命令行输入Layoff后按Enter键。

"打开所有图层"命令用于打开图形中所有被关闭的图层。执行此命令主要有以下几种方式。

◆ 执行菜单栏中的"格式"|"图层工具"|"打开所有图层"命令。
◆ 单击"图层Ⅱ"工具栏或"图层"面板上的 按钮。
◆ 在命令行输入Layon后按Enter键

7.7.8　图层的锁定与解锁

"图层锁定"命令用于将选定对象的图层锁定。使用此命令可以防止意外修改图层上的对象。执行"图层锁定"命令主要有以下几种方式。

◆ 执行菜单栏中的"格式"|"图层工具"|"图层锁定"命令。
◆ 单击"图层Ⅱ"工具栏或"图层"面板上的 按钮。
◆ 在命令行输入Laylck后按Enter键。

"图层解锁"命令用于解锁选定对象的图层，而无须指定该图层的名称。执行此命令主要有以下几种方式。

◆ 执行菜单栏中的"格式"|"图层工具"|"图层解锁"命令。
◆ 单击"图层Ⅱ"工具栏或"图层"面板上的 按钮。
◆ 在命令行输入Layulk后按Enter键。

7.7.9　图层的合并与删除

"图层合并"命令用于将选定对象的多个图层合并到一个选定对象的目标图层上，从而将以前的图层删除。执行"图层合并"命令主要有以下几种方式。

◆ 执行菜单栏中的"格式"|"图层工具"|"图层合并"命令。
◆ 单击"图层Ⅱ"工具栏或"图层"面板上的 按钮。
◆ 在命令行输入Laymrg后按Enter键。

"图层删除"命令用于删除选定对象的图层，同时删除图层上的所有对象。使用此命令还可以将图层上的对象从所有块定义中删除并重新定义受影响的块。执行"图层删除"命令主要有以下几种方式。

◆ 执行菜单栏中的"格式"|"图层工具"|"图层删除"命令。
◆ 单击"图层Ⅱ"工具栏或"图层"面板上的 按钮。
◆ 在命令行输入Laydel后按Enter键。

7.8 综合实例2——使用图层规划管理零件图

本例通过规划管理杂乱的零件工程图，对本章所讲述的图层设置管理与规划功能进行综合练习和巩固应用。本例最终效果如图7-73所示。

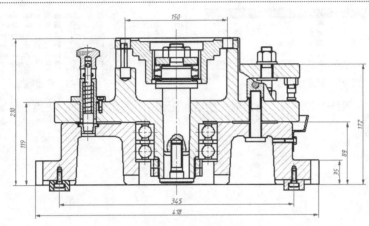

图7-73 实例效果

▶ 操作步骤

1 执行"打开"命令，打开随书光盘中的"\素材文件\零件组装图.dwg"文件，如图7-74所示。

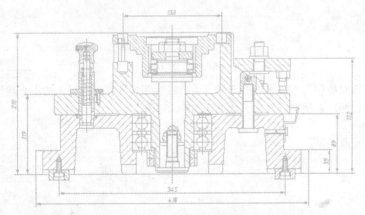

图7-74 打开结果

2 单击"图层"工具栏或面板上的 ⬚ 按钮，打开"图层特性管理器"对话框，快速创建如图7-75所示的4个图层。

3 分别在图层的"颜色"图标上单击，在打开的"选择颜色"对话框中设置各个图层的颜色，结果如图7-76所示。

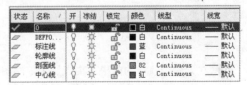

状态	名称	开	冻结	锁定	颜色	线型	线宽
✓	0	♀	☼	🔓	■白	Continuous	—— 默认
	DEFPO...	♀	☼	🔓	■白	Continuous	—— 默认
	标注线	♀	☼	🔓	■白	Continuous	—— 默认
	轮廓线	♀	☼	🔓	■白	Continuous	—— 默认
	剖面线	♀	☼	🔓	■白	Continuous	—— 默认
	中心线	♀	☼	🔓	■白	Continuous	—— 默认

图7-75 新建图层

状态	名称	开	冻结	锁定	颜色	线型	线宽
✓	0	♀	■	🔓	□白	Continuous	—— 默认
	DEFPO...	♀	☼	🔓	■白	Continuous	—— 默认
	标注线	♀	☼	🔓	■蓝	Continuous	—— 默认
	轮廓线	♀	☼	🔓	■白	Continuous	—— 默认
	剖面线	♀	☼	🔓	■82	Continuous	—— 默认
	中心线	♀	☼	🔓	■红	Continuous	—— 默认

图7-76 设置图层颜色

4 选择"中心线"图层，在该图层的"Continuous"位置上单击，在打开的"选择线型"对话框中加载"CENTER2"线型，然后将加载的线型赋给"中心线"图层，如图7-77所示。

5 选择"轮廓线"图层，为图层设置线宽为0.30mm，结果如图7-78所示。

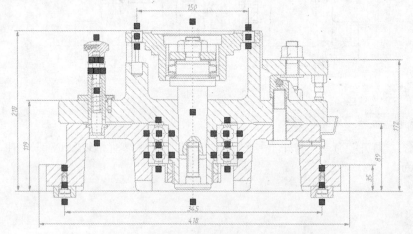

状态	名称	开	冻结	锁定	颜色	线型	线宽
✓	0	☀	☀	▥	□白	Continuous	—— 默认
	DEFPO...	☀	☀	☞	■蓝	Continuous	—— 默认
	标注线	☀	☀	☞	■蓝	Continuous	—— 默认
	轮廓线	☀	☀	☞	□白	Continuous	—— 默认
	剖面线	☀	☀	☞	■82	Continuous	—— 默认
	中心线	☀	☀	☞	■红	CENTER2	—— 默认

图7-77 设置线型

状态	名称	开	冻结	锁定	颜色	线型	线宽
✓	0	☀	☀	☞	■白	Continuous	—— 默认
	DEFPO...	☀	☀	☞	■白	Continuous	—— 默认
	标注线	☀	☀	☞	■蓝	Continuous	—— 默认
	轮廓线	☀	☀	☞	■白	Continuous	—— 0.30 毫米
	剖面线	☀	☀	☞	■82	Continuous	—— 默认
	中心线	☀	☀	☞	■红	CENTER2	—— 默认

图7-78 设置线宽

6 关闭"图层特性管理器"对话框，然后在无命令执行的前提下，夹点显示零件图中心线，如图7-79所示。

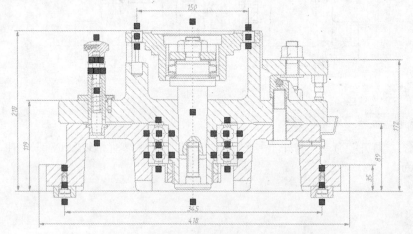

图7-79 夹点显示中心线

7 展开"图层控制"下拉列表，选择"中心线"图层，将夹点显示的中心线放到"中心线"图层上，然后取消夹点显示，结果如图7-80所示。

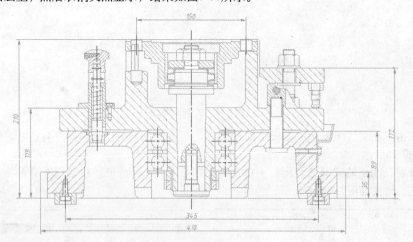

图7-80 更改图层后的效果

8 在无命令执行的前提下夹点显示零件图中的所有尺寸对象，然后展开"图层控制"下拉列表，修改图层为"标注线"图层，颜色设置为随层，结果如图7-81所示。

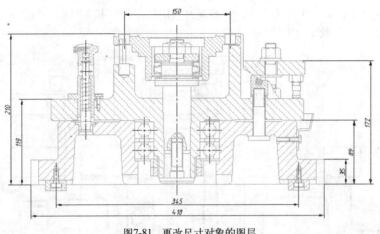

图7-81　更改尺寸对象的图层

9 在无命令执行的前提下夹点显示零件图中的所有剖面线，然后展开"图层控制"下拉列表，修改图层为"剖面线"图层，颜色设置为随层，结果如图7-82所示。

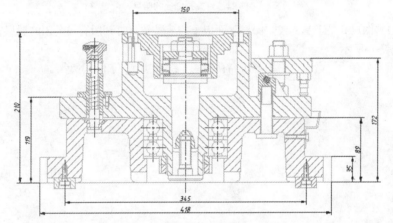

图7-82　更改剖面线的图层

10 展开"图层控制"下拉列表，暂时关闭"标注线"、"剖面线"和"中心线"三个图层，此时平面图的显示效果如图7-83所示。

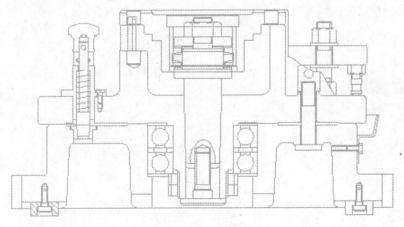

图7-83　图形的显示效果

11 夹点显示图7-83中的所有图线，然后展开"图层控制"下拉列表，修改图层为"轮廓线"图层，并打开状态栏上的"线宽"显示功能，结果如图7-84所示。

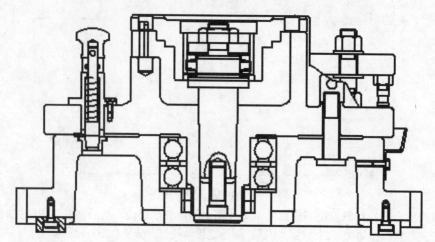

图7-84　修改轮廓线的图层

12 单击"图层Ⅱ"工具栏或"图层"面板上的 🔲 按钮，打开所有被关闭的图层，最终结果如上图7-73所示。

13 执行"另存为"命令，将图形命名存储为"综合实例（二）.dwg"。

第8章 图形资源的查看共享与信息查询

为了方便读者快速、高效地绘制设计图样，提高绘图的效率和质量，还需要了解和掌握一些高级制图功能，如设计中心、选项板、特性等，灵活掌握这些高级制图功能，能使读者更加方便地对图形资源进行查看、共享、组合和完善等。本章学习内容如下。

- ◆ 使用联机设计中心
- ◆ 使用工具选项板
- ◆ 综合实例——设计中心与选项板的典型应用
- ◆ 特性与特性匹配
- ◆ 查询图形信息
- ◆ 快速选择

8.1 使用联机设计中心

"设计中心"窗口与Windows的资源管理器界面功能相似，如图8-1所示。它主要用于对AutoCAD的图形资源进行管理、查看与共享等，是一个直观、高效的制图工具。

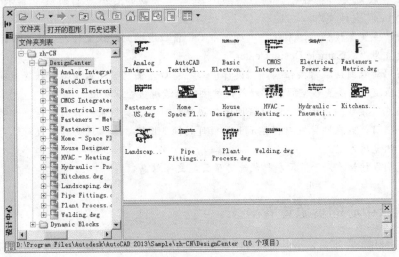

图8-1 "设计中心"窗口

执行"设计中心"命令主要有以下几种方式。

- ◆ 执行菜单栏中的"工具"|"选项板"|"设计中心"命令。
- ◆ 单击"标准"工具栏或"选项板"面板上的 按钮。
- ◆ 在命令行输入Adcenter后按Enter键。
- ◆ 使用命令简写ADC。
- ◆ 按组合键Ctrl+2。

8.1.1 设计中心内容概述

"设计中心"窗口共包括"文件夹"、"打开的图形"、"历史记录"三个选项卡，分别用于显示计算机和网络驱动器上的文件与文件夹的层次结构、打开图形的列表、自定义内容等，具体介绍如下。

◆ 在"文件夹"选项卡中，左侧为"树状管理视图"，用于显示计算机或网络驱动器中文件和文件夹的层次关系；右侧为"控制面板"，用于显示在左侧树状管理视图中选定文件的内容。

◆ "打开的图形"选项卡用于显示AutoCAD任务中当前所有打开的图形，包括最小化的图形。

◆ "历史记录"选项卡用于显示最近在"设计中心"窗口中打开的文件列表。它可以显示"浏览Web"对话框最近链接过的20条地址的记录。

选项解析

◆ 单击"加载"按钮，将弹出"加载"对话框，以方便浏览本地和网络驱动器或 Web 上的文件，然后选择内容加载到内容区域。

◆ 单击"上一级"按钮，将显示活动容器的上一级容器的内容。容器可以是文件夹，也可以是一个图形文件。

◆ 单击"搜索"按钮，可弹出"搜索"对话框，用于指定搜索条件，查找图形、块以及图形中的非图形对象，如线型、图层等，还可以将搜索到的对象添加到当前图形文件中，为当前图形文件所使用。

◆ 单击"收藏夹"按钮，将在"设计中心"窗口的右侧控制面板中显示"Autodesk Favorites"文件夹内容。

◆ 单击"主页"按钮，系统将"设计中心"窗口返回到默认文件夹。安装时，默认文件夹被设置为"...\Sample\DesignCenter"。

◆ 单击"树状图切换"按钮，"设计中心"窗口左侧将显示或隐藏树状管理视图。如果在绘图区域中需要更多空间，可以单击该按钮隐藏树状管理视图。

◆ "预览"按钮用于显示和隐藏图像的预览框。当预览框被打开时，在上部的面板中选择一个项目，则在预览框内将显示出该项目的预览图像。如果选定项目没有保存预览图像，则该预览框为空。

◆ "说明"按钮用于显示和隐藏选定项目的文字信息。

8.1.2 设计中心的资源查看

通过"设计中心"窗口，不但可以方便查看本计算机或网络驱动器上的AutoCAD资源，还可以单独将选择的CAD文件打开。

1 执行"设计中心"命令，打开"设计中心"窗口。

2 查看文件夹资源。在左侧树状管理视图中定位并展开需要查看的文件夹，在右侧控制面板中即可查看该文件夹中的所有图形资源，如上图8-1所示。

3 查看文件内部资源。在左侧树状管理视图中定位需要查看的文件，在右侧控制面板中即可显示出文件内部的所有资源，如图8-2所示。

4 查看块资源。如果用户需要进一步查看某一类内部资源，如文件内部的所有图块，在右侧控制面板中双击块的图标，即可显示出所有的图块，如图8-3所示。

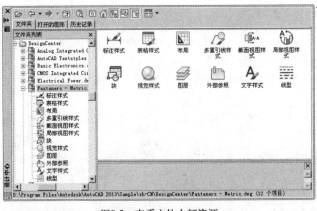

图8-2 查看文件内部资源

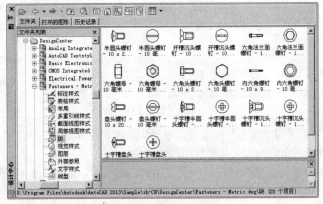

图8-3 查看块资源

5 打开CAD文件。如果用户需要打开某CAD文件，在该文件图标上单击鼠标右键，然后选择右键菜单中的"在应用程序窗口中打开"命令，即可打开此文件，如图8-4所示。

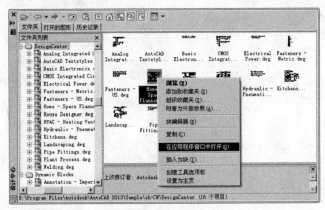

图8-4 图标右键菜单

提 示

在窗口中按住Ctrl键定位文件，然后按住鼠标左键将其拖动到绘图区域，即可打开此图形文件；将图形图标从"设计中心"窗口直接拖曳到应用程序窗口，或绘图区域以外的任何位置，也可打开此图形文件。

8.1.3 设计中心的资源共享

在"设计中心"窗口中不但可以查看本计算机上的所有设计资源，还可以将有用的图形资源以及图形的一些内部资源应用到自己的图纸中。

1 在左侧树状管理视图中查找并定位所需文件的上一级文件夹，然后在右侧控制面板中定位所需文件。

2 在此文件图标上单击鼠标右键，从弹出的右键菜单中选择"插入为块"命令，如图8-5所示。

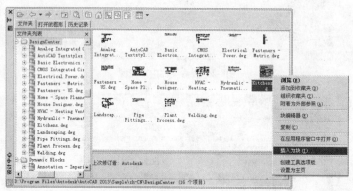

图8-5 共享文件

3 打开如图8-6所示的"插入"对话框，根据实际需要设置参数，然后单击 确定 按钮，即可将选择的图形以块的形式共享到当前文件中。

4 共享文件内部资源。定位并打开所需文件的内部资源，如打开图8-7所示文件内部的图块资源。

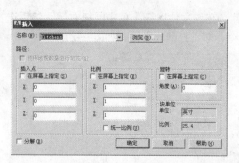

图8-6 "插入"对话框

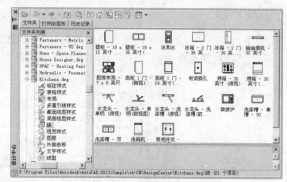

图8-7 浏览图块资源

5 在"设计中心"窗口右侧控制面板中选择文件的内部资源，如图块，然后单击鼠标右键，从弹出的右键菜单中的选择"插入块"命令，如图8-8所示，就可以将此图块插入到当前图形文件中。

另外，用户也可以共享图形文件内部的文字样式、尺寸样式、图层以及线型等资源。

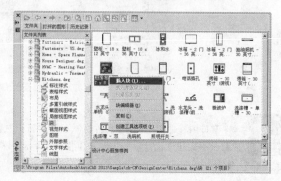

图8-8 选择内部资源

8.2　使用工具选项板

"工具选项板"用于组织、共享图形资源和高效执行命令等，其窗口包含一系列选项板，这些选项板以选项卡的形式分布在"工具选项板"窗口中。

执行"工具选项板"命令主要有以下几种方式。

◆　执行菜单栏中的"工具"|"选项板"|"工具选项板"命令。
◆　单击"标准"工具栏或"选项板"面板上的 按钮。
◆　在命令行输入Toolpalettes后按Enter键。
◆　按组合键Ctrl+3。

8.2.1　工具选项板概述

执行"工具选项板"命令后，可打开图8-9所示的"工具选项板"窗口，该窗口主要由各选项卡和标题栏两部分组成，在窗口标题栏上单击鼠标右键，可打开标题栏菜单以控制窗口及工具选项板的显示状态等。

在选项板中单击鼠标右键，可打开如图8-10所示的右键菜单，通过此右键菜单，不仅可以控制工具选项板的显示状态、透明度，还可以很方便地创建、删除和重命名工具选项板等。

图8-9　"工具选项板"窗口

图8-10　选项板右键菜单

8.2.2　工具选项板的应用

下面通过向图形文件中插入图块及填充图案，学习"工具选项板"命令的使用方法和技巧。

1 新建空白文件。

2 单击"标准"工具栏或"选项板"面板上的 按钮，打开"工具选项板"窗口，然后展开"建筑"选项卡，选择如图8-11所示的图例。

3 在选择的图例上单击鼠标左键，然后在命令行"指定插入点或 [基点(B)/比例(S)/X/Y/Z/旋转(R)]:"提示下，在绘图区拾取一点，将此图例插入到当前文件内，结果如图8-12所示。

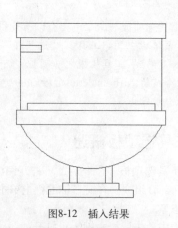

图8-11 "建筑"选项卡　　　　　　　　　图8-12 插入结果

 用户也可以将光标定位到所需图例上，然后按住鼠标左键不放，将其拖入到当前图形中。

8.2.3 工具选项板的定义

用户可以根据需要自定义选项板中的内容以及创建新的工具选项板，下面将通过具体实例学习此功能。

1　打开"设计中心"窗口和"工具选项板"窗口。

2　在"设计中心"窗口中定位需要添加到选项板中的图形，然后按住鼠标左键将选择的内容直接拖到选项板中，如图8-13所示，即可添加该项目，添加结果如图8-14所示。

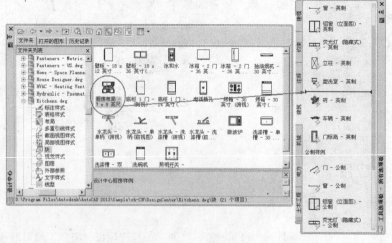
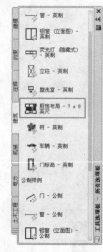

图8-13 向工具选项板中添加内容　　　　　　图8-14 添加结果

3　定义选项板。在"设计中心"窗口左侧的树状管理视图中选择文件夹，然后单击鼠标右键，在弹出的右键菜单中选择"创建块的工具选项板"命令，如图8-15所示。

4 系统将此文件夹中的所有图形文件创建为新的工具选项板，选项板名称为文件夹的名称，如图8-16所示。

图8-15 定位文件

图8-16 定义选项板

8.3 综合实例——设计中心与选项板的典型应用

本例通过绘制某户型家具布置图，在综合所学知识的前提下，主要对"设计中心"、"工具选项板"等命令进行综合练习和应用。本例最终绘制效果如图8-17所示。

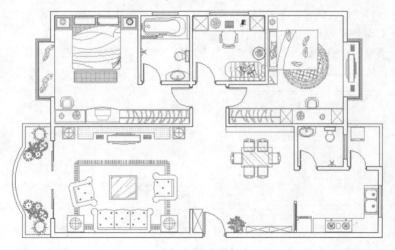

图8-17 实例效果

 操作步骤

1 执行"打开"命令，打开随书光盘中的"\效果文件\第6章\综合实例（一）.dwg"文件。

2 执行"图层"命令，在打开的"图层特性管理器"对话框中双击"图块层"，将此图层设置为当前图层。

3 单击"绘图"工具栏中的 按钮，插入随书光盘中的"\图块文件\电视与电视柜03.dwg"图块文件，块参数设置如图8-18所示。

4 返回绘图区，根据命令行提示，配合中点捕捉功能，捕捉如图8-19所示的中点作为插入点，将此图块共享到当前文件中。

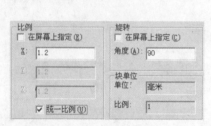

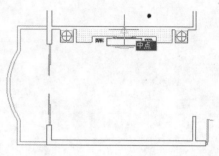

图8-18 设置参数　　　　　　　　　　　　图8-19 定位插入点

5 重复执行"插入块"命令，采用默认参数插入随书光盘中的"\图块文件\沙发组合02.dwg"图块文件，插入点为图8-20所示的中点，插入结果如图8-21所示。

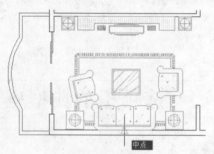

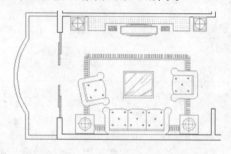

图8-20 捕捉中点　　　　　　　　　　　　图8-21 插入结果

6 重复执行"插入块"命令，以默认参数插入随书光盘中的"\图块文件\绿化植物01.dwg"图块文件，插入结果如图8-22所示。

7 执行菜单栏中的"修改"|"镜像"命令，配合中点捕捉功能对插入的绿化植物图块进行镜像，结果如图8-23所示。

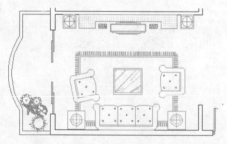

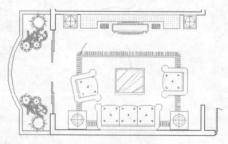

图8-22 插入结果　　　　　　　　　　　　图8-23 镜像结果

8 单击"标准"工具栏中的 按扭，激活"设计中心"命令，打开"设计中心"窗口，定位随书光盘中的"图块文件"文件夹，如图8-24所示。

9 在右侧的控制面板中选择"梳妆台与柜类组合01.dwg"文件，然后单击鼠标右键，选择"插入为块"命令，如图8-25所示，将此图形以块的形式共享到平面图中。

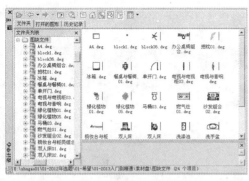

图8-24　定位目标文件夹

图8-25　选择文件

10 此时打开"插入"对话框，采用默认设置，配合端点捕捉功能，将图块插入到平面图中，插入点为图8-26所示的端点，插入结果如图8-27所示。

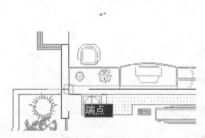

图8-26　捕捉端点

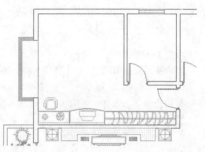

图8-27　插入结果

11 在"设计中心"窗口右侧的控制面板中拖动滑块，找到"双人床01.dwg"文件并选择，如图8-28所示。

12 按住鼠标左键不放，将其拖曳至平面图中，配合端点捕捉功能将图块插入到平面图中，命令行操作如下。

命令：_-INSERT 输入块名或 [?] "E:\素材盘\图块文件\双人床01.dwg"

　　单位：毫米　转换：　　1

　　指定插入点或 [基点(B)/比例(S)/X/Y/Z/旋转(R)]：　　//S Enter

　　指定 XYZ 轴的比例因子 <1>：　　//1.05 Enter

　　指定插入点或 [基点(B)/比例(S)/X/Y/Z/旋转(R)]：　　//Y Enter

　　指定 Y 比例因子 <1>：　　//-1 Enter

　　指定插入点或 [基点(B)/比例(S)/X/Y/Z/旋转(R)]：　　//捕捉如图8-29所示的端点

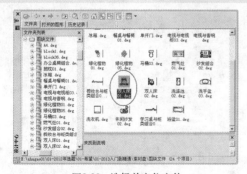

图8-28　选择并定位文件

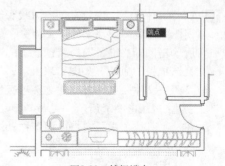

图8-29　捕捉端点

　　指定旋转角度 <0.0>：　　//Enter，插入结果如图8-30所示

13 在"设计中心"窗口右侧的控制面板中定位"抱枕01.dwg"文件，然后单击鼠标右键，选择"复制"命令，如图8-31所示。

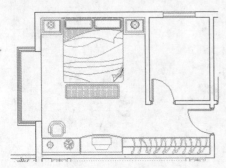

图8-30 插入结果

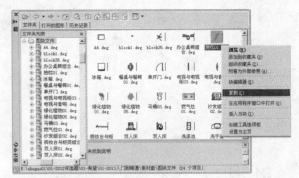

图8-31 定位并复制共享文件

14 执行菜单栏中的"编辑"|"粘贴"命令，根据命令行提示，将图块共享到平面图中，命令行操作如下。

```
命令:_pasteclip
    命令:_-INSERT 输入块名或 [?]"E:\素材盘\图块文件\抱枕01.dwg"
    单位:毫米 转换:      1
    指定插入点或 [基点(B)/比例(S)/X/Y/Z/旋转(R)]:                        //Enter
    输入 X 比例因子,指定对角点,或 [角点(C)/XYZ(XYZ)] <1>:               //Enter
    输入 Y 比例因子或 <使用 X 比例因子>:                                  //Enter
    指定旋转角度 <0.0>:                                    //Enter,结果如图8-32所示
```

15 执行菜单栏中的"修改"|"复制"命令，对刚粘贴的抱枕图块进行复制，结果如图8-33所示。

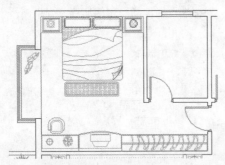

图8-32 粘贴结果

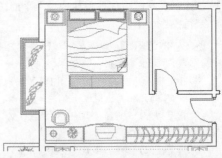

图8-33 复制结果

16 在"设计中心"窗口左侧的树状管理视图中定位"图块文件"文件夹，然后单击鼠标右键，选择"创建块的工具选项板"命令，如图8-34所示，将"图块文件"文件夹创建为选项板，创建结果如图8-35所示。

17 在"工具选项板"窗口中向下拖动滑块，然后定位"办公桌椅组合.dwg"文件图标，如图8-36所示。

18 在"办公桌椅组合.dwg"文件上按住

图8-34 "设计中心"窗口

鼠标左键不放，将其拖曳至绘图区，如图8-37所示，以块的形式共享此图形，结果如图8-38所示。

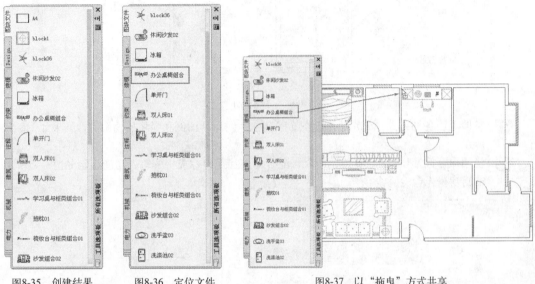

图8-35 创建结果　　图8-36 定位文件　　　　图8-37 以"拖曳"方式共享

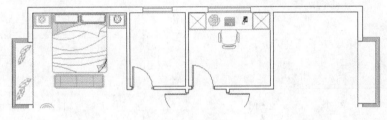

图8-38 共享结果

19 在"工具选项板"窗口中单击"休闲沙发02.dwg"文件图标，然后将光标移至绘图区，此时图形将会呈现虚显状态，如图8-39所示。

20 返回绘图区，在命令行"指定插入点或 [基点(B)/比例(S)/X/Y/Z/旋转(R)]:"提示下，捕捉如图8-40所示的端点，插入结果如图8-41所示。

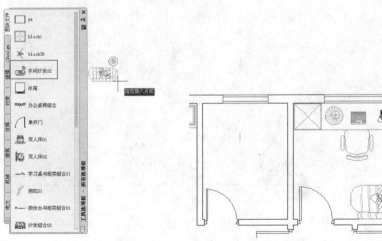

图8-39 以"单击"方式共享　　　　　图8-40 捕捉端点

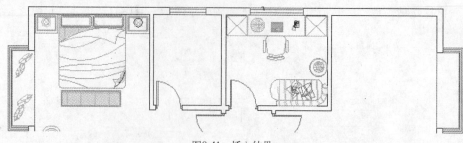

图8-41　插入结果

21 参照上述各种方式，分别为平面图布置其他室内用具图例和绿化植物图例，结果如图8-42所示。

22 使用命令简写L激活"直线"命令，配合对象捕捉追踪或坐标输入功能绘制如图8-43所示的厨房操作台轮廓线。

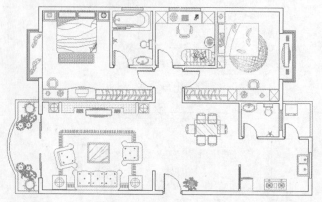

图8-42　布置其他图例

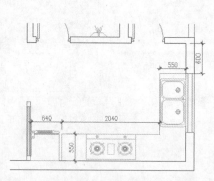

图8-43　绘制结果

23 执行菜单栏中的"绘图"|"直线"命令，配合对象捕捉追踪或坐标输入功能绘制如图8-44所示的柜子示意图。

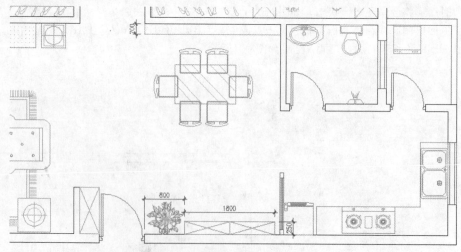

图8-44　绘制结果

24 调整视图，使平面图全部显示，最终结果如上图8-17所示。

25 执行"另存为"命令，将图形命名保存为"综合实例.dwg"。

8.4 特性与特性匹配

在AutoCAD 2013中，任何一个对象都有其自身的特性，例如颜色、线型、线宽等，在实际的绘图过程中，用户可以根据绘图要求将对象的这些特性进行相互匹配，以满足绘图需要。本节就来学习对象特性匹配的相关知识。

8.4.1 特性

在AutoCAD 2013图形对象的"特性"窗口中，可以显示出每一种AutoCAD图元的基本特性、几何特性以及其他特性等，用户可以通过此窗口，查看和修改图形对象的内部特性。

执行"特性"命令主要有以下几种方式。

- ◆ 执行菜单栏中的"工具"|"选项板"|"特性"命令。
- ◆ 执行菜单栏中的"修改"|"特性"命令。
- ◆ 单击"标准"工具栏上的█按钮。
- ◆ 在命令行输入Properties后按Enter键。
- ◆ 使用命令简写PR。
- ◆ 按组合键Ctrl+1。

执行"特性"命令，可打开"特性"窗口，该窗口可分为标题栏、工具栏和"特性"窗口三部分，如图8-45所示。

- ◆ 标题栏位于窗口的一侧，其中█按钮用于控制"特性"窗口的显示与隐藏状态；单击标题栏底端的█按钮，可弹出一个按钮菜单，用于改变"特性"窗口的尺寸大小、位置以及窗口的显示与否等。

图8-45 "特性"窗口

 在标题栏上按住鼠标左键不放，可以将"特性"窗口拖至绘图区的任意位置；双击鼠标左键，可以将此窗口固定在绘图区的一端。

- ◆ █ 为"特性"窗口的工具栏，主要用于显示被选择的图形名称，以及构建新的选择集。其中，无选择 █ 下拉列表框用于显示当前绘图窗口中所有被选择的图形名称；按钮█用于切换系统变量PICKADD的参数值；"快速选择"按钮█用于快速构造选择集；"选择对象"按钮█用于在绘图区选择一个或多个对象，按Enter键，选择的图形对象名称及所包含的实体特性都显示在"特性"窗口内，以便对其进行编辑。
- ◆ "特性"窗口。系统默认的"特性"窗口共包括"常规"、"三维效果"、"打印样式"、"视图"和"其他"5个选项组，分别用于控制和修改所选对象的各种特性。

8.4.2 编辑特性

下面通过典型实例学习"特性"命令的使用方法和编辑技巧。

1️⃣ 新建绘图文件，并绘制长度为200、宽度为120的矩形。

2️⃣ 执行菜单栏中的"视图"|"三维视图"|"东南等轴测"命令，将视图切换为东南等轴测视图，如图8-46所示。

3️⃣ 在无命令执行的前提下单击刚绘制的矩形，使其夹点显示，如图8-47所示。

4️⃣ 打开"特性"窗口，然后在"厚度"选项上单击鼠标左键，此时该选项以文本框形式显示，输入厚度值为100，如图8-48所示。

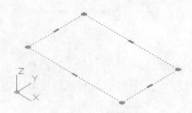

图8-46　切换视图　　　　　　　图8-47　夹点效果　　　　　　　图8-48　修改厚度特性

5 按Enter键，结果矩形的厚度被修改为100，如图8-49所示。

6 在"全局宽度"选项上单击鼠标左键，输入25，修改边的宽度参数，如图8-50所示。

7 关闭"特性"窗口，取消图形夹点，修改结果如图8-51所示。

8 执行菜单栏中的"视图"|"消隐"命令，结果如图8-52所示。

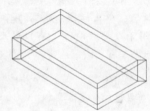
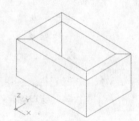

图8-49　修改后的效果　　图8-50　修改宽度特性　　　图8-51　修改结果　　　　图8-52　消隐效果

8.4.3　特性匹配

"特性匹配"命令主要用于将图形对象的某些内部特性匹配给其他图形，使这些图形拥有相同的内部特性。

执行"特性匹配"命令主要有以下几种方式。

◆ 执行菜单栏中的"修改"|"特性匹配"命令。

◆ 单击"标准"工具栏或"特性"面板上的 按钮。

◆ 在命令行输入Matchpropr后按Enter键。

◆ 使用命令简写MA。

下面通过匹配图形的内部特性，学习"特性匹配"命令的使用方法和操作技巧。

1 继续上例操作。

2 使用"正多边形"命令绘制边长为120的正六边形，结果如图8-53所示。

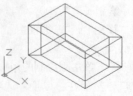

图8-53　绘制结果

3 单击"标准"工具栏或"特性"面板上的 按钮，将矩形的宽度和厚度特性匹配给正六边形，命令行操作如下。

```
命令:'_matchprop
    选择源对象:                              //选择左侧的矩形
    当前活动设置: 颜色 图层 线型 线型比例 线宽 透明度 厚度 打印样式 标注 文字 填充图案 多段
线 视口 表格材质 阴影显示 多重引线
    选择目标对象或 [设置(S)]:                 //选择右侧的正六边形
    选择目标对象或 [设置(S)]:                 //Enter，结果矩形的宽度和厚度特性复制给正六
边形，如图8-54所示
```

4 执行菜单栏中的"视图"|"消隐"命令，结果如图8-55所示。

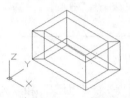  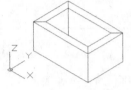 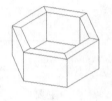

图8-54　匹配结果　　　　　　　　　　　　图8-55　消隐效果

选项解析

　　"设置"选项用于设置需要匹配的对象特性。在命令行"选择目标对象或 [设置(S)]:"提示下，输入S并按Enter键，可打开如图8-56所示的"特性设置"对话框，用户可以根据自己的需要选择需要匹配的基本特性和特殊特性。在默认设置下，AutoCAD将匹配此对话框中的所有特性，如果用户需要有选择性地匹配某些特性，可以在此对话框内进行设置。

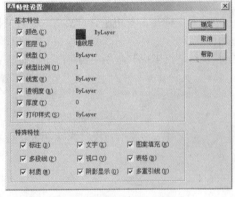

图8-56　"特性设置"对话框

　　"颜色"和"图层"选项适用于除OLE（对象链接嵌入）对象之外的所有对象；"线型"和"线型比例"选项适用于除了属性、图案填充、多行文字、OLE对象、点和视口之外的所有对象。

8.4.4　快捷特性

　　使用"快捷特性"命令可以非常方便地查看和修改对象的内部特性。在此功能开启的前提下，用户只需选择一个对象，它的内部特性便会以选项板的形式显示出来，供用户查看和编辑，如图8-57所示。

　　用户只需单击状态栏上的 按钮，或按下组合键Ctrl+Shift+P，就可以激活"快捷特性"命令，一旦选择了图形对象之后，便会打开"快捷特性"选项板。

 用户如果需要在"快捷特性"选项板中查看和修改对象更多的特性，可以通过"CUI"命令在"自定义用户界面"对话框内重新定义。另外，在"草图设置"对话框的"快捷特性"选项卡中，可以对"快捷特性"选项板进行额外的控制，如图8-58所示。

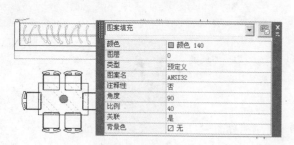

图8-57 "快捷特性"选项板

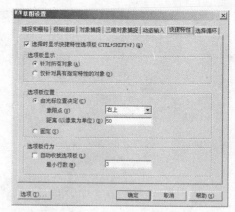

图8-58 "快捷特性"选项卡

8.5 查询图形信息

本节主要学习图形信息的几个查询工具，具体有"点坐标"、"距离"、"面积"和"列表"4个命令。

8.5.1 点坐标

"点坐标"命令用于查询点的X轴向坐标值和Y轴向坐标值，所查询出的坐标值为点的绝对坐标值。

执行"点坐标"命令主要有以下几种方式。

◆ 执行菜单栏中的"工具"|"查询"|"点坐标"命令。
◆ 单击"查询"工具栏或"实用工具"面板上的 按钮。
◆ 在命令行输入Id后按Enter键。

"点坐标"命令的命令行提示如下。

```
命令：'_Id
    指定点：                            //捕捉需要查询的坐标点
    AutoCAD报告如下信息：
    X=<X坐标值>   Y=<Y坐标值>   Z=<Z坐标值>
```

8.5.2 距离

"距离"命令用于查询任意两点之间的距离，另外还可以查询两点的连线与X轴或XY平面的夹角等参数信息。

执行"距离"命令主要有以下几种方式。

◆ 执行菜单栏中的"工具"|"查询"|"距离"命令。
◆ 单击"查询"工具栏或"实用工具"面板上的 按钮。
◆ 在命令行输入Dist或Measuregeom后按Enter键。
◆ 使用命令简写DI。

绘制长度为200、角度为30的线段，然后执行"距离"命令，即可查询出线段的相关几何信息，命令行操作如下。

```
命令: _MEASUREGEOM
    输入选项 [距离(D)/半径(R)/角度(A)/面积(AR)/体积(V)] <距离>: _distance
    指定第一点:                         //捕捉线段的下端点
    指定第二个点或 [多个点(M)]:          //捕捉线段的上端点
    查询结果:
    距离 = 200.0000, XY 平面中的倾角 = 30, 与 XY 平面的夹角 = 0
    X 增量 = 173.2051, Y 增量 = 100.0000, Z 增量 = 0.0000
    输入选项 [距离(D)/半径(R)/角度(A)/面积(AR)/体积(V)/退出(X)] <距离>:
                                       //X Enter, 退出命令
```

其中,

- "距离"表示所拾取的两点之间的实际长度。
- "XY平面中的倾角"表示所拾取的两点连线与X轴正方向的夹角。
- "与XY平面的夹角"表示所拾取的两点连线与当前坐标系XY平面的夹角。
- "X增量"表示所拾取的两点在X轴方向上的坐标差。
- "Y增量"表示所拾取的两点在Y轴方向上的坐标差。

选项解析

- "半径"选项用于查询圆弧或圆的半径、直径等。
- "角度"选项用于查询圆弧、圆或直线等对象的角度。
- "面积"选项用于查询单个封闭对象或由若干个点所围成的区域的面积及周长等。
- "体积"选项用于查询对象的体积。

8.5.3 面积

"面积"命令主要用于查询单个对象或由多个对象所围成的闭合区域的面积及周长。

执行"面积"命令主要有以下几种方式。

- 执行菜单栏中的"工具"|"查询"|"面积"命令。
- 单击"查询"工具栏或"实用工具"面板上的 按钮。
- 在命令行输入Measuregeom或Area后按Enter键。

下面通过查询正六边形的面积和周长,学习"面积"命令使用方法和操作技巧。

1 新建文件,并绘制边长为150的正六边形。

2 单击"查询"工具栏中的 按钮,激活"面积"命令,查询正六边形的面积和周长,命令行操作如下。

```
命令: _MEASUREGEOM
    输入选项 [距离(D)/半径(R)/角度(A)/面积(AR)/体积(V)] <距离>: _area
    指定第一个角点或 [对象(O)/增加面积(A)/减少面积(S)/退出(X)] <对象(O)>:
                                       //捕捉正六边形左上角点
    指定下一个点或 [圆弧(A)/长度(L)/放弃(U)]: //捕捉正六边形左角点
    指定下一个点或 [圆弧(A)/长度(L)/放弃(U)]: //捕捉正六边形左下角点
    指定下一个点或 [圆弧(A)/长度(L)/放弃(U)/总计(T)] <总计>://捕捉正六边形右下角点
    指定下一个点或 [圆弧(A)/长度(L)/放弃(U)/总计(T)] <总计>: //捕捉正六边形右角点
    指定下一个点或 [圆弧(A)/长度(L)/放弃(U)/总计(T)] <总计>: //捕捉正六边形右上角点
    指定下一个点或 [圆弧(A)/长度(L)/放弃(U)/总计(T)] <总计>:
                                       //Enter, 结束面积的查询过程
```

查询结果：

面积 = 58456.7148，周长 = 900.0000

3 在命令行"输入选项 [距离(D)/半径(R)/角度(A)/面积(AR)/体积(V)/退出(X)] <面积>:"提示下，输入X并按Enter键，结束命令。

 选项解析

◆ "对象"选项用于查询单个闭合图形的面积和周长，如圆、椭圆、矩形、多边形、面域等。另外，使用此选项也可以查询由多段线或样条曲线所围成的区域的面积和周长。

◆ "增加面积"选项主要用于将所选图形实体的面积加入总面积中，此功能属于"面积的加法运算"。另外，如果用户需要执行面积的加法运算，必须先要将当前的操作模式转换为加法运算模式。

◆ "减少面积"选项用于将所选实体的面积从总面积中减去，此功能属于"面积的减法运算"。另外，如果用户需要执行面积的减法运算，必须先要将当前的操作模式转换为减法运算模式。

> **提示** 对于具有宽度的多段线或样条曲线，AutoCAD将按其中心线计算面积和周长；对于非封闭的多段线或样条曲线，AutoCAD将假想已有一条直线连接多段线或样条曲线的首尾，然后计算该封闭框架的面积，但周长并不包括那条假想的连线，即周长是多段线的实际长度。

8.5.4 列表

"列表"命令用于查询图形所包含的众多的内部信息，如图层、面积、点坐标以及其他的空间等特性参数。

执行"列表"命令主要有以下几种方式。

◆ 执行菜单栏中的"工具"|"查询"|"列表"命令。

◆ 单击"查询"工具栏或"实用工具"面板上的 按钮。

◆ 在命令行输入List后按Enter键。

◆ 使用命令简写LI或LS。

当执行"列表"命令后，选择需要查询信息的图形对象，AutoCAD会自动切换到文本窗口，并滚动显示所有选择对象的有关特性参数。下面学习使用"列表"命令。

1 新建文件并绘制半径为100的圆。

2 单击"查询"工具栏上的 按钮，激活"列表"命令。

3 在命令行"选择对象:"提示下，选择刚绘制的圆。

4 继续在命令行"选择对象:"提示下，按Enter键，系统将以文本窗口的形式直观显示所查询出的信息，如图8-59所示。

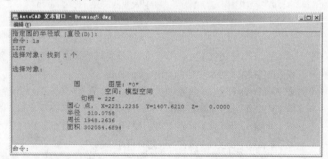

图8-59　查询结果

8.6　快速选择

"快速选择"命令是一个快速构造选择集的高效制图工具，此工具用于根据图形的类型、图层、颜色、线型、线宽等属性设定过滤条件，然后AutoCAD将自动进行筛选，最终过滤出符合设定条件的所有图形对象。

执行"快速选择"命令主要有以下几种方式。

◆　执行菜单栏中的"工具"|"快速选择"命令。

◆　在命令行输入Qselect后按Enter键。

◆　在绘图区单击鼠标右键，选择右键菜单中的"快速选择"命令。

◆　单击"常用"选项卡|"实用工具"面板上的 按钮。

8.6.1　快速选择实例

下面通过典型实例，学习"快速选择"命令的使用方法和操作技巧。

1　执行"打开"命令，打开随书光盘中的"\效果文件\第15章\综合实例（三）.dwg"文件，如图8-60所示。

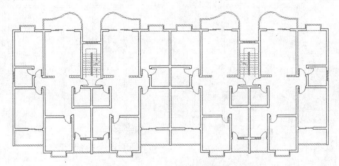

图8-60　打开结果

2　单击"常用"选项卡|"实用工具"面板上的 按钮，打开"快速选择"对话框。

3　"特性"文本框属于三级过滤功能，用于按照目标对象的内部特性设定过滤参数，在此选择"图层"。

4　单击"值"下拉列表框，在展开的下拉列表中选择"门窗层"，其他参数使用默认设置，如图8-61所示。

5　单击 确定 按钮，结果所有符合过滤条件的图形都被选择，如图8-62所示。

图8-61　设置过滤条件

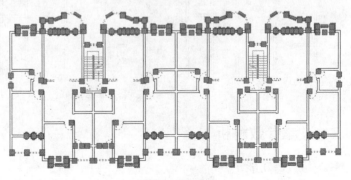

图8-62　选择结果

6 按下Delete键，将选择的对象删除，结果如图8-63所示。

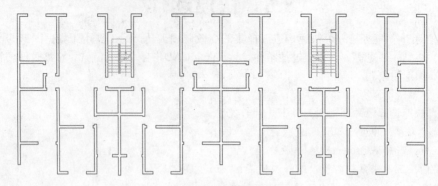

图8-63 删除结果

7 重复执行"快速选择"命令，设置过滤参数如图8-64所示，选择当前图形中的块参照，选择结果如图8-65所示。

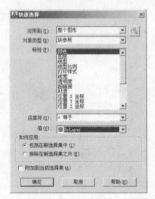

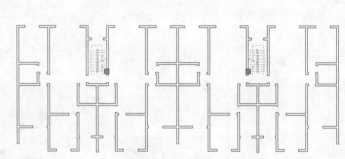

图8-64 设置过滤条件　　　　　　　　　　　　图8-65 选择结果

8 按下Delete键，将选择的对象删除，也可以使用命令简写E激活"删除"命令，删除夹点显示的对象，结果如图8-66所示。

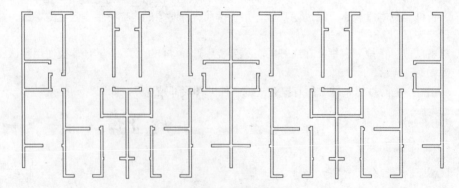

图8-66 删除结果

8.6.2 过滤参数解析

1. 一级过滤功能

在"快速选择"对话框中，"应用到"下拉列表框属于快速选择的一级过滤功能，用于指定是否将过滤条件应用到整个图形或当前选择集（如果存在的话），此时使用"选择对象"按钮完成对象选择后，按Enter键重新显示该对话框。如果将"应用到"设置为"当前选择"，则对当前已有的选择集进行过滤，只有当前选择集中符合过滤条件的对象才能被选择。

 如果已勾选对话框下方的"附加到当前选择集"复选框，那么AutoCAD将该过滤条件应用到整个图形，并将符合过滤条件的对象添加到当前选择集中。

2. 二级过滤功能

"对象类型"下拉列表框属于快速选择的二级过滤功能，用于指定要包含在过滤条件中的对象类型。如果过滤条件正应用于整个图形，那么"对象类型"下拉列表框包含全部的对象类型，包括自定义；否则，该下拉列表框只包含选定对象的对象类型。

 默认时指整个图形或当前选择集的"所有图元"，用户也可以选择某一特定的对象类型，如"直线"或"圆"等，系统将根据选择的对象类型来确定选择集。

3. 三级过滤功能

"特性"文本框属于快速选择的三级过滤功能，三级过滤功能共包括"特性"、"运算符"和"值"三个选项。

◆ "特性"文本框用于指定过滤器的对象特性。在此文本框内包括选定对象类型的所有可搜索特性，选定的特性确定"运算符"和"值"中的可用选项。例如，在"对象类型"下拉列表框中选择圆，"特性"文本框中就会列出圆的所有特性，从中选择一种用户需要的对象的共同特性。

◆ "运算符"下拉列表框用于控制过滤器值的范围。根据选定的对象特性，其过滤的值的范围分别是"＝等于"、"＜＞不等于"、"＞大于"、"＜小于"和"*通配符匹配"。对于某些特性"＞大于"和"＜小于"选项不可用。

 "*通配符匹配"只能用于可编辑的文字字段。

◆ "值"下拉列表框用于指定过滤器的特性值。如果选定对象的已知值可用，那么"值"成为一个列表，可以从中选择一个值；如果选定对象的已知值不存在或者没有达到绘图的要求，就可以在"值"文本框中输入一个值。

4. 其他选项

◆ "如何应用"选项组用于指定是否将符合过滤条件的对象包括在新选择集内或是排除在新选择集之外。

◆ "附加到当前选择集"复选框用于指定创建的选择集是替换当前选择集还是附加到当前选择集。

第9章 标注图形尺寸与参数化绘图

尺寸是施工图参数化的最直接表现，也是图纸的重要组成部分，它能将图形间的相互位置关系及形状进行数字化、参数化，是施工人员现场施工的主要依据。本章主要讲述各类尺寸的标注与协调技能。本章学习内容如下。

◆ 标注基本尺寸
◆ 标注复合尺寸
◆ 综合实例1——标注联体别墅平面图尺寸
◆ 标注圆心标记与公差
◆ 设置尺寸标注样式
◆ 编辑与修改尺寸标注
◆ 参数化图形
◆ 综合实例2——标注直齿轮零件二视图各类尺寸
◆ 综合实例3——标注零件尺寸公差与形位公差

9.1 标注基本尺寸

AutoCAD为用户提供了多种标注工具，这些工具位于"标注"菜单上，其工具按钮位于"标注"工具栏或"标注"面板上。本节主要学习各类基本尺寸的标注工具。

9.1.1 标注线性尺寸

"线性"命令是一个非常常用的标注工具，主要用于标注两点之间或图线的水平尺寸或垂直尺寸，如图9-1所示。

执行"线性"命令主要有以下几种方式。

◆ 执行菜单栏中的"标注"|"线性"命令。
◆ 单击"标注"工具栏或面板上的⊢按钮。
◆ 在命令行输入Dimlinear或Dimlin后按Enter键。

下面通过标注如图9-1所示的水平尺寸和垂直尺寸，主要学习"线性"命令的使用方法和技巧。

1 执行"打开"命令，打开随书光盘中的"\素材文件\9-1.dwg"文件，如图9-2所示。

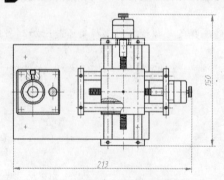

图9-1 线性标注示例

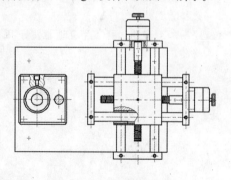

图9-2 打开结果

2 单击"标注"工具栏上的□按钮，激活"线性"命令，配合端点捕捉功能标注零件图下侧的长度尺寸，命令行操作如下。

> 命令: _dimlinear
> 　　指定第一个尺寸界线原点或 <选择对象>: 　　//捕捉如图9-3所示的端点
> 　　指定第二条尺寸界线原点: 　　　　　　　　 //捕捉如图9-4所示的端点
> 　　指定尺寸线位置或[多行文字(M)/文字(T)/角度(A)/水平(H)/垂直(V)/旋转(R)]:
> 　　　　　　　　　　　　 //向下移动光标，在适当位置拾取点，标注结果如图9-5所示
> 　　标注文字 = 213

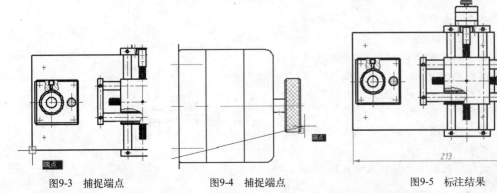

图9-3 捕捉端点　　　　图9-4 捕捉端点　　　　图9-5 标注结果

3 重复执行"线性"命令，标注零件图的宽度尺寸，命令行操作如下。

> 命令: _dimlinear
> 　　指定第一个尺寸界线原点或 <选择对象>: 　　//捕捉如图9-6所示的端点
> 　　指定第二条尺寸界线原点: 　　　　　　　　 //捕捉如图9-7所示的端点
> 　　指定尺寸线位置或[多行文字(M)/文字(T)/角度(A)/水平(H)/垂直(V)/旋转(R)]:
> 　　　　　　　　　　　　 //向右移动光标，在适当位置拾取点，标注结果如上图9-1所示
> 　　标注文字 = 150

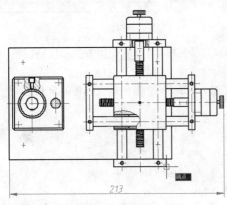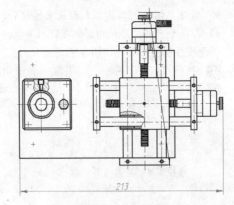

图9-6 捕捉端点　　　　　　　　　图9-7 捕捉端点

选项解析

- ◆ "多行文字"选项用于手动输入尺寸的文字内容，或为标注文字添加前后缀等。选择该选项后，系统将打开如图9-8所示的"文字格式"编辑器。
- ◆ "文字"选项通过命令行手动输入标注文字的内容。

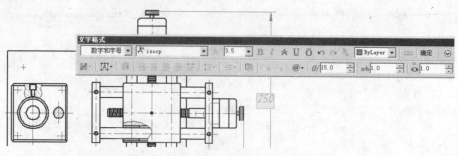

图9-8 "文字格式"编辑器

- "角度"选项用于设置标注文字的旋转角度，如图9-9所示。
- "水平"选项用于标注两点之间或选择图线的水平尺寸，当激活该选项后，无论如何移动光标，所标注的始终是对象的水平尺寸。
- "垂直"选项用于标注两点之间的垂直尺寸。
- "旋转"选项用于设置尺寸线的旋转角度。

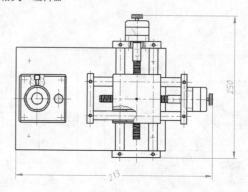

图9-9 角度示例

9.1.2 标注对齐尺寸

"对齐"命令用于标注平行于所选对象或平行于两尺寸界线原点连线的对齐尺寸，如图9-10所示。此命令比较适合于标注倾斜图线的尺寸。

执行"对齐"命令主要有以下几种方式。

- 执行菜单栏中的"标注"|"对齐"命令。
- 单击"标注"工具栏或面板上 ↘ 按钮。
- 在命令行输入Dimaligned或Dimali后按Enter键。

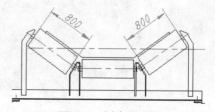

图9-10 对齐标注示例

下面通过标注如图9-10所示的对齐尺寸，主要学习"对齐"命令的使用方法和技巧。

1 执行"打开"命令，打开随书光盘中的"\素材文件\9-2.dwg"文件。

2 单击"标注"工具栏中的 ↘ 按钮，执行"对齐"命令，配合端点捕捉功能标注对齐线尺寸，命令行操作如下。

```
命令: _dimaligned
    指定第一个尺寸界线原点或 <选择对象>:    //捕捉如图9-11所示的端点
    指定第二条尺寸界线原点:                 //捕捉如图9-12所示的端点
    指定尺寸线位置或[多行文字(M)/文字(T)/角度(A)]:
                              //在适当位置指定尺寸线位置，标注结果如图9-13所示
    标注文字 = 800
```

3 重复执行"对齐"命令，标注右侧的对齐尺寸，结果如上图9-10所示。

提 示

"对齐"命令中的三个选项功能与"线性"命令中的选项功能相同，故在此不再讲述。

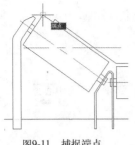

图9-11　捕捉端点

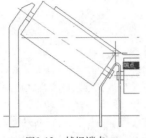

图9-12　捕捉端点

图9-13　标注结果

9.1.3　标注点的坐标

"坐标"命令用于标注点的 X坐标值和 Y坐标值，所标注的坐标为点的绝对坐标，如图9-14所示。

执行"坐标"命令主要有以下几种方式。

- ◆ 执行菜单栏中的"标注"|"坐标"命令。
- ◆ 单击"标注"工具栏或面板上的 按钮。
- ◆ 在命令行输入Dimordinate或Dimord后按 Enter键。

激活"坐标"命令后，命令行出现如下操作提示。

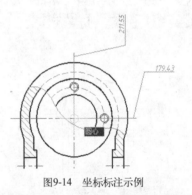

图9-14　坐标标注示例

```
命令：_dimordinate
    指定点坐标：                         //捕捉图9-14所示的圆心
    指定引线端点或 [X 基准(X)/Y 基准(Y)/多行文字(M)/文字(T)/角度(A)]：  //定位引线端点
```

上下移动光标，则可以标注点的X坐标值；左右移动光标，则可以标注点的Y坐标值。另外，使用"X 基准"选项，可以强制性地标注点的X 坐标，不受光标引导方向的限制；使用"Y 基准"选项可以标注点的Y坐标。

9.1.4　标注弧长尺寸

"弧长"命令用于标注圆弧或多段线弧的长度尺寸，默认设置下，会在尺寸数字的一端添加弧长符号，如图9-15所示。

执行"弧长"命令主要有以下几种方式。

- ◆ 执行菜单栏中的"标注"|"弧长"命令。
- ◆ 单击"标注"工具栏或面板上的 按钮。
- ◆ 在命令行输入Dimarc后按Enter键。

激活"弧长"命令后，命令行出现如下操作提示。

```
命令：_dimarc
    选择弧线段或多段线弧线段：              //选择需要标注的弧线段
    指定弧长标注位置或 [多行文字(M)/文字(T)/角度(A)/部分(P)/引线(L)]：
                                       //指定弧长尺寸的位置，结果如图9-15所示
    标注文字 = 4100
```

使用"部分"选项可以标注圆弧或多段线弧上的部分弧长,命令行操作如下。

命令:_dimarc
　　选择弧线段或多段线弧线段:　　　　　　　　　　//选择圆弧
　　指定弧长标注位置或 [多行文字(M)/文字(T)/角度(A)/部分(P)/引线(L)]:　　　　// P Enter
　　指定圆弧长度标注的第一个点:　　　　　　　　//捕捉圆弧的中点
　　指定圆弧长度标注的第二个点:　　　　　　　　//捕捉圆弧的端点
　　指定弧长标注位置或 [多行文字(M)/文字(T)/角度(A)/部分(P)/]:
　　　　　　　　　　　　　　　　　　　　　　　//指定尺寸位置,结果如图9-16所示

"引线"选项用于为圆弧的弧长尺寸添加指示线,如图9-17所示。指示线的一端指向所选择的圆弧对象,另一端连接弧长尺寸。

图9-15　弧长标注示例　　　　　图9-16　部分弧长标注　　　　图9-17　"引线"选项示例

9.1.5　标注角度尺寸

"角度"命令用于标注两条图线间的角度尺寸或者是圆弧的圆心角,如图9-18所示。
执行"角度"命令主要有以下几种方式。

◆　执行菜单栏中的"标注"|"角度"命令。
◆　单击"标注"工具栏或面板上的△按钮。
◆　在命令行输入Dimangular或Angular后按Enter键。

激活"角度"命令后,命令行出现如下操作提示。

命令:_dimangular
　　选择圆弧、圆、直线或 <指定顶点>:　　　　　　//选择如图9-19所示的中心线
　　选择第二条直线:　　　　　　　　　　　　　　//选择如图9-20所示的轮廓线
　　指定标注弧线位置或 [多行文字(M)/文字(T)/角度(A)/象限点(Q)]:
　　　　　　　　　　　　　　　　　　　　　　//在适当位置拾取一点,定位尺寸线位置
　　标注文字 = 35

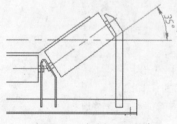

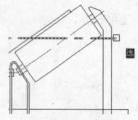

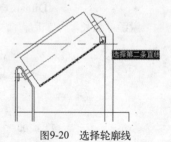

图9-18　角度标注示例　　　　　图9-19　选择中心线　　　　　图9-20　选择轮廓线

9.1.6　标注半径尺寸

"半径"命令用于标注圆、圆弧的半径尺寸，当用户采用系统的实际测量值标注文字时，系统会在测量数值前自动添加"R"，如图9-21所示。

执行"半径"命令主要有以下几种方式。

◆　单击菜单栏"标注" / "半径"命令。

◆　单击"标注"工具栏或面板上的◎按钮。

◆　在命令行输入Dimradius或Dimrad后按Enter键。

激活"半径"命令后，命令行出现如下操作提示。

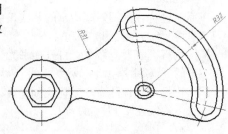

图9-21　半径标注示例

```
命令：_dimradius
    选择圆弧或圆：                              //选择需要标注的圆或弧对象
    标注文字 =32
    指定尺寸线位置或 [多行文字(M)/文字(T)/角度(A)]:    //指定尺寸的位置
```

9.1.7　标注直径尺寸

"直径"命令用于标注圆或圆弧的直径尺寸，当用户采用系统的实际测量值标注文字时，系统会在测量数值前自动添加"∅"，如图9-22所示。

执行"直径"命令主要有以下几种方式。

◆　执行菜单栏中的"标注"|"直径"命令。

◆　单击"标注"工具栏或面板上的◎按钮。

◆　在命令行输入Dimdiameter或Dimdia后按Enter键。

激活"直径"命令后，命令行出现如下操作提示。

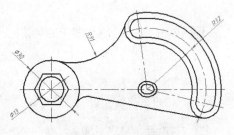

图9-22　直径标注示例

```
命令：_dimdiameter
    选择圆弧或圆：                              //选择需要标注的圆或圆弧
    标注文字 = 30
    指定尺寸线位置或 [多行文字(M)/文字(T)/角度(A)]:    //指定尺寸的位置
```

9.2　标注复合尺寸

本节学习几个比较常用的复合标注工具，具体有"快速标注"、"基线"和"连续"三个命令。

9.2.1　标注基线尺寸

"基线"命令需要在现有尺寸的基础上，以选择的尺寸界线作为基线尺寸的尺寸界限，标注基线尺寸，如图9-23所示。

执行"基线"命令主要有以下几种方式。

◆　执行菜单栏中的"标注"|"基线"命令。

◆　单击"标注"工具栏或面板上的⊟按钮。

◆ 在命令行输入Dimbaseline或Dimbase后按Enter键。

下面通过标注如图9-23所示的基线尺寸，学习"基线"命令的使用方法和技巧。

1 执行"打开"命令，打开随书光盘中的"\素材文件\9-3.dwg"文件。

2 执行"线性"命令，标注如图9-24所示的线性尺寸作为基准尺寸。

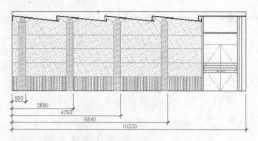

图9-23 基线标注示例

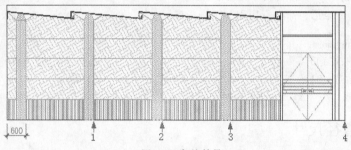

图9-24 标注结果

3 单击"标注"工具栏上的按钮，激活"基线"命令，配合端点捕捉功能标注基线尺寸，命令行操作如下。

命令: _dimbaseline
　　指定第二条尺寸界线原点或 [放弃(U)/选择(S)] <选择>: //捕捉图9-24所示的交点1

当激活"基线"命令后，AutoCAD会自动以刚创建的线性尺寸作为基准尺寸，进入基线尺寸的标注状态。

　　标注文字 =2680
　　指定第二条尺寸界线原点或 [放弃(U)/选择(S)] <选择>: //捕捉交点2
　　标注文字 = 4760
　　指定第二条尺寸界线原点或 [放弃(U)/选择(S)] <选择>: //捕捉交点3
　　标注文字 = 6840
　　指定第二条尺寸界线原点或 [放弃(U)/选择(S)] <选择>: //捕捉交点4
　　标注文字 = 10330
　　指定第二条尺寸界线原点或 [放弃(U)/选择(S)] <选择>: // Enter，退出基线标注状态
　　选择基准标注: // Enter，退出命令，标注结果如图9-25所示

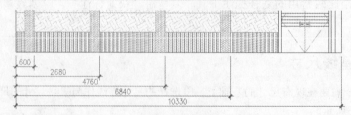

图9-25 标注结果

"选择"选项用于提示选择一个线性、坐标或角度标注作为基线标注的基准，"放弃"选项用于放弃所标注的最后一个基线标注。

9.2.2　标注连续尺寸

"连续"命令也需要在现有的尺寸基础上标注连续的尺寸对象，所标注的连续尺寸位于同一个方向矢量上，如图9-26所示。

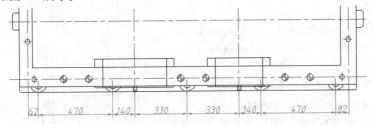

图9-26　连续标注示例

执行"连续"命令主要有以下几种方式。

◆　执行菜单栏中的"标注"|"连续"命令。

◆　单击"标注"工具栏或面板上的 ⊞ 按钮。

◆　在命令行输入Dimcontinue或Dimcont后按Enter键。

下面通过标注如图9-26所示的连续尺寸，学习"连续"命令的使用方法和技巧。

1 执行"打开"命令，打开随书光盘中的"\素材文件\9-4.dwg"文件。

2 执行"线性"命令，配合端点捕捉功能标注如图9-27所示的线性尺寸，作为基准尺寸。

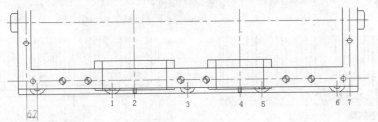

图9-27　标注线性尺寸

3 执行菜单栏中的"标注"|"连续"命令，标注连续尺寸，命令行操作如下。

```
命令: _dimcontinue
    指定第二条尺寸界线原点或 [放弃(U)/选择(S)] <选择>:    //捕捉图9-27所示的端点1
    标注文字 = 470
    指定第二条尺寸界线原点或 [放弃(U)/选择(S)] <选择>:    //捕捉端点2
    标注文字 = 140
    指定第二条尺寸界线原点或 [放弃(U)/选择(S)] <选择>:    //捕捉端点3
    标注文字 = 330
    指定第二条尺寸界线原点或 [放弃(U)/选择(S)] <选择>:    //捕捉端点4
    标注文字 = 330
    指定第二条尺寸界线原点或 [放弃(U)/选择(S)] <选择>:    //捕捉端点5
    标注文字 = 140
    指定第二条尺寸界线原点或 [放弃(U)/选择(S)] <选择>:    //捕捉端点6
    标注文字 = 470
    指定第二条尺寸界线原点或 [放弃(U)/选择(S)] <选择>:    //捕捉端点7
    标注文字 = 82
    指定第二条尺寸界线原点或 [放弃(U)/选择(S)] <选择>:    // Enter ，退出连续标注状态
    选择连续标注:                                        // Enter ，结束命令
```

9.2.3 快速标注尺寸

"快速标注"命令用于一次标注多个对象间的的水平尺寸或垂直尺寸，如图9-28所示，是一种比较常用的复合标注工具。

执行"快速标注"命令主要有以下几种方式。

◆ 执行菜单栏中的"标注"|"快速标注"命令。

◆ 单击"标注"工具栏或面板上的按钮。

◆ 在命令行输入Qdim后按Enter键。

下面通过标注如图9-28所示的尺寸，学习"快速标注"命令的使用方法和技巧。

1 执行"打开"命令，打开随书光盘中的"\素材文件\9-5.dwg"文件。

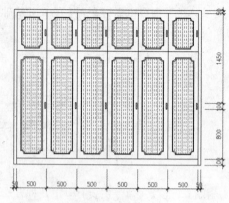

图9-28 快速标注示例

2 执行"快速标注"命令后，快速标注下侧的水平尺寸，命令行操作如下。

```
命令: _qdim
    选择要标注的几何图形:            //拉出图9-29所示的窗交选择框
    选择要标注的几何图形:            //Enter
    指定尺寸线位置或 [连续(C)/并列(S)/基线(B)/坐标(O)/半径(R)/直径(D)/基准点(P)/编辑(E)/设置
(T)] <连续>:                      //向下引导光标指定尺寸线位置，标注结果如图9-30所示
```

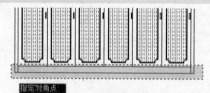

图9-29 窗交选择框

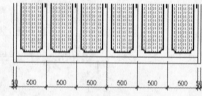

图9-30 标注结果

3 重复执行"快速标注"命令，标注右侧的垂直尺寸，命令行操作如下。

```
命令: _qdim
    关联标注优先级 = 端点
    选择要标注的几何图形:            //拉出图9-31所示的窗交选择框
    选择要标注的几何图形:            //Enter
    指定尺寸线位置或 [连续(C)/并列(S)/基线(B)/坐标(O)/半径(R)/直径(D)/基准点(P)/编辑(E)/设置
(T)] <连续>:                      //向下引导光标指定尺寸线位置，标注结果如图9-32所示
```

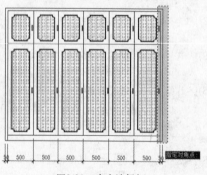

图9-31 窗交选择框

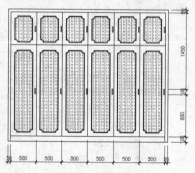

图9-32 标注结果

4 使用夹点拉伸功能调整尺寸界线的原点，结果如上图9-28所示。

选项解析

- "连续"选项用于标注对象间的连续尺寸。
- "并列"选项用于标注并列尺寸，如图9-33所示。
- "基线"选项用于标注基线尺寸，如图9-34所示。
- "坐标"选项用于标注对象的绝对坐标。
- "基准点"选项用于设置新的标注点。
- "编辑"选项用于添加或删除标注点。
- "半径"选项用于标注圆或弧的半径尺寸。
- "直径"选项用于标注圆或弧的直径尺寸。

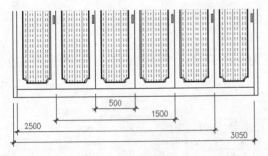

图9-33　并列尺寸示例

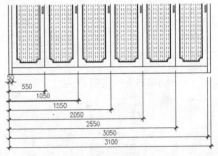

图9-34　基线尺寸示例

9.3　综合实例1——标注联体别墅平面图尺寸

本例通过为联体别墅平面图标注外部尺寸，主要对本章所学标注知识进行综合练习和巩固应用。联体别墅平面图尺寸最终标注效果，如图9-35所示。

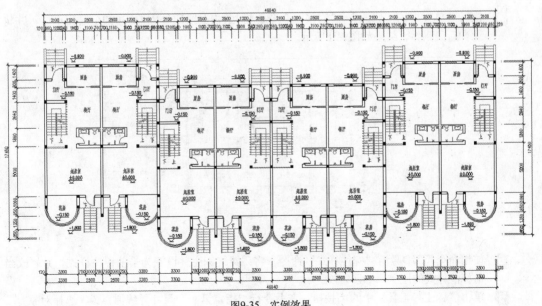

图9-35　实例效果

![操作步骤]

1. 执行"打开"命令，打开随书光盘中的"\素材文件\9-6.dwg"文件。

2. 使用命令简写LA激活"图层"命令，打开"轴线层"，冻结"文本层"，然后将"尺寸层"作为当前图层，如图9-36所示。

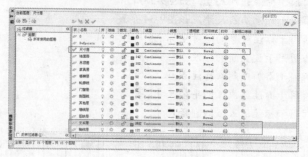

图9-36　设置图层

3. 使用命令简写XL激活"构造线"命令，配合端点捕捉功能，在平面图最外侧绘制如图9-37所示的4条构造线作为尺寸定位辅助线。

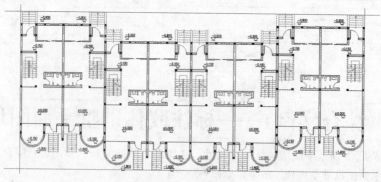

图9-37　绘制结果

4. 执行菜单栏中的"修改"|"偏移"命令，将4条构造线向外侧偏移600个绘图单位，并将源构造线删除，结果如图9-38所示。

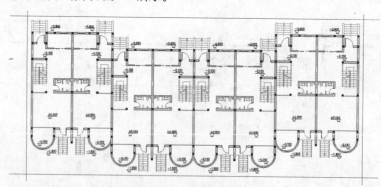

图9-38　偏移结果

5. 使用命令简写D激活"标注样式"命令，将"建筑标注"设置为当前标注样式，并修改当前标注样式的比例，如图9-39所示。

6. 单击"标注"工具栏中的按扭，在命令行"指定第一个尺寸界线原点或 <选择对象>:"提示下，捕捉追踪虚线与辅助线的交点，作为第一尺寸界线起点，如图9-40所示。

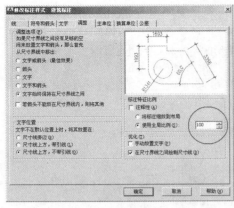

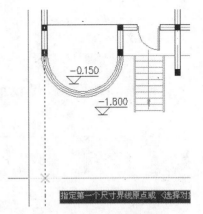

图9-39 修改标注比例

图9-40 定位第一尺寸界线原点

7 在命令行"指定第二条尺寸界线原点:"提示下,捕捉追踪虚线与辅助线的交点,作为第二条界线的起点,如图9-41所示。

8 在命令行"指定尺寸线位置或[多行文字(M)/文字(T)/角度(A)/水平(H)/垂直(V)/旋转(R)]:"提示下,垂直向下移动光标,输入3300并按Enter键,结果如图9-42所示。

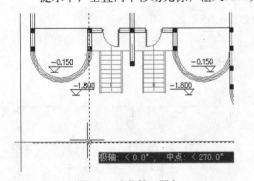

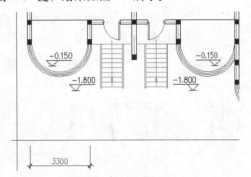

图9-41 定位第二原点

图9-42 标注结果

9 单击"标注"工具栏中的囲按扭,激活"连续"标注命令,配合捕捉和追踪功能标注右侧的细部尺寸,命令行操作如下。

```
命令:_dimcontinue
    指定第二条尺寸界线原点或 [放弃(U)/选择(S)] <选择>:    //捕捉图9-43所示的虚线交点
    标注文字 = 750
    指定第二条尺寸界线原点或 [放弃(U)/选择(S)] <选择>:    //捕捉图9-44所示的虚线交点
    标注文字 = 1000
```

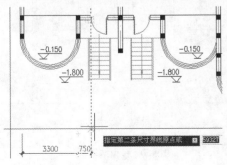

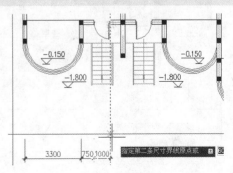

图9-43 捕捉交点

图9-44 捕捉交点

指定第二条尺寸界线原点或 [放弃(U)/选择(S)] <选择>:　　　//捕捉图9-45所示的虚线交点

标注文字 = 750

指定第二条尺寸界线原点或 [放弃(U)/选择(S)] <选择>:　　　// Enter

选择连续标注:　　　//在左端尺寸的左尺寸界线上单击鼠标左键

指定第二条尺寸界线原点或 [放弃(U)/选择(S)] <选择>:　　　//捕捉图9-46所示的虚线交点

标注文字 = 120

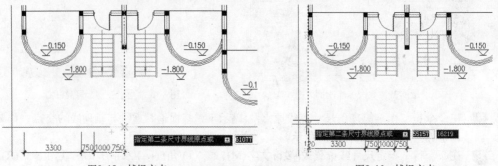

图9-45　捕捉交点　　　　　　　　　　　图9-46　捕捉交点

指定第二条尺寸界线原点或 [放弃(U)/选择(S)] <选择>:　　　// Enter

选择连续标注:　　　// Enter ，结束命令，标注结果如图9-47所示

10 单击"标注"工具栏中的 按钮，激活"编辑标注文字"命令，调整左端墙体的半宽尺寸文字的位置，结果如图9-48所示。

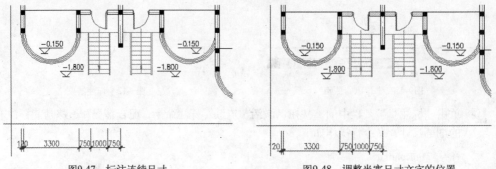

图9-47　标注连续尺寸　　　　　　　　图9-48　调整半宽尺寸文字的位置

11 执行菜单栏中的"修改"|"镜像"命令，窗交选择如图9-49所示的细部尺寸进行镜像，结果如图9-50所示。

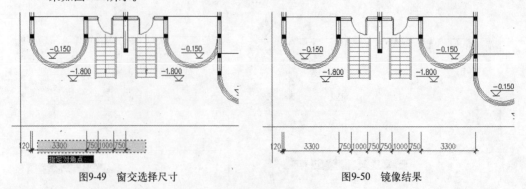

图9-49　窗交选择尺寸　　　　　　　　图9-50　镜像结果

12 执行菜单栏中的"修改"|"阵列"命令，对镜像后的细部尺寸进行阵列，命令行操作如下。

命令: _arrayrect

选择对象:　　　　　　　　　　　　　　　//窗交选择如图9-51所示的尺寸

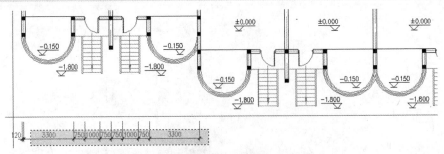

图9-51　窗交选择尺寸

选择对象:　　　　　　　　　　　　　　　// Enter

类型 = 矩形　关联 = 是

选择夹点以编辑阵列或 [关联(AS)/基点(B)/计数(COU)/间距(S)/列数(COL)/行数(R)/层数(L)/退出(X)] <退出>:　　　　　　　　//COU Enter

输入列数数或 [表达式(E)] <4>:　　　　//Enter

输入行数数或 [表达式(E)] <3>:　　　　//1 Enter

选择夹点以编辑阵列或 [关联(AS)/基点(B)/计数(COU)/间距(S)/列数(COL)/行数(R)/层数(L)/退出(X)] <退出>:　　　　　　　　//S Enter

指定列之间的距离或 [单位单元(U)] <1159>:　//11600 Enter

指定行之间的距离 <380.0495>:　　　　//1 Enter

选择夹点以编辑阵列或 [关联(AS)/基点(B)/计数(COU)/间距(S)/列数(COL)/行数(R)/层数(L)/退出(X)] <退出>:　　　　　　　　//AS Enter

创建关联阵列 [是(Y)/否(N)] <否>:　　　//N Enter

选择夹点以编辑阵列或 [关联(AS)/基点(B)/计数(COU)/间距(S)/列数(COL)/行数(R)/层数(L)/退出(X)] <退出>:　　　　　　　　//Enter，阵列结果如图9-52所示

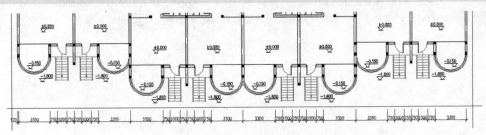

图9-52　阵列结果

13 执行菜单栏中的"修改"|"镜像"命令，配合中点捕捉功能对左侧的墙体半宽尺寸进行镜像，结果如图9-53所示。

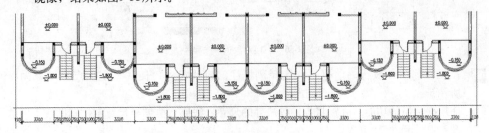

图9-53　镜像结果

14 展开"图层"工具栏中的"图层控制"下拉列表,暂时关闭"门窗层"、"楼梯层"、"其他层"和"墙线层",关闭图层后的效果如图9-54所示。

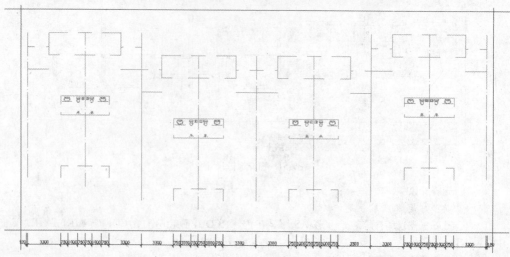

图9-54 关闭图层后的效果

15 单击"标注"工具栏中的□按钮,激活"快速标注"命令,标注施工图的轴线尺寸,命令行操作如下。

```
命令: _qdim
    关联标注优先级 = 端点
    选择要标注的几何图形:              //单击图9-55所示的轴线1
    选择要标注的几何图形:              //单击轴线2
    选择要标注的几何图形:              //单击轴线3
    选择要标注的几何图形:              // Enter
    指定尺寸线位置或 [连续(C)/并列(S)/基线(B)/坐标(O)/半径(R)/直径(D)/基准点(P)/编辑(E)/设置
(T)] <连续>: //向下引出如图9-56所示的追踪矢量,输入2500按 Enter 键,标注结果如图9-57所示
```

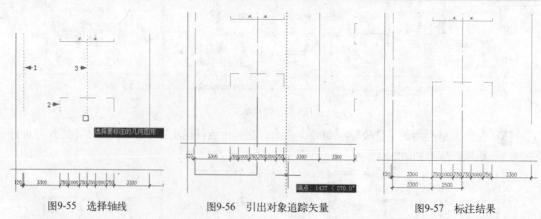

图9-55 选择轴线　　　图9-56 引出对象追踪矢量　　　图9-57 标注结果

16 在无任何命令执行的前提下,选择刚标注的轴线尺寸,使其呈现夹点显示,如图9-58所示。

17 使用夹点拉伸功能,分别将各轴线尺寸的尺寸界线原点拉伸至尺寸定位辅助线上,结果如图9-59所示。

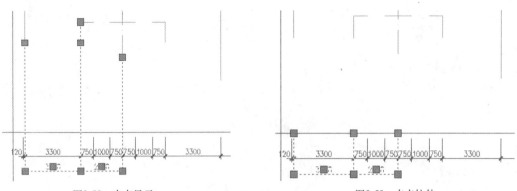

图9-58 夹点显示　　　　　　　　　　图9-59 夹点拉伸

18 按下Esc键取消对象的夹点显示，并打开被关闭的所有图层，结果如图9-60所示。

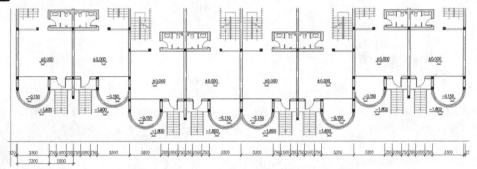

图9-60 打开图层后的效果

19 执行菜单栏中的"修改"|"镜像"命令，对夹点编辑后的两个轴线尺寸进行镜像，结果如图9-61所示。

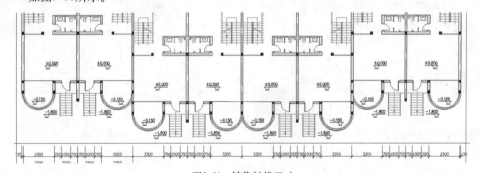

图9-61 镜像轴线尺寸

20 执行菜单栏中的"修改"|"阵列"|"矩形阵列"命令，对镜像后的轴线尺寸进行阵列，命令行操作如下。

```
命令:_arrayrect
    选择对象:                              //窗交选择如图9-62所示的轴线尺寸
    选择对象:                              // Enter
    类型 = 矩形 关联 = 是
    选择夹点以编辑阵列或 [关联(AS)/基点(B)/计数(COU)/间距(S)/列数(COL)/行数(R)/层数(L)/退出
(X)] <退出>: //COU Enter
    输入列数数或 [表达式(E)] <4>:          // Enter
    输入行数数或 [表达式(E)] <3>:          //1 Enter
```

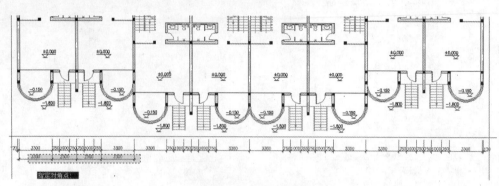

图9-62　窗交选择尺寸

选择夹点以编辑阵列或 [关联(AS)/基点(B)/计数(COU)/间距(S)/列数(COL)/行数(R)/层数(L)/退出(X)] <退出>:　　　　　　　　　　　　//S Enter

指定列之间的距离或 [单位单元(U)] <1159>:　//11600 Enter

指定行之间的距离 <380.0495>:　　　　//1 Enter

选择夹点以编辑阵列或 [关联(AS)/基点(B)/计数(COU)/间距(S)/列数(COL)/行数(R)/层数(L)/退出(X)] <退出>:　　　　　　　　　　　　//AS Enter

创建关联阵列 [是(Y)/否(N)] <否>:　　　　//N Enter

选择夹点以编辑阵列或 [关联(AS)/基点(B)/计数(COU)/间距(S)/列数(COL)/行数(R)/层数(L)/退出(X)] <退出>:　　　　　　　　　　// Enter，阵列结果如图9-63所示

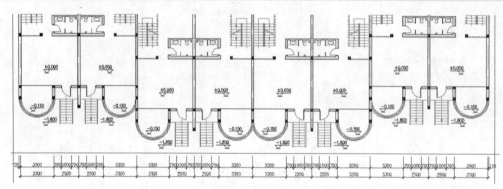

图9-63　阵列结果

21 执行菜单栏中的"修改"|"线性"命令，配合捕捉与追踪功能标注平面图下侧的总尺寸，标注结果如图9-64所示。

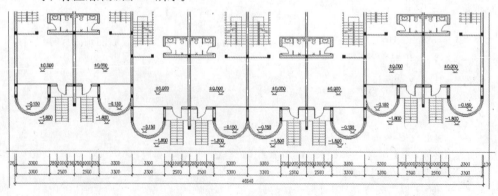

图9-64　标注总尺寸

22 参照上述步骤，综合使用"线性"、"连续"、"编辑标注文字"、"快速标注"、"阵列"等命令，分别标注平面图其他侧的尺寸，标注结果如图9-65所示。

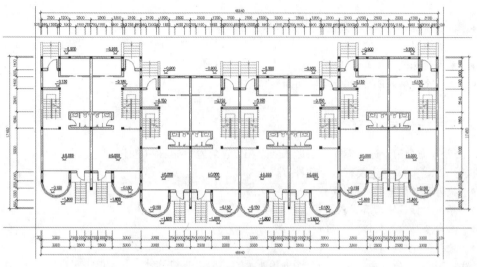

图9-65 标注其他侧的尺寸

23 使用命令简写E激活"删除"命令，删除4条构造线，结果如图9-66所示。

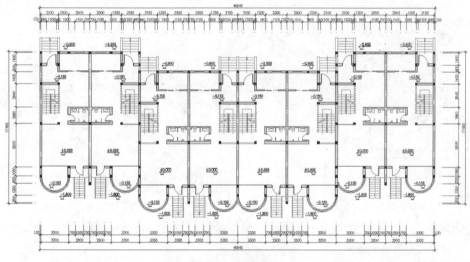

图9-66 删除结果

24 展开"图层控制"下拉列表，解冻"文本层"，关闭"轴线层"，结果如上图9-35所示。

25 执行"另存为"命令，将图形命名存储为"综合实例（一）.dwg"。

9.4 标注圆心标记与公差

本节主要学习"圆心标记"和"公差"两个命令。

9.4.1 标注圆心标记

"圆心标记"命令主要用于标注圆或圆弧的圆心标记，也可以标注其中心线，如图9-67和

图9-68所示。

执行"圆心标记"命令主要有以下几种方式。

◆ 执行菜单栏中的"标注"|"圆心标记"命令。

◆ 单击"标注"工具栏上的⊙按钮。

◆ 在命令行输入Dimcenter后按Enter键。

图9-67 标注圆心标记

图9-68 标注中心线

9.4.2 标注公差尺寸

"公差"命令用于标注零件图的形状公差和位置公差，如图9-69所示。

执行"公差"命令主要有以下几种方式。

◆ 执行菜单栏中的"标注"|"公差"命令。

◆ 单击"标注"工具栏或面板上的▦按钮。

◆ 在命令行输入Tolerance后按Enter键。

◆ 使用命令简写TOL。

激活"公差"命令后，可打开如图9-70所示的"形位公差"对话框，单击"符号"选项组中的颜色块，可以打开如图9-71所示的"特征符号"对话框，在此对话框中用户可以选择相应的形位公差符号。

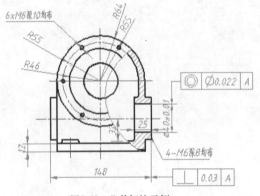
图9-69 公差标注示例

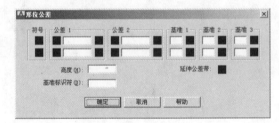
图9-70 "形位公差"对话框

在"公差1"或"公差2"选项组中单击右侧的颜色块，可打开如图9-72所示的"附加符号"对话框，以设置公差的包容条件。

◆ 符号Ⓜ表示最大包容条件，规定零件在极限尺寸内的最大包容量。

◆ 符号Ⓛ表示最小包容条件，规定零件在极限尺寸内的最小包容量。

◆ 符号Ⓢ表示不考虑特征条件，不规定零件在极限尺寸内的任意几何大小。

图9-71 "特征符号"对话框

图9-72 "符加符号"对话框

9.5 设置尺寸标注样式

一般情况下，尺寸标注由标注文字、尺寸线、尺寸界线和箭头4个元素组成，如图9-73所示。"标注样式"命令则用于控制尺寸元素的外观形式，它是所有尺寸变量的集合，这些变量决定了尺寸标注中各元素的外观，只要用户调整标注样式中的某些尺寸变量，就能灵活修改尺寸标注的外观。

图9-73 尺寸标注

执行"标注样式"命令主要有以下几种方式。

◆ 执行菜单栏中的"标注"或"格式"|"标注样式"命令。
◆ 单击"标注"工具栏或面板上的 按钮。
◆ 在命令行输入Dimstyle后按Enter键。
◆ 使用命令简写D。

执行"标注样式"命令后，可打开如图9-74所示的"标注样式管理器"对话框，在此对话框中用户不仅可以设置标注样式，还可以修改、替代和比较标注样式。

◆ 置为当前(U) 按钮用于把选定的标注样式设置为当前标注样式。
◆ 修改(M)... 按钮用于修改当前选择的标注样式。当用户修改了标注样式后，当前图形中的所有尺寸标注都会自动更新为所修改的尺寸样式。
◆ 替代(O)... 按钮用于设置当前使用的标注样式的临时替代值。

提示

当用户创建了替代样式后，当前标注样式将被应用到以后所有的尺寸标注中，直到用户删除替代样式为止，而不会改变替代样式之前的标注样式。

◆ 比较(C)... 按钮用于比较两种标注样式的特性或浏览一种标注样式的全部特性，并将比较结果输出到Windows剪贴板上，然后再粘贴到其他Windows应用程序中。
◆ 新建(N)... 按钮用于设置新的标注样式。单击该按钮后可打开如图9-75所示的"创建新标注样式"对话框，其中"新样式名"文本框用于为新样式命名；"基础样式"下拉列表用于设置新样式的基础样式；"注释性"复选框用于为新样式添加注释；"用于"下拉列表用于设置新样式的适用范围。

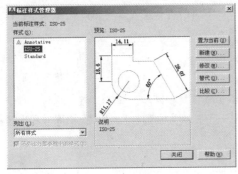

图9-74 "标注样式管理器"对话框

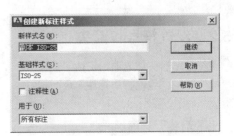

图9-75 "创建新标注样式"对话框

在"创建新标注样式"对话框中单击
继续按钮，打开如图9-76所示的"新建标注样式:副本ISO-25"对话框，此对话框包括"线"、"符号和箭头"、"文字"、"调整"、"主单位"、"换算单位"和"公差"7个选项卡，用于设置尺寸标注的样式，下面就开始学习尺寸标注样式的各种设置。

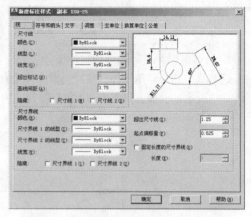

图9-76 "新建标注样式:副本ISO-25"对话框

9.5.1 设置线参数

如图9-76所示的"线"选项卡包括"尺寸线"和"尺寸界线"两个选项组，主要用于设置尺寸线、尺寸界线的格式和特性等变量。

1."尺寸线"选项组

◆ "颜色"下拉列表用于设置尺寸线的颜色。
◆ "线型"下拉列表用于设置尺寸线的线型。
◆ "线宽"下拉列表用于设置尺寸线的线宽。
◆ "超出标记"微调按钮用于设置尺寸线超出尺寸界线的长度。

 提示 只有在用户选择建筑标记箭头时，此微调按钮才处于可用状态。

◆ "基线间距"微调按钮用于设置在基线标注时两条尺寸线之间的距离。

2."尺寸界线"选项组

◆ "颜色"下拉列表用于设置尺寸界线的颜色。
◆ "线宽"下拉列表用于设置尺寸界线的线宽。
◆ "尺寸界线1的线型"下拉列表用于设置尺寸界线1的线型。
◆ "尺寸界线2的线型"下拉列表用于设置尺寸界线2的线型。
◆ "超出尺寸线"微调按钮用于设置尺寸界线超出尺寸线的长度。
◆ "起点偏移量"微调按钮用于设置尺寸界线起点与被标注对象间的距离。
◆ 勾选"固定长度的尺寸界线"复选框后，可在下侧的"长度"文本框内设置尺寸界线的固定长度。

9.5.2 设置符号和箭头

"符号和箭头"选项卡包括"箭头"、"圆心标记"、"折断标注"、"弧长符号"、"半径折弯标注"、"线性折弯标注"6个选项组，主要用于设置箭头、圆心标记、弧长符号和半径标注等参数，如图9-77所示。

1."箭头"选项组

◆ "第一个"/"第二个"下拉列表用于设置箭头的形状。

- "引线"下拉列表用于设置引线箭头的形状。
- "箭头大小"微调按钮用于设置箭头的大小。

2. "圆心标记"选项组

- "无"单选按钮表示不添加圆心标记。
- "标记"单选按钮用于为圆添加十字型标记。
- "直线"单选按钮用于为圆添加直线型标记。
- 2.5 微调按钮用于设置圆心标记的大小。

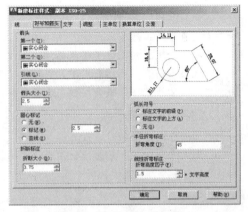

图9-77 "符号和箭头"选项卡

3. "折断标注"选项组

"折断标注"选项组用于设置折断标注的大小。

4. "弧长符号"选项组

- "标注文字的前缀"单选按钮用于为弧长标注添加前缀。
- "标注文字的上方"单选按钮用于设置标注文字的位置。
- "无"单选按钮表示在弧长标注上不出现弧长符号。

5. "半径折弯标注"选项组

"半径折弯标注"选项组用于设置半径折弯的角度。

6. "线性折弯标注"选项组

"线性折弯标注"选项组用于设置线性折弯的高度因子。

9.5.3 设置文字参数

"文字"选项卡包括"文字外观"、"文字位置"和"文字对齐"三个选项组,主要用于设置标注文字的样式、颜色、位置及对齐方式等变量,如图9-78所示。

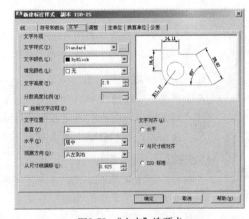

图9-78 "文字"选项卡

1. "文字外观"选项组

- "文字样式"下拉列表用于设置标注文字的样式。单击右侧的 ... 按钮,可打开"文字样式"对话框,用于新建或修改文字样式。
- "文字颜色"下拉列表用于设置标注文字的颜色。
- "填充颜色"下拉列表用于设置尺寸文本的背景色。
- "文字高度"微调按钮用于设置标注文字的高度。
- "分数高度比例"微调按钮用于设置标注分数的高度比例。只有在选择分数标注单位时,此选项才可用。
- "绘制文字边框"复选框用于设置是否为标注文字添加边框。

2. "文字位置"选项组

◆ "垂直"下拉列表用于设置标注文字相对于尺寸线垂直方向的放置位置。

◆ "水平"下拉列表用于设置标注文字相对于尺寸线水平方向的放置位置。

◆ "观察方向"下拉列表用于设置标注文字的观察方向。

◆ "从尺寸线偏移"微调按钮用于设置标注文字与尺寸线之间的距离。

3. "文字对齐"选项组

◆ "水平"单选按钮用于设置标注文字以水平方向放置。

◆ "与尺寸线对齐"单选按钮用于设置标注文字与尺寸线平行的方向放置。

◆ "ISO标准"单选按钮用于根据ISO标准设置标注文字。

 它是"水平"与"与尺寸线对齐"两者的综合。当标注文字在尺寸界线中时,就会采用"与尺寸线对齐"对齐方式;当标注文字在尺寸界线外时,就会采用"水平"对齐方式。

9.5.4 设置调整参数

"调整"选项卡包括"调整选项"、"文字位置"、"标注特征比例"、"优化"4个选项组,主要用于设置标注文字与尺寸线、尺寸界线等之间的位置,如图9-79所示。

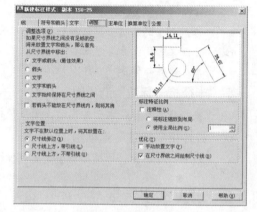

图9-79 "调整"选项卡

1. "调整选项"选项组

◆ "文字或箭头(最佳效果)"单选按钮用于自动调整文字与箭头的位置,使二者达到最佳效果。

◆ "箭头"单选按钮用于将箭头移到尺寸界线外。

◆ "文字"单选按钮用于将文字移到尺寸界线外。

◆ "文字和箭头"单选按钮用于将文字与箭头都移到尺寸界线外。

◆ "文字始终保持在尺寸界线之间"单选按钮用于将文字始终放置在尺寸界线之间。

2. "文字位置"选项组

◆ "尺寸线旁边"单选按钮用于将文字放置在尺寸线旁边。

◆ "尺寸线上方,加引线"单选按钮用于将文字放置在尺寸线上方,并加引线。

◆ "尺寸线上方,不加引线"单选按钮用于将文字放置在尺寸线上方,但不加引线引导。

3. "标注特征比例"选项组

◆ "注释性"复选框用于设置标注为注释性标注。

◆ "使用全局比例"单选按钮用于设置标注的比例因子。

◆ "将标注缩放到布局"单选按钮用于根据当前模型空间的视口与布局空间的大小来确定比例因子。

4. "优化"选项组

◆ "手动放置文字"复选框用于手动放置标注文字。

◆ "在尺寸界线之间绘制尺寸线"复选框用于控制在标注圆弧或圆时,尺寸线始终在尺寸界线之间。

9.5.5 设置主单位

"主单位"选项卡包括"线性标注"、"测量单位比例"、"角度标注"以及"消零"等选项组，主要用于设置线性标注和角度标注的单位格式以及精确度等参数变量，如图9-80所示。

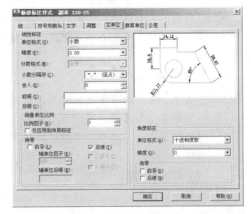

图9-80 "主单位"选项卡

1. "线性标注"选项组

◆ "单位格式"下拉列表用于设置线性标注的单位格式，默认值为小数。

◆ "精度"下拉列表用于设置尺寸的精度。

◆ "分数格式"下拉列表用于设置分数的格式。只有当"单位格式"为"分数"时，此下位列表才能激活。

◆ "小数分隔符"下拉列表用于设置小数的分隔符号。

◆ "含入"微调按钮用于设置除了角度之外的标注测量值的四舍五入规则。

◆ "前缀"文本框用于设置标注文字的前缀，可以为数字、文字、符号。

◆ "后缀"文本框用于设置标注文字的后缀，可以为数字、文字、符号。

2. "测量单位比例"选项组

◆ "比例因子"微调按钮用于设置除了角度之外的标注比例因子。

◆ "仅应用到布局标注"复选框仅对在布局中创建的标注应用线性比例值。

3. "消零"选项组

◆ "前导"复选框用于消除小数点前面的零。当标注文字小于1时，比如为"0.5"，勾选此复选框后，"0.5"将变为".5"，前面的零已消除。

◆ "后续"复选框用于消除小数点后面的零。

◆ "0英尺"复选框用于消除零英尺前的零。只有当"单位格式"设为"工程"或"建筑"时，此复选框才可被激活。

◆ "0英寸"复选框用于消除英寸后的零。

4. "角度标注"选项组

◆ "单位格式"下拉列表用于设置角度标注的单位格式。

◆ "精度"下拉列表用于设置角度的小数位数。

◆ "前导"复选框用于消除角度标注前面的零。

◆ "后续"复选框用于消除角度标注后面的零。

9.5.6 设置换算单位

"换算单位"选项卡主要包括"换算单位"、"消零"和"位置"三个选项组，用于显示和设置标注文字的换算单位、精度等变量，如图9-81所示。

只有勾选了"显示换算单位"复选框，才可激活"换算单位"选项卡中的所有选项组。

1. "换算单位"选项组

◆ "单位格式"下拉列表用于设置换算单位格式。

◆ "精度"下拉列表用于设置换算单位的小数位数。

- ◆ "换算单位倍数"微调按钮用于设置主单位与换算单位间的换算因子的倍数。
- ◆ "舍入精度"微调按钮用于设置换算单位的四舍五入规则。
- ◆ "前缀"文本框输入的值将显示在换算单位的前面。
- ◆ "后缀"文本框输入的值将显示在换算单位的后面。

2. "消零"选项组

"消零"选项组用于消除换算单位的前导和后继零以及英尺、英寸前后的零。其作用与"主单位"选项卡中的"消零"选项组相同。

3. "位置"选项组

- ◆ "主值后"单选按钮将换算单位放在主单位之后。
- ◆ "主值下"单选按钮将换算单位放在主单位之下。

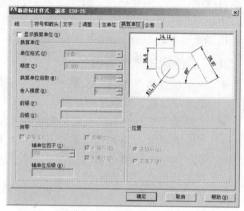

图9-81 "换算单位"选项卡

9.5.7 设置公差参数

"公差"选项卡包括"公差格式"、"公差对齐"、"消零"和"换算单位公差"4个选项组，主要用于设置尺寸公差的格式和换算单位，如图9-82所示。

- ◆ "方式"下拉列表用于设置公差的形式，在此下拉列表中共有"无"、"对称"、"极限偏差"、"极限尺寸"和"基本尺寸"5个选项，如图9-83所示。

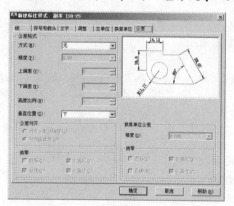

图9-82 "公差"选项卡

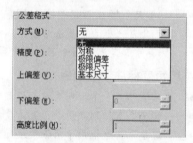

图9-83 "方式"下拉列表

- ◆ "精度"下拉列表用于设置公差值的小数位数。
- ◆ "上偏差"/"下偏差"微调按钮用于设置上下偏差值。
- ◆ "高度比例"微调按钮用于设置公差文字与基本标注文字的高度比例。
- ◆ "垂直位置"下拉列表用于设置基本标注文字与公差文字的相对位置。

9.6 编辑与修改尺寸标注

本节主要学习"标注打断"、"编辑标注"、"标注更新"、"标注间距"和"编辑标注文字"5个命令，以对标注进行编辑和更新。

9.6.1　标注打断

"标注打断"命令用于在尺寸线、尺寸界线与几何对象或其他标注相交的位置将其打断。

执行"标注打断"命令主要有以下几种方式。

◆　执行菜单栏中的"标注"|"标注打断"命令。

◆　单击"标注"工具栏或面板上的 ⊥ 按钮。

◆　在命令行输入Dimbreak后按Enter键。

执行"标注打断"命令后，命令行操作如下。

命令:_DIMBREAK
　　选择要添加/删除折断的标注或 [多个(M)]:　　//选择尺寸文字为100的尺寸
　　选择要折断标注的对象或 [自动(A)/手动(M)/删除(R)] <自动>:
　　　　　　　　　　　　　　　　　　　　　//选择与尺寸线相交的垂直轮廓线
　　选择要折断标注的对象:　　//Enter，结束命令，打断结果如图9-84所示
　　1 个对象已修改

提示

"手动"选项用于手动定位打断位置；"删除"选项用于恢复被打断的尺寸对象。

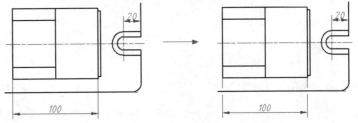

图9-84　标注打断

9.6.2　编辑标注

"编辑标注"命令主要用于修改标注文字的内容、旋转角度以及尺寸界线的倾斜角度等。

执行"编辑标注"命令主要有以下几种方式。

◆　执行菜单栏中的"标注"|"倾斜"命令。

◆　单击"标注"工具栏或面板上的 ⊿ 按钮。

◆　在命令行输入Dimedit后按Enter键。

下面通过简单实例，学习"编辑标注"命令的使用方法和技巧。

1　执行"线性"命令，随意标注一个尺寸，如图9-85所示。

2　单击"标注"工具栏上的 ⊿ 按钮，激活"编辑标注"命令，编辑该线性尺寸，命令行操作如下。

命令:_dimedit
　　输入标注编辑类型 [默认(H)/新建(N)/旋转(R)/倾斜(O)] <默认>:
　　//N Enter，打开"文字格式"编辑器，然后修改标注文字，如图9-86所示，并关闭此编辑器

图9-85　创建线性尺寸

图9-86　修改标注文字

选择对象: //选择刚标注的尺寸

选择对象: // Enter，标注结果如图9-87所示

3 重复执行"编辑标注"命令，对标注文字进行旋转，命令行操作如下。

命令: // Enter，重复执行命令

DIMEDIT

输入标注编辑类型 [默认(H)/新建(N)/旋转(R)/倾斜(O)] <默认>:

//R Enter，激活"旋转"选项

指定标注文字的角度: //30 Enter

选择对象: //选择图9-87所示的尺寸

选择对象: // Enter，结果如图9-88所示

"倾斜"选项用于对尺寸界线进行倾斜，激活该选项后，系统将按指定的角度调整尺寸界线的倾斜角度，如图9-89所示。

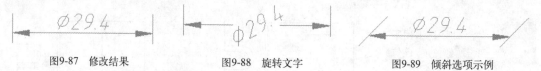

图9-87　修改结果　　　　图9-88　旋转文字　　　　图9-89　倾斜选项示例

9.6.3　标注更新

"更新"命令用于将尺寸对象的样式更新为当前尺寸标注样式，另外还可以将当前的标注样式保存起来，以供随时调用。

执行"更新"命令主要有以下几种方式。

◆ 执行菜单栏中的"标注"|"更新"命令。

◆ 单击"标注"工具栏或面板上的图按钮。

◆ 在命令行输入-Dimstyle后按Enter键。

激活该命令后，仅选择需要更新的尺寸对象即可，命令行操作如下。

命令: _-dimstyle

当前标注样式:NEWSTYLE 注释性: 否

输入标注样式选项[注释性(AN)/保存(S)/恢复(R)/状态(ST)/变量(V)/应用(A)/?] <恢复>:

选择对象: //选择需要更新的尺寸

选择对象: // Enter，结束命令

选项解析

◆ "状态"选项用于以文本窗口的形式显示当前标注样式的数据。

◆ "应用"选项将选择的标注对象自动更换为当前标注样式。

◆ "保存"选项用于将当前标注样式存储为用户定义的样式。

◆ "恢复"选项用于恢复已定义过的标注样式。

9.6.4　标注间距

"标注间距"命令用于自动调整平行的线性标注和角度标注之间的间距，或根据指定的间距值进行调整。

执行"标注间距"命令主要有以下几种方式。

- ◆ 执行菜单栏中的"标注"|"标注间距"命令。
- ◆ 单击"标注"工具栏或面板上的▥按钮。
- ◆ 在命令行输入Dimspace后按Enter键。

执行"标注间距"命令，其命令行操作如下。

命令:_DIMSPACE	
选择基准标注:	//选择尺寸文字为16.0的尺寸对象
选择要产生间距的标注::	//选择其他三个尺寸对象
选择要产生间距的标注:	// Enter，结束对象的选择
输入值或[自动(A)]<自动>:	// 10 Enter，调整结果如图9-90所示

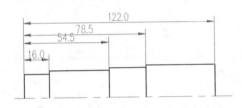 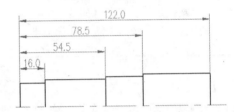

图9-90　调整结果

提示

"自动"选项用于根据现有尺寸位置，自动调整各尺寸对象的位置，使之间隔相等。

9.6.5　编辑标注文字

"编辑标注文字"命令用于重新调整标注文字的放置位置以及标注文字的旋转角度。

执行"编辑标注文字"命令主要有以下几种方式。

- ◆ 执行菜单栏中的"标注"|"对齐文字"级联菜单中的各命令。
- ◆ 单击"标注"工具栏或面板上的▱按钮。
- ◆ 在命令行输入Dimtedit后按Enter键。

下面通过简单实例，学习"编辑标注文字"命令的使用方法和技巧。

1 执行"线性"命令，随意标注一个尺寸，如图9-91所示。

图9-91　标注尺寸

2 单击"标注"工具栏上的▱按钮，激活"编辑标注文字"命令，调整标注文字的角度，命令行操作如下。

命令: _dimtedit	
选择标注:	//选择刚标注的尺寸对象
为标注文字指定新位置或[左对齐(L)/右对齐(R)/居中(C)/默认(H)/角度(A)]:	
	//A Enter，激活"角度"选项
指定标注文字的角度:	//45 Enter，编辑结果如图9-92所示

3 重复执行"编辑标注文字"命令，调整标注文字的位置，命令行操作如下。

命令: _dimtedit	
选择标注:	//选择图9-92所示的尺寸
为标注文字指定新位置或[左对齐(L)/右对齐(R)/居中(C)/默认(H)/角度(A)]:	
	// R Enter，修改结果如图9-93所示

图9-92 更改标注文字的角度　　　　　　　　　图9-93 修改标注文字的位置

选项解析

◆ "左对齐"选项用于沿尺寸线左端放置标注文字。

◆ "右对齐"选项用于沿尺寸线右端放置标注文字。

◆ "居中"选项用于将标注文字放在尺寸线的中心。

◆ "默认"选项用于将标注文字移回默认位置。

◆ "角度"选项用于旋转标注文字。

9.7　参数化图形

参数化绘图功能位于"参数"菜单中，使用这种参数化绘图功能，可以让用户通过基于设计意图的几何图形添加约束，从而高效率地对设计进行修改，以大大提高生产力。

约束是一种规则，它可以决定图形对象彼此间的放置位置及其标注，对一个对象所做的更改可能会影响其他对象，通常在工程的设计阶段使用约束。

为几何图形添加约束，具体有几何约束和标注约束两种，下面将学习这两种约束功能。

9.7.1　几何约束

几何约束可以确定对象之间或对象上的点之间的几何关系，创建几何约束后，它可以限制可能会违反约束的所有更改。例如，如果一条直线被约束为与圆弧相切，当更改该圆弧的位置时将自动保留切线，这称为几何约束。

另外，同一对象上的关键点或不同对象上的关键点均可约束为相对于当前坐标系统的垂直或水平方向。例如，可指定两个圆一直同心，两条直线一直水平，或矩形的一边一直水平等。

执行"几何约束"命令主要有以下几种方式。

◆ 执行菜单栏中的"参数"|"几何约束"级联菜单中的各命令，如图9-94所示。

◆ 单击"参数化"工具栏上的嵌套按钮，如图9-95所示。

图9-94 "几何约束"级联菜单

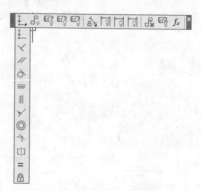

图9-95 "参数化"工具栏

◆ 在命令行输入GeomConstraint后按Enter键。

◆ 单击"参数化"选项卡|"几何"面板上的按钮。

下面通过为图形添加固定约束和相切约束，学习使用"几何约束"功能。

1 随意绘制一个圆及一条直线，如图9-96所示。

2 执行菜单栏中的"参数"|"几何约束"|"固定"命令，为圆添加固定约束，命令行操作如下。

> 命令: _GeomConstraint
>
> 　输入约束类型 [水平(H)/竖直(V)/垂直(P)/平行(PA)/相切(T)/平滑(SM)/重合(C)/同心(CON)/共线(COL)/对称(S)/相等(E)/固定(F)] <相切>:_Fix
>
> 　选择点或 [对象(O)] <对象>: 　　　　　　　//在如图9-97所示的圆轮廓线上单击鼠标左键，为其添加固定约束，约束后的效果如图9-98所示

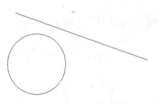 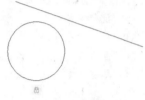

图9-96　绘制结果　　　　　　图9-97　选择圆　　　　　　图9-98　添加固定约束

3 执行菜单栏中的"参数"|"几何约束"|"相切"命令，为圆和直线添加相切约束，使直线与圆形相切，命令行操作如下。

> 命令: _GeomConstraint
>
> 　输入约束类型 [水平(H)/竖直(V)/垂直(P)/平行(PA)/相切(T)/平滑(SM)/重合(C)/同心(CON)/共线(COL)/对称(S)/相等(E)/固定(F)] <固定>:_Tangent
>
> 　选择第一个对象 　　　　　　　　//选择如图9-99所示的圆
>
> 　选择第二个对象: 　　　　　　　//选择如图9-100所示的直线，添加约束后，两对象被约束为相切，结果如图9-101所示

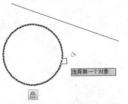 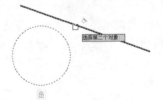

图9-99　拾取相切对象　　　　　　　　图9-100　拾取相切对象

4 执行菜单栏中的"参数"|"约束栏"|"全部隐藏"命令，可以将约束标记隐藏，结果如图9-102所示。

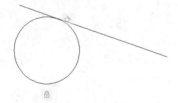 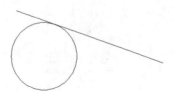

图9-101　相切约束结果　　　　　　　图9-102　隐藏标记后的效果

5 执行菜单栏中的"参数"|"约束栏"|"全部显示"命令，可以将隐藏的约束标记全部显示。

9.7.2 标注约束

标注约束可以确定对象、对象上的点之间的距离或角度，也可以确定对象的大小。AutoCAD共为用户提供了"对齐"、"水平"、"竖直"、"角度"、"半径"和"直径"等6种类型的标注约束。标注约束包括名称和值，如图9-103所示，编辑标注约束中的值时，关联的几何图形会自动调整大小。默认情况下，标注约束是动态的，具体有以下特点。

◆ 缩小或放大视图时，标注约束大小不变。
◆ 可以轻松控制标注约束的显示或隐藏状态。
◆ 以固定的标注样式显示。
◆ 提供有限的夹点功能。
◆ 打印时不显示标注约束。

执行"标注约束"命令主要有以下几种方式。

◆ 执行菜单栏中的"参数"|"标注约束"级联菜单中的各命令，如图9-104所示。
◆ 单击"标注约束"工具栏上的按钮，如图9-105所示。
◆ 在命令行输入GeomConstraint后按Enter键。
◆ 单击"参数化"选项卡|"标注"面板上的按钮。

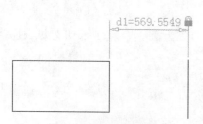

图9-103 标注约束

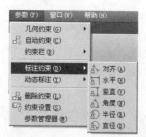

图9-104 "标注约束"级联菜单

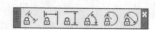

图9-105 "标注约束"工具栏

9.8 综合实例2——标注直齿轮零件二视图各类尺寸

本例通过为直齿轮零件二视图标注各类尺寸，主要对本章重点知识进行综合练习和巩固应用。直齿轮零件二视图尺寸的最终标注效果，如图9-106所示。

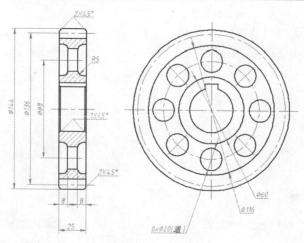

图9-106 实例效果

操作步骤

1 执行"打开"命令，打开随书光盘中的"\素材文件\9-7.dwg"文件，如图9-107所示。

2 打开状态栏上的"对象捕捉"功能，然后使用命令简写D激活"标注样式"命令，新建如图9-108所示的标注样式。

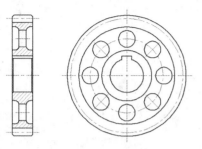

图9-107 打开结果

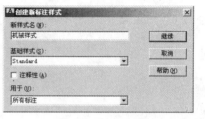

图9-108 设置新样式

3 单击 继续 按钮，打开"新建标注样式:机械样式"对话框，然后在"线"选项卡内设置参数，如图9-109所示。

4 展开"符号和箭头"选项卡，设置尺寸箭头、大小等参数，如图9-110所示。

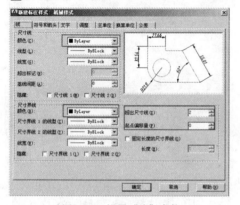

图9-109 设置"线"参数

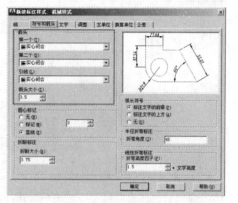

图9-110 设置"符号和箭头"参数

5 展开"文字"选项卡，设置文字样式、对齐方式、文字位置等参数，如图9-111所示。

6 展开"调整"选项卡，设置全局比例、文字位置等参数，如图9-112所示。

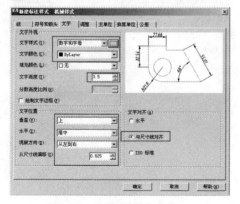

图9-111 设置"文字"参数

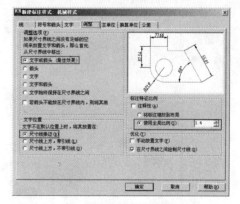

图9-112 设置"调整"参数

7 展开"主单位"选项卡，设置参数如图9-113所示。

8 返回"标注样式管理器"对话框，新样式的设置效果如图9-114所示。

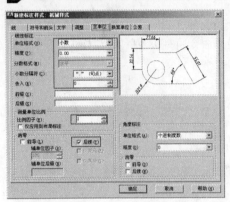

图9-113 设置"主单位"参数

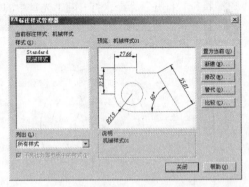

图9-114 新样式的效果

9 参照上述操作，设置如图9-115所示的"其他标注"样式，将"文字对齐"设置为"水平"，如图9-116所示，其他参数与"机械样式"样式相同。

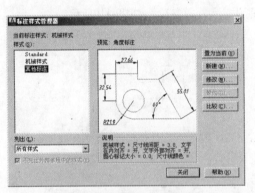

图9-115 "其他标注"样式效果

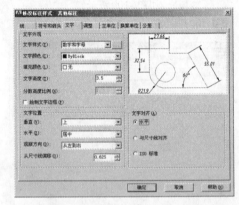

图9-116 设置"文字对齐"参数

10 将"机械样式"样式设置为当前标注样式，然后关闭"标注样式管理器"对话框。

11 执行菜单栏中的"标注"|"线性"命令，配合端点捕捉功能标注主视图上侧的尺寸，命令行操作如下。

```
命令: _dimlinear
    指定第一个尺寸界线原点或 <选择对象>:    //捕捉如图9-117所示的端点
    指定第二条尺寸界线原点:              //捕捉如图9-118所示的端点
    指定尺寸线位置或[多行文字(M)/文字(T)/角度(A)/水平(H)/垂直(V)/旋转(R)]:
                            //M Enter，打开如图9-119所示的"文字格式"编辑器
```

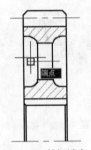

图9-117 捕捉端点

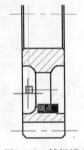

图9-118 捕捉端点

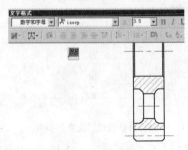

图9-119 "文字格式"编辑器

12 在"文字格式"编辑器内为尺寸文字添加直径前缀，如图9-120所示。

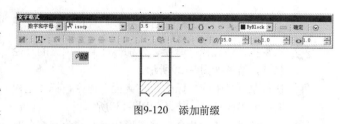

13 单击 确定 按钮，返回绘图区，根据命令行的提示指定尺寸线位置，标注结果如图9-121所示。

图9-120 添加前缀

14 参照上述操作，重复执行"线性"命令，标注其他位置的尺寸，结果如图9-122所示。

15 标注倒角尺寸。使用命令简写LE激活"快速引线"命令，设置引线参数如图9-123和图9-124所示。

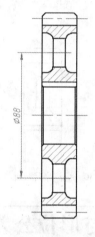

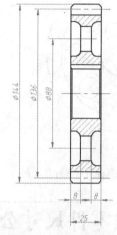

图9-121 标注结果　　　图9-122 标注其他线性尺寸　　　图9-123 设置引线参数

16 返回绘图区，根据命令行的提示，绘制引线并标注引线注释，结果如图9-125所示。

17 重复执行"快速引线"命令，标注下侧的倒角尺寸，标注结果如图9-126所示。

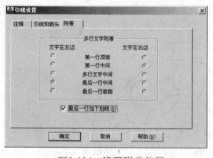

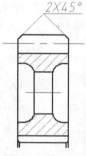

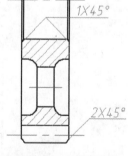

图9-124 设置附着位置　　　图9-125 标注倒角　　　图9-126 标注结果

18 使用命令简写D激活"标注样式"命令，将"其他标注"样式设置为当前标注样式。

19 执行菜单栏中的"标注"|"直径"命令，标注俯视图的直径尺寸，命令行操作如下。

```
命令: _dimdiameter
    选择圆弧或圆:                              //选择如图9-127所示的圆
    标注文字 = 20
    指定尺寸线位置或 [多行文字(M)/文字(T)/角度(A)]:    //T Enter
    输入标注文字 <20>:                         //8x%%C20（通）Enter
```

指定尺寸线位置或 [多行文字(M)/文字(T)/角度(A)]:   // Enter，标注结果如图9-128所示

20 重复执行"直径"命令，分别标注其他位置的直径尺寸，结果如图9-129所示。

21 执行菜单栏中的"标注"|"半径"命令，标注主视图中的半径尺寸，结果如图9-130所示。

22 执行"另存为"命令，将图形命名存储为"综合实例（二）.dwg"。

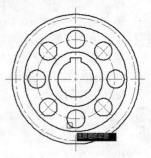

图9-127　选择圆

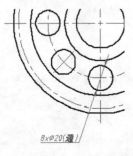

图9-128　标注结果

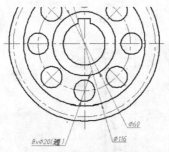

图9-129　标注其他直径尺寸

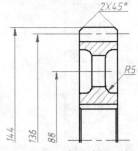

图9-130　标注半径尺寸

9.9　综合实例3——标注零件尺寸公差与形位公差

本例主要学习直齿轮零件图尺寸公差和形位公差的标注过程和技巧。直齿轮零件图尺寸公差和形位公差的最终标注效果，如图9-131所示。

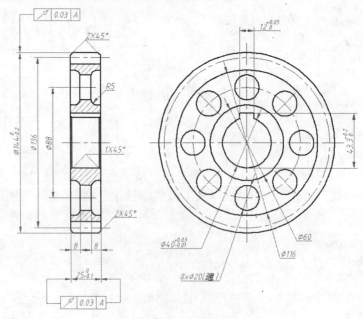

图9-131　实例效果

操作步骤

1️⃣ 执行"打开"命令，打开随书光盘中的"\效果文件\第9章\综合实例（二）.dwg"文件。

2️⃣ 使用命令简写D激活"标注样式"命令，将"机械样式"样式设置为当前标注样式。

3️⃣ 执行菜单栏中的"标注"|"线性"命令，配合交点和端点捕捉功能标注左视图右侧的尺寸公差，命令行操作如下。

```
命令: _dimlinear
    指定第一个尺寸界线原点或 <选择对象>:        //捕捉如图9-132所示的端点
    指定第二条尺寸界线原点:                      //捕捉如图9-133所示的交点
```

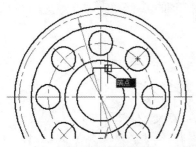

图9-132 捕捉端点

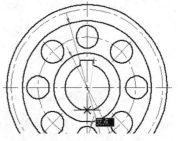

图9-133 捕捉交点

```
指定尺寸线位置或[多行文字(M)/文字(T)/角度(A)/水平(H)/垂直(V)/旋转(R)]:
                              //M Enter，打开如图9-134所示的"文字格式"编辑器
```

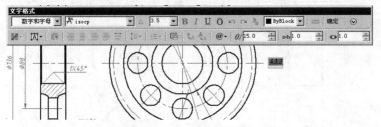

图9-134 "文字格式"编辑器

4️⃣ 在"文字格式"编辑器内为尺寸文字添加尺寸公差后缀，如图9-135所示。

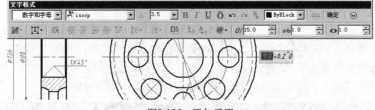

图9-135 添加后缀

5️⃣ 在下侧的文本框内选择如图9-136所示的公差后缀进行堆叠，堆叠结果如图9-137所示。

图9-136 选择堆叠内容

第6章

第7章

第8章

第9章

第10章

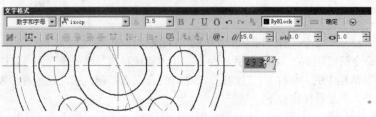

图9-137　堆叠结果

6 单击 确定 按钮，返回绘图区，根据命令行的提示指定尺寸线位置，标注结果如图9-138所示。

7 参照上述操作，重复执行"线性"命令，标注上侧的尺寸公差，结果如图9-139所示。

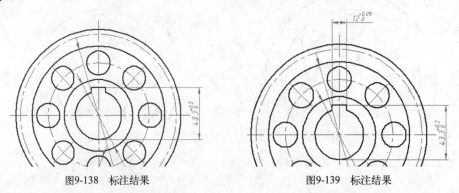

图9-138　标注结果　　　　　　　　　　　　图9-139　标注结果

8 将"其他标注"样式设置为当前标注样式，然后执行菜单栏中的"标注"|"直径"命令，标注如图9-140所示的尺寸公差。

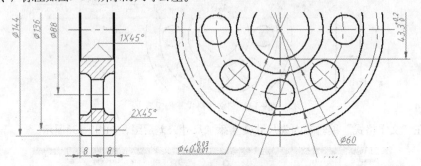

图9-140　标注其他公差

9 使用命令简写ED激活"编辑文字"命令，在命令行"选择注释对象或 [放弃(U)]:"提示下，选择左侧文字为144的直径尺寸，打开"文字格式"编辑器。

10 在打开的"文字格式"编辑器内添加尺寸公差后缀，如图9-141所示。

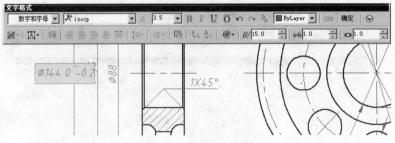

图9-141　添加公差后缀

11 选择刚输入的公差后缀进行堆叠，然后单击 确定 按钮，结果编辑出如图9-142所示的尺寸公差。

12 继续在命令行"选择注释对象或［放弃(U)］:"提示下，分别修改其他位置的尺寸，添加公差后缀，结果如图9-143所示。

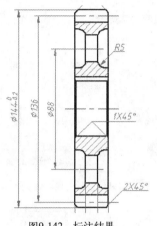

图9-142　标注结果

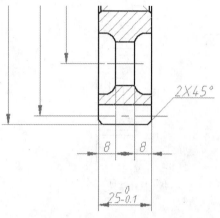

图9-143　标注结果

13 标注形位公差。使用命令简写LE激活"快速引线"命令，使用命令中的"设置"选项功能，设置"注释类型"为"公差"，如图9-144所示，设置其他参数如图9-145所示。

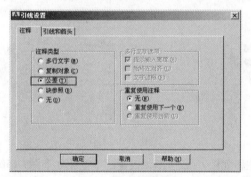

图9-144　设置注释类型

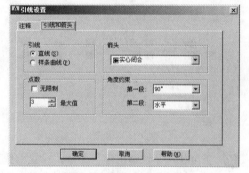

图9-145　设置引线和箭头

14 单击 确定 按钮，返回绘图区，根据命令行的提示指定引线点，打开"形位公差"对话框。

15 在该对话框中的"符号"颜色块上单击鼠标左键，打开"特征符号"对话框，然后选择如图9-146所示的公差符号。

16 返回"形位公差"对话框，在"公差1"选项组内的颜色块上单击鼠标左键，添加直径符号，然后输入公差值等，如图9-147所示。

图9-146　"特征符号"对话框

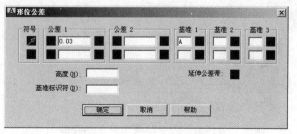

图9-147　"形位公差"对话框

17 单击 确定 按钮，关闭"形位公差"对话框，标注结果如图9-148所示。

18 重复执行"快速引线"命令，设置引线参数如图9-149所示，设置公差参数如图9-150所示，标注主视图下侧的形位公差，标注结果如图9-151所示。

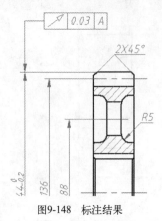

图9-148 标注结果

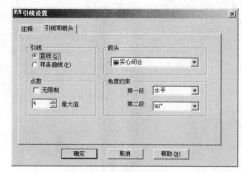

图9-149 设置引线参数

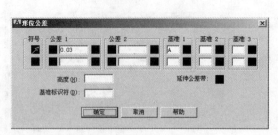

图9-150 设置公差参数

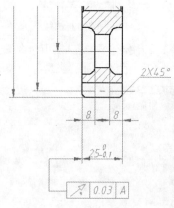

图9-151 标注结果

19 重复执行"快速引线"命令，设置引线注释如图9-152所示，设置公差参数如上图9-150所示，然后绘制如图9-153所示的引线。

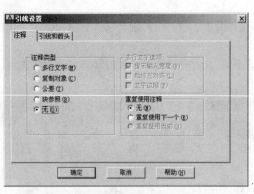

图9-152 设置引线注释

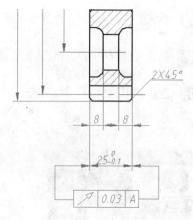

图9-153 绘制引线

20 执行"另存为"命令，将图形命名存储为"综合实例（三）.dwg"。

第10章 创建文字、符号和插入表格

文字是另外一种表达施工图纸信息的方式，用于表达图形无法传递的一些文字信息，是图纸中不可缺少的一项内容。本章主要讲述文字与表格的创建功能和信息查询功能。本章学习内容如下。

- ◆ 设置文字样式
- ◆ 创建单行文字
- ◆ 综合实例1——单行文字的典型应用
- ◆ 创建多行文字
- ◆ 插入与填充表格
- ◆ 综合实例2——标注零件图技术要求
- ◆ 综合实例3——标注零件图明细表格
- ◆ 创建快速引线注释
- ◆ 综合实例4——编写组装零件图部件序号
- ◆ 创建多重引线注释
- ◆ 综合实例5——为图形标注多重引线注释

10.1 设置文字样式

"文字样式"命令用于控制文字的外观效果，如字体、字号、倾斜角度、旋转角度以及其他的特殊效果等，相同内容的文字，如果使用不同的文字样式，其外观效果也不相同，如图10-1所示。

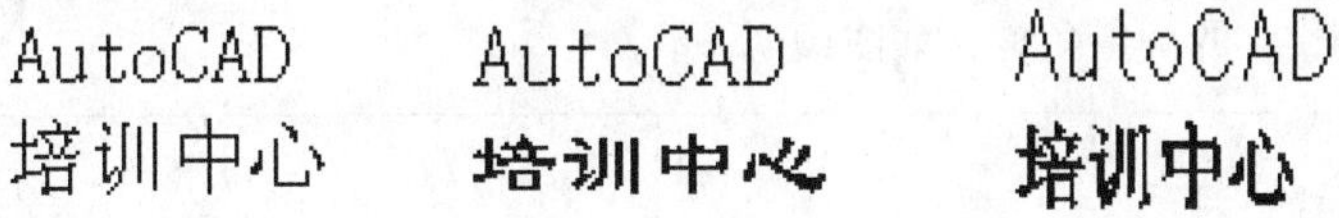

AutoCAD 培训中心　　AutoCAD 培训中心　　AutoCAD 培训中心

图10-1 文字示例

执行"文字样式"命令主要有以下几种方式。

- ◆ 执行菜单栏中的"格式"|"文字样式"命令。
- ◆ 单击"样式"工具栏或"文字"面板上的 按钮。
- ◆ 在命令行输入Style后按Enter键。
- ◆ 使用命令简写ST。

下面通过设置名为"汉字"的文字样式，学习"文字样式"命令的使用方法和技巧。

1. 设置新样式。单击"样式"工具栏上的 按钮，激活"文字样式"命令，打开"文字样式"对话框，如图10-2所示。

图10-2 "文字样式"对话框

2 单击 新建(N)... 按钮，在打开的"新建文字样式"对话框中为新样式命名，如图10-3所示。

3 设置字体。在"字体"选项组中展开"字体名"下拉列表，选择所需的字体，如图10-4 所示。

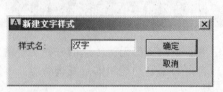

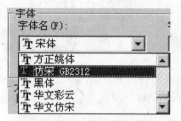

图10-3 "新建文字样式"对话框   图10-4 "字体名"下拉列表

 如果取消勾选"使用大字体"复选框，结果所有AutoCAD编译型（.SHX）字体和TrueType字体都显示在列表框内以供选择；若选择TrueType字体，那么在右侧的"字体样式"列表框中可以设置当前字体样式，如图10-5所示；若选择编译型（.SHX）字体，且勾选"使用大字体"复选框，则右侧的列表框变为如图10-6所示的状态，用于选择所需的大字体。

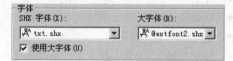

图10-5 选择TrueType字体   图10-6 选择编译型（.SHX）字体

4 设置字体高度。在"高度"文本框中设置文字的高度。

 设置高度后，当创建文字时，命令行就不会再提示输入文字的高度。建议在此不设置字体的高度。"注释性"复选框用于为文字添加注释特性。

5 设置文字效果。勾选"颠倒"复选框可设置文字为倒置状态；勾选"反向"复选框可设置文字为反向状态；勾选"垂直"复选框可控制文字呈垂直排列状态；"倾斜角度"文本框用于控制文字的倾斜角度，如图10-7所示。

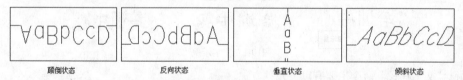

颠倒状态   反向状态   垂直状态   倾斜状态

图10-7 设置字体效果

6 设置宽度比例。在"宽度因子"文本框中设置字体的宽高比。

 国标规定工程图样中的汉字应采用长仿宋体，宽高比为0.7，当此比值大于1时，文字宽度放大，否则将缩小。

7 单击 预览(P) 按钮，在左下角的预览框中可以直观地预览文字的效果。

8 单击 删除(D) 按钮，可以将多余的文字样式删除。

 默认的Standard样式、当前文字样式以及在当前文件中已使用过的文字样式，都不能被删除。

9 单击 应用(A) 按钮，结果设置的文字样式被看作当前样式。

10 单击 关闭(C) 按钮，关闭"文字样式"对话框。

10.2 创建单行文字

所谓"单行文字"，指的就是由"单行文字"命令创建的文字。本节主要学习单行文字的创建、编辑以及单行文字的对正方式。

10.2.1 单行文字

"单行文字"命令主要通过命令行创建单行或多行的文字对象，所创建的每一行文字，都被看作是一个独立的对象。

执行"单行文字"命令主要有以下几种方式。

◆ 执行菜单栏中的"绘图"|"文字"|"单行文字"命令。

◆ 单击"文字"工具栏或"文字"面板上的 A 按钮。

◆ 在命令行输入Dtext后按Enter键。

◆ 使用命令简写DT。

下面通过创建如图10-8所示的文字注释，学习"单行文字"命令的使用方法和技巧。

1 执行"打开"命令，打开随书光盘中的"\素材文件\单行文字示例.dwg"文件，如图10-9所示。

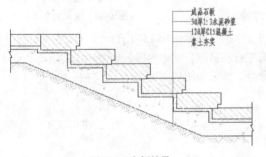

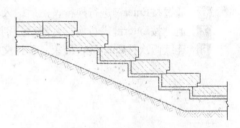

图10-8 实例效果　　　　　　图10-9 打开结果

2 使用命令简写L激活"直线"命令，配合捕捉或追踪功能绘制如图10-10所示的指示线。

3 执行菜单栏中的"绘图"|"圆环"命令，配合最近点捕捉功能绘制外径为100的实心圆环，如图10-11所示。

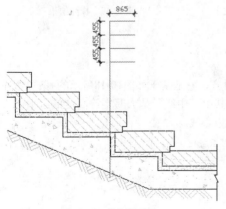

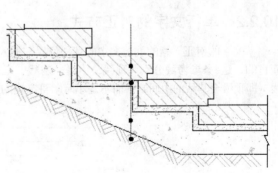

图10-10 绘制指示线　　　　　　图10-11 绘制圆环

4 单击"文字"工具栏或"文字"面板上的 A 按钮，创建文字注释，命令行操作如下。

```
命令: _dtext
    当前文字样式: 仿宋体 当前文字高度: 0
    指定文字的起点或 [对正(J)/样式(S)]:          //J Enter
    输入选项 [对齐(A)/布满(F)/居中(C)/中间(M)/右对齐(R)/左上(TL)/中上(TC)/右上(TR)/左中(ML)/
正中(MC)/右中(MR)/左下(BL)/中下(BC)/右下(BR)]:   //ML Enter
    指定文字的左中点:          //捕捉最上端水平指示线的右端点，如图10-12所示
    指定高度 <0>:              //285 Enter，结束对象的选择
    指定文字的旋转角度 <0>:     // Enter，采用当前参数设置
```

5 此时系统在指定的起点处出现一个单行文字输入框，如图10-13所示，然后在此文字输入框内输入文字内容，如图10-14所示。

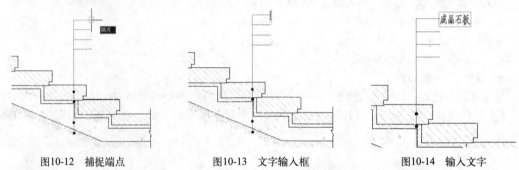

图10-12　捕捉端点　　　　　　　图10-13　文字输入框　　　　　　　图10-14　输入文字

6 通过按Enter键进行换行，然后输入第二行文字内容，如图10-15所示。
7 通过按Enter键进行换行，然后分别输入第三行和第四行文字内容，如图10-16所示。
8 连续两次按Enter键，结束"单行文字"命令，结果如图10-17所示。

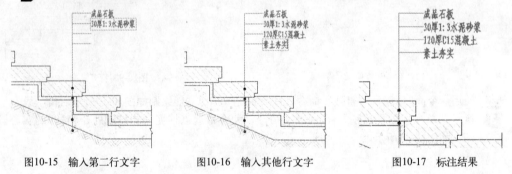

图10-15　输入第二行文字　　　　图10-16　输入其他行文字　　　　　图10-17　标注结果

10.2.2　单行文字的对正方式

"文字的对正"指的就是文字的哪一位置与插入点对齐，它是基于如图10-18所示的4条参考线而言的，这4条参考线分别为顶线、中线、基线、底线，其中"中线"是大写字符高度的水平中心线（即顶线至基线的中间），而不是小写字符高度的水平中心线。

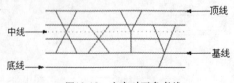

图10-18　文字对正参考线

执行"单行文字"命令后，在命令行"指定文字的起点或 [对正(J)/样式(S)]:"提示下激活"对正"选项，可打开如图10-19所示的选项菜单，同时命令行将显示如下操作提示。

"输入选项[对齐(A)/布满(F)/居中(C)/中间(M)/右对齐(R)/左上(TL)/中上(TC)/右上(TR)/左中(ML)/正中(MC)/右中(MR)/左下(BL)/中下(BC)/右下(BR)]:"

另外，文字的各种对正方式也可参见图10-20。

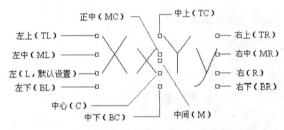

图10-19 "对正"选项菜单   图10-20 文字的对正方式

各种对正方式的功能如下。

◆ "对齐"选项用于提示拾取文字基线的起点和终点，系统会根据起点和终点的距离自动调整字高。

◆ "布满"选项用于提示用户拾取文字基线的起点和终点，系统会以拾取的两点之间的距离自动调整宽度系数，但不改变字高。

◆ "居中"选项用于提示用户拾取文字的中心点，此中心点就是文字串基线的中点，即以基线的中点对齐文字。

◆ "中间"选项用于提示用户拾取文字的中间点，此中间点就是文字串基线的垂直中线和文字串高度的水平中线的交点。

◆ "右对齐"选项用于提示用户拾取一点作为文字串基线的右端点，以基线的右端点对齐文字。

◆ "左上"选项用于提示用户拾取文字串的左上点，此左上点就是文字串顶线的左端点，即以顶线的左端点对齐文字。

◆ "中上"选项用于提示用户拾取文字串的中上点，此中上点就是文字串顶线的中点，即以顶线的中点对齐文字。

◆ "右上"选项用于提示用户拾取文字串的右上点，此右上点就是文字串顶线的右端点，即以顶线的右端点对齐文字。

◆ "左中"选项用于提示用户拾取文字串的左中点，此左中点就是文字串中线的左端点，即以中线的左端点对齐文字。

◆ "正中"选项用于提示用户拾取文字串的中间点，此中间点就是文字串中线的中点，即以中线的中点对齐文字。

"正中"和"中间"两种对正方式拾取的都是中间点，但这两个中间点的位置并不一定完全重合，只有输入的字符为大写或汉字时，此两点才重合。

- "右中"选项用于提示用户拾取文字串的右中点,此右中点就是文字串中线的右端点,即以中线的右端点对齐文字。
- "左下"选项用于提示用户拾取文字串的左下点,此左下点就是文字串底线的左端点,即以底线的左端点对齐文字。
- "中下"选项用于提示用户拾取文字串的中下点,此中下点就是文字串底线的中点,即以底线的中点对齐文字。
- "右下"选项用于提示用户拾取文字串的右下点,此右下点就是文字串底线的右端点,即以底线的右端点对齐文字。

10.2.3 编辑单行文字

"编辑文字"命令主要用于修改编辑现有的文字对象内容,或者为文字对象添加前缀或后缀等内容。

执行"编辑文字"命令主要有以下几种方式。

- 执行菜单栏中的"修改"|"对象"|"文字"|"编辑"命令。
- 单击"文字"工具栏或面板上的 按钮。
- 在命令行输入Ddedit后按Enter键。
- 使用命令简写ED。

如果需要编辑的文字是使用"单行文字"命令创建的,那么在执行"编辑文字"命令后,命令行会出现"选择注释对象或 [放弃(U)]"的操作提示,此时用户只需要单击需要编辑的单行文字,系统即可弹出如图10-21所示的单行文字编辑框,在此编辑框中输入正确的文字内容即可。

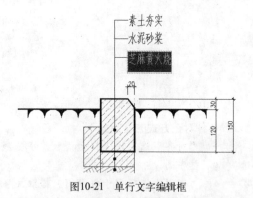

图10-21 单行文字编辑框

10.3 综合实例1——单行文字的典型应用

本例通过为联体别墅建筑平面图标注房间功能,主要对"单行文字"、"文字样式"、"编辑文字"等命令进行综合练习和巩固应用。本例最终效果如图10-22所示。

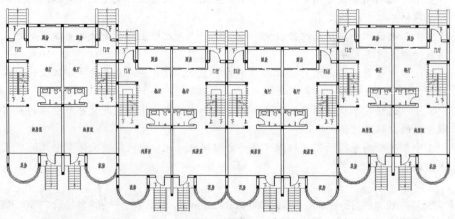

图10-22 实例效果

操作步骤

1. 执行"打开"命令，打开随书光盘中的"\素材文件\10-1.dwg"文件。

2. 展开"图层"工具栏中的"图层控制"下拉列表，将"文本层"设置当前图层。

3. 使用命令简写ST激活"文字样式"命令，设置如图10-23所示的文字样式。

4. 执行菜单栏中的"绘图"|"文字"|"单行文字"命令，在命令行"指定文字的起点或 [对正(J)/样式(S)]:"提示下，在平面图左下侧花房位置拾取文字的起点。

图10-23 设置文字样式

5. 继续在命令行"指定高度 <0>:"提示下，输入380后按Enter键，设置文字的高度。

6. 在命令行"指定文字的旋转角度 <0.00>:"提示下直接按Enter键，采用默认设置。

7. 此时绘图区出现如图10-24所示的单行文字输入框，然后输入文字内容"花房"，如图10-25所示。

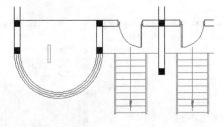

图10-24 文字输入框

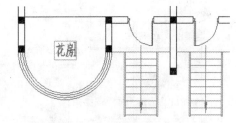

图10-25 输入文字

8. 连续按两次Enter键，结束命令，标注结果如图10-26所示。

9. 执行菜单栏中的"修改"|"复制"命令，将刚标注的单行文字分别复制到其他位置，结果如图10-27所示。

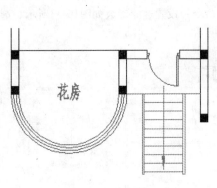

图10-26 标注结果

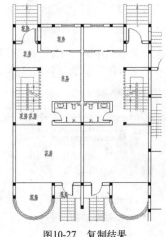

图10-27 复制结果

10. 使用命令简写ED激活"编辑文字"命令，根据命令行的提示选择复制出的单行文字，使其呈现反白显示状态，如图10-28所示。

11 在反白显示的单行文字上输入新的文字内容，如图10-29所示。

12 结束"编辑文字"命令，文字的修改结果如图10-30所示。

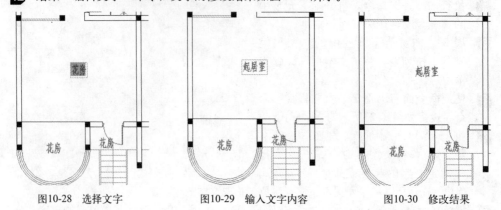

图10-28 选择文字　　　　图10-29 输入文字内容　　　　图10-30 修改结果

13 重复执行"编辑文字"命令，分别对其他位置的单行文字进行编辑，结果如图10-31所示。

14 执行菜单栏中的"修改"|"镜像"命令，配合中点捕捉功能，选择刚标注的单行文字注释进行镜像，结果如图10-32所示。

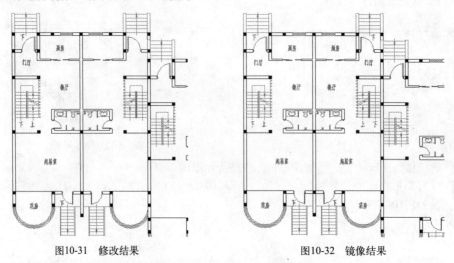

图10-31 修改结果　　　　　　　　图10-32 镜像结果

15 执行菜单栏中的"工具"|"快速选择"命令，设置过滤参数如图10-33所示，选择所有位于"文本层"上的对象，结果如图10-34所示。

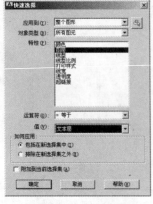

图10-33 设置过滤参数

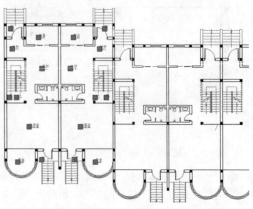

图10-34 选择结果

16 执行菜单栏中的"修改"|"复制"命令，选择所有位置的房间功能注释进行复制，命令行操作如下。

```
命令: _copy找到 18 个
    当前设置: 复制模式＝多个
    指定基点或 [位移(D)/模式(O)] <位移>:          //在绘图区拾取一点
    指定第二个点或 [阵列(A)] <使用第一个点作为位移>:   //@11600,-2200 Enter
    指定第二个点或 [阵列(A)/退出(E)/放弃(U)] <退出>:  //Enter，复制结果如图10-35所示
```

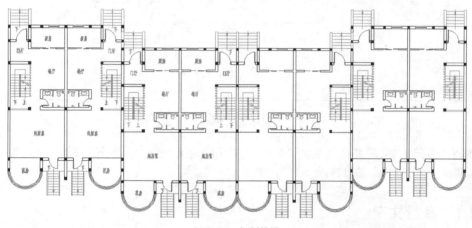

图10-35　复制结果

17 执行菜单栏中的"工具"|"快速选择"命令，设置过滤参数如上图10-33所示，选择所有位于"文本层"上的对象，结果如图10-36所示。

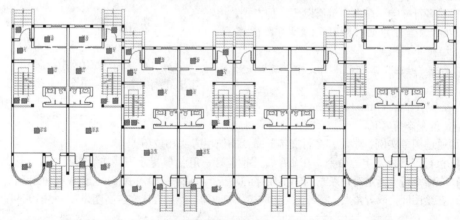

图10-36　选择结果

18 执行菜单栏中的"修改"|"镜像"命令，配合中点捕捉功能，对选择的文字对象进行镜像，命令行操作如下。

```
命令: _mirror 找到 36 个
    指定镜像线的第一点:            //捕捉如图10-37所示的中点
    指定镜像线的第二点:            //@0,1 Enter
    要删除源对象吗? [是(Y)/否(N)] <N>:  //Enter，镜像结果如上图10-22所示
```

19 执行"另存为"命令，将图形命名存储为"综合实例（一）.dwg"。

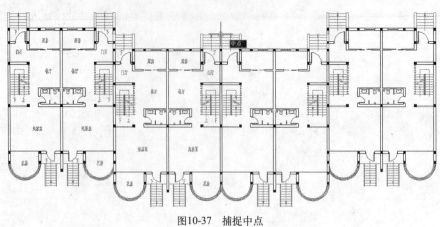

图10-37　捕捉中点

10.4　创建多行文字

所谓"多行文字"，指的就是由"多行文字"命令创建的文字。本节主要学习多行文字的创建、编辑及"文字格式"编辑器。

10.4.1　多行文字

"多行文字"命令也是一种较为常用的文字创建工具，比较适合用于创建较为复杂的文字，比如单行文字、多行文字以及段落性文字。无论创建的文字包含多少行、多少段，AutoCAD都将其作为一个独立的对象，当选择该对象后，对象的四角会显示出4个夹点，如图10-38所示。

执行"多行文字"命令主要有以下几种方式。

- 执行菜单栏中的"绘图"|"文字"|"多行文字"命令。
- 单击"绘图"工具栏或"文字"面板上的 A 按钮。
- 在命令行输入Mtext后按Enter键。
- 使用命令简写T。

设计要求

1.本建筑物为现浇钢筋混凝土框架结构。

2.室内地面标高：±0.000室内外高差0.15m。

3.在窗台下加设扁梁，并设4根φ12钢筋。

图10-38　多行文字示例

下面通过简单实例，学习"多行文字"命令的使用方法和技巧。

1 执行"多行文字"命令，在命令行"指定第一角点："提示下，在绘图区拾取一点。

2 在命令行"指定对角点或 [高度(H)/对正(J)/行距(L)/旋转(R)/样式(S)/宽度(W)/栏(C)]:"提示下，在绘图区拾取对角点，打开"文字格式"编辑器，然后设置文字高度为5，如图10-39所示。

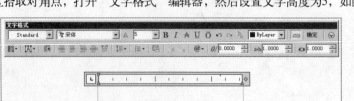

图10-39　"文字格式"编辑器

3 在下侧文字输入框内单击鼠标左键，指定文字的输入位置，然后输入如图10-40所示的文字。

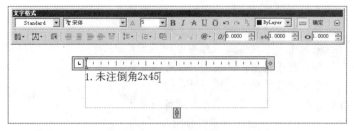

图10-40 输入文字

4 按Enter键，分别输入其他两行文字对象，如图10-41所示。

5 单击 确定 按钮，关闭"文字格式"编辑器，结果如图10-42所示。

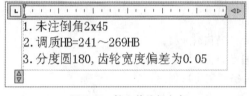

图10-41 输入其他行文字

1. 未注倒角2x45
2. 调质HB=241～269HB
3. 分度圆180,齿轮宽度偏差为0.05

图10-42 标注结果

10.4.2 "文字格式"编辑器

"文字格式"编辑器由工具栏、顶部带标尺的文本输入框两部分组成，各组成部分的功能如下。

1. 工具栏

工具栏主要用于控制多行文字对象的文字样式和选定文字的各种字符格式、对正方式、项目编号等。

◆ Standard ▼下拉列表用于设置当前的文字样式。

◆ 宋体 ▼下拉列表用于设置或修改文字的字体。

◆ 2.5 ▼下拉列表用于设置新字符高度或更改选定文字的高度。

◆ ByLayer ▼下拉列表用于为文字指定颜色或修改选定文字的颜色。

◆ "粗体"按钮 B 用于为输入的文字对象或所选定文字对象设置粗体格式。"斜体"按钮 I 用于为输入的文字对象或所选定文字对象设置斜体格式。这两个选项仅适用于使用TrueType字体的字符。

◆ "下划线"按钮 U 用于为文字或所选定的文字对象设置下划线格式。

◆ "上划线"按钮 O 用于为文字或所选定的文字对象设置上划线格式。

◆ "堆叠"按钮 用于为输入的文字或选定的文字设置堆叠格式。要使文字堆叠，文字中须包含插入符（^）、正向斜杠（/）或磅符号（#），堆叠字符左侧的文字将堆叠在字符右侧的文字之上。

提示 默认情况下，包含插入符（^）的文字转换为左对正的公差值；包含正向斜杠（/）的文字转换为置中对正的分数值，正向斜杠被转换为一条同较长的字符串长度相同的水平线；包含磅符号（#）的文字转换为被斜线（高度与两个字符串高度相同）分开的分数。

◆ "标尺"按钮 用于控制文字输入框顶端标心的开关状态。

◆ "栏数"按钮 用于为段落文字进行分栏排版。

◆ "多行文字对正"按钮 用于设置文字的对正方式。

- ◆ "段落"按钮 用于设置段落文字的制表位、缩进量、对齐、间距等。
- ◆ "左对齐"按钮 用于设置段落文字为左对齐方式。
- ◆ "居中"按钮 用于设置段落文字为居中对齐方式。
- ◆ "右对齐"按钮 用于设置段落文字为右对齐方式。
- ◆ "对正"按钮 用于设置段落文字为对正方式。
- ◆ "分布"按钮 用于设置段落文字为分布排列方式。
- ◆ "行距"按钮 用于设置段落文字的行间距。
- ◆ "编号"按钮 用于为段落文字进行编号。
- ◆ "插入字段"按钮 用于为段落文字插入一些特殊字段。
- ◆ "全部大写"按钮 用于修改英文字符为大写。
- ◆ "全部小写"按钮 用于修改英文字符为小写。
- ◆ "符号"按钮 用于添加一些特殊符号。
- ◆ "倾斜角度"微调按钮 用于修改文字的倾斜角度。
- ◆ "追踪"微调按钮 用于修改文字间的距离。
- ◆ "宽度因子"微调按钮 用于修改文字的宽度比例。

2. 文字输入框

文本输入框位于工具栏下侧，主要用于输入和编辑文字对象，它由标尺和文本框两部分组成，如图10-43所示。

在文本输入框内单击鼠标右键，可弹出如图10-44所示的快捷菜单，个别选项功能如下。

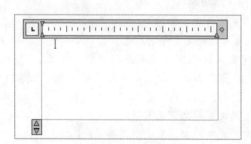

图10-43　文字输入框

图10-44　快捷菜单

- ◆ "全部选择"选项用于选择多行文字输入框中的所有文字。
- ◆ "改变大小写"选项用于改变选定文字对象的大小写。
- ◆ "查找和替换"选项用于搜索指定的文字串并使用新的文字将其替换。
- ◆ "自动大写"选项用于将新输入的文字或当前选择的文字转换成大写。
- ◆ "删除格式"选项用于删除选定文字的粗体、斜体或下划线等格式。
- ◆ "合并段落"选项用于将选定的段落合并为一段并用空格替换每段的回车。
- ◆ "符号"选项用于在光标所在的位置插入一些特殊符号或不间断空格。
- ◆ "输入文字"选项用于向多行文本编辑器中插入TXT格式的文本、样板等文件或插入RTF格式的文件。

10.4.3 编辑多行文字

如果需要编辑的文字是使用"多行文字"命令创建的,那么在执行"编辑文字"命令后,命令行会出现"选择注释对象或 [放弃(U)]"的操作提示,此时用户单击需要编辑的文字对象,将会打开如图10-45所示的"文字格式"编辑器,在此编辑器内不但可以修改文字的内容,而且还可以修改文字的样式、字体、字高以及对正方式等特性。

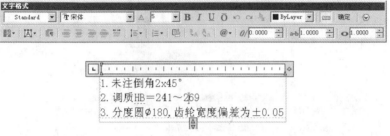

图10-45 "文字格式"编辑器

 使用"多行文字"命令中的字符功能,可以非常方便地输入度数、直径符号、正负号、平方、立方等一些特殊符号,如图10-46所示。

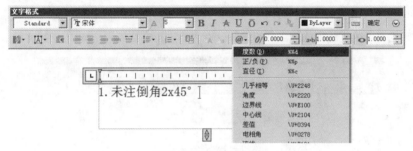

图10-46 添加特殊字符

10.5 插入与填充表格

AutoCAD为用户提供了表格的创建与填充功能,使用"表格"命令不但可以创建表格、填充表格,还可以将表格链接至Microsoft Excel电子表格中的数据。

执行"表格"命令主要有以下几种方式。

◆ 执行菜单栏中的"绘图" | ""表格"命令。
◆ 单击"绘图"工具栏或"表格"面板上的▦按钮。
◆ 在命令行输入Table后按Enter键。
◆ 使用命令简写TB。

10.5.1 插入表格

下面通过创建一个简易表格,学习"表格"命令的使用方法和操作技巧。

1 新建一个公制单位的绘图文件。

2 单击"绘图"工具栏上的▦按钮,打开如图10-47所示的"插入表格"对话框。

3 在"列数"文本框中输入3，在"列宽"文本框中输入20，在"数据行数"文本框中输入3，其他参数不变。

4 单击 确定 按钮返回绘图区，在命令行"指定插入点:"提示下，拾取一点作为插入点，此时系统自动打开如图10-48所示的"文字格式"编辑器。

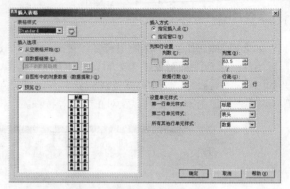

图10-47 "插入表格"对话框

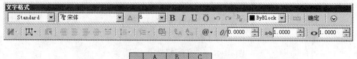

图10-48 "文字格式"编辑器

5 在反白显示的表格框内输入"标题"，对表格进行文字填充，如图10-49所示。

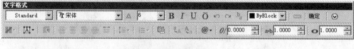

图10-49 输入标题文字

6 按右方向键或Tab键，此时光标跳至左下侧的列标题栏中，然后在反白显示的列标题栏中填充文字，如图10-50所示。

图10-50 输入文字

7 继续按右方向键或Tab键，分别在其他列标题栏中输入表格文字，如图10-51所示。

8 单击 确定 按钮，关闭"文字格式"编辑器，创建结果如图10-52所示。

 提 示　默认设置创建的表格，不仅包含标题行，还包含表头行、数据行，用户可以根据实际情况进行取舍。

图10-51　输入其他文字

图10-52　创建表格

 选项解析

- "表格样式"选项组用于设置、新建或修改当前表格样式,还可以对样式进行预览。
- "插入选项"选项组用于设置表格的填充方式,具体有"从空表格开始"、"自数据链接"和"自图形中的对象数据(数据提取)"三种方式。
- "插入方式"选项组用于设置表格的插入方式。系统共提供了"指定插入点"和"指定窗口"两种方式,默认方式为"指定插入点"。

> **提示** 如果使用"指定窗口"方式,系统将表格的行数设为自动,即按照指定的窗口区域自动生成表格的数据行,而表格的其他参数仍使用当前的设置。

- "列和行设置"选项组用于设置表格的列参数、行参数以及列宽和行高参数。系统默认的列参数为5、行参数为1。
- "设置单元样式"选项组用于设置第一行、第二行或其他行的单元样式。
- 单击 Standard 右侧的按钮 ,打开如图10-53所示的"表格样式"对话框,此对话框用于新建、修改表格样式,或设置当前表格样式。

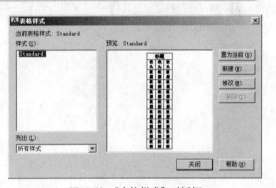

图10-53　"表格样式"对话框

10.5.2　表格样式

"表格样式"命令用于新建、修改表格样式和删除当前文件中无用的表格样式,激活该命令后可打开如上图10-53所示的"表格样式"对话框。

执行"表格样式"命令主要有以下几种方式。

- 执行菜单栏中的"格式"|"表格样式"命令。
- 单击"样式"工具栏上或"表格"面板上的 按钮。
- 在命令行输入Tablestyle后按Enter键。
- 使用命令简写TS。

10.6　综合实例2——标注零件技术要求

本例通过为直齿轮零件图标注技术要求,对"文字样式"、"编辑文字"、"多行文字"等命令进行综合练习和巩固应用。本例最终效果如图10-54所示。

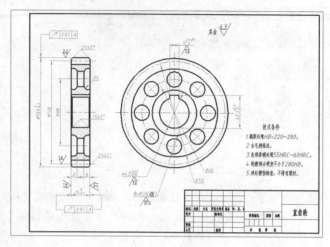

图10-54　实例效果

操作步骤

1　执行"打开"命令，打开随书光盘中的"\素材文件\10-2.dwg"文件，如图10-55所示。

2　展开"图层"工具栏中的"图层控制"下拉列表，将"细实线"设置为当前图层。

3　单击"样式"工具栏或"文字"面板上的 A 按钮，激活"文字样式"命令，设置文字样式如图10-56所示。

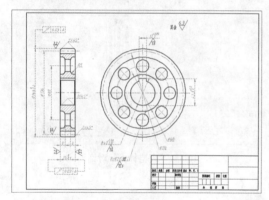

图10-55　打开结果

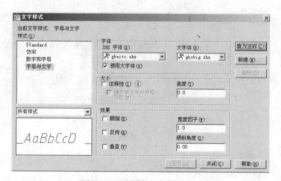

图10-56　设置文字样式

4　单击"绘图"工具栏上的 A 按钮，激活"多行文字"命令，在空白区域指定两点，打开如图10-57所示的"文字格式"编辑器。

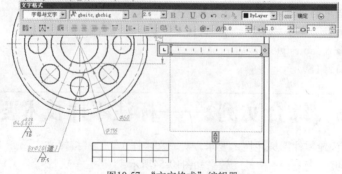

图10-57　"文字格式"编辑器

5 在"文字格式"编辑器中设置文字高度为8，然后输入标题内容，如图10-58所示。

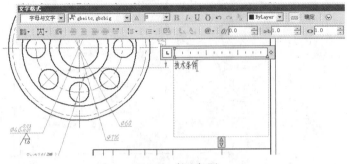

图10-58 输入标题

6 按Enter键，将文字高度设置为7，然后输入第一行技术要求内容，如图10-59所示。

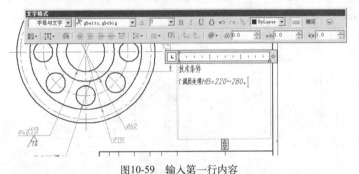

图10-59 输入第一行内容

7 多次按Enter键，然后分别输入其他行文字内容，如图10-60所示。

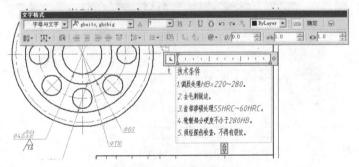

图10-60 输入其他行内容

8 将光标放在技术要求的标题前，然后添加空格，如图10-61所示。

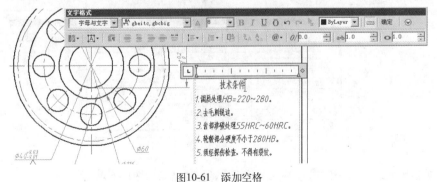

图10-61 添加空格

9 单击 确定 按钮，关闭"文字格式"编辑器，标注结果如图10-62所示。

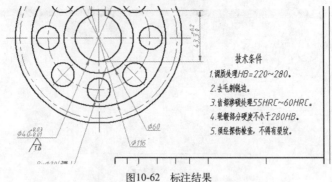

图10-62 标注结果

10 填写标题栏。重复执行"多行文字"命令，分别捕捉如图10-63所示的点A和点B，打开 "文字格式"编辑器。

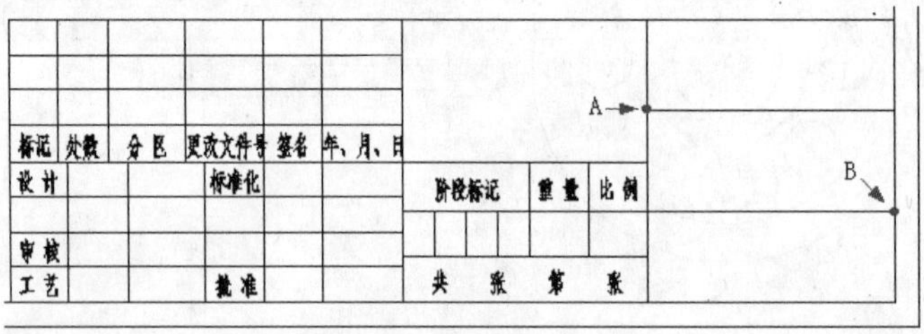

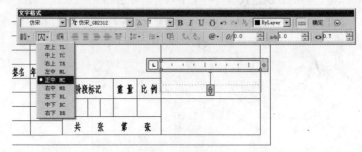

图10-63 定位点

11 在"文字格式"编辑器内设置文字样式、字体高度和对正方式等参数，如图10-64所示。

图10-64 设置参数

12 在下侧的多行文字输入框内输入如图10-65所示的文字内容。

图10-65 输入文字

13 单击 确定 按钮，关闭"文字格式"编辑器，标注结果如图10-66所示。

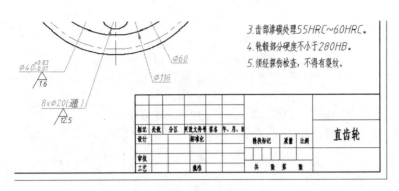

图10-66　标注结果

14 执行"另存为"命令，将图形命名存储为"综合实例（二）.dwg"。

10.7　综合实例3——绘制与填充零件明细表格

本例在综合巩固本章所学知识的前提下，主要学习直齿轮零件图明细表格的绘制和填充技能，本例最终效果如图10-67所示，其局部缩放效果如图10-68所示。

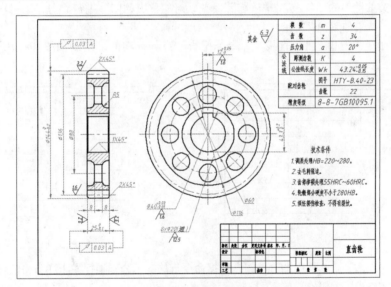

图10-67　实例整体效果

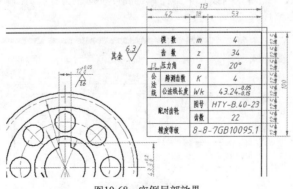

图10-68　实例局部效果

▶ 操作步骤

1 执行"打开"命令，打开随书光盘中的"\素材文件\10-3.dwg"文件。

2 执行菜单栏中的"绘图"|"矩形"命令，配合端点捕捉功能，绘制如图10-69所示的明细表外框。

3 使用命令简写X激活"分解"命令，将刚绘制的矩形分解。

4 使用命令简写O激活"偏移"命令，对分解后的矩形边进行偏移，结果如图10-70所示。

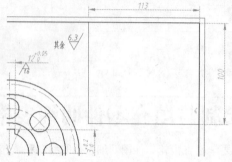

图10-69 绘制结果

图10-70 偏移结果

5 执行菜单栏中的"修改"|"修剪"命令，对偏移出的图线进行修剪，编辑出明细表内部方格，结果如图10-71所示。

6 使用命令简写L激活"直线"命令，配合端点捕捉功能，绘制如图10-72所示的方格对角线。

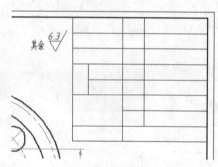

图10-71 修剪结果

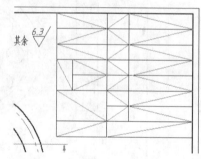

图10-72 绘制结果

7 单击"绘图"工具栏中的 A 按钮，根据命令行的提示分别捕捉左上角方格的对角点，打开"文字格式"编辑器。

8 在"文字格式"编辑器内设置字体样式、高度及对正方式 ，并输入如图10-73所示的表格文字。

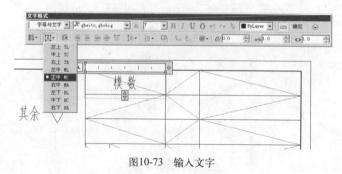

图10-73 输入文字

9 使用命令简写CO激活"复制"命令，配合中点捕捉功能，将刚填充的表格文字分别复制到其他方格对角线中点处，结果如图10-74所示。

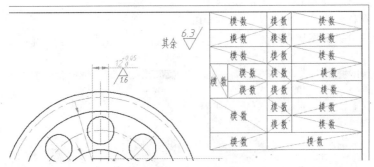

图10-74 复制结果

10 执行菜单栏中的"修改"|"对象"|"文字"|"编辑"命令，选择复制出的文字对象进行修改，输入正确的内容，如图10-75所示。

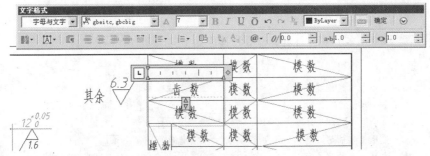

图10-75 编辑文字

11 继续在命令行"选择注释对象或 [放弃(U)]:"提示下，分别修改其他位置的文字对象，并删除方格对角线，结果如图10-76所示。

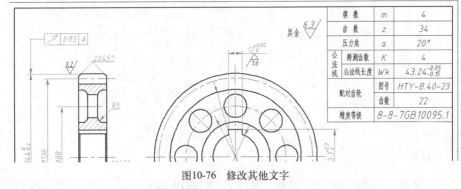

图10-76 修改其他文字

12 执行"另存为"命令，将图形命名存储为"综合实例（三）.dwg"。

10.8 创建快速引线注释

"快速引线"命令用于创建一端带有箭头、另一端带有文字注释的引线尺寸，其中，引线可以为直线段，也可以为平滑的样条曲线，如图10-77所示。

在命令行输入Qleader或LE后按Enter键，激活"快速引线"命令，然后在命令行"指定第一个引线点或 [设置(S)] <设置>:"提示下，激活"设置"选项，在打开的"引线设置"对话框中设置引线参数如图10-78和图10-79所示。

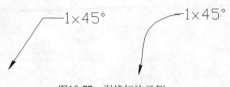

图10-77 引线标注示例

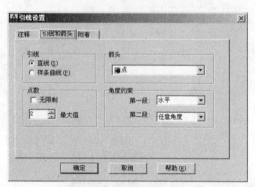

图10-78 设置引线和箭头

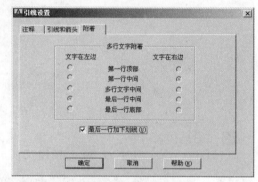

图10-79 设置附着位置

单击 确定 按钮，标注引线注释，命令行操作如下。

```
命令: _qleader
    指定第一个引线点或 [设置(S)] <设置>:          //在适当位置定位第一个引线点
    指定下一点:                                   //在适当位置定位第二个引线点
    指定文字宽度 <0>:                             // Enter
    输入注释文字的第一行 <多行文字(M)>:            //蓝色小波瓦 Enter
    输入注释文字的下一行:                          // Enter，标注结果如图10-80所示
```

图10-80 标注结果

10.8.1 引线注释

在"引线设置"对话框中展开"注释"选项卡，如图10-81所示，此选项卡主要用于设置引线文字的注释类型及其相关的一些选项功能。

1."注释类型"选项组

◆ "多行文字"单选按钮用于在引线末端创建多行文字注释。

◆ "复制对象"单选按钮用于复制已有引线注释作为需要创建的引线注释。

◆ "公差"单选按钮用于在引线末端创建公差注释。

◆ "块参照"单选按钮用于以内部块作为注释对象。

- ◆ "无"单选按钮表示创建无注释的引线。

2. "多行文字选项"选项组

- ◆ "提示输入宽度"复选框用于提示用户，指定多行文字注释的宽度。
- ◆ "始终左对齐"复选框用于自动设置多行文字使用左对齐方式。
- ◆ "文字边框"复选框主要用于为引线注释添加边框。

3. "重复使用注释"选项组

- ◆ "无"单选按钮表示不对当前所设置的引线注释进行重复使用。
- ◆ "重复使用下一个"单选按钮用于重复使用下一个引线注释。
- ◆ "重复使用当前"单选按钮用于重复使用当前的引线注释。

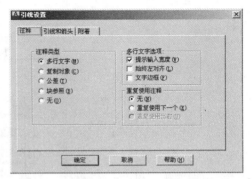

图10-81 "注释"选项卡

10.8.2 引线和箭头

"引线和箭头"选项卡主要用于设置引线的类型、点数、箭头以及引线段的角度约束等参数，如上图10-78所示。

- ◆ "直线"单选按钮用于在指定的引线点之间创建直线段。
- ◆ "样条曲线"单选按钮用于在引线点之间创建样条曲线，即引线为样条曲线。
- ◆ "箭头"选项组用于设置引线箭头的形式。单击 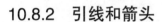，在弹出的下拉列表中选择一种箭头形式。
- ◆ "无限制"复选框表示系统不限制引线点的数量，用户可以通过按Enter键，手动结束引线点的设置过程。
- ◆ "最大值"微调按钮用于设置引线点数的最多数量。
- ◆ "角度约束"选项组用于设置第一条引线与第二条引线的角度约束。

10.8.3 引线注释位置

"附着"选项卡主要用于设置引线和多行文字注释之间的附着位置，如上图10-79所示，只有在"注释"选项卡内选中"多行文字"单选按钮时，此选项卡才可用。

- ◆ "第一行顶部"单选按钮用于将引线放置在多行文字第一行的顶部。
- ◆ "第一行中间"单选按钮用于将引线放置在多行文字第一行的中间。
- ◆ "多行文字中间"单选按钮用于将引线放置在多行文字的中部。
- ◆ "最后一行中间"单选按钮用于将引线放置在多行文字最后一行的中间。
- ◆ "最后一行底部"单选按钮用于将引线放置在多行文字最后一行的底部。
- ◆ "最后一行加下划线"复选框用于为最后一行文字添加下划线。

10.9 综合实例4——编写组装零件图部件序号

本例通过为组装零件图标注部件序号，在综合巩固所学知识的前提下，主要学习"快速引线"命令的典型应用技能。本例最终效果如图10-82所示。

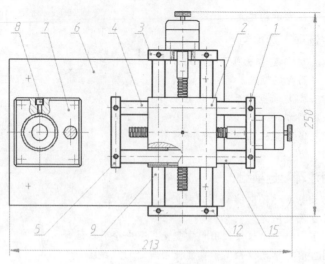

图10-82　实例效果

▶ 操作步骤

1 执行"打开"命令，打开随书光盘中的"\素材文件\10-4.dwg"文件。

2 展开"图层控制"下拉列表，将"标注线"设置为当前图层。

3 执行菜单栏中的"标注"|"标注样式"命令，打开"标注样式管理器"对话框。

4 在"标注样式管理器"对话框中单击 替代(O)... 按钮，设置替代尺寸箭头与大小参数如图10-83所示。

5 展开"调整"选项卡，设置替代标注比例参数如图10-84所示。

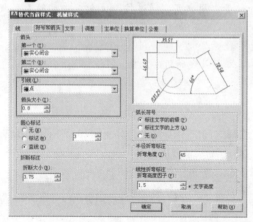

图10-83　设置替代尺寸箭头与大小参数

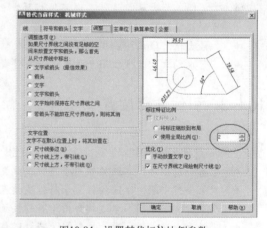

图10-84　设置替代标注比例参数

6 使用命令简写LE激活"快速引线"命令，在命令行"指定第一个引线点或 [设置(S)] <设置>:"提示下激活"设置"选项，在"引线和箭头"选项卡内设置参数如图10-85所示。

7 展开"附着"选项卡，设置文字的附着位置如图10-86所示。

8 单击 确定 按钮返回绘图区，绘制引线并标注序号，命令行操作如下。

```
指定第一个引线点或 [设置(S)] <设置>: <对象捕捉 关>
                                    //在如图10-87所示位置拾取第一个引线点
指定下一点:                          //在如图10-88所示位置拾取第二个引线点
```

指定下一点:	//向右引导光标拾取第三个引线点
指定文字宽度 <0>:	// Enter
输入注释文字的第一行 <多行文字(M)>:	//1 Enter
输入注释文字的下一行:	// Enter，结束命令，标注结果如图10-89所示

图10-85 "引线和箭头"选项卡

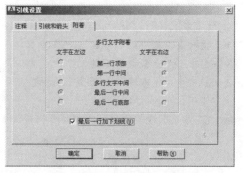

图10-86 "附着"选项卡

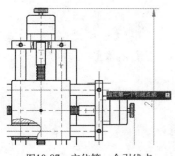

图10-87 定位第一个引线点

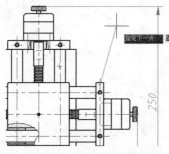

图10-88 定位第二个引线点

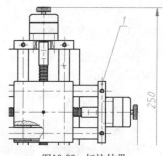

图10-89 标注结果

9 使用命令简写XL激活"构造线"命令，在零件图的上下两侧分别绘制两条水平构造线作为定位辅助线，如图10-90所示。

10 重复执行"快速引线"命令，按照当前的参数设置，标注其他侧的序号，结果如图10-91所示。

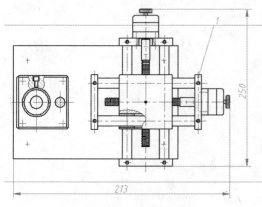

图10-90 绘制结果

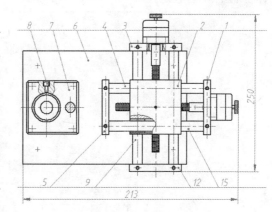

图10-91 标注其他序号

11 使用命令简写E激活"删除"命令，删除两条水平构造线，最终结果如上图10-82所示。

12 执行"另存为"命令，将图形命名存储为"综合实例（四）.dwg"。

10.10 创建多重引线注释

使用"多重引线"命令可以创建具有多个选项的引线对象，只不过这些选项功能都是通过命令行进行设置的，没有对话框更为直观。

执行"多重引线"命令主要有以下几种方式。

- 执行菜单栏中的"标注"|"多重引线"命令。
- 单击"多重引线"工具栏上的 按钮。
- 在命令行输入Mleader后按Enter键。
- 使用命令简写MLE。

激活"多重引线"命令后，其命令行操作如下。

```
命令: _mleader
     指定引线基线的位置或 [引线箭头优先(H)/内容优先(C)/选项(O)] <选项>:     //Enter
     输入选项 [引线类型(L)/引线基线(A)/内容类型(C)/最大节点数(M)/第一个角度(F)/第二个角度
(S)/退出选项(X)] <退出选项>:                                    //输入一个选项
     指定引线基线的位置或 [引线箭头优先(H)/内容优先(C)/选项(O)] <选项>:  //指定基线位置
     指定引线箭头的位置: //指定箭头位置, 此时系统打开"文字格式"编辑器, 用于输入注释内容
```

另外，使用"多重引线样式"命令可以创建或修改多重引线样式。执行"多重引线样式"命令主要有以下几种方式。

- 单击"常用"选项卡|"注释"面板中的 按钮。
- 单击"样式"工具栏中的 按钮。
- 执行菜单栏中的"格式"|"多重引线样式"命令。
- 在命令行输入Mleaderstyle后按Enter键。

10.11 综合实例5——为图形标注引线注释

本例通过为某堤岸断面示意图标注如图10-92所示的文字注释，主要学习多重引线注释的快速标注方法和标注技能。

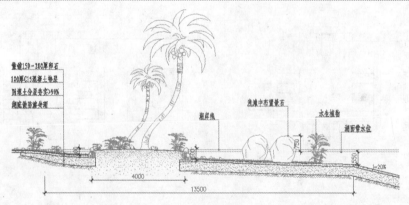

图10-92 实例效果

1 执行"打开"命令，打开随书光盘中的"\素材文件\10-5.dwg"文件，如图10-93所示。

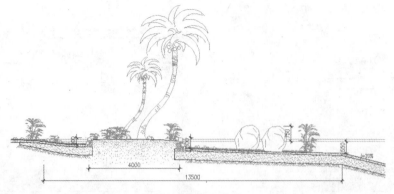

图10-93 打开结果

2 执行菜单栏中的"格式"|"多重引线样式"命令，打开如图10-94所示的"多重引线样式管理器"对话框。

3 在"多重引线样式管理器"对话框中单击 新建(N)... 按钮，为新样式命名，如图10-95所示。

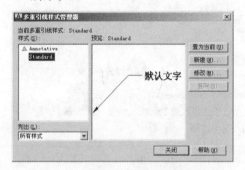

图10-94 "多重引线样式管理器"对话框

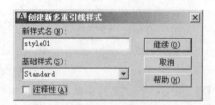

图10-95 为新样式命名

4 单击 继续(O) 按钮，在打开的对话框中展开"引线格式"选项卡，设置引线格式如图10-96所示。

5 展开"引线结构"选项卡，设置引线结构如图10-97所示。

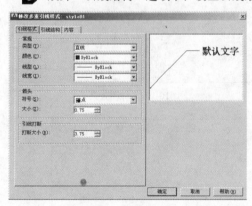

图10-96 设置引线格式

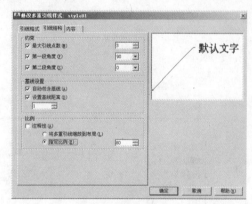

图10-97 设置引线结构

6 展开"内容"选项卡，设置多重引线样式的类型及基线间隙参数，如图10-98所示。

7 单击 确定 按钮，返回"多重引线样式管理器"对话框，将刚设置的新样式置为当前样式，如图10-99所示。

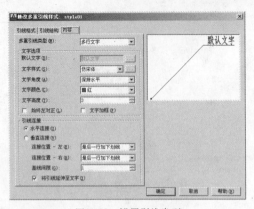

图10-98 设置引线类型

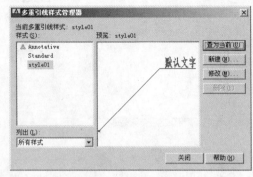

图10-99 设置当前样式

8 关闭"多重引线样式管理器"对话框，然后执行菜单栏中的"标注"|"多重引线"命令，根据命令行的提示绘制引线并输入如图10-100所示的文字注释，标注后的效果如图10-101所示。

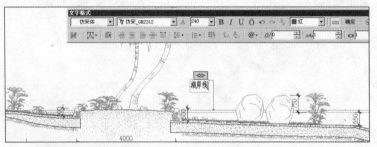

图10-100 输入文字注释

9 重复执行"多重引线"命令，按照当前的参数设置，分别标注其他位置的引线注释，结果如图10-102所示。

10 执行"另存为"命令，将图形命名存储为"综合实例（五）.dwg"。

图10-101 标注效果

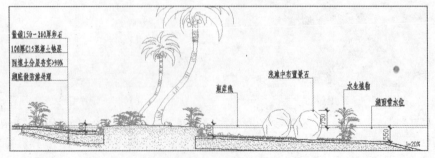

图10-102 标注其他注释

第3篇

三维进阶

PART 03

本篇包括第11~13章内容，结合大量典型案例，重点讲解
AutoCAD 2013三维建模的相关知识，具体内容包括AutoCAD 2013
三维视图的查看、显示、三维坐标系的调整、三维基本表面、三维
回转曲面、三维平移曲面、三维直纹曲面、三维边界曲面等三维曲
面的创建以及三维实体建模、三维模型的编辑与操作等高级制图技
巧，使读者通过对本篇内容的学习，在掌握二维制图技能的基础上
更上一层楼，掌握三维制图技能。本篇内容如下。

- 第11章　AutoCAD 2013三维设计环境
- 第12章　AutoCAD 2013三维建模基础
- 第13章　AutoCAD 2013三维编辑基础

第11章 AutoCAD 2013 三维设计环境

AutoCAD 2013为用户提供了比较完善的三维制图功能，使用三维制图功能可以创建出物体的三维模型，此种模型包含的信息更多、更完整，也更利于与计算机辅助工程、制造等系统相结合。本章首先讲述AutoCAD的三维辅助功能，为后叙章节的学习打下基础。本章学习内容如下。

- ◆ 了解三维模型
- ◆ 三维模型的查看与调控
- ◆ 分割视口
- ◆ 动态观察
- ◆ 全导航控制盘
- ◆ 三维模型的着色与显示
- ◆ UCS坐标系
- ◆ 综合实例——三维辅助功能的综合练习

11.1 了解三维模型

AutoCAD共为用户提供了三种三维模型，用于表达物体的三维形态。这三种三维模型分别是实体模型、曲面模型和网格模型。通过这三种模型，不仅能让非专业人员对物体的外形有一个感性的认识，还能帮助专业人员降低绘制复杂图形的难度，使一些在二维平面图中无法表达的东西清晰而形象地显示在屏幕上。本节首先了解这三种三维模型。

11.1.1 实体模型

实体模型是实实在在的物体，它不仅包含面、边的信息，而且还具备实物的一切特性，用户不仅可以对其进行着色和渲染，还可以对其进行打孔、切槽、倒角等布尔运算，另外也可以检测和分析实体内部的质心、体积和惯性矩等。如图11-1所示的模型即为实体模型。

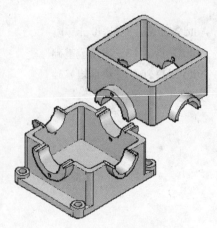

图11-1 实体模型

11.1.2　曲面模型

曲面的概念比较抽象，在此可以将其理解为实体的面，这种曲面模型不仅能够着色、渲染等，还可以对其进行修剪、延伸、圆角、偏移等编辑。如图11-2所示的模型为曲面模型。

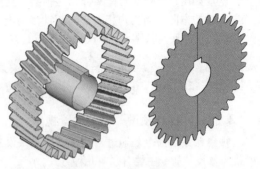

图11-2　曲面模型

11.1.3　网格模型

网格模型是由一系列规则的格子线围绕而成的网状表面，再由网状表面的集合来定义三维物体。这种模型仅含有面、边信息，能着色和渲染，但是不能表达出真实实物的属性。 如图11-3所示的模型为网格模型。

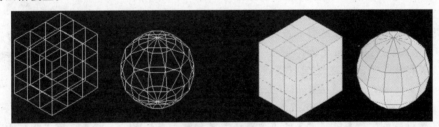

图11-3　网格模型

11.2　三维模型的查看与调控

本节学习三维模型的观察功能，具体有视点、视图、视口、动态观察器、导航控制盘等内容。

11.2.1　设置视点

在AutoCAD绘图空间中可以在不同的位置观察图形，这些位置就称为视点。视点的设置主要有两种方式：使用"视点"命令设置视点和通过"视点预设"命令设置视点。

1. 使用"视点"命令设置视点

"视点"命令用于输入观察点的坐标或角度来确定视点。执行"视点"命令主要有以下两种方式。

◆　执行菜单栏中的"视图"|"三维视图"|"视点"命令。

◆　在命令行输入Vpoint后按Enter键。

执行"视点"命令后，其命令行操作如下。

```
命令：Vpoint
    当前视图方向: VIEWDIR=0.0000,0.0000,1.0000
    指定视点或 [旋转(R)] <显示指南针和三轴架>:
                                    //直接输入观察点的坐标来确定视点
```

如果用户没有输入视点坐标，而是直接按Enter键，那么绘图区会显示如图11-4所示的指南针和三轴架，其中三轴架代表X、Y、Z轴的方向，当用户相对于指南针移动十字线时，三轴架会自动进行调整，以显示X、Y、Z轴对应的方向。

 "旋转"选项主要用于通过指定与X轴的夹角以及与XY平面的夹角来确定视点。

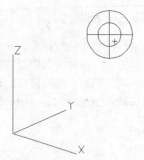

图11-4　指南针和三轴架

2. 通过"视点预设"命令设置视点

"视点预设"命令是通过对话框的形式来设置视点的。执行"视点预设"命令主要有以下几种方式。

- 执行菜单栏中的"视图"|"三维视图"|"视点预设"命令。
- 在命令行输入DDVpoint后按Enter键。
- 使用命令简写VP。

执行"视点预设"命令后，打开如图11-5所示的"视点预设"对话框，在该对话框中可以进行如下设置。

- 设置视点、原点的连线与XY平面的夹角。具体操作就是在右侧半圆图形上选择相应的点，或直接在"XY平面"文本框内输入角度值。
- 设置视点、原点的连线在XOY面上的投影与X轴的夹角。具体操作就是在左侧图形上选择相应的点，或直接在"X轴"文本框内输入角度值。
- 设置观察角度。系统将设置的角度默认为是相对于当前WCS，如果选中"相对于UCS"单选按钮，设置的角度值就是相对于UCS的。
- 设置为平面视图。单击 设置为平面视图(V) 按钮，系统将重新设置为平面视图。

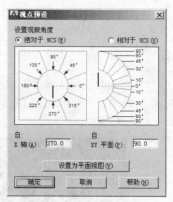

图11-5　"视点预设"对话框

 平面视图的观察方向是与X轴的夹角为270°，与XY平面的夹角是90°。

11.2.2　切换视图

为了便于观察和编辑三维模型，AutoCAD为用户提供了一些标准视图，具体有6个正交视图和4个等轴测视图，如图11-6所示，其工具按钮都排列在如图11-7所示的"视图"工具栏上。视图的切换主要有以下几种方式。

图11-6　"三维视图"级联菜单

图11-7　"视图"工具栏

◆ 执行菜单栏中的"视图"|"三维视图"级联菜单中的各视图命令。

◆ 单击"视图"工具栏或"面板"上的相应按钮。

上述6个正交视图和4个等轴测视图用于显示三维模型的主要特征视图,其中每种视图的视点、与X轴夹角和与XY平面夹角等内容如表11-1所示。

表11-1 基本视图及其参数设置

视图	菜单选项	方向矢量	与X轴夹角	与XY平面夹角
俯视	Tom	(0, 0, 1)	270°	90°
仰视	Bottom	(0, 0, -1)	270°	90°
左视	Left	(-1, 0, 0)	180°	0°
右视	Right	(1, 0, 0)	0°	0°
前视	Front	(0, -1, 0)	270°	0°
后视	Back	(0, 1, 0)	90°	0°
西南等轴测	SW Isometric	(-1, -1, 1)	225°	45°
东南等轴测	SE Isometric	(1, -1, 1)	315°	45°
东北等轴测	NE Isometric	(1, 1, 1)	45°	45°
西北等轴测	NW Isometric	(-1, 1, 1)	135°	45°

除了上述10个标准视图之外,AutoCAD还为用户提供了一个"平面视图"工具,使用此命令,可以将当前UCS、命名保存的UCS或WCS,切换为各坐标系的平面视图,以方便观察和操作,如图11-8所示。

执行菜单栏中的"视图"|"三维视图"|"平面视图"命令,或在命令行输入Plan后按Enter键,都可激活"平面视图"命令。

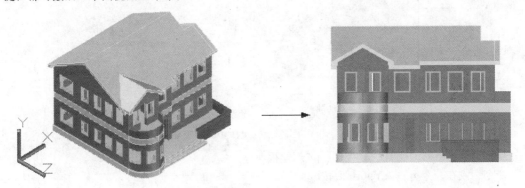

图11-8 平面视图切换

11.2.3 使用ViewCube调整视点

使用3D导航立方体(即ViewCube)不但可以快速帮助用户调整模型的视点,还可以更改模型的视图投影、定义和恢复模型的主视图,以及恢复随模型一起保存的已命名UCS,如图11-9所示。

此导航立方体主要由顶部的房子标记、中间的导航立方体、底部的罗盘和最下侧的UCS菜单

4部分组成，当沿着立方体移动鼠标时，分布在导航立体棱、边、面等位置上的热点会亮显。单击一个热点，就可以切换到相关的视图。

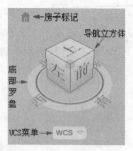

图11-9　ViewCube显示图

- ◆ 视图投影。当查看模型时，在平行模式、透视模式和带平行视图面的透视模式之间进行切换。
- ◆ 主视图指的是定义和恢复模型的主视图。主视图是用户在模型中定义的视图，用于返回熟悉的模型视图。
- ◆ 通过单击 ViewCube下方的 UCS 按钮菜单，可以恢复已命名的 UCS。

提示

将当前视觉样式设为3D显示样式后，导航立方体显示图才可以显示出来。在命令行输入Cube后按Enter键，可以控制导航立方体图的显示和关闭状态。

11.3　分割视口

视口是用于绘制图形、显示图形的区域，默认设置下AutoCAD将整个绘图区作为一个视口，在实际建模过程中，有时需要从各个不同视点上观察模型的不同部分，为此AutoCAD为用户提供了视口的分割功能，可以将默认的一个视口分割成多个视口，如图11-10所示，这样用户可以从不同的方向观察三维模型的不同部分。

视口的分割主要有以下几种方式。

1. 通过菜单分割视口

- ◆ 执行菜单栏中的"视图"|"视口"级联菜单中的相关命令，如图11-11所示。
- ◆ 单击"视口"工具栏或面板上的各按钮。

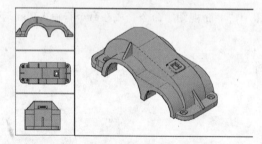

图11-10　分割视口

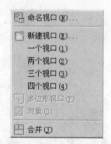

图11-11　"视口"级联菜单

2. 通过对话框分割视口

执行菜单栏中的"视图"|"视口"|"新建视口"命令，或在命令行输入Vports后按Enter键，打开如图11-12所示的"视口"对话框，在此对话框中选择一种视口分割形式，单击"确定"按钮即可对当前视口进行分割，而且用户可以提前预览分割视口的效果。

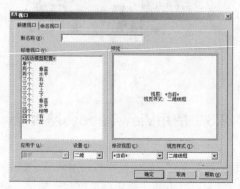

图11-12　"视口"对话框

11.4　动态观察

AutoCAD为用户提供了三种动态观察功能，使用此功能，可以从不同角度观察三维物体的任意部分。

11.4.1　受约束的动态观察

当执行"受约束的动态观察"命令后，绘图区会出现如图11-13所示的光标显示状态，此时按住鼠标左键拖动，可以手动调整观察点，以观察模型的不同侧面。

执行"受约束的动态观察"命令主要有以下几种方式。

◆ 执行菜单栏中的"视图"|"动态观察"|"受约束的动态观察"命令。

◆ 单击"动态观察"工具栏或"导航"面板上的 按钮。

◆ 在命令行输入3dorbit后按Enter键。

图11-13　受约束的动态观察

提示　当激活"受约束的动态观察"命令后，如果按鼠标中键进行拖动，可以对视图进行平移。

11.4.2　自由动态观察

"自由动态观察"命令用于在三维空间中不受滚动约束地旋转视图，当激活此命令后，绘图区会出现如图11-14所示的圆形辅助框架，用户可以从多个方向自由地观察三维物体。

执行"自由动态观察"命令主要有以下几种方式。

◆ 执行菜单栏中的"视图"|"动态观察"|"自由动态观察"命令。

◆ 单击"动态观察"工具栏或"导航"面板上的 按钮。

◆ 在命令行输入3dforbit后按Enter键。

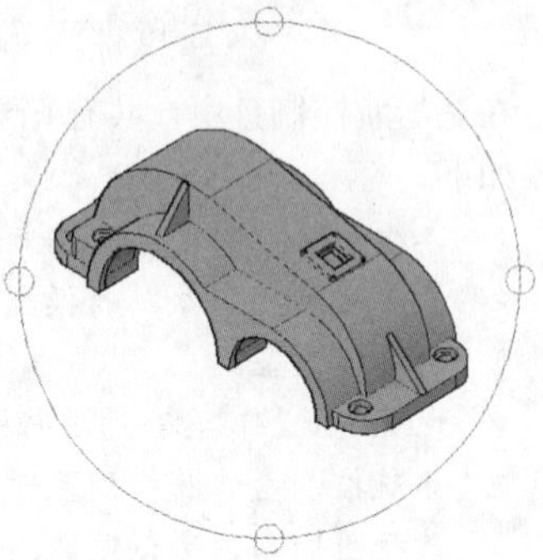

图11-14　自由动态观察

11.4.3　连续动态观察

"连续动态观察"命令用于以连续运动的方式在三维空间中旋转视图，以持续观察三维物体的不同侧面，而不需要手动设置视点。当激活此命令后，光标变为如图11-15所示的状态，此时按住鼠标左键进行拖动，即可连续地旋转视图。

执行"连续动态观察"命令主要有以下几种方式。

◆ 执行菜单栏中的"视图"|"动态观察"|"连续动态观察"命令。

◆ 单击"动态观察"工具栏或"导航"面板上的

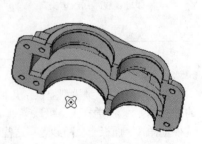

图11-15　连续动态观察

按钮。

◆ 在命令行输入3dcorbit后按Enter键。

11.5 全导航控制盘

全导航控制盘也是用于控制视图视点的一个工具，如图11-16所示。全导航控制盘分为若干个按钮，每个按钮包含一个导航工具，用户可以通过单击按钮或单击并拖动悬停在按钮上的光标来启动各种导航工具。

单击导航栏上的◎按钮或"视图"菜单下的"SteeringWheels"命令，可打开此控制盘，在控制盘上单击鼠标右键，可打开如图11-17所示的快捷菜单。

查看对象控制盘（小）
巡视建筑控制盘（小）
全导航控制盘（小）

全导航控制盘
基本控制盘   ▶

转至主视图
布满窗口

恢复原始中心
使相机水平
提高漫游速度
降低漫游速度

帮助...
SteeringWheel 设置...

关闭控制盘

图11-16 全导航控制盘　　　　图11-17 控制盘快捷菜单

在全导航控制盘中，共有4个不同的控制盘可供使用，每个控制盘均拥有其独有的导航方式，具体如下。

◆ 二维导航控制盘。通过平移和缩放导航模型。

◆ 查看对象控制盘。将模型置于中心位置，并定义轴心点以使用"动态观察"工具缩放和动态观察模型。

◆ 巡视建筑控制盘。通过将模型视图移近或移远、环视以及更改模型视图的标高来导航模型。

◆ 导航控制盘。将模型置于中心位置并定义轴心点以使用"动态观察"工具漫游和环视、更改视图标高、动态观察、平移和缩放模型。

使用控制盘上的工具导航模型时，先前的视图将保存到模型的导航历史中，要从导航历史恢复视图，可以使用"回放"工具。单击控制盘上的"回放"按钮或单击"回放"按钮并在上面拖动，即可以显示回放历史。

11.6 三维模型的着色与显示

AutoCAD为三维模型提供了几种控制模型外观显示效果的工具，这些工具位于如图11-18所示的"视图"|"视觉样式"级联菜单下、如图11-19所示的"视觉样式"工具栏和如图11-20所示的"视觉样式"面板上。巧妙运用这些着色功能，能够快速显示出三维物体的逼真形态，对三维模型的效果显示有很大帮助。

图11-18　"视觉样式"级联菜单　　图11-19　"视觉样式"工具栏　　图11-20　"视觉样式"面板

1. 二维线框

"二维线框"命令是用直线和曲线显示对象的边缘，此对象的线型和线宽都是可见的，如图11-21所示。

执行该命令主要有以下几种方式。

◆ 执行菜单栏中的"视图"|"视觉样式"|"二维线框"命令。

◆ 单击"视觉样式"工具栏上的 按钮。

◆ 使用命令简写VS。

2. 线框

"线框"命令也是用直线和曲线显示对象的边缘轮廓，如图11-22所示。与二维线框显示方式不同的是，表示坐标系的按钮会显示成三维着色形式，并且对象的线型及线宽都是不可见的。

执行该命令主要有以下几种方式。

◆ 执行菜单栏中的"视图"|"视觉样式"|"线框"命令。

◆ 单击"视觉样式"工具栏上的 按钮。

◆ 使用命令简写VS。

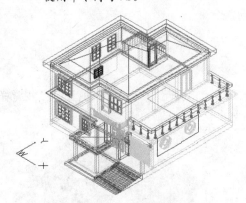

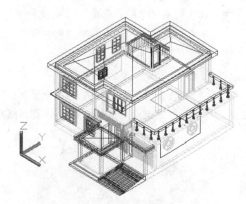

图11-21　二维线框着色　　　　　　　　　　图11-22　线框着色

3. 消隐

"消隐"命令用于将三维对象中观察不到的线隐藏起来，而只显示那些位于前面无遮挡的对象，如图11-23所示。

执行该命令主要有以下几种方式。

◆ 执行菜单栏中的"视图"|"视觉样式"|"消隐"命令。

◆ 单击"视觉样式"工具栏上的 按钮。

◆ 使用命令简写VS。

4. 真实

"真实"命令可使对象实现平面着色，它只对各多边形的面着色，不对面边界作光滑处理，如图11-24所示。

执行此命令主要有以下几种方式。

◆ 执行菜单栏中的"视图"|"视觉样式"|"真实"命令。

◆ 单击"视觉样式"工具栏上的 按钮。

◆ 使用命令简写VS。

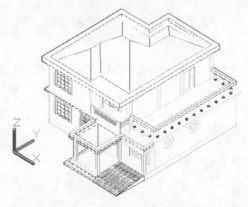

图11-23 消隐

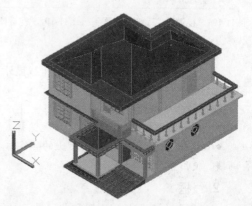

图11-24 真实着色

5. 概念

"概念"命令也可使对象实现平面着色，它不仅可以对各多边形的面着色，还可以对面边界作光滑处理，如图11-25所示。

执行此命令主要有以下几种方式。

◆ 执行菜单栏中的"视图"|"视觉样式"|"概念"命令。

◆ 单击"视觉样式"工具栏上的 按钮。

◆ 使用命令简写VS。

6. 着色

"着色"命令用于对对象进行平滑着色，如图11-26所示。执行菜单栏中的"视图"|"视觉样式"|"着色"命令或使用命令简写VS，都可激活该命令。

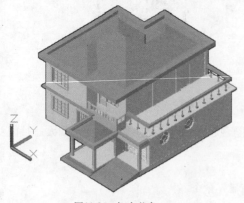

图11-25 概念着色

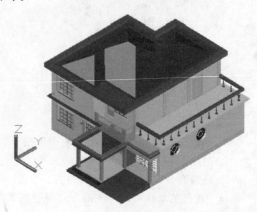

图11-26 平滑着色

7. 带边缘着色

"带边缘着色"命令用于将对象带有可见边平滑着色,如图11-27所示。执行菜单栏中的"视图"|"视觉样式"|"带边缘着色"命令或使用命令简写VS,都可激活该命令。

8. 灰度

"灰度"命令用于将对象以单色面颜色模式着色,以产生灰色效果,如图11-28所示。执行菜单栏中的"视图"|"视觉样式"|"灰度"命令或使用命令简写VS,都可激活该命令。

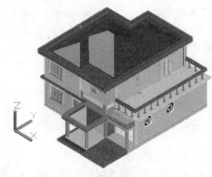

图11-27　带边缘着色

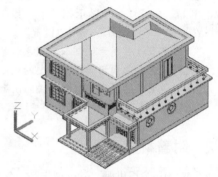

图11-28　灰度着色

9. 勾画

"勾画"命令用于将对象使用外伸和抖动方式产生手绘效果,如图11-29所示。执行菜单栏中的"视图"|"视觉样式"|"勾画"命令或使用命令简写VS,都可激活该命令。

10. X射线

"X射线"命令用于更改面的不透明度,以使整个场景变成部分透明,如图11-30所示。执行菜单栏中的"视图"|"视觉样式"|"X射线"命令或使用命令简写VS,都可激活该命令。

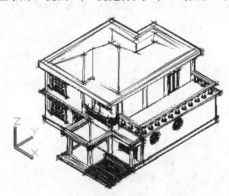

图11-29　勾画着色

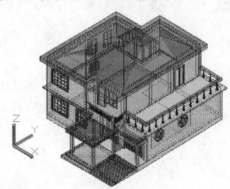

图11-30　X射线

11.7　视觉样式的管理与渲染

这一节继续学习视觉样式的管理与三维模型的渲染等知识。

11.7.1　管理视觉样式

"视觉样式管理器"命令用于控制模型的外观显示效果、创建或更改视觉样式等。

执行"视觉样式管理器"命令主要有以下几种方式。

◆ 执行菜单栏中的"视图"|""视觉样式"|"视觉样式管理器"命令。

◆ 单击"视觉样式"工具栏或面板上的🔳按钮。

◆ 在命令行输入Visualstyles后按Enter键。

执行"视觉样式管理器"命令后，打开如图11-31所示的"视觉样式管理器"窗口，对于不同的视觉样式效果，将显示不同的选项设置，例如，在"真实"显示模式下，其选项包括"面设置"、"光照设置"、"环境设置"、"边设置"。

◆ "面设置"选项用于控制面上颜色和着色的外观。

◆ "光照设置"选项用于设置模型的光照强度、阴影显示等。

◆ "环境设置"选项用于打开和关闭阴影和背景。

◆ "边设置"选项用于指定显示哪些边以及是否应用边修改器。

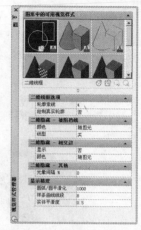

图11-31 "视觉样式管理器"窗口

11.7.2 附着材质

AutoCAD为用户提供了"材质浏览器"命令，使用此命令可以直观方便地为模型附着材质，以更加真实地表达实物造型。

执行"材质游览器"命令主要有以下几种方式。

◆ 执行菜单栏中的"视图"|"渲染"|"材质游览器"命令。

◆ 单击"渲染"工具栏或"材质"面板上的🔳按钮。

◆ 在命令行输入Matbrowseropen后按Enter键。

下面通过为长方体快速附着砖墙材质，主要学习"材质游览器"命令的操作方法和技巧。

1 新建一个公制单位的绘图文件。

2 执行菜单栏中的"绘图"|"建模"|"长方体"命令，创建长度为20、宽度为600、高度为300的长方体，命令行操作如下。

命令: box
　　　指定第一个角点或 [中心(C)]:　　　　　//在绘图区拾取一点
　　　指定其他角点或 [立方体(C)/长度(L)]:　　//@20,600,300 Enter，结果如图11-32所示

3 单击"渲染"工具栏上的🔳按钮，打开如图11-33所示的"材质浏览器"窗口。

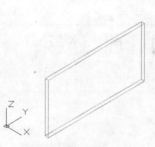

图11-32 创建长方体

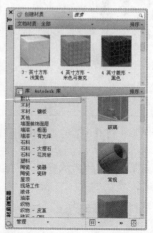

图11-33 "材质游览器"窗口

4 在"材质浏览器"窗口中选择所需材质后，按住鼠标左键不放，将选择的材质拖动至长方体上，为长方体附着材质，如图11-34所示。

5 执行菜单栏中的"视图"|"视觉样式"|"真实"命令，对附着材质后的长方体进行真实着色，结果如图11-35所示。

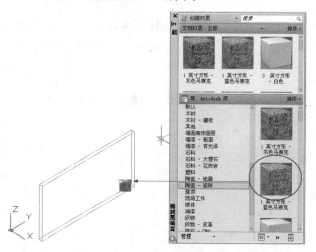

图11-34 附着材质

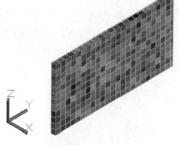

图11-35 真实着色

11.7.3 三维渲染

AutoCAD为用户提供了简单的渲染功能，当为三维模型指定材质后，可以通过"渲染"视图查看真实效果，执行菜单栏中的"视图"|"渲染"|"渲染"命令，或单击"渲染"工具栏上的 按钮，即可激活此命令，AutoCAD将按默认设置，对当前视口内的模型，以独立的窗口进行渲染，如图11-36所示。

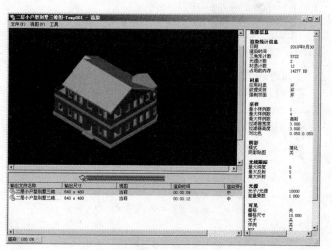

图11-36 渲染窗口

11.8 UCS坐标系

本节主要学习UCS坐标系的设置与管理等相关知识，以方便用户在三维操作空间内快速建模和编辑。

11.8.1 坐标系概述

在默认设置下，AutoCAD是以世界坐标系的XY平面作为绘图平面绘制图形的，由于世界坐标系是固定的，其应用范围有一定的局限性，为此，AutoCAD为用户提供了用户坐标系，简称UCS，这种坐标系是一种非常重要且常用的坐标系。

11.8.2 设置UCS坐标系

为了更好地辅助绘图，AutoCAD为用户提供了一种非常灵活的坐标系——用户坐标系（UCS），此坐标系弥补了世界坐标系（WCS）的不足，用户可以随意定制符合绘图需要的UCS，应用范围比较广。

执行"UCS"命令主要有以下几种方式。

◆ 执行菜单栏中的"工具"|"新建UCS"级联菜单中的各命令，如图11-37所示。

◆ 单击"UCS"工具栏上的各按钮，如图11-38所示。

◆ 在命令行输入UCS后按Enter键。

◆ 单击"视图"选项卡|"坐标"面板上的各按钮。

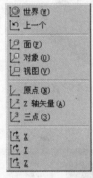

图11-37 "新建UCS"级联菜单   图11-38 "UCS"工具栏

下面通过典型的小实例，主要学习用户坐标系的定制和存储功能。

1 执行"打开"命令，打开随书光盘中的"\素材文件\坐标系示例.dwg"文件，如图11-39所示。

2 使用命令简写VS激活"视觉样式"命令，对模型进行概念着色。

3 执行"UCS"命令，配合端点捕捉功能定义坐标系，命令行操作如下。

命令:UCS

当前 UCS 名称: *俯视*

指定 UCS 的原点或 [面(F)/命名(NA)/对象(OB)/上一个(P)/视图(V)/世界(W)/X/Y/Z/Z 轴(ZA)] <世界>:   //捕捉如图11-40所示的端点

指定 X 轴上的点或 <接受>:   //捕捉如图11-41所示的端点

指定 XY 平面上的点或 <接受>:   //捕捉如图11-42所示的端点，结果如图11-43所示

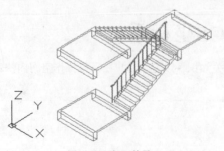

图11-39 打开结果

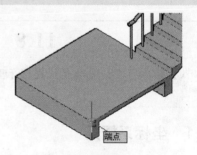

图11-40 定义坐标系原点

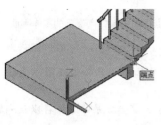 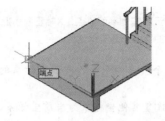 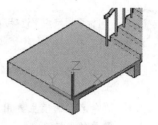

图11-41　定位X轴正方向　　　　　图11-42　定位Y轴正方向　　　　　图11-43　定义结果

4 重复执行"UCS"命令，将当前定义的坐标系命名存储，命令行操作如下。

```
命令: UCS
    当前 UCS 名称: *没有名称*
    指定 UCS 的原点或 [面(F)/命名(NA)/对象(OB)/上一个(P)/视图(V)/世界(W)/X/Y/Z/Z 轴(ZA)]
<世界>:                                    //S Enter
    输入保存当前 UCS 的名称或 [?]:             //ucs1 Enter
```

5 重复执行"UCS"命令，使用"面"选项功能重新定义坐标系，命令行操作如下。

```
命令: UCS
    当前 UCS 名称: ucs1
    指定 UCS 的原点或 [面(F)/命名(NA)/对象(OB)/上一个(P)/视图(V)/世界(W)/X/Y/Z/Z 轴(ZA)] <世
界>:                                       //F Enter，激活"面"选项
    选择实体对象的面:                         //选择如图11-44所示的面
    输入选项 [下一个(N)/X 轴反向(X)/Y 轴反向(Y)] <接受>:  // Enter，定义结果如图11-45所示
```

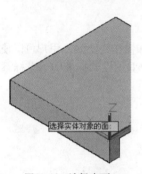 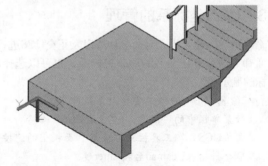

图11-44　选择表面　　　　　　　　　　图11-45　定义结果

6 重复执行"UCS"命令，将刚定义的坐标系进行存储，命令行操作如下。

```
命令: UCS
    当前 UCS 名称: *没有名称*
    指定 UCS 的原点或 [面(F)/命名(NA)/对象(OB)/上一个(P)/视图(V)/世界(W)/X/Y/Z/Z 轴(ZA)] <世
界>:                                       //S Enter
    输入保存当前 UCS 的名称或 [?]:             //ucs2 Enter
```

选项解析

◆ "指定 UCS 的原点"选项用于指定三点，以分别定位出新坐标系的原点、X轴正方向和Y轴正方向。

坐标系原点为离选择点最近的实体平面顶点，X轴正向由此顶点指向离选择点最近的实体平面边界线的另一端点。用户选择的面必须为实体面域。

- ◆ "面"选项用于选择一个实体的平面作为新坐标系的XOY面。用户必须使用点选法选择实体。
- ◆ "命名"选项主要用于恢复其他坐标系为当前坐标系，为当前坐标系命名保存以及删除不需要的坐标系。
- ◆ "对象"选项表示通过选择的对象创建UCS坐标系。用户只能使用点选法来选择对象，否则无法执行此命令。
- ◆ "上一个"选项用于将当前坐标系恢复到前一次所设置的坐标系位置，直到将坐标系恢复为WCS坐标系。
- ◆ "视图"选项表示将新建的用户坐标系的X、Y轴所在的面设置成与屏幕平行，其原点保持不变，Z轴与XY平面正交。
- ◆ "世界"选项用于选择世界坐标系作为当前坐标系，用户可以从任何一种UCS坐标系下返回到世界坐标系。
- ◆ "X"/"Y"/"Z"选项表示原坐标系坐标平面分别绕X、Y、Z轴旋转而形成新的用户坐标系。

如果在已定义的UCS坐标系中进行旋转，那么新的UCS是以前面的UCS系统旋转而成。

- ◆ "Z轴"选项用于指定Z轴方向以确定新的UCS坐标系。

11.8.3　UCS坐标系的管理

　　"命名UCS"命令用于对命名UCS以及正交UCS进行管理和操作，比如，用户可以使用该命令删除、重命名或恢复已命名的UCS坐标系，也可以选择AutoCAD预设的标准UCS坐标系以及控制UCS图标的显示等。

　　执行"命名UCS"命令主要有以下几种方式。

- ◆ 执行菜单栏中的"工具"|"命名UCS"命令。
- ◆ 单击"UCS II"工具栏或"坐标"面板上的 按钮。
- ◆ 在命令行输入Ucsman后按Enter键。

　　执行"命名UCS"后可打开如图11-46所示的"UCS"对话框，该对话框中包括"命名UCS"、"正交UCS"、"设置"三个选项卡，通过这三个选项卡，可以很方便地对自己定义的坐标系统进行存储、删除、应用等操作。

1."命名UCS"选项卡

　　"命名UCS"选项卡用于显示当前文件中的所有坐标系，还可以设置当前坐标系，如图11-46所示。

- ◆ "当前UCS"显示当前的UCS名称。如果UCS设置没有保存和命名，那么当前UCS读取"未命名"。在"当前UCS"下的空白栏中有UCS名称的列表，列出当前视图中已定义的坐标系。
- ◆ 置为当前(C) 按钮用于设置当前坐标系。
- ◆ 单击 详细信息(T) 按钮，可打开如图11-47所示的"UCS 详细信息"对话框，用来查看坐标系的详细信息。

图11-46　"UCS"对话框

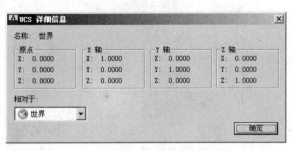

图11-47　"UCS 详细信息"对话框

2. "正交UCS" 选项卡

"正交UCS"选项卡主要用于显示和设置AutoCAD的预设标准坐标系作为当前坐标系，如图11-48所示。

◆　"正交UCS"列表框中列出当前视图中的6个正交坐标系。正交坐标系是相对"相对于"列表框中指定的UCS进行定义的。

◆　置为当前(C)按钮用于设置当前的正交坐标系。用户可以在列表框中双击某个选项，将其设为当前；也可以选择需要设为当前的选项后单击鼠标右键，从弹出的快捷菜单中选择设为非当前的选项。

3. "设置" 选项卡

"设置"选项卡主要用于设置UCS图标的显示及其他的一些操作设置，如图11-49所示。

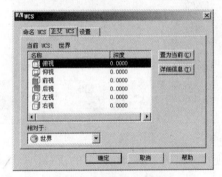

图11-48　"正交UCS"选项卡

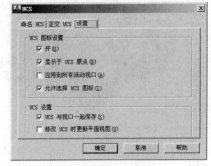

图11-49　"设置"选项卡

◆　"开"复选框用于显示当前视口中的UCS图标。

◆　"显示于UCS原点"复选框用于在当前视口中当前坐标系的原点显示UCS图标。

◆　"应用到所有活动视口"复选框用于将UCS图标设置应用到当前图形中的所有活动视口。

◆　"UCS与视口一起保存"复选框用于将坐标系设置与视口一起保存。如果取消勾选此复选框，视口将反映当前视口的UCS。

◆　"修改UCS时更新平面视图"复选框用于修改视口中的坐标系时恢复平面视图。当对话框关闭时，平面视图和选定的UCS设置被恢复。

11.9　综合实例——三维辅助功能的综合练习

本例将以不同视口、不同着色方式显示电机零件的三维模型，对本章所讲述的三维观察、三维显示和UCS坐标系等功能进行综合应用和巩固。本例效果如图11-50所示。

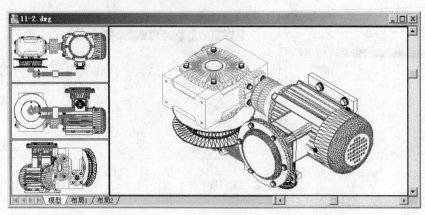

图11-50 实例效果

操作步骤

1️⃣ 执行"打开"命令，打开随书光盘中的"\素材文件\11-2.dwg"文件，如图11-51所示。

2️⃣ 执行菜单栏中的"视图"|"视口"|"新建视口"命令，打开"视口"对话框，然后选择如图11-52所示的视口模式。

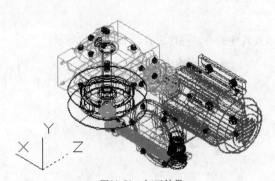

图11-51 打开结果

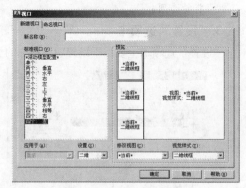

图11-52 "视口"对话框

3️⃣ 单击 确定 按钮，结果系统将当前单个视口分割为"四个：左"的视口，如图11-53所示。

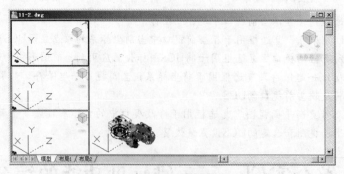

图11-53 分割视口

4️⃣ 将光标放在右侧的视口内单击鼠标左键，将此视口激活为当前视口，此时该视口边框变粗，然后使用实时缩放工具调整视图，结果如图11-54所示。

5️⃣ 使用命令简写VS激活"视觉样式"命令，对模型进行灰度着色，结果如图11-55所示。

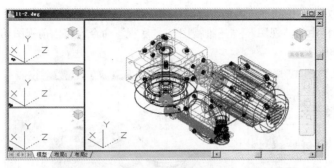

图11-54　调整视图

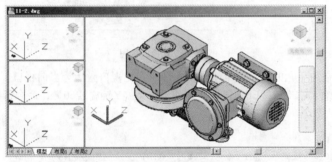

图11-55　灰度着色

6 将着色方式恢复为二维线框着色，然后执行菜单栏中的"视图"|"消隐"命令，结果如图11-56所示。

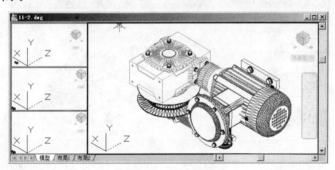

图11-56　消隐效果

7 在左上侧的矩形视口内单击鼠标左键，将此矩形视口激活。

8 执行菜单栏中的"视图"|"三维视图"|"后视"命令，将当前视图切换为后视图，结果如图11-57所示。

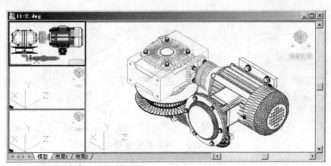

图11-57　切换后视图

⑨ 将光标放在左下侧的视口内单击鼠标左键，将此视口激活为当前视口。

⑩ 执行菜单栏中的"视图"|"三维视图"|"底视"命令，将当前视图切换为底视图，结果如图11-58所示。

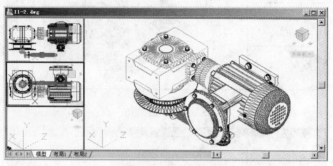

图11-58 切换底视图

⑪ 将光标放在左下角的视口内单击鼠标左键，将此视口激活为当前视口。

⑫ 在命令行输入UCS后按Enter键，将当前坐标系绕Y轴旋转60°，命令行操作如下。

命令: UCS
  当前 UCS 名称: *世界*
  指定 UCS 的原点或 [面(F)/命名(NA)/对象(OB)/上一个(P)/视图(V)/世界(W)/X/Y/Z/Z 轴(ZA)] <世界>:   //Y Enter
  指定绕 Y 轴的旋转角度 <90>:   //60 Enter，旋转结果如图11-59所示

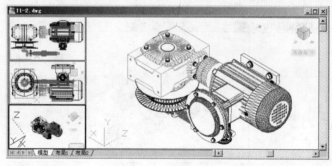

图11-59 旋转坐标系

⑬ 执行菜单栏中的"视图"|"三维视图"|"平面视图"|"当前UCS"命令，将视图切换为当前坐标系的平面视图，结果如图11-60所示。

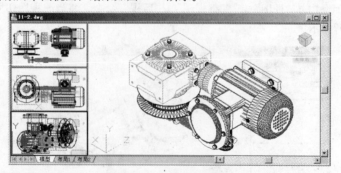

图11-60 切换平面视图

⑭ 使用命令简写VS激活"视觉样式"命令，对左下角视口内的模型进行概念着色，效果如

图11-61所示。

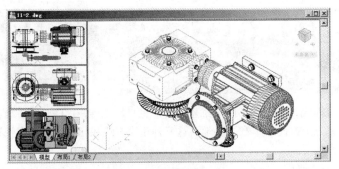

图11-61　概念着色

15 使用命令简写VS激活"视觉样式"命令，对左下角视口内的模型进行边缘着色，效果如图11-62所示。

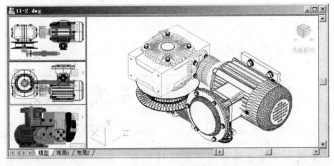

图11-62　边缘着色

16 将着色方式恢复为二维线框着色，然后执行"选项"命令，取消勾选如图11-63所示的4个复选框，以关闭坐标系图标和ViewCube图标的显示，关闭图标后的效果如图11-64所示。

17 执行菜单栏中的"视图"|"视觉样式"|"消隐"命令，对左侧三个视口内的模型进行消隐，最终结果如上图11-50所示。

18 执行"另存为"命令，将图形命名存储为"综合实例.dwg"。

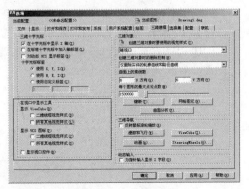

图11-63　"选项"对话框

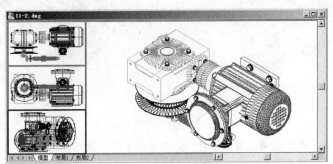

图11-64　关闭图标后的效果

第12章 AutoCAD 2013 三维建模基础

随着版本的升级换代，AutoCAD的三维建模功能也日趋完善，这些功能主要体现在实体建模、曲面建模和网格建模三个方面，本章主要学习这三种建模方法和相关技巧，以快速构建物体的三维模型。本章学习内容如下。

- ◆ 了解几个系统变量
- ◆ 基本几何体建模基础
- ◆ 组合几何体建模基础
- ◆ 将二维线框转化为三维实体或曲面
- ◆ 综合实例1——制作D形职员桌立体造型
- ◆ 网格几何体建模基础
- ◆ 综合实例2——制作楼梯立体造型

12.1 了解几个系统变量

在学习实体建模功能之前，首先简单了解几个与实体显示相关的系统变量，具体如下。

- ◆ ISOLINES变量用于设置实体表面网格线的数量，其值越大，网格线就越密，如图12-1所示。
- ◆ FACETRES变量用于设置实体渲染或消隐后的表面网格密度，变量取值范围为0.01~10.0，值越大网格越密，表面也就越光滑，如图12-2所示。

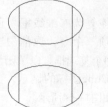
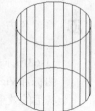

图12-1 ISOLINES变量

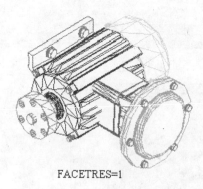

FACETRES=1

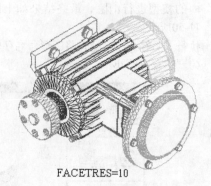

FACETRES=10

图12-2 FACETRES变量

- ◆ DISPSILH变量用于控制视图消隐时，是否显示出实体表面的网格线。值为0时，显示网格线；值为1时，不显示网格线，如图12-3所示。

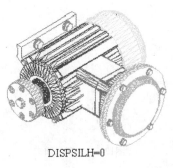

DISPSILH=0

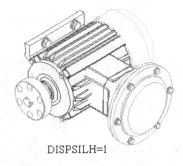

DISPSILH=1

图12-3　DISPSILH变量

12.2　基本几何体建模基础

本节主要学习各类基本几何实体的创建功能，这些实体建模工具按钮位于"建模"工具栏和"建模"面板上，其菜单命令位于"绘图"|"建模"级联菜单上。

12.2.1　多段体

"多段体"命令用于创建具有一定宽度和高度的三维直线段和曲线段的墙状多段体，如图12-4所示。

执行"多段体"命令主要有以下几种方式。

◆ 执行菜单栏中的"绘图"|"建模"|"多段体"命令。

◆ 单击"建模"工具栏或面板上的⬚按钮。

◆ 在命令行输入Polysolid后按Enter键。

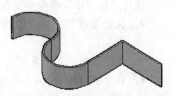

图12-4　多段体示例

下面通过创建高度为80、宽度为5的多段体，学习"多段体"命令的使用方法和技巧。

1 新建文件。

2 将视图切换为西南等轴测视图。

3 单击"建模"工具栏上的⬚按钮，创建多段体，命令行操作如下。

```
命令: _polysolid
    高度 = 80.0000, 宽度 = 5.0000, 对正 = 居中
    指定起点或 [对象(O)/高度(H)/宽度(W)/对正(J)] <对象>://在绘图区拾取一点
    指定下一个点或 [圆弧(A)/放弃(U)]:              //@100,0 Enter
    指定下一个点或 [圆弧(A)/放弃(U)]:              //@0,-60 Enter
    指定下一个点或 [圆弧(A)/闭合(C)/放弃(U)]:       //@100,0 Enter
    指定下一个点或 [圆弧(A)/闭合(C)/放弃(U)]:       //A Enter
    指定圆弧的端点或 [闭合(C)/方向(D)/直线(L)/第二个点(S)/放弃(U)]:    //@0,-150 Enter
    指定下一个点或 [圆弧(A)/闭合(C)/放弃(U)]:       //在绘图区拾取一点
    指定圆弧的端点或 [闭合(C)/方向(D)/直线(L)/第二个点(S)/放弃(U)]:
                                          // Enter, 结束命令, 绘制结果如图12-5所示
```

 选项解析

◆ "对象"选项可以将现有的直线、圆弧、圆、矩形以及样条曲线等二维对象，转化为具有一定宽度和高度的三维实心体，如图12-6所示。

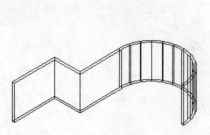
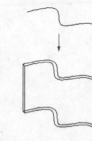

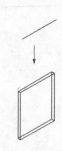

图12-5　绘制结果　　　　　　　　　　　　　图12-6　选项示例

◆ "高度"选项用于设置多段体的高度。

◆ "宽度"选项用于设置多段体的宽度。

◆ "对正"选项用于设置多段体的对正方式，具体有"左对正"、"居中"和"右对正"三
种方式。

12.2.2　长方体

"长方体"命令用于创建三维实心长方体模型或三
维实心立方体模型，如图12-7所示。

执行"长方体"命令主要有以下几种方式。

◆ 执行菜单栏中的"绘图"|"建模"|"长方体"
命令。

◆ 单击"建模"工具栏或面板上的□按钮。

◆ 在命令行输入Box后按Enter键。

图12-7　长方体和立方体示例

下面通过创建长度为200、宽度为150、高度为35的长方体模型，学习"长方体"命令的使用方
法和技巧。

1 新建文件并将视图切换为西南等轴测视图。

2 单击"建模"工具栏上的□按钮，创建长方体，命令行操作如下。

```
命令: _box
    指定第一个角点或 [中心(C)]:              //在绘图区拾取一点
    指定其他角点或 [立方体(C)/长度(L)]:       //@200,150 Enter
    指定高度或 [两点(2P)]:                   //35 Enter，创建结果如图12-8所示
```

3 使用命令简写HI激活"消隐"命令，效果如图12-9所示。

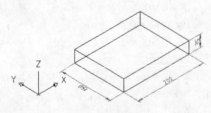
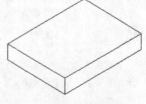

图12-8　创建结果　　　　　　　　　　　图12-9　消隐效果

选项解析

◆ "立方体"选项用于创建长、宽、高都相等的正立方体。

◆ "中心"选项用于根据长方体的中心位置创建长方体，即首先定位长方体的中心位置。

◆ "长度"选项用于直接输入长方体的长度、宽度和高度等参数，即可生成相应尺寸的长方体模型。

12.2.3 楔体

"楔体"命令主要用于创建三维实心楔体模型，如图12-10所示。

执行"楔体"命令主要有以下几种方式。

◆ 执行菜单栏中的"绘图"|"建模"|"楔体"命令。

◆ 单击"建模"工具栏或面板上的⬜按钮。

◆ 在命令行输入Wedge后按Enter键。

下面通过创建长度为120、宽度为20、高度为150的楔体模型，学习"楔体"命令的使用方法和技巧。

1 新建文件并将当前视图切换为东南等轴测视图。

2 单击"建模"工具栏上的⬜按钮，创建楔体，命令行操作如下。

```
命令: _wedge
    指定第一个角点或 [中心(C)]:          //在绘图区拾取一点
    指定其他角点或 [立方体(C)/长度(L)]:    //@120,20 Enter
    指定高度或 [两点(2P)] <10.52>:       //150 Enter，创建结果如图12-10所示
```

3 使用命令简写HI激活"消隐"命令，效果如图12-11所示。

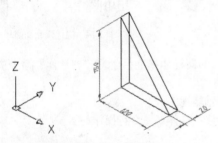

图12-10 创建楔体

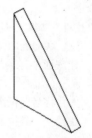

图12-11 消隐效果

选项解析

◆ "中心"选项用于定位楔体的中心，其中心为斜面正中心。

◆ "立方体"选项用于创建长、宽、高都相等的楔体。

12.2.4 球体

"球体"命令主要用于创建三维实心球体模型，如图12-12所示。

执行"球体"命令主要有以下几种方式。

◆ 执行菜单栏中的"绘图"|"实体"|"球体"命令。

◆ 单击"建模"工具栏或面板上的○按钮。

◆ 在命令行输入Sphere后按Enter键。

下面通过创建半径为120的球体模型，主要学习"球体"命令的使用方法和技巧。

1 新建文件并将当前视图切换为西南等轴测视图。

2 单击"建模"工具栏上的○按钮，创建半径为120的球体模型，命令行操作如下。

命令: _sphere
  指定中心点或 [三点(3P)/两点(2P)/切点、切点、半径(T)]:
                 //拾取一点作为球体的中心点
  指定半径或 [直径(D)] <10.36>:   //120 Enter，创建结果如图12-12所示

3 执行"视觉样式"命令，对球体进行概念着色，效果如图12-13所示。

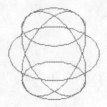   

图12-12 创建球体   图12-13 概念着色

12.2.5 圆柱体

  "圆柱体"命令主要用于创建三维实心圆柱体或三维实心椭圆柱体模型，如图12-14所示。

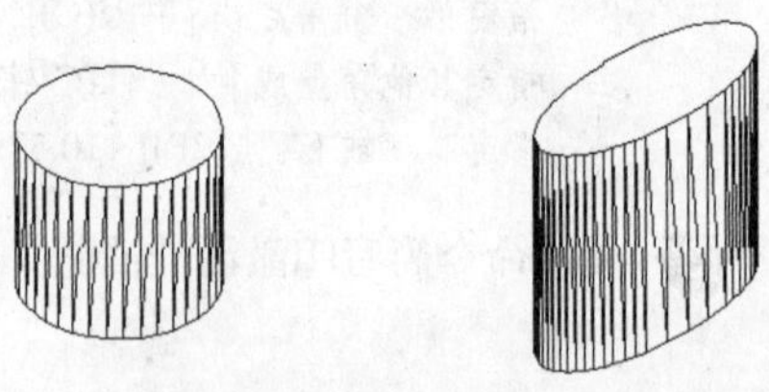

  执行"圆柱体"命令主要有以下几种方式。

- 执行菜单栏中的"绘图"|"建模"|"圆柱体"命令。
- 单击"建模"工具栏或面板上的回按钮。
- 在命令行输入Cylinder后按Enter键。

图12-14 圆柱体和椭圆柱体示例

下面通过创建底面半径为120、高度为250的圆柱体模型，学习"圆柱体"命令的使用方法和技巧。

1 新建文件并将当前视图切换为西南等轴测视图。

2 单击"建模"工具栏上的回按钮，创建圆柱体，命令行操作如下。

命令: _cylinder
  指定底面的中心点或 [三点(3P)/两点(2P)/ 切点、切点、半径(T)/椭圆(E)]
                 //在绘图区拾取一点
  指定底面半径或 [直径(D)]>:   //120 Enter，输入底面半径
  指定高度或 [两点(2P)/轴端点(A)] <100.0000>: //250 Enter，结果如图12-15所示

3 使用命令简写HI激活"消隐"命令，效果如图12-16所示。

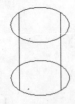   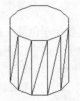

图12-15 创建结果   图12-16 消隐效果

 变量FACETRES用于设置实体消隐或渲染后表面的光滑度，值越大表面越光滑，如图12-17所示；变量ISOLINES用于设置实体线框的表面密度，值越大网格线越密集，如图12-18所示。

图12-17　FACETRES = 5的消隐效果　　　　图12-18　ISOLIENS = 12的线框效果

选项解析

◆ "三点"选项用于指定圆上的三个点定位圆柱体的底面。

◆ "两点"选项用于指定圆直径的两个端点定位圆柱体的底面。

◆ "切点、切点、半径"选项用于绘制与已知两对象相切的圆柱体。

◆ "椭圆"选项用于绘制底面为椭圆的椭圆柱体。

12.2.6　圆环体

"圆环体"命令用于创建三维实心圆环体模型，如图12-19所示。

执行"圆环体"命令主要有以下几种方式。

◆ 执行菜单栏中的"绘图"|"建模"|"圆环体"命令。

◆ 单击"建模"工具栏或面板上的◎按钮。

◆ 在命令行输入Torus后按Enter键。

下面通过创建圆环半径为200、圆管半径为20的圆环体，学习"圆环体"命令的使用方法和技巧。

1 新建文件并将当前视图切换为西南等轴测视图。

2 单击"建模"工具栏上的◎按钮，创建圆环体，命令行操作如下。

```
命令: _torus
        指定中心点或 [三点(3P)/两点(2P)/切点、切点、半径(T)]:    //定位圆环体的中心点
        指定半径或 [直径(D)] <120.0000>:                     //200 Enter
        指定圆管半径或 [两点(2P)/直径(D)]:                    //20 Enter，输入圆管半径，结果如图12-20所示
```

3 使用命令简写HI激活"消隐"命令，效果如图12-21所示。

　　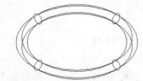　　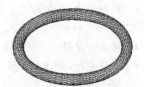

图12-19　圆环体示例　　　　图12-20　创建圆环体　　　　图12-21　消隐效果

12.2.7　圆锥体

"圆锥体"命令用于创建三维实心圆锥体或三维实心椭圆锥体模型，如图12-22所示。

执行"圆锥体"命令主要有以下几种方式。

◆ 执行菜单栏中的"绘图"|"建模"|"圆锥体"命令。

◆ 单击"建模"工具栏或面板上的△按钮。

图12-22　圆锥体与椭圆锥体示例

◆ 在命令行输入Cone后按Enter键。

下面通过创建底面半径为100、高度为150的圆锥体，学习"圆锥体"命令的使用方法和技巧。

1 新建空白文件。

2 执行菜单栏中的"视图"|"三维视图"|"西南等轴测"命令，将当前视图切换为西南等轴测视图。

3 单击"建模"工具栏上的△按钮，激活"圆锥体"命令，创建锥体，命令行操作如下。

命令: _cone
  指定底面的中心点或 [三点(3P)/两点(2P)/切点、切点、半径(T)/椭圆(E)]:
            //拾取一点作为底面中心点
  指定底面半径或 [直径(D)] <261.0244>: //100 Enter，输入底面半径
  指定高度或 [两点(2P)/轴端点(A)/顶面半径(T)] <120.0000>:
           //150 Enter，输入圆锥体的高度，结果如图12-23所示

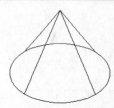

图12-23 创建圆锥体

提示 "椭圆"选项用于创建底面为椭圆的椭圆锥体，如上图12-22（右）所示。

12.2.8 棱锥体

"棱锥体"命令用于创建三维实体棱锥，如底面为四边形、五边形、六边形等的多面棱锥，如图12-24所示。

执行"棱锥体"命令主要有以下几种方式。

图12-24 棱锥体示例

◆ 执行菜单栏中的"绘图"|"建模"|"棱锥体"命令。
◆ 单击"建模"工具栏或面板上的△按钮。
◆ 在命令行输入Pyramid后按Enter键。

下面通过创建底面半径为120的六面棱锥体，学习"棱锥体"命令的使用方法和技巧。

1 新建文件并将视图切换为西南等轴测视图。

2 单击"建模"工具栏上的△按钮，创建六面棱锥体，命令行操作如下。

命令: _pyramid
  4 个侧面 外切
  指定底面的中心点或 [边(E)/侧面(S)]:   //S Enter，激活"侧面"选项
  输入侧面数 <4>:   //6 Enter，设置侧面数
  指定底面的中心点或 [边(E)/侧面(S)]:   //在绘图区拾取一点
  指定底面半径或 [内接(I)] <72.0000>:   //120 Enter
  指定高度或 [两点(2P)/轴端点(A)/顶面半径(T)] <10.0000>: //500 Enter，结果如图12-25所示

3 使用命令简写VS激活"视觉样式"命令，对模型进行灰度着色，效果如图12-26所示。

 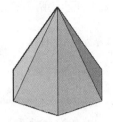

图12-25　创建结果　　　　　　　　　图12-26　灰度着色

12.3　组合几何体建模基础

本节主要学习"并集"、"差集"和"交集"三个命令，以快速创建并集、差集和交集组合体等。

12.3.1　并集

"并集"命令用于将多个实体、面域或曲面组合成一个实体、面域或曲面。

执行"并集"命令主要有以下几种方式。

◆ 执行菜单栏中的"修改"|"实体编辑"|"并集"命令。

◆ 单击"建模"工具栏或"实体编辑"面板上的◎按钮。

◆ 在命令行输入Union后按Enter键。

◆ 使用命令简写UNI。

创建图12-27（左）所示的两个长方体，然后执行"并集"命令，对两个长方体进行并集，命令行操作如下。

```
命令：_union
    选择对象：                    //选择大长方体
    选择对象：                    //选择小长方体
    选择对象：                    // Enter，结果如图12-27（右）所示
```

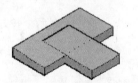 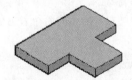

图12-27　并集示例

12.3.2　差集

"差集"命令用于从一个实体（或面域）中移去与其相交的实体（或面域），从而生成新的实体（或面域、曲面）。

执行"差集"命令主要有以下几种方式。

◆ 执行菜单栏中的"修改"|"实体编辑"|"差集"命令。

◆ 单击"建模"工具栏或"实体编辑"面板上的◎按钮。

◆ 在命令行输入Subtract后按Enter键。

◆ 使用命令简写SU。

创建图12-28（左）所示的两个长方体，然后执行"差集"命令，对两个长方体进行差集，命令行操作如下。

```
命令:_subtract
    选择要从中减去的实体、曲面和面域...
    选择对象:                           //选择大长方体
    选择对象:                           // Enter，结束选择
    选择要减去的实体、曲面和面域...
    选择对象:                           //选择小长方体
    选择对象:                           // Enter，差集结果如图12-28（右）所示
```

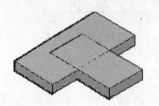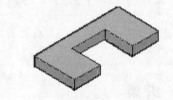

图12-28　差集示例

当选择完被减对象后一定要按Enter键，然后再选择需要减去的对象。

12.3.3　交集

"交集"命令用于将多个实体（或面域、曲面）的公有部分提取出来形成一个新的实体（或面域、曲面），同时删除公有部分以外的部分。

执行"交集"命令主要有以下几种方式。

◆ 执行菜单栏中的"修改"|"实体编辑"|"交集"命令。

◆ 单击"建模"工具栏或"实体编辑"面板上的◎按钮。

◆ 在命令行输入Intersect后按Enter键。

◆ 使用命令简写IN。

创建图12-29（左）所示的两个长方体，然后执行"交集"命令，对两个长方体进行交集，命令行操作如下。

```
命令:_intersect
    选择对象:                           //选择大长方体
    选择对象:                           //选择小长方体
    选择对象:                           // Enter，交集结果如图12-29（右）所示
```

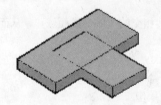

图12-29　交集示例

12.4 将二维线框转化为三维实体或曲面

本节主要学习"拉伸"、"旋转"、"剖切"、"扫掠"、"抽壳"、"干涉检查"6个命令，通过将二维线框图形转化为三维实心体或曲面模型，以创建较为复杂的几何体及曲面。

12.4.1 拉伸

"拉伸"命令用于将闭合的二维图形按照指定的高度拉伸成三维实心体，将非闭合的二维图线拉伸为曲面，如图12-30所示。

执行"拉伸"命令主要有以下几种方式。

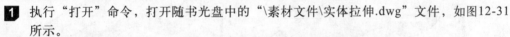

图12-30 拉伸示例

- ◆ 执行菜单栏中的"绘图"|"建模"|"拉伸"命令。
- ◆ 单击"建模"工具栏或面板上的⬜按钮。
- ◆ 在命令行输入Extrude后按Enter键。
- ◆ 使用命令简写EXT。

下面通过典型的实例，主要学习"拉伸"命令的使用方法和技巧。

1 执行"打开"命令，打开随书光盘中的"\素材文件\实体拉伸.dwg"文件，如图12-31所示。

2 使用命令简写PE激活"编辑多段线"命令，将图形编辑为4条闭合的边界。

另外，用户也可以使用"边界"或"面域"命令。

3 执行"东南等轴测"命令，将当前视图切换为东南等轴测视图，如图12-32所示。

图12-31 打开结果

图12-32 切换视图

4 单击"建模"工具栏上的⬜按钮，激活"拉伸"命令，将4条边界拉伸为三维实体，命令行操作如下。

```
命令: _extrude
    当前线框密度: ISOLINES=4，闭合轮廓创建模式 = 实体
    选择要拉伸的对象或 [模式(MO)]: _MO 闭合轮廓创建模式 [实体(SO)/曲面(SU)] <实体>: _SO
    选择要拉伸的对象或 [模式(MO)]:            //选择4条边界
    选择要拉伸的对象或 [模式(MO)]:            //Enter
    指定拉伸的高度或 [方向(D)/路径(P)/倾斜角(T)/表达式(E)] <0.0>:0
                            //沿Z轴正方向引导光标，输入20 Enter，拉伸结果如图12-33所示
```

5 使用命令简写VS激活"视觉样式"命令，对拉伸实体进行着色，效果如图12-34所示。

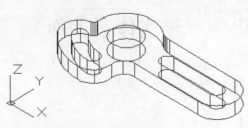

图12-33　拉伸结果

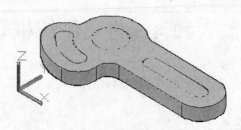

图12-34　着色效果

6 使用命令简写SU激活"差集"命令，对拉伸实体进行差集，命令行操作如下。

命令：SU　　　　　　　　　　　　　　　　　　// Enter
SUBTRACT
选择要从中减去的实体、曲面和面域...
选择对象：　　　　　　　　　　　　　　　　//选择如图12-35所示的拉伸实体
选择对象：　　　　　　　　　　　　　　　　// Enter
选择要减去的实体、曲面和面域...
选择对象：　　　　　　　　　　　　　　　　//选择其他三个拉伸实体
选择对象：　　　　　　　　　　　　　　　　// Enter，结束命令，差集结果如图12-36所示

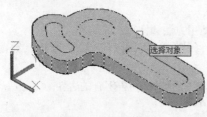

图12-35　选择被减实体

图12-36　差集结果

选项解析

◆ "模式"选项用于设置拉伸对象是生成实体还是曲面。如图12-37所示是在曲面模式下拉伸而成的。

图12-37　将圆拉伸为曲面

◆ "倾斜角"选项用于将闭合或非闭合对象按照一定的角度进行拉伸，如图12-38所示。

◆ "方向"选项用于将闭合或非闭合对象按照光标指引的方向进行拉伸，如图12-39所示。

◆ "路径"选项用于将闭合或非闭合对象按照指定的直线或曲线路径进行拉伸，如图12-40所示。

◆ "表达式"选项用于输入公式或方程式以指定拉伸高度。

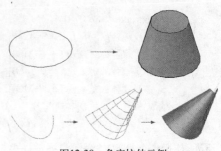

图12-38　角度拉伸示例

图12-39　方向拉伸示例　　　　　　　　　图12-40　路径拉伸示例

12.4.2　旋转

　　"旋转"命令用于将闭合二维图形绕坐标轴旋转为三维实心体，将非闭合图形绕坐标轴旋转为曲面。此命令常用于创建一些回转体结构的模型，如图12-41所示。

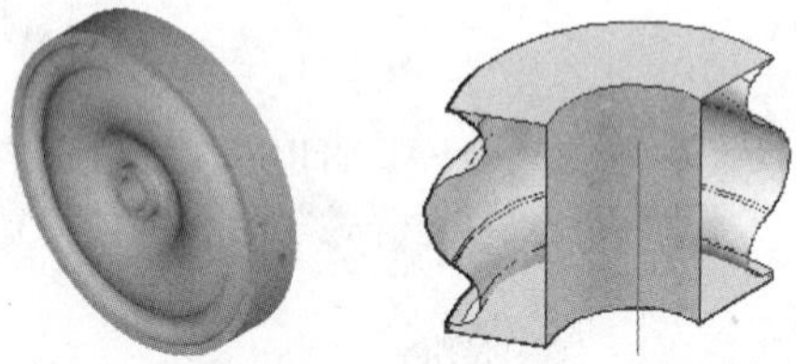

　　执行"旋转"命令主要有以下几种方式。

　◆　执行菜单栏中的"绘图"|"建模"|"旋转"命令。

　◆　单击"建模"工具栏或面板上的◎按钮。

　◆　在命令行输入Revolve后按Enter键。

图12-41　回转体示例

　　下面通过典型的实例，主要学习"旋转"命令的使用方法和技巧。

1　执行"打开"命令，打开随书光盘中的"\素材文件\实体旋转.dwg"文件。

2　综合使用"修剪"和"删除"命令，将图形编辑成图12-42所示的结构。

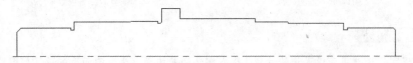

图12-42　编辑结果

3　执行菜单栏中的"绘图"|"边界"命令，在闭合图线内部拾取点，创建一条闭合边界，如图12-43所示。

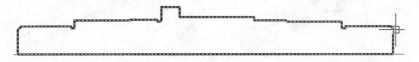

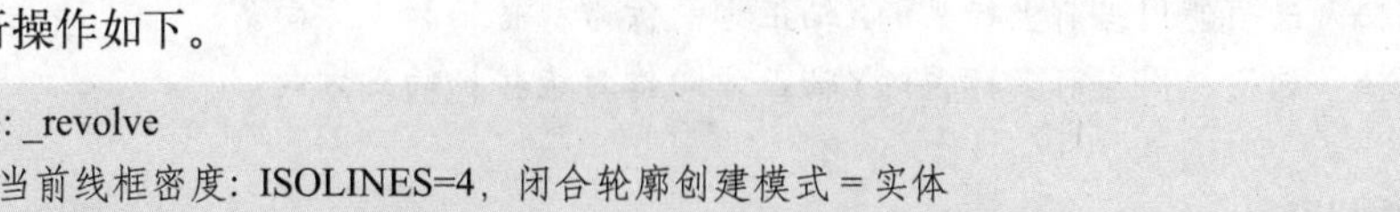

图12-43　边界创建后的突显效果

4　执行"东南等轴测"命令，将当前视图切换为东南等轴测视图，结果如图12-44所示。

5　单击"建模"工具栏上的◎按钮，激活"旋转"命令，将闭合边界旋转为三维实心体，命令行操作如下。

```
命令: _revolve
    当前线框密度: ISOLINES=4，闭合轮廓创建模式 = 实体
    选择要旋转的对象或 [模式(MO)]: _MO 闭合轮廓创建模式 [实体(SO)/曲面(SU)] <实体>: _SO
    选择要旋转的对象或 [模式(MO)]:        //选择闭合边界
    选择要旋转的对象或 [模式(MO)]:        //Enter
    指定轴起点或根据以下选项之一定义轴 [对象(O)/X/Y/Z] <对象>:
                                         //捕捉中心线的端点
    指定轴端点:                          //捕捉中心线的另一个端点
```

指定旋转角度或 [起点角度(ST)/反转(R)/表达式(EX)] <360>:

// Enter，结束命令，旋转结果如图12-45所示

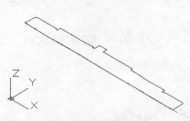

图12-44　切换视图

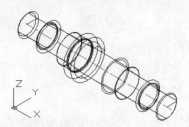

图12-45　旋转结果

6 设置变量FACETRES的值为5，然后再对其消隐，结果如图12-46所示。

7 执行"视觉样式"命令，对模型进行灰度着色，效果如图12-47所示。

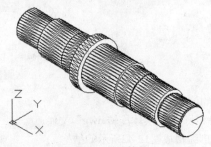

图12-46　消隐结果

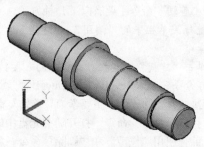

图12-47　着色效果

选项解析

◆ "模式"选项用于设置旋转对象是生成实体还是曲面。生成曲面后的效果如图12-48所示。

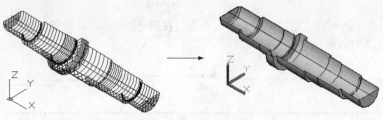

图12-48　曲面模式下的旋转

◆ "对象"选项用于选择现有的直线或多段线等作为旋转轴，旋转轴的正方向是从这条直线上的最近端点指向最远端点。

◆ "X轴"选项使用当前坐标系的X轴正方向作为旋转轴的正方向。

◆ "Y轴"选项使用当前坐标系的Y轴正方向作为旋转轴的正方向。

12.4.3　剖切

"剖切"命令用于切开现有实体或曲面，然后移去不需要的部分，保留指定的部分。使用此命令也可以将剖切后的两部分都保留。

执行"剖切"命令主要有以下几种方式。

◆ 执行菜单栏中的"绘图"|"三维操作"|"剖切"命令。

◆ 单击"常用"选项卡|"实体编辑"面板上的 按钮。

- 在命令行中输入Slice后按Enter键。
- 使用命令简写SL。

下面通过典型的实例，主要学习"剖切"命令的使用方法和技巧。

1 继续上例操作。

2 单击"常用"选项卡|"实体编辑"面板上的 🖳 按钮，对回转实心体进行剖切，命令行操作如下。

```
命令: _slice
    选择要剖切的对象:                    //选择如图12-49所示的回转体
    选择要剖切的对象:                    // Enter ，结束选择
    指定 切面 的起点或 [平面对象(O)/曲面(S)/Z 轴(Z)/视图(V)/XY(XY)/YZ(YZ)/ZX(ZX)/三点(3)] <
三点>:                                //XY Enter ，激活"XY"选项
    指定 XY 平面上的点 <0,0,0>:          //捕捉如图12-50所示的端点
    在所需的侧面上指定点或 [保留两个侧面(B)] <保留两个侧面>: // B Enter ，结果如图12-51所示
```

3 执行"移动"命令，对剖切后的实体进行位移，结果如图12-52所示。

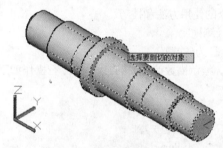

图12-49　选择回转体

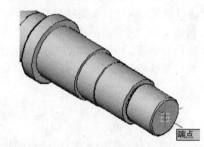

图12-50　捕捉端点

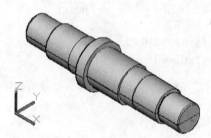

图12-51　剖切结果

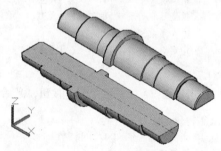

图12-52　位移结果

选项解析

- "三点"选项是系统默认的一种剖切方式，用于通过指定三个点，以确定剖切平面。
- "平面对象"选项用于选择一个目标对象，如以圆、椭圆、圆弧、样条曲线或多段线等，作为实体的剖切面剖切实体，如图12-53所示。
- "曲面"选项用于选择现有的曲面作为剖切平面。
- "Z轴"选项用于通过指定剖切平面的法线方向来确定剖切平面，即通

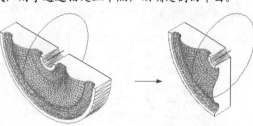

图12-53　选项示例

过XY平面上Z轴（法线）上指定的点定义剖切面。

◆ "视图"选项也是一种剖切方式，该选项所确定的剖切面与当前视口的视图平面平行，用户只需指定一点，即可确定剖切平面的位置。

◆ "XY"/"YZ"/"ZX"三个选项分别代表三种剖切方式，分别用于将剖切平面与当前用户坐标系的XY平面/YZ平面/ZX平面对齐，用户只需指定点即可定义剖切面的位置。XY平面、YZ平面、ZX平面的位置，是根据屏幕当前的UCS坐标系情况而定的。

12.4.4 扫掠

"扫掠"命令用于沿路径扫掠闭合（或非闭合）的二维（或三维）曲线，以创建新的实体（或曲面）。

执行"扫掠"命令主要有以下几种方式。

◆ 执行菜单栏中的"绘图"|"建模"|"扫掠"命令。

◆ 单击"建模"工具栏或面板上的按钮。

◆ 在命令行输入Sweep后按Enter键。

下面通过典型的实例，主要学习"扫掠"命令的使用方法和技巧。

1 新建文件，并将当前视图切换为西南等轴测视图。

2 使用命令简写C激活"圆"命令，绘制半径为6的圆。

3 执行菜单栏中的"绘图"|"螺旋"命令，绘制圈数为5的螺旋线，命令行操作如下。

```
命令: _helix
    圈数 = 3.0000    扭曲=CCW
    指定底面的中心点:                    //在绘图区拾取点
    指定底面半径或 [直径(D)] <53.0000>:      //45 Enter
    指定顶面半径或 [直径(D)] <45.0000>:      //45 Enter
    指定螺旋高度或 [轴端点(A)/圈数(T)/圈高(H)/扭曲(W)] <130.33>:    //T Enter
    输入圈数 <3.0000>:                  //5 Enter
    指定螺旋高度或 [轴端点(A)/圈数(T)/圈高(H)/扭曲(W)] <130.33>:
                                        //120 Enter，结果如图12-54所示
```

4 单击"建模"工具栏上的按钮，激活"扫掠"命令，创建扫掠实体，命令行操作如下。

```
命令: _sweep
    当前线框密度: ISOLINES=12
    选择要扫掠的对象:                    //选择刚绘制的圆图形
    选择要扫掠的对象:                    // Enter
    选择扫掠路径或 [对齐(A)/基点(B)/比例(S)/扭曲(T)]:
                                        //选择螺旋作为路径，结果如图12-55所示
```

5 执行"视觉样式"命令，对模型进行着色显示，效果如图12-56所示。

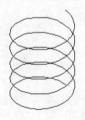
图12-54 绘制螺旋

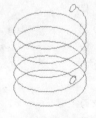
图12-55 扫掠结果

图12-56 着色效果

12.4.5　抽壳

　　"抽壳"命令用于将三维实心体按照指定的厚度，创建为一个空心的薄壳体，或将实体的某些面删除，以形成薄壳体的开口，如图12-57所示。

　　执行"抽壳"命令主要有以下几种方式。

- ◆ 执行菜单栏中的"修改"|"实体编辑"|"抽壳"命令。
- ◆ 单击"实体编辑"工具栏上的 按钮。
- ◆ 在命令行输入Solidedit后按Enter键。

　　下面通过典型的实例，主要学习"抽壳"命令的使用方法和技巧。

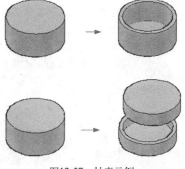

图12-57　抽壳示例

1 新建文件。

2 在西南等轴测视图内创建两个底面半径为200、高度为180的圆柱体。

3 对两个圆柱体进行灰度着色，然后单击"实体编辑"工具栏上的 按钮，激活"抽壳"命令，对圆柱体进行抽壳，命令行操作如下。

```
命令: _solidedit
    实体编辑自动检查: SOLIDCHECK=1
    输入实体编辑选项 [面(F)/边(E)/体(B)/放弃(U)/退出(X)] <退出>: _body
    输入体编辑选项[压印(I)/分割实体(P)/抽壳(S)/清除(L)/检查(C)/放弃(U)/退出(X)] <退出>: _shell
    选择三维实体:                      //选择圆柱体
    删除面或 [放弃(U)/添加(A)/全部(ALL)]:   //单击圆柱体的上表面
    删除面或 [放弃(U)/添加(A)/全部(ALL)]:   //Enter，结束面的选择
    输入抽壳偏移距离:                   //25 Enter，设置抽壳距离，抽壳效果如图12-58所示
    已开始实体校验。
    已完成实体校验。
    输入体编辑选项[压印(I)/分割实体(P)/抽壳(S)/清除(L)/检查(C)/放弃(U)/退出(X)] <退出>:
                                      // S Enter，退出实体编辑模式
    选择三维实体:                      //选择另一个圆柱体
    删除面或 [放弃(U)/添加(A)/全部(ALL)]:   // Enter，结束面的选择
    输入抽壳偏移距离:                   //25 Enter，设置抽壳距离
    实体编辑自动检查: SOLIDCHECK=1
    输入实体编辑选项 [面(F)/边(E)/体(B)/放弃(U)/退出(X)] <退出>:
                   // Enter，结束命令，抽壳后的着色和线框效果如图12-59所示
```

图12-58　抽壳效果

图12-59　抽壳后的着色及线框效果

4 使用命令简写SL激活"剖切"命令，对抽壳后的圆柱体进行剖切，命令行操作如下。

```
命令: _slice
    选择要剖切的对象:                  //选择抽壳体
    选择要剖切的对象:                  // Enter
```

指定切面的起点或 [平面对象(O)/曲面(S)/Z 轴(Z)/视图(V)/XY(XY)/YZ(YZ)/ZX(ZX)/三点(3)] <
三点>:   //XY Enter
　　指定 XY 平面上的点 <0,0,0>:   //激活"两点之间的中点"选项
　　_m2p 中点的第一点: //捕捉如图12-60所示的顶面圆心
　　中点的第二点: //捕捉圆柱体底面圆心
　　在所需的侧面上指定点或 [保留两个侧面(B)] <保留两个侧面>:
                                            //B Enter，结束命令，剖切结果如图12-61所示

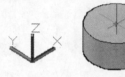
图12-60　捕捉圆心

图12-61　剖切结果

5 使用命令简写M激活"移动"命令，对
剖切后的实体进行位移，结果如图12-62
所示。

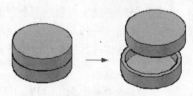
图12-62　位移结果

12.4.6　干涉检查

"干涉检查"命令用于检测各实体之间是否存在干涉现象，如果所选择的实体之间存在干涉
（即相交）情况，可以将干涉部分提取出来，创建成新的实体，而源实体依然存在。

"干涉检查"命令有两种用法：其一，仅选择一组实体，AutoCAD将确定该选择集中有几对实体
发生干涉；其二，先选择第一组实体，然后再选择第二组实体，AutoCAD将确定这两个选择集之
间有几对实体发生干涉。

执行"干涉检查"命令主要有以下几种方式。
◆ 执行菜单栏中的"修改"|"三维操作"|"干涉检查"命令。
◆ 在命令行输入Interfere后按Enter键。
◆ 单击"常用"选项卡|"实体编辑"面板上的 按钮。
下面通过典型的实例，主要学习"干涉检查"命令的使用方法和技巧。

1 执行"打开"命令，打开随书光盘中的"\素材文件\干涉检查.dwg"文件。
2 执行"圆环体"命令，以垂直轴线的中点作为圆心，创建圆环体，命令行操作如下。

命令: _torus
　　指定中心点或 [三点(3P)/两点(2P)/切点、切点、半径(T)]:   //捕捉如图12-63所示的中点
　　指定半径或 [直径(D)] <0.0000>:   //100 Enter
　　指定圆管半径或 [两点(2P)/直径(D)] <0.0000>:   //10 Enter，结果如图12-64所示

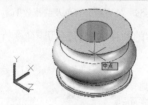
图12-63　捕捉中点

图12-64　创建结果

3 执行菜单栏中的"修改"|"三维操作"|"干涉检查"命令，进行干涉检测，命令行操作如下。

```
命令: _interfere
    选择第一组对象或 [嵌套选择(N)/设置(S)]:              //选择回转体
    选择第一组对象或 [嵌套选择(N)/设置(S)]:              // Enter，结束选择
    选择第二组对象或 [嵌套选择(N)/检查第一组(K)] <检查>:   //选择圆环体
    选择第二组对象或 [嵌套选择(N)/检查第一组(K)] <检查>: Enter
```

4 此时系统将会亮显干涉出的实体，如图12-65所示，同时打开如图12-66所示的"干涉检查"对话框。

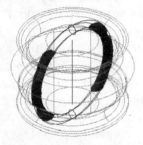

图12-65 亮显干涉实体   图12-66 "干涉检查"对话框

5 取消勾选"关闭时删除已创建的干涉对象"复选框，然后关闭"干涉检查"对话框。

6 执行"移动"命令，对创建的干涉实体进行位移，结果如图12-67所示。

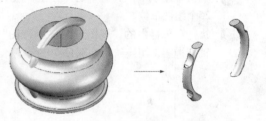

图12-67 位移结果

12.5 综合实例1——制作D形职员桌立体造型

本例通过制作D形职员桌立体造型，主要对本章所学知识进行综合练习和巩固应用。D形职员桌立体造型的最终制作效果，如图12-68所示。

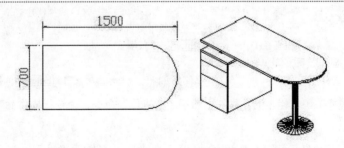

图12-68 实例效果

▶ 操作步骤

1 新建文件并设置视图高度为1200个单位。

2 设置当前的绘图区域为2000×1500，将刚设置的图形界限最大化显示。

3 单击"绘图"工具栏中的 按钮，激活"多段线"命令，绘制桌面板轮廓线，命令行操作如下。

> 命令: _pline
>   指定起点: //在绘图区左上方单击鼠标左键
>   当前线宽为 0.0000
>   指定下一个点或 [圆弧(A)/半宽(H)/长度(L)/放弃(U)/宽度(W)]:
>   //@1150,0 Enter，输入下一点的相对坐标
>   指定下一点或 [圆弧(A)/闭合(C)/半宽(H)/长度(L)/放弃(U)/宽度(W)]:
>   //A Enter，激活"圆弧"选项，转入画弧模式
>   指定圆弧的端点或[角度(A)/圆心(CE)/闭合(CL)/方向(D)/半宽(H)/直线(L)/半径(R)/第二个点(S)/放弃(U)/宽度(W)]:   //@0,-700 Enter，输入下一点的相对坐标
>   指定圆弧的端点或[角度(A)/圆心(CE)/闭合(CL)/方向(D)/半宽(H)/直线(L)/半径(R)/第二个点(S)/放弃(U)/宽度(W)]:   //L Enter，激活"直线"选项，转入直线模式
>   指定下一点或 [圆弧(A)/闭合(C)/半宽(H)/长度(L)/放弃(U)/宽度(W)]:
>   //@-1150,0 Enter，输入下一点的相对坐标
>   指定下一点或 [圆弧(A)/闭合(C)/半宽(H)/长度(L)/放弃(U)/宽度(W)]:
>   //C Enter，闭合图形，结果如图12-69所示

4 单击"建模"工具栏中的 按钮，激活"拉伸"命令，将绘制的多段线沿Z轴正方向拉伸25个绘图单位。

5 执行菜单栏中的"视图" | "三维视图" | "西南等轴测"命令，将当前视图切换为西南等轴测视图，切换结果如图12-70所示。

   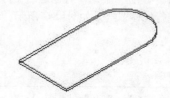

图12-69 绘制多段线   图12-70 切换结果

6 单击"建模"工具栏中的 按钮，激活"圆柱体"命令，绘制桌腿，命令行操作如下。

> 命令: _cylinder
>   指定底面的中心点或 [三点(3P)/两点(2P)/切点、切点、半径(T)/椭圆(E)]:
>   //捕捉桌面板下侧面圆心
>   指定底面半径或 [直径(D)]:   //35 Enter，输入半径
>   指定高度或 [两点(2P)/轴端点(A)]:
>   //沿Z轴负方向引导光标，输入715 Enter，结果如图12-71所示

7 单击"建模"工具栏中的 按钮，激活"圆锥体"命令，命令行操作如下。

> 命令: _cone
>   指定底面的中心点或 [三点(3P)/两点(2P)/切点、切点、半径(T)/椭圆(E)]:
>   //激活"捕捉自"功能
>   _from 基点: //捕捉圆柱体底面圆心
>   <偏移>:   //@0,0,-20 Enter，输入相对坐标
>   指定底面半径或 [直径(D)]:   //200 Enter，输入圆锥体的底面半径

指定高度或 [两点(2P)/轴端点(A)/顶面半径(T)]:

　　　　　　　　//T Enter，激活"顶面半径"选项，转入画顶面半径模式

指定顶面半径：　　　　　　　//35 Enter，输入顶面半径

指定高度或 [两点(2P)/轴端点(A)]：　　//20 Enter，结束命令，结果如图12-72所示

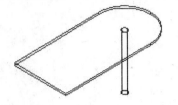

图12-71　绘制圆柱体

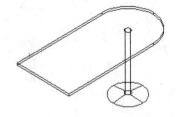

图12-72　绘制圆锥体

8 绘制落地柜。执行"长方体"命令，绘制一个长420、宽700、高25的长方体，结果如图12-73所示。

9 重复执行"长方体"命令，绘制落地柜的侧板，命令行操作如下。

命令:_box

　　指定第一个角点或 [中心(C)]：　　　　//选择图12-73所示的A点

　　指定其他角点或 [立方体(C)/长度(L)]：

　　　　　　　　//@18,-682,-610 Enter，输入相对坐标，结果如图12-74所示

10 单击"修改"工具栏中的 🔲 按钮，激活"复制"命令，将刚创建的长方体侧板沿X轴正方向复制402个单位，结果如图12-75所示。

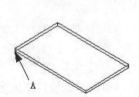

图12-73　绘制长方体

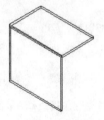

图12-74　绘制结果

图12-75　复制结果

11 单击"建模"工具栏中的 🔲 按钮，激活"长方体"命令，绘制踢脚板，命令行操作如下。

命令:_box

　　指定第一个角点或 [中心(C)]：　　　　//捕捉图12-75所示的A点

　　指定其他角点或 [立方体(C)/长度(L)]：　//捕捉图12-75所示的B点

　　指定高度或 [两点(2P)]：　　　　　　//40 Enter，结束命令，结果如图12-76所示

12 重复执行"长方体"命令，配合端点捕捉功能绘制落地柜后挡板，命令行操作如下。

命令:_box

　　指定第一个角点或 [中心(C)]：　　　　//捕捉图12-76所示的A点

　　指定其他角点或 [立方体(C)/长度(L)]：　//@-384,-18,-570 Enter，结束命令

13 重复执行"长方体"命令，配合端点捕捉功能绘制落地柜的抽屉门，命令行操作如下。

命令:_box

　　指定第一个角点或 [中心(C)]：　　　　//捕捉图12-76所示的B点

　　指定其他角点或 [立方体(C)/长度(L)]：　// @-420,18,-100 Enter，结果如图12-77所示

⑭ 重复执行"长方体"命令，绘制落地柜的第二个抽屉门，命令行操作如下。

```
命令: _box
    指定第一个角点或 [中心(C)]:              //捕捉图12-77所示的A点
    指定其他角点或 [立方体(C)/长度(L)]:       //@-420,18,-175 Enter，结果如图12-78所示
```

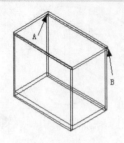
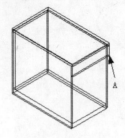

图12-76　绘制长方体　　　　图12-77　绘制结果　　　　图12-78　绘制结果

⑮ 重复执行"长方体"命令，绘制落地柜的第三个抽屉门，命令行操作如下。

```
命令: _box
    指定第一个角点或 [中心(C)]:              //捕捉图12-78所示的S点
    指定其他角点或 [立方体(C)/长度(L)]:       // @-420,18,-335 Enter，结束命令，结果如图12-79所示
```

⑯ 执行菜单栏中的"工具"|"新建UCS"|"三点"命令，激活"新建UCS"命令，创建如图12-79所示的坐标系。

⑰ 单击"建模"工具栏中的□按钮，激活"圆柱体"命令，绘制圆柱体，命令行操作如下。

```
命令: _cylinder
    指定底面的中心点或 [三点(3P)/两点(2P)/切点、切点、半径(T)/椭圆(E)]:
                                         //@210,130,635 Enter，输入相对坐标
    指定底面半径或 [直径(D)]:               //30 Enter，输入半径
    指定高度或 [两点(2P)/轴端点(A)]:         //100 Enter，结束命令，结果如图12-80所示
```

⑱ 执行"复制"命令，将刚绘制的圆柱体沿Y轴正方向复制458个单位，结果如图12-81所示。

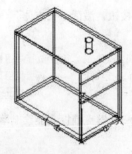
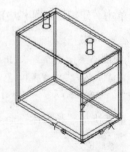

图12-79　绘制长方体　　　　图12-80　绘制圆柱体　　　　图12-81　复制结果

⑲ 执行菜单栏中的"修改"|"移动"命令，激活"移动"命令，将主桌移动到图12-82所示的位置。

⑳ 执行菜单栏中的"视图"|"消隐"命令，对模型进行消隐显示，结果如图12-83所示。

㉑ 在命令行中修改变量FACETRES的值为10，然后执行菜单栏中的"视图"|"消隐"命令，对模型再次消隐显示，最终结果如图12-84所示。

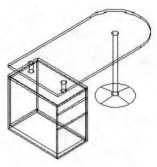

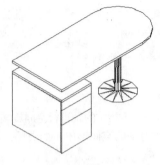

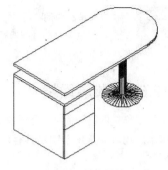

图12-82　移动结果　　　　　　图12-83　消隐结果　　　　　　图12-84　最终结果

22 执行"保存"命令，将图形命名存储为"综合实例（一）.dwg"

12.6　网格几何体建模基础

本节学习基本几何体网格和复杂几何体网格的创建功能，具体有"网格图元"、"旋转网格"、"平移网格"、"直纹网格"和"边界网格"等。

12.6.1　网格图元

如图12-85所示的各类基本几何体网格图元，与各类基本几何实体的结构一样，只不过网格图元是由网状格子线连接而成。网格图元包括网格长方体、网格楔体、网格圆锥体、网格球体、网格圆柱体、网格圆环体、网格棱锥体等基本网格图元。

执行"网格图元"命令主要有以下几种方式。

图12-85　基本几何体网格图元

- ◆ 执行菜单栏中的"绘图"|"建模"|"网格"|"图元"级联菜单中的各命令，如图12-86所示。
- ◆ 单击"平滑网格图元"工具栏上的各按钮，如图12-87所示。
- ◆ 在命令行输入Mesh后按Enter键。
- ◆ 单击"网格"选项卡|"图元"面板上的各按钮。

基本几何体网格的创建方法与创建基本几何实体的方法相同，在此不再细述。默认情况下，可以创建无平滑度的网格图元，然后再根据需要应用平滑度，如图12-88所示。平滑度 0 表示最低平滑度，不同对象之间可能会有所差别，平滑度 4 表示高圆度。

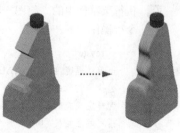

图12-86　"图元"级联菜单　　　图12-87　"平滑网格图元"工具栏　　　图12-88　应用平滑度示例

341

执行菜单栏中的"绘图"|"建模"|"平滑网格"命令，可以将现有对象直接转化为平滑网格。用于转化为平滑网格的对象有三维实体、三维曲面、三维面、多边形网格、多面网格、面域、闭合多段线等。

12.6.2 旋转网格

"旋转网格"命令用于将轨迹线绕一个指定的轴进行空间旋转，生成回转体空间网格，如图12-89所示。此命令常用于创建具有回转体特征的空间形体，如酒杯、茶壶、花瓶、灯罩、轮、环等三维模型。

用于旋转的轨迹线可以是直线、圆、圆弧、样条曲线、二维或三维多段线，旋转轴则可以是直线或非封闭的多段线。

执行"旋转网格"命令主要有以下几种方式。

◆ 执行菜单栏中的"绘图"|"建模"|"网格"|"旋转网格"命令。
◆ 在命令行输入Revsurf后按Enter键。
◆ 单击"网格"选项卡|"图元"面板上的 按钮。

下面通过典型的实例，主要学习"旋转网格"命令的使用方法和技巧。

1 执行"打开"命令，打开随书光盘中的"\素材文件\旋转网格.dwg"文件。
2 综合使用"修剪"和"删除"命令将图形编辑为图12-90所示的结构。
3 使用命令简写BO激活"边界"命令，将闭合区域编辑成一条多段线边界。
4 选择图12-90所示的边界及中心线，然后将视图切换到西南等轴测视图，如图12-91所示。

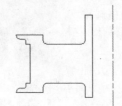

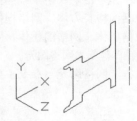

图12-89　旋转网格示例　　　　图12-90　编辑结果　　　　图12-91　切换视图

5 分别使用系统变量SURFTAB1和SURFTAB2，设置网格的线框密度，命令行操作如下。

```
命令: surftab1                           // Enter
    输入 SURFTAB1 的新值 <6>:            //36 Enter
命令: surftab2                           // Enter
    输入 SURFTAB2 的新值 <6>:            //36 Enter
```

6 执行菜单栏中的"绘图"|"建模"|"网格"|"旋转网格"命令，将边界旋转为网格，命令行操作如下。

```
命令: _revsurf
    当前线框密度: SURFTAB1=24  SURFTAB2=24
    选择要旋转的对象:                    //选择边界
    选择定义旋转轴的对象:                //选择垂直中心线
    指定起点角度 <0>:                    // 90 Enter
    指定包含角 (+=逆时针，-=顺时针) <360>:
                        //270 Enter，采用当前设置，旋转结果如图12-92所示
```

7 使用命令简写HI激活"消隐"命令，效果如图12-93所示。

8 执行"视觉样式"命令，对网格进行灰度着色，结果如图12-94所示。

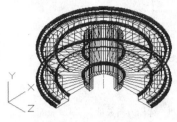

图12-92 旋转结果

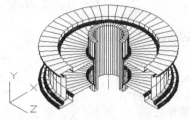

图12-93 消隐效果

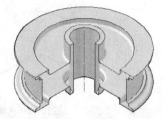

图12-94 灰度着色

提示　在系统以逆时针方向为选择角度测量方向的情况下，如果输入的角度为正，则按逆时针方向构造旋转曲面，否则按顺时针方向构造旋转曲面。

12.6.3 平移网格

"平移网格"命令用于将轨迹线沿着指定的方向矢量平移延伸而形成三维网格。轨迹线可以是直线、圆（圆弧）、椭圆（椭圆弧）、样条曲线、二维或三维多段线；方向矢量用于指明拉伸方向和长度，可以是直线或非封闭多段线，不能使用圆或圆弧来指定位伸的方向。

执行"平移网格"命令主要有以下几种方式。

◆ 执行菜单栏中的"绘图"|"建模"|"网格"|"平移网格"命令。

◆ 在命令行输入Tabsurf后按Enter键。

◆ 单击"网格"选项卡|"图元"面板上的 按钮。

下面通过典型的实例，主要学习"平移网格"命令的使用方法和技巧。

1 执行"打开"命令，打开随书光盘中的"\素材文件\平移网格.dwg"文件。

2 将内部的图线删除，然后将余下的封闭区域编辑为一条边界，结果如图12-95所示。

3 将视图切换到东南等轴测视图，并绘制高度为70的垂直线段，如图12-96所示。

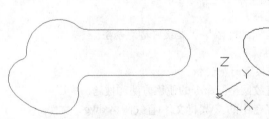

图12-95 编辑结果

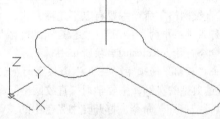

图12-96 绘制直线

4 使用系统变量SURFTAB1，设置直纹曲面表面的线框密度为24。

5 单击"网格"选项卡|"图元"面板上的 按钮，创建平移网格模型，命令行操作如下。

```
命令: _tabsurf
    当前线框密度: SURFTAB1=24
    选择用作轮廓曲线的对象:    //选择如图12-97所示的闭合边界
    选择用作方向矢量的对象:    //在如图12-98所示的位置单击直线, 结果如图12-99所示
```

提示　创建平移网格时，用于拉伸的轨迹线和方向矢量不能位于同一平面内，在指定位伸的方向矢量时，选择点的位置不同，结果也不同。

6 执行"视觉样式"命令，对平移网格进行灰度着色，结果如图12-100所示。

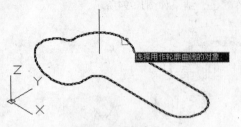

图12-97 选择边界

图12-98 选择方向矢量

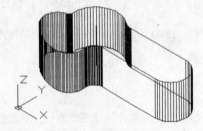

图12-99 创建平移网格

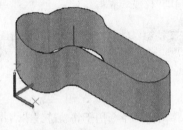

图12-100 灰度着色

12.6.4 直纹网格

"直纹网格"命令用于在指定的两个对象之间创建直纹网格，如图12-101所示。所指定的两条边界可以是直线、样条曲线、多段线等。

 如果一条边界是闭合的，那么另一条边界也必须是闭合的。

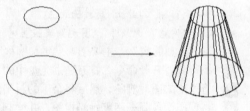

图12-101 直纹网格示例

执行"直纹网格"命令主要有以下几种方式。

◆ 执行菜单栏中的"绘图"|"建模"|"网格"|"直纹网格"命令。
◆ 在命令行输入Rulesurf后按Enter键。
◆ 单击"网格"选项卡|"图元"面板上的◊按钮。

下面通过典型的实例，主要学习"直纹网格"命令的使用方法和技巧。

1 执行"打开"命令，打开随书光盘中的"\素材文件\直纹网格.dwg"文件。

2 执行"边界"命令，将图形编辑成4条闭合边界。

3 将视图切换到东南等轴测视图，然后将4条闭合边界沿Z轴正方向复制45个单位，如图12-102所示。

4 在命令行中设置系统变量SURFTAB1的值为36。

5 执行菜单栏中的"绘图"|"建模"|"网格"|"直纹网格"命令，创建直纹网格模型，命令行操作如下。

```
命令:_rulesurf
    当前线框密度: SURFTAB1=36
    选择第一条定义曲线:                    //选择图12-103所示的圆C
    选择第二条定义曲线:                    //选择圆c，结果生成如图12-104所示的直纹网格
```

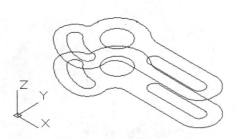

图12-102　复制结果

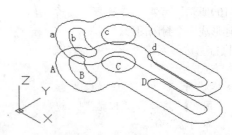

图12-103　定位边界

```
命令: _rulesurf
    当前线框密度: SURFTAB1=36
    选择第一条定义曲线:              //选择图12-103所示的边界B
    选择第二条定义曲线:              //选择边界b
命令: _rulesurf
    当前线框密度: SURFTAB1=36
    选择第一条定义曲线:              //选择图12-103所示的边界D
    选择第二条定义曲线:              //选择边界d，结果生成如图12-105所示的直纹网格
```

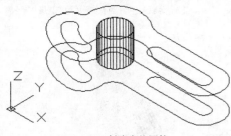

图12-104　创建直纹网格

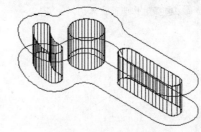

图12-105　创建直纹网格

6 设置系统变量SURFTAB1的值为100，然后执行"直纹网格"命令，创建外侧的网格模型，命令行操作如下。

```
命令: _rulesurf
    当前线框密度: SURFTAB1=100
    选择第一条定义曲线:              //选择图12-103所示的边界A
    选择第二条定义曲线:              //选择边界a，结果生成如图12-106所示的直纹网格
```

7 执行"消隐"命令，对网格进行消隐，效果如图12-107所示。

8 执行"视觉样式"命令，对网格进行边缘着色，效果如图12-108所示。

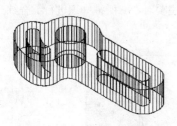

图12-106　创建直纹网格

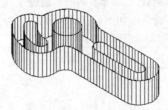

图12-107　消隐效果

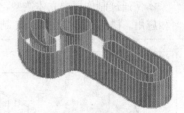

图12-108　着色效果

12.6.5　边界网格

"边界网格"命令用于将4条首尾相连的空间直线或曲线作为边界，以创建空间曲面模型，如

图12-109所示。另外，4条边界必须首尾相连形成一个封闭图形。

执行"边界网格"命令主要有以下几种方式。

◆ 执行菜单栏中的"绘图"|"建模"|"网格"|"边界网格"命令。

◆ 在命令行输入Edgesurf后按Enter键。

◆ 单击"网格"选项卡|"图元"面板上的 按钮。

执行"边界网格"命令，命令行操作如下。

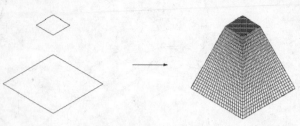

图12-109 边界网格示例

```
命令: _edgesurf
    当前线框密度: SURFTAB1=24  SURFTAB2=24
    选择用作曲面边界的对象 1:              //单击图12-110所示的轮廓线1
    选择用作曲面边界的对象 2:              //单击轮廓线2
    选择用作曲面边界的对象 3:              //单击轮廓线3
    选择用作曲面边界的对象 4:              //单击轮廓线4，创建结果如图12-111所示
```

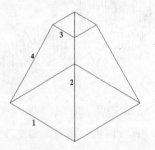

图12-110 定位边界

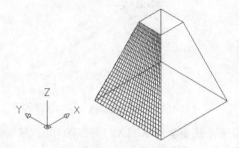

图12-111 创建边界曲面

每条边选择的顺序不同，生成的曲面形状也不一样。用户选择的第一条边确定曲面网格的M方向，第二条边确定网格的N方向。

12.7 综合实例2——制作楼梯立体造型

本例通过制作楼梯立体造型，在综合巩固所学知识的前提下，主要对本章所讲知识进行综合练习和应用。楼梯立体造型的最终制作效果，如图12-112所示。

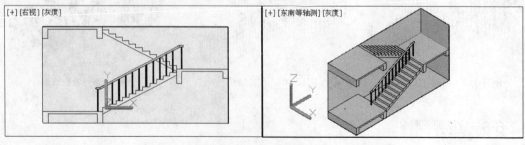

图12-112 实例效果

操作步骤

1 新建绘图文件，并将当前视图切换到右视图。

2 执行"多段线"命令，配合坐标点的输入功能绘制楼梯平台板截面轮廓线，命令行操作如下。

```
命令: _pline
    指定起点:                                                      //在绘图区拾取一点
    当前线宽为 0.0
    指定下一个点或 [圆弧(A)/半宽(H)/长度(L)/放弃(U)/宽度(W)]:        //@0,-400 Enter
    指定下一点或 [圆弧(A)/闭合(C)/半宽(H)/长度(L)/放弃(U)/宽度(W)]:   //@-240,0 Enter
    指定下一点或 [圆弧(A)/闭合(C)/半宽(H)/长度(L)/放弃(U)/宽度(W)]:   //@0,500 Enter
    指定下一点或 [圆弧(A)/闭合(C)/半宽(H)/长度(L)/放弃(U)/宽度(W)]:   //@2640,0 Enter
    指定下一点或 [圆弧(A)/闭合(C)/半宽(H)/长度(L)/放弃(U)/宽度(W)]:   //@0,-500 Enter
    指定下一点或 [圆弧(A)/闭合(C)/半宽(H)/长度(L)/放弃(U)/宽度(W)]:   //@-240,0 Enter
    指定下一点或 [圆弧(A)/闭合(C)/半宽(H)/长度(L)/放弃(U)/宽度(W)]:   //@0,400 Enter
    指定下一点或 [圆弧(A)/闭合(C)/半宽(H)/长度(L)/放弃(U)/宽度(W)]:
                                      //C Enter, 结束命令, 绘制结果如图12-113所示
```

3 重复执行"多段线"命令，以如图12-114所示的端点作为起点，配合"正交模式"或"极轴追踪"功能绘制如图12-115所示的闭合多段线作为楼梯台阶轮廓线，其中台阶尺寸为300、踏步高为150。

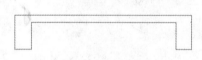

图12-113　绘制结果

图12-114　捕捉端点　　　　　　　　图12-115　绘制楼梯

3 重复执行"多段线"命令，绘制另一侧平台板截面轮廓线，命令行操作如下。

```
命令: _pline
    指定起点:              /                /捕捉如图12-116所示的端点
    当前线宽为 0.0
    指定下一个点或 [圆弧(A)/半宽(H)/长度(L)/放弃(U)/宽度(W)]:        //@0,150 Enter
    指定下一点或 [圆弧(A)/闭合(C)/半宽(H)/长度(L)/放弃(U)/宽度(W)]:   //@2300,0 Enter
    指定下一点或 [圆弧(A)/闭合(C)/半宽(H)/长度(L)/放弃(U)/宽度(W)]:   //@0,-400 Enter
    指定下一点或 [圆弧(A)/闭合(C)/半宽(H)/长度(L)/放弃(U)/宽度(W)]:   //@-240,0 Enter
    指定下一点或 [圆弧(A)/闭合(C)/半宽(H)/长度(L)/放弃(U)/宽度(W)]:   //@0,300 Enter
    指定下一点或 [圆弧(A)/闭合(C)/半宽(H)/长度(L)/放弃(U)/宽度(W)]:   //@-1820,0 Enter
    指定下一点或 [圆弧(A)/闭合(C)/半宽(H)/长度(L)/放弃(U)/宽度(W)]:   //@0,-500 Enter
    指定下一点或 [圆弧(A)/闭合(C)/半宽(H)/长度(L)/放弃(U)/宽度(W)]:   //@-240,0 Enter
    指定下一点或 [圆弧(A)/闭合(C)/半宽(H)/长度(L)/放弃(U)/宽度(W)]:
                                      //C Enter, 结束命令, 绘制结果如图12-117所示
```

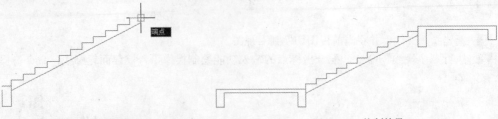

图12-116 捕捉端点 图12-117 绘制结果

5 将视图切换到东南等轴测视图，然后使用命令简写L激活"直线"命令，沿Z轴负方向绘制长度为2500的两条直线，如图12-118所示。

6 综合使用"复制"和"多段线"命令，创建另一侧的平台板截面和楼梯台阶轮廓线，结果如图12-119所示。

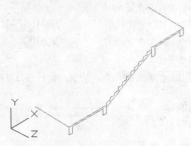 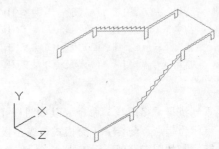

图12-118 绘制结果 图12-119 绘制结果

7 执行菜单栏中的"绘图"|"建模"|"网格"|"平移网格"命令，创建下侧的楼梯平台立体模型，命令行操作如下。

```
命令：_tabsurf
    当前线框密度：SURFTAB1=6
    选择用作轮廓曲线的对象：          //选择如图12-120所示的截面
    选择用作方向矢量的对象：          //选择如图12-121所示的直线
```

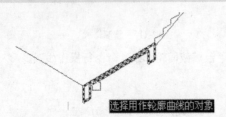 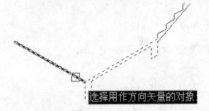

图12-120 选择截面 图12-121 选择方向矢量

8 结果生成如图12-122所示的平移网格，对网格进行概念着色，效果如图12-123所示。

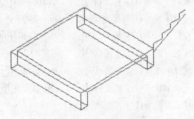 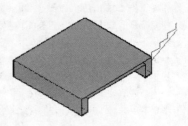

图12-122 创建平移网格 图12-123 概念着色

9 单击"建模"工具栏或面板上的 按钮，创建楼梯台阶三维曲面模型，命令行操作如下。

```
命令: _extrude
    当前线框密度: ISOLINES=4，闭合轮廓创建模式 = 实体
    选择要拉伸的对象或 [模式(MO)]: _MO 闭合轮廓创建模式 [实体(SO)/曲面(SU)] <实体>: _SO
    选择要拉伸的对象或 [模式(MO)]:              //MO Enter
    闭合轮廓创建模式 [实体(SO)/曲面(SU)] <实体>:   //SU Enter
    选择要拉伸的对象或 [模式(MO)]:              //选择如图12-124所示的多段线
    选择要拉伸的对象或 [模式(MO)]:              // Enter
    指定拉伸的高度或 [方向(D)/路径(P)/倾斜角(T)/表达式(E)] <0.0000>:
              //-1200 Enter，创建结果如图12-125所示，概念着色效果如图12-126所示
```

图12-124　选择拉伸对象

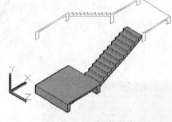
图12-125　拉伸结果　　　　　　图12-126　概念着色

10 在命令行中设置系统变量SURFTAB1的值为300。

11 执行菜单栏中的"绘图"|"建模"|"网格"|"直纹网格"命令，创建右侧的平台立体模型，命令行操作如下。

```
命令: _rulesurf
    当前线框密度: SURFTAB1=300
    选择第一条定义曲线:              //选择如图12-127所示的截面
    选择第二条定义曲线:              //选择如图12-128所示的截面
```

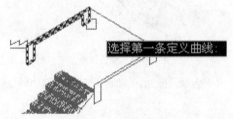
图12-127　选择截面

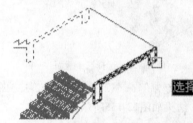
图12-128　选择另一侧截面

12 结果生成如图12-129所示的直纹网格，对网格进行概念着色，效果如图12-130所示。

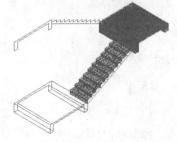
图12-129　创建直纹网格

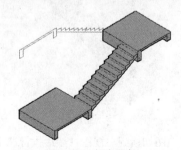
图12-130　概念着色

13 单击"建模"工具栏或面板上的 按钮，创建上侧的楼梯台阶三维实体模型，命令行操作如下。

```
命令: _extrude
    当前线框密度: ISOLINES=4, 闭合轮廓创建模式 = 曲面
    选择要拉伸的对象或 [模式(MO)]: _MO 闭合轮廓创建模式 [实体(SO)/曲面(SU)] <实体>: _SO
    选择要拉伸的对象或 [模式(MO)]:              //选择如图12-131所示的闭合多段线
    选择要拉伸的对象或 [模式(MO)]:              // Enter
    指定拉伸的高度或 [方向(D)/路径(P)/倾斜角(T)/表达式(E)] <-1200.0>:
                                             //1200 Enter, 拉伸后的着色结果如图12-132所示
```

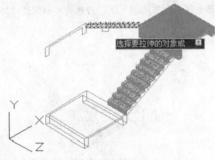

图12-131　选择闭合多段线

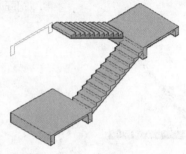

图12-132　拉伸结果

14 将两个平台板模型进行后置，然后执行"面域"命令，将如图12-133所示的三个截面转化为面域，观看着色效果，如图12-134所示。

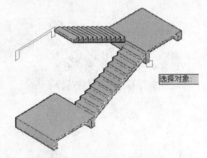

图12-133　选择三个截面

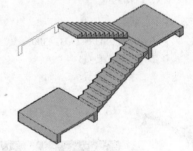

图12-134　着色效果

15 执行"复制"命令，选择如图12-135所示的平台模型，沿Y轴正方向复制3600个绘图单位，结果如图12-136所示。

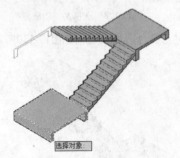

图12-135　选择结果

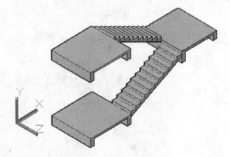

图12-136　复制结果

16 将视图切换到右视图，然后执行"多段线"命令，绘制如图12-137所示的楼梯栏杆和扶手轮廓线。

17 将视图恢复到东南等轴测视图，然后对扶手和栏杆进行整体移动，栏杆距离台阶100个单位，结果如图12-138所示。

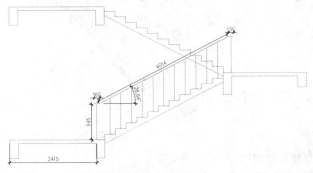

图12-137　绘制结果　　　　　　　　　　　　　图12-138　移动结果

18 将坐标系恢复为世界坐标系，然后执行菜单栏中的"视图"|"建模"|"网格"|"图元"|"圆柱体"命令，创建栏杆网格模型，命令行操作如下。

命令: _MESH
　　当前平滑度设置为: 0
　　输入选项 [长方体(B)/圆锥体(C)/圆柱体(CY)/棱锥体(P)/球体(S)/楔体(W)/圆环体(T)/设置(SE)] <圆柱体>: _CYLINDER
　　　指定底面的中心点或 [三点(3P)/两点(2P)/切点、切点、半径(T)/椭圆(E)]:
　　　　　　　　　　　　　　　　　　　　　　//捕捉如图12-139所示的端点
　　　指定底面半径或 [直径(D)] <0.0>:　　　//D Enter
　　　指定直径 <0.0>:　　　　　　　　　　　//30 Enter
　　　指定高度或 [两点(2P)/轴端点(A)] <5.0>: //945 Enter，创建结果如图12-140所示

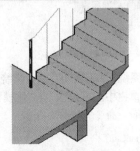

图12-139　捕捉端点　　　　　　　　图12-140　创建结果

19 重复执行"网格图元"命令，配合端点捕捉功能分别创建其他位置的栏杆模型，创建结果如图12-141所示。

20 在绘图区绘制直径为55的圆，然后执行"扫掠"命令，以圆作为截面，创建扶手三维实体模型，命令行操作如下。

命令: _sweep
　　当前线框密度: ISOLINES=4，闭合轮廓创建模式 = 实体
　　选择要扫掠的对象或 [模式(MO)]: _MO 闭合轮廓创建模式 [实体(SO)/曲面(SU)] <实体>: _SO
　　选择要扫掠的对象或 [模式(MO)]:　　　　//选择圆
　　选择要扫掠的对象或 [模式(MO)]:　　　　// Enter
　　选择扫掠路径或 [对齐(A)/基点(B)/比例(S)/扭曲(T)]:
　　　　　　　　　　　　　　　　　　　　//选择扶手，创建结果如图12-142所示

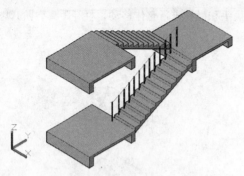

图12-141 创建结果

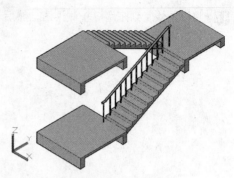

图12-142 扫掠结果

21 执行"UCS"命令，将坐标系原点移至如图12-143所示的位置。

22 执行菜单栏中的"绘图"|"建模"|"曲面"|"平面"命令，配合坐标输入功能创建平面曲面，命令行操作如下。

命令：_Planesurf
  指定第一个角点或 [对象(O)] <对象>：   //0,0 Enter
  指定其他角点：   //@2500,8240 Enter，创建结果如图12-144所示

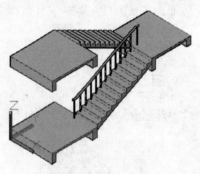

图12-143 移动坐标系

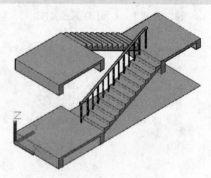

图12-144 创建结果

23 将坐标系绕Z轴旋转90°后，再绕X轴旋转90°，结果如图12-145所示。

24 执行菜单栏中的"绘图"|"建模"|"曲面"|"平面"命令，配合坐标输入功能继续创建平面曲面，命令行操作如下。

命令：_Planesurf
  指定第一个角点或 [对象(O)] <对象>：   //0,0 Enter
  指定其他角点：   //@8240,4100 Enter，创建结果如图12-146所示

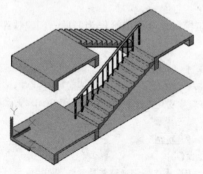

图12-145 旋转结果

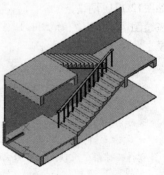

图12-146 创建结果

25 执行"UCS"命令，将坐标系绕Y轴旋转270°，结果如图12-147所示。

26 执行菜单栏中的"绘图"|"建模"|"曲面"|"平面"命令，配合坐标输入功能继续创建平面曲面，命令行操作如下。

命令: _Planesurf
　　指定第一个角点或 [对象(O)] <对象>:　　　//0,0,-8240 Enter
　　指定其他角点:　　　//@2500,4100 Enter，创建结果如图12-148所示

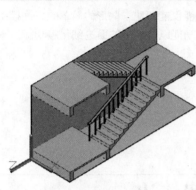
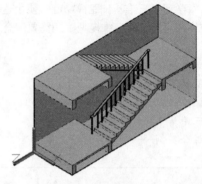

图12-147　旋转坐标系　　　　　　　　　　图12-148　创建结果

27 将坐标系恢复为世界坐标系，然后对模型进行灰度着色，最终结果如上图12-112所示。

28 执行"保存"命令，将图形命名存储为"综合实例（二）.dwg"。

第13章 AutoCAD 2013 三维编辑基础

上一章学习了三维基础建模功能，使用这些建模功能仅能创建一些形体简单的三维模型，如果要创建结构较为复杂的三维模型，还需要配合三维编辑功能以及模型的面边细化等功能。本章学习内容如下。

- ◆ 编辑实体边
- ◆ 编辑实体面
- ◆ 编辑曲面与网格
- ◆ 三维基本操作功能
- ◆ 综合实例——制作资料柜立体造型

13.1 编辑实体边

AutoCAD为用户提供了较为完善的实体面边编辑功能，这些功能位于"修改"|"实体编辑"菜单中，其工具按钮位于"实体编辑"工具栏或面板上。本节主要学习实体边的常用编辑功能。

13.1.1 倒角边

"倒角边"命令主要用于将实体的棱边按照指定的距离进行倒角编辑，以创建一定程度的抹角结构，如图13-1所示。

执行"倒角边"命令主要有以下几种方式。

- ◆ 执行菜单栏中的"修改"|"实体编辑"|"倒角边"命令。
- ◆ 单击"实体编辑"工具栏或面板上的◎按钮。
- ◆ 在命令行输入Chamferedge后按Enter键。

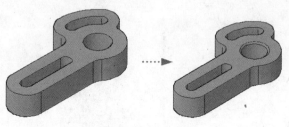

图13-1　倒角边示例

下面通过典型实例，主要学习"倒角边"命令的使用方法和技巧。

1 执行"打开"命令，打开随书光盘中的"\素材文件\倒角边示例.dwg"文件，如图13-1（左）所示。

2 单击"实体编辑"工具栏上的◎按钮，激活"倒角边"命令，对实体边进行倒角编辑，命令行操作如下。

```
命令:_chamferedge
    距离 1 = 1.0000,  距离 2 = 1.0000
    选择一条边或 [环(L)/距离(D)]:                    //选择如图13-2所示的边
    选择同一个面上的其他边或 [环(L)/距离(D)]:          //D Enter
    指定距离 1 或 [表达式(E)] <1.0000>:               //3 Enter
```

指定距离 2 或 [表达式(E)] <1.0000>:　　　　　//3 Enter
选择同一个面上的其他边或 [环(L)/距离(D)]:　　// Enter
按 Enter 键接受倒角或 [距离(D)]:　　　　　// Enter，结束命令，结果如图13-3所示

3 对模型进行二维线框着色后，再对其进行消隐，结果如图13-4所示。

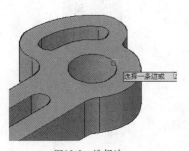

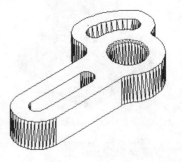

图13-2　选择边　　　　　　　图13-3　倒角结果　　　　　　　图13-4　消隐效果

选项解析

◆ "环"选项用于一次选中倒角基面内的所有棱边。
◆ "距离"选项用于设置倒角边的倒角距离。
◆ "表达式"选项用于输入倒角距离的表达式，随后系统会自动计算出倒角距离值。

13.1.2　圆角边

"圆角边"命令主要用于将实体的棱边按照指定的半径进行圆角编辑，以创建一定程度的圆角效果，如图13-5所示。

执行"圆角边"命令主要有以下几种方式。

◆ 执行菜单栏中的"修改"|"实体编辑"|"圆角边"命令。
◆ 单击"实体编辑"工具栏或面板上的◎按钮。

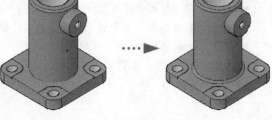

图13-5　圆角边示例

◆ 在命令行输入Filletedge后按Enter键。

下面通过典型实例，主要学习"圆角边"命令的使用方法和技巧。

1 执行"打开"命令，打开随书光盘中的"\素材文件\圆角边示例.dwg"文件，如图13-5（左）所示。

2 单击"实体编辑"工具栏上的◎按钮，激活"圆角边"命令，对实体边进行圆角编辑，命令行操作如下。

命令: _filletedge
　　半径 = 1.0000
　　选择边或 [链(C)/环(L)/半径(R)]:　　　//选择如图13-6所示的边
　　选择边或 [链(C)/环(L)/半径(R)]:　　　// R Enter
　　输入圆角半径或 [表达式(E)] <1.0000>: //2.5 Enter
　　选择边或 [链(C)/环(L)/半径(R)]:　　　// Enter

已选定 1 个边用于圆角。

按 Enter 键接受圆角或 [半径(R)]: // Enter，结束命令，结果如图13-7所示

③ 执行"消隐"命令对模型进行消隐，结果如图13-8所示。

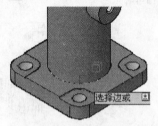　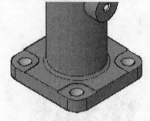　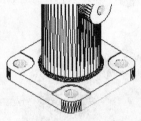

图13-6　选择圆角边　　　　　　　图13-7　圆角结果　　　　　　　图13-8　消隐结果

选项解析

◆ "链"选项。如果各棱边是相切的关系，则选择其中的一个边，所有棱边都将被选中，同时进行圆角。

◆ "半径"选项用于为随后选择的棱边重新设定圆角半径。

◆ "表达式"选项用于输入圆角半径的表达式，随后系统会自动计算出圆角半径。

13.1.3 压印边

"压印边"命令用于将圆、圆弧、直线、多段线、样条曲线或实体等对象，压印到三维实体上，使其成为实体的一部分，如图13-9所示。

执行"压印边"命令主要有以下几种方式。

◆ 执行菜单栏中的"修改"|"实体编辑"|"压印边"命令。

◆ 单击"实体编辑"工具栏或面板上的 按钮。

◆ 在命令行输入Imprint后按Enter键。

下面通过典型实例，主要学习"压印边"命令的使用方法和技巧。

① 执行"打开"命令，打开随书光盘中的"\素材文件\压印边示例.dwg"文件，如图13-10所示。

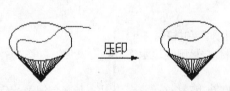　　　　　　　　　　

图13-9　压印边示例　　　　　　　　　　　　图13-10　打开结果

② 使用命令简写M激活"移动"命令，配合中点捕捉功能对左侧的三个闭合边界进行位移，结果如图13-11所示。

③ 单击"实体编辑"工具栏或面板上的 按钮，将三个闭合边界压印到模型的上表面，命令行操作如下。

命令:_imprint

　　选择三维实体或曲面:　　　　　　　　　　　//选择如图13-12所示的模型

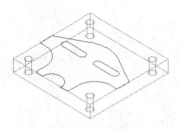

图13-11　位移效果

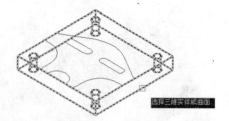

图13-12　选择模型

选择要压印的对象：　　　　　　　　　//选择如图13-13所示的二维边界
是否删除源对象 [是(Y)/否(N)] <N>: //Y Enter
选择要压印的对象：　　　　　　　　　//选择如图13-14所示的二维边界
是否删除源对象 [是(Y)/否(N)] <N>: //Y Enter
选择要压印的对象：　　　　　　　　　//选择第三个闭合边界
是否删除源对象 [是(Y)/否(N)] <N>: //Y Enter
选择要压印的对象：　　　　　　　　　// Enter，压印结果如图13-15所示

4 单击"实体编辑"工具栏或面板上的 ▣ 按钮，将压印后产生的表面拉伸4个单位，其拉伸后的消隐效果如图13-16所示。

图13-13　选择压印对象

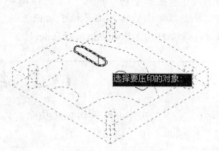

图13-14　选择压印对象

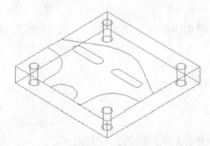

图13-15　压印结果

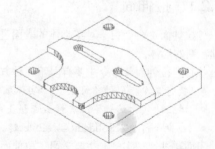

图13-16　面拉伸效果

提示

有关"拉伸面"命令的使用方法请参见本章第13.2.1小节。

13.1.4　提取边

　　"提取边"命令用于从三维实体、曲面、网格或面域等对象中提取线框几何图形，如图13-17所示。

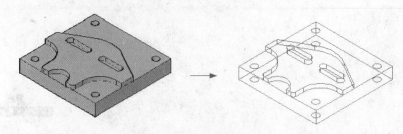

图13-17 提取边示例

执行"提取边"命令主要有以下几种方式。

◆ 执行菜单栏中的"修改"|"三维操作"|"提取边"命令。

◆ 单击"实体编辑"面板上的 按钮。

◆ 在命令行输入Xedges后按Enter键。

13.1.5 复制边

"复制边"命令用于对实体的棱边进行复制，以创建二维图线。

执行"复制边"命令主要有以下几种方式。

◆ 执行菜单栏中的"修改"|"实体编辑"|"复制边"命令。

◆ 单击"实体编辑"工具栏或面板上的 按钮。

◆ 在命令行输入Solidedit后按Enter键。

13.2 编辑实体面

本节主要学习实体面的编辑细化功能，具体有"拉伸面"、"移动面"、"偏移面"、"倾斜面"、"删除面"和"复制面"等。

13.2.1 拉伸面

"拉伸面"命令用于对实心体的表面进行编辑，将实体面按照指定的高度或路径进行拉伸，以创建出新的形体。

执行"拉伸面"命令主要有以下几种方式。

◆ 执行菜单栏中的"修改"|"实体编辑"|"拉伸面"命令。

◆ 单击"实体编辑"工具栏或面板上的 按钮。

◆ 在命令行输入Solidedit后按Enter键。

下面通过典型实例，主要学习"拉伸面"命令的使用方法和技巧。

1 执行"打开"命令，打开随书光盘中的"\素材文件\拉伸面示例.dwg"文件，如图13-18所示。

2 单击"实体编辑"工具栏或面板上的 按钮，对表面进行拉伸，命令行操作如下。

```
命令: _solidedit
    实体编辑自动检查: SOLIDCHECK=1
    输入实体编辑选项 [面(F)/边(E)/体(B)/放弃(U)/退出(X)] <退出>: _face
    输入面编辑选项[拉伸(E)/移动(M)/旋转(R)/偏移(O)/倾斜(T)/删除(D)/复制(C)/颜色(L)/材质(A)/放
弃(U)/退出(X)] <退出>: _extrude
```

选择面或 [放弃(U)/删除(R)]:	//选择如图13-19所示的表面
选择面或 [放弃(U)/删除(R)/全部(ALL)]:	// Enter，结束选择
指定拉伸高度或 [路径(P)]:	// 5 Enter
指定拉伸的倾斜角度 <0>:	// Enter
已开始实体校验。	

输入面编辑选项[拉伸(E)/移动(M)/旋转(R)/偏移(O)/倾斜(T)/删除(D)/复制(C)/颜色(L)/材质(A)/放弃(U)/退出(X)] <退出>:　　　　　　　//X Enter

实体编辑自动检查: SOLIDCHECK=1

输入实体编辑选项 [面(F)/边(E)/体(B)/放弃(U)/退出(X)] <退出>:

　　　　　　　　　　//X Enter，结束命令，拉伸结果如图13-20所示

图13-18　打开结果

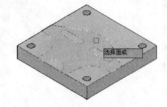
图13-19　选择拉伸面

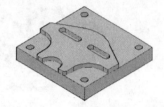
图13-20　拉伸结果

提示

　　"路径"选项是将实体表面沿着指定的路径进行拉伸，拉伸路径可以是直线、圆弧、多段线或二维样条曲线等。

13.2.2　移动面

　　"移动面"命令用于通过移动三维实体的表面，修改实体的尺寸或改变孔或槽的位置等，如图13-21所示。

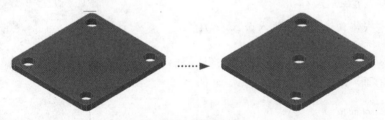
图13-21　移动面示例

执行"移动面"命令主要有以下几种方式。

◆ 执行菜单栏中的"修改"|"实体编辑"|"移动面"命令。

◆ 单击"实体编辑"工具栏或面板上的 按钮。

◆ 在命令行输入Solidedit后按Enter键。

执行"移动面"命令后，其命令行操作如下。

```
命令: _solidedit
    实体编辑自动检查: SOLIDCHECK=1
    输入实体编辑选项 [面(F)/边(E)/体(B)/放弃(U)/退出(X)] <退出>: _face
    输入面编辑选项[拉伸(E)/移动(M)/旋转(R)/偏移(O)/倾斜(T)/删除(D)/复制(C)/颜色(L)/材质(A)/放
弃(U)/退出(X)] <退出>: _move
    选择面或 [放弃(U)/删除(R)]:             //选择圆柱体表面，如图13-22所示
    选择面或 [放弃(U)/删除(R)/全部(ALL)]:   // Enter
```

　　　　指定基点或位移：　　　　　　　　　　　　//捕捉圆柱体顶面圆心

　　　　指定位移的第二点：　　　　　　　　　　　//捕捉如图13-23所示的两条中点追踪矢量的交点

　　　　已开始实体校验。

　　　　已完成实体校验。输入面编辑选项[拉伸(E)/移动(M)/旋转(R)/偏移(O)/倾斜(T)/删除(D)/复制(C)/颜色(L)/材质(A)/放弃(U)/退出(X)] <退出>：　　　　// Enter

　　　　实体编辑自动检查：SOLIDCHECK=1

　　　　输入实体编辑选项 [面(F)/边(E)/体(B)/放弃(U)/退出(X)] <退出>：

　　　　　　　　　　　　　　　　　　　// Enter，移动结果如上图13-21（右）所示

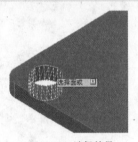

图13-22　选择结果

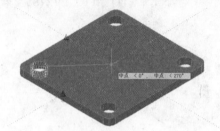

图13-23　定位目标点

13.2.3　偏移面

　　"偏移面"命令主要用于通过偏移实体的表面，改变实体模型的形状、尺寸以及模型表面孔、槽等结构特征的大小，如图13-24所示。

　　执行"偏移面"命令主要有以下几种方式。

- ◆ 执行菜单栏中的"修改"|"实体编辑"|"偏移面"命令。
- ◆ 单击"实体编辑"工具栏或面板上的 按钮。
- ◆ 在命令行输入Solidedit后按Enter键。

　　执行"偏移面"命令后，其命令行操作如下。

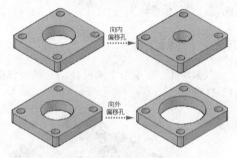

图13-24　偏移面示例

　　　　命令：_solidedit

　　　　实体编辑自动检查：SOLIDCHECK=1

　　　　输入实体编辑选项 [面(F)/边(E)/体(B)/放弃(U)/退出(X)] <退出>：_face

　　　　输入面编辑选项[拉伸(E)/移动(M)/旋转(R)/偏移(O)/倾斜(T)/删除(D)/复制(C)/颜色(L)/材质(A)/放弃(U)/退出(X)] <退出>：

　　　　_offset

　　　　选择面或 [放弃(U)/删除(R)]：　//选择如图13-25所示的圆孔内侧面

　　　　选择面或 [放弃(U)/删除(R)/全部(ALL)]：　　// Enter

　　　　指定偏移距离：　　　　　　　　　　// -6 Enter

　　　　已开始实体校验。

　　　　输入面编辑选项[拉伸(E)/移动(M)/旋转(R)/偏移(O)/倾斜(T)/删除(D)/复制(C)/颜色(L)/材质(A)/放弃(U)/退出(X)] <退出>：　　　　//X Enter

　　　　实体编辑自动检查：SOLIDCHECK=1

　　　　输入实体编辑选项 [面(F)/边(E)/体(B)/放弃(U)/退出(X)] <退出>：

　　　　　　　　　　　　　　　　//X Enter，偏移结果如图13-26所示

图13-25　选择面　　　　　　　　　　　　　图13-26　偏移面

在偏移实体面时，当输入的偏移距离为正值时，AutoCAD将使表面向其外法线方向偏移；当输入的偏移距离为负值时，被编辑的表面将向相反的方向偏移。

13.2.4　倾斜面

"倾斜面"命令主要用于通过倾斜实体的表面，使实体表面产生一定的锥度。

执行"倾斜面"命令主要有以下几种方式。

◆ 执行菜单栏中的"修改"|"实体编辑"|"倾斜面"命令。

◆ 单击"实体编辑"工具栏或面板上的 按钮。

◆ 在命令行输入Solidedit后按Enter键。

下面通过典型实例，主要学习"倾斜面"命令的使用方法和技巧。

1 在西南等轴测视图内创建高度为21、半径为25和10的同心圆柱体，如图13-27所示。

2 对两个圆柱体进行差集，然后单击"实体编辑"工具栏上的 按钮，对内部的柱孔表面进行倾斜，命令行操作如下。

```
命令: _solidedit
    实体编辑自动检查: SOLIDCHECK=1
    输入实体编辑选项 [面(F)/边(E)/体(B)/放弃(U)/退出(X)] <退出>: _face
    输入面编辑选项[拉伸(E)/移动(M)/旋转(R)/偏移(O)/倾斜(T)/删除(D)/复制(C)/颜色(L)/材质(A)/放
弃(U)/退出(X)] <退出>: _taper
    选择面或 [放弃(U)/删除(R)]:              //选择如图13-28所示的柱孔表面
```

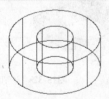

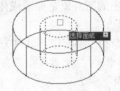

图13-27　创建结果　　　　　　　　　　　　图13-28　选择面

```
    选择面或 [放弃(U)/删除(R)/全部(ALL)]:    //Enter，结束选择
    指定基点:                               //捕捉下底面圆心
    指定沿倾斜轴的另一个点:                  //捕捉顶面圆心
    指定倾斜角度:                           //30 Enter
    已开始实体校验。
    已完成实体校验。
    输入面编辑选项[拉伸(E)/移动(M)/旋转(R)/偏移(O)/倾斜(T)/删除(D)/复制(C)/颜色(L)/材质(A)/放
弃(U)/退出(X)] <退出>:                      //X Enter
    实体编辑自动检查: SOLIDCHECK=1
```

输入实体编辑选项 [面(F)/边(E)/体(B)/放弃(U)/退出(X)] <退出>: \

//X Enter，退出命令，倾斜结果如图13-29所示

3 对模型进行灰度着色，结果如图13-30所示。

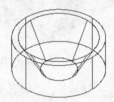

图13-29　倾斜面

图13-30　灰度着色

在倾斜面时，倾斜的方向是由倾角的正负号及定义矢量时的基点决定的。如果输入的倾角为正值，则AutoCAD将已定义的矢量绕基点向实体内部倾斜面，否则向实体外部倾斜。

13.2.5　删除面

　　"删除面"命令主要用于在实体表面上删除某些特征面，如倒圆角和倒斜角时形成的面，如图13-31所示。

　　执行"删除面"命令主要有以下几种方式。

◆ 执行菜单栏中的"修改"|"实体编辑"|"删除面"命令。

◆ 单击"实体编辑"工具栏或面板上的 按钮。

◆ 在命令行输入Solidedit后按Enter键。

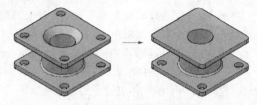

图13-31　删除面示例

13.2.6　复制面

　　"复制面"命令用于将实体的表面复制成新的图形对象，所复制出的新对象是面域或体，如图13-32所示。

　　执行"复制面"命令主要有以下几种方式。

◆ 执行菜单栏中的"修改"|"实体编辑"|"复制面"命令。

◆ 单击"实体编辑"工具栏或面板上的 按钮。

◆ 在命令行输入Solidedit后按Enter键。

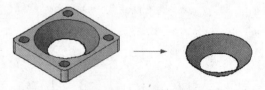

图13-32　复制面示例

13.3　编辑曲面与网格

　　本节主要学习曲面与网格的编辑优化功能。

13.3.1　曲面圆角

　　"曲面圆角"命令用于为空间曲面进行圆角，以创建新的圆角曲面，如图13-33所示。

执行"曲面圆角"命令主要有以下几种方式。

◆ 执行菜单栏中的"绘图"|"建模"|"曲面"|"圆角"命令。

◆ 单击"曲面创建"工具栏或"创建"面板上的 按钮。

◆ 在命令行输入Surffillet后按Enter键。

执行"曲面圆角"命令后，命令行操作如下。

```
命令: _surffillet
    半径 = 25.0，修剪曲面 = 是
    选择要圆角化的第一个曲面或面域或者 [半径(R)/修剪曲面(T)]:     //选择曲面
    选择要圆角化的第二个曲面或面域或者 [半径(R)/修剪曲面(T)]:     //选择曲面
    按 Enter键接受圆角曲面或 [半径(R)/修剪曲面(T)]:            //结束命令
```

提示　"半径"选项用于设置圆角曲面的圆角半径，"修剪曲面"选项用于设置曲面的修剪模式，非修剪模式下的圆角效果如图13-34所示。

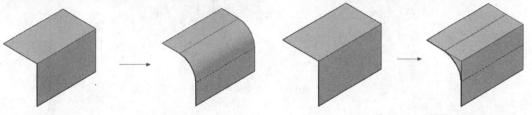

图13-33　曲面圆角示例　　　　　　图13-34　非修剪模式下的圆角效果

13.3.2　曲面修剪

"曲面修剪"命令用于修剪与其他曲面、面域、曲线等相交的曲面部分，如图13-35所示。

执行"曲面修剪"命令主要有以下几种方式。

◆ 执行菜单栏中的"修改"|"曲面编辑"|"修剪"命令。

◆ 单击"曲面编辑"工具栏或面板上的 按钮。

◆ 在命令行输入Surftrim后按Enter键。

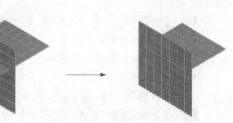

图13-35　曲面修剪示例

下面通过典型实例，主要学习"曲面修剪"命令的使用方法和技巧。

1 在西南等轴测视图内绘制两个相互垂直的平面曲面，如图13-36所示。

2 单击"曲面编辑"工具栏上的 按钮，激活"曲面修剪"命令，对水平曲面进行修剪，命令行操作如下。

```
命令: _surftrim
    延伸曲面 = 是，投影 = 自动
    选择要修剪的曲面或面域或者 [延伸(E)/投影方向(PRO)]:     //选择水平的曲面
    选择要修剪的曲面或面域或者 [延伸(E)/投影方向(PRO)]:     // Enter
    选择剪切曲线、曲面或面域:                           //选择图13-37所示的曲面作为边界
    选择剪切曲线、曲面或面域:                           // Enter
    选择要修剪的区域 [放弃(U)]:                        //在需要修剪掉的曲面上单击鼠标左键
    选择要修剪的区域 [放弃(U)]:                        // Enter，结束命令，修剪结果如图13-38所示
```

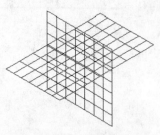

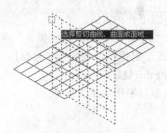

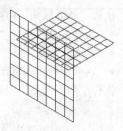

图13-36　绘制曲面　　　　　　　　图13-37　选择边界　　　　　　　图13-38　修剪结果

3 对曲面进行边缘着色，效果如图13-39（左）所示。

使用"曲面取消修剪"命令🔲可以将修剪掉的曲面恢复到修剪前的状态，使用"曲面延伸"命令
🔲可以将曲面延伸，如图13-39（右）所示。

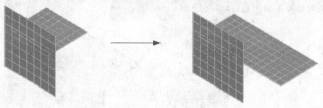

图13-39　曲面延伸

13.3.3　曲面修补

"曲面修补"命令主要用于修补现有的曲面，以创建新的曲面，还可以添加其他曲线以约束和引导修补曲面。

执行"曲面修补"命令主要有以下几种方式。

◆ 执行菜单栏中的"绘图"|"建模"|"曲面"|"修补"命令。

◆ 单击"曲面创建"工具栏或"创建"面板上的🔲按钮。

◆ 在命令行输入Surfpatch后按Enter键。

下面通过典型实例，主要学习"曲面修补"命令的使用方法和技巧。

1 在东南等轴测视图内随意绘制闭合的样条曲线，如图13-40所示。

2 使用命令简写EXT激活"拉伸"命令，将闭合样条曲线拉伸为曲面，灰度着色后的效果如图13-41所示。

3 单击"曲面创建"工具栏或"创建"面板上的🔲按钮，激活"曲面修补"命令，对拉伸曲面的边进行修补，命令行操作如下。

```
命令：_surfpatch
    连续性 = G0 - 位置，凸度幅值 = 0.5
    选择要修补的曲面边或 <选择曲线>：        //选择曲面边
    选择要修补的曲面边或 <选择曲线>：        // Enter
    按 Enter 键接受修补曲面或 [连续性(CON)/凸度幅值(B)/约束几何图形(CONS)]：
                                        // Enter ，结束命令，修补结果如图13-42所示
```

图13-40　绘制样条曲线　　　　　图13-41　拉伸曲面　　　　　图13-42　修补曲面

13.3.4　曲面偏移

"曲面偏移"命令用于按照指定的距离偏移选择的曲面,以创建相互平行的曲面。另外,在偏移曲面时也可以反转偏移的方向。

执行"曲面偏移"命令主要有以下几种方式。

◆　执行菜单栏中的"绘图"|"建模"|"曲面"|"偏移"命令。

◆　单击"曲面创建"工具栏或"创建"面板上的 💿 按钮。

◆　在命令行输入Surfoffset后按Enter键。

激活"曲面偏移"命令,命令行操作如下。

```
命令:_surfoffset
    连接相邻边 = 否
    选择要偏移的曲面或面域:                //选择如图13-43所示的曲面
    选择要偏移的曲面或面域:                // Enter
    指定偏移距离或 [翻转方向(F)/两侧(B)/实体(S)/连接(C)/表达式(E)] <0.0>:
                                        //40 Enter,偏移结果如图13-44所示
```

　　　图13-43　选择曲面　　　　　　　　　　图13-44　偏移结果

13.3.5　拉伸网格

"拉伸面"命令用于将网格模型上的网格面按照指定的距离或路径进行拉伸,如图13-45所示。

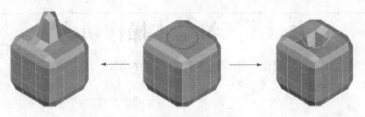

图13-45　拉伸网格示例

执行"拉伸面"命令主要有以下几种方式。

◆　执行菜单栏中的"修改"|"网格编辑"|"拉伸面"命令。

◆　单击"网格"选项卡|"网格编辑"面板上的 🔲 按钮。

◆　在命令行输入Meshextrude后按Enter键。

执行"拉伸面"命令后,其命令行操作如下。

```
命令:_meshextrude
    相邻拉伸面设置为:合并
    选择要拉伸的网格面或 [设置(S)]:           //选择需要拉伸的网格面
    选择要拉伸的网格面或 [设置(S)]:           // Enter
    指定拉伸的高度或 [方向(D)/路径(P)/倾斜角(T)] <-0.0>:   //指定拉伸高度
```

"方向"选项用于指定方向的起点和端点,以定位拉伸的距离和方向;"路径"选项用于按照选择的路径进行拉伸;"倾斜角"选项用于按照指定的角度进行拉伸。

13.3.6 优化网格

"优化网格"命令用于对网格进行优化,以成倍地增加网格模型或网格面中的面数,如图13-46所示。执行菜单栏中的"修改"|"网格编辑"|"优化网格"命令,或单击"平滑网格"工具栏上的 按钮,都可激活"优化网格"命令。

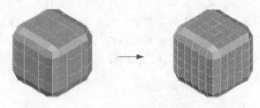

图13-46 优化网格示例

13.3.7 提高与降低平滑度

"提高平滑度"命令用于将网格对象的平滑度提高一个级别,如图13-47所示。执行菜单栏中的"修改"|"网格编辑"|"提高平滑度"命令或单击"平滑网格"工具栏上的 按钮,都可以激活"提高平滑度"命令。

执行菜单栏中的"修改"|"网格编辑"|"降低平滑度"命令或单击"平滑网格"工具栏上的 按钮,可以降低网格的平滑度,如图13-48所示。

图13-47 提高网格平滑度   图13-48 降低网格平滑度

13.4 三维基本操作功能

本节学习三维模型的基本操作功能,具体有"三维移动"、"三维旋转"、"三维对齐"、"三维镜像"和"三维阵列"等。

13.4.1 三维移动

"三维移动"命令主要用于将对象在三维操作空间内进行位移。

执行"三维移动"命令主要有以下几种方式。

◆ 执行菜单栏中的"修改"|"三维操作"|"三维移动"命令。
◆ 单击"建模"工具栏或"修改"面板上的 按钮。
◆ 在命令行输入3dmove后按Enter键。
◆ 使用命令简写3m。

执行"三维移动"命令后,其命令行操作如下。

```
命令:_3dmove
    选择对象:                              //选择移动对象
    选择对象:                              // Enter ,结束选择
```

指定基点或 [位移(D)] <位移>:	//定位基点
指定第二个点或 <使用第一个作为位移>:	//定位目标点
正在重生成模型。	

13.4.2 三维旋转

"三维旋转"命令用于在三维空间内按照指定的坐标轴，围绕基点旋转三维模型。

执行"三维旋转"命令主要有以下几种方式。

◆ 执行菜单栏中的"修改"|"三维操作"|"三维旋转"命令。

◆ 单击"建模"工具栏或"修改"面板上的⊕按钮。

◆ 在命令行输入3drotate后按Enter键。

下面通过典型实例，学习"三维旋转"命令的使用方法和技巧。

1 执行"打开"命令，打开随书光盘中的"\素材文件\三维旋转.dwg"文件。

2 将当前视图切换到西南等轴测视图，结果如图13-49所示。

3 单击"建模"工具栏上的⊕按钮，激活"三维旋转"命令，对齿轮零件进行旋转，命令行操作如下。

命令：_3drotate	
UCS 当前的正角方向: ANGDIR=逆时针 ANGBASE=0	
选择对象：	//选择齿轮零件模型
选择对象：	// Enter，结束选择
指定基点：	//在模型上拾取一点
拾取旋转轴：	//在如图13-50所示的轴方向上单击鼠标左键，定位旋转轴
指定角的起点或键入角度：	//90 Enter，结束命令，旋转结果如图13-51所示
正在重生成模型。	

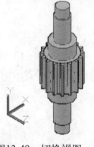
图13-49 切换视图

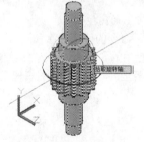
图13-50 定位旋转轴

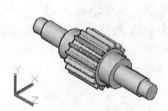
图13-51 旋转结果

13.4.3 三维对齐

"三维对齐"命令主要以定位源平面和目标平面的形式，将两个三维对象在三维操作空间中进行对齐。

执行"三维对齐"命令主要有以下几种方式。

◆ 执行菜单栏中的"修改"|"三维操作"|"三维对齐"命令。

◆ 单击"建模"工具栏或"修改"面板上的⊕按钮。

◆ 在命令行输入3dalign后按Enter键。

激活"三维对齐"命令，命令行操作如下。

命令：_3dalign	
选择对象：	//选择图13-52（左）所示的模型

选择对象:	// Enter ，结束选择
指定源平面和方向 …	
指定基点或 [复制(C)]:	//捕捉端点1
指定第二个点或 [继续(C)] <C>:	//捕捉端点2
指定第三个点或 [继续(C)] <C>:	//捕捉端点3
指定目标平面和方向 …	
指定第一个目标点:	//捕捉端点4
指定第二个目标点或 [退出(X)] <X>:	//捕捉端点5
指定第三个目标点或 [退出(X)] <X>:	//捕捉端点6，对齐结果如图13-53所示

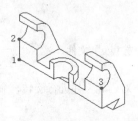
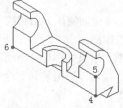
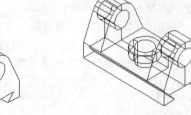

图13-52 源对象   图13-53 对齐结果

13.4.4 三维镜像

"三维镜像"命令用于在三维空间内将选定的三维模型按照指定的镜像平面进行镜像，以创建结构对称的三维模型。

执行"三维镜像"命令主要有以下几种方式。

◆ 执行菜单栏中的"修改"|"三维操作"|"三维镜像"命令。

◆ 在命令行输入Mirror3D后按Enter键。

◆ 单击"常用"选项卡|"修改"面板上的%按钮。

下面通过典型实例，学习"三维镜像"命令的使用方法和技巧。

1 执行"打开"命令，打开随书光盘中的"\素材文件\三维镜像.dwg"文件，如图13-54所示。

2 单击"常用"选项卡|"修改"面板上的%按钮，对桌椅模型进行镜像，命令行操作如下。

命令: _mirror3d	
选择对象:	//选择桌椅模型
选择对象:	// Enter
指定镜像平面 (三点) 的第一个点或 [对象(O)/最近的(L)/Z 轴(Z)/视图(V)/XY 平面(XY)/YZ 平面 (YZ)/ZX 平面(ZX)/三点(3)] <三点>:	//YZ Enter ，激活 "YZ平面" 选项
指定 YZ 平面上的点 <0,0,0>:	//捕捉如图13-55所示的中点
是否删除源对象? [是(Y)/否(N)] <否>:	// Enter ，镜像结果如图13-56所示

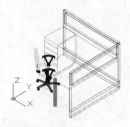
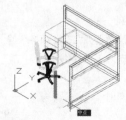
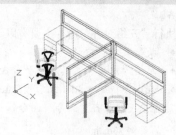

图13-54 打开结果   图13-55 捕捉中点   图13-56 镜像结果

3 重复执行"三维镜像"命令，配合中点捕捉功能继续对模型进行镜像，命令行操作如下。

```
命令: _mirror3d
    选择对象:                                    //选择所有的模型对象
    选择对象:                                    // Enter
    指定镜像平面 (三点) 的第一个点或 [对象(O)/最近的(L)/Z 轴(Z)/视图(V)/XY 平面(XY)/YZ 平面
    (YZ)/ZX 平面(ZX)/三点(3)] <三点>:             //ZX Enter
    指定 ZX 平面上的点 <0,0,0>:                   //捕捉如图13-57所示的中点
    是否删除源对象？ [是(Y)/否(N)] <否>:           // Enter，镜像结果如图13-58所示
```

4 使用命令简写HI激活"消隐"命令，对模型进行视图消隐，结果如图13-59所示。

图13-57　捕捉中点　　　　　　　图13-58　镜像结果　　　　　　　图13-59　消隐着色

选项解析

◆ "对象"选项用于选定某一对象所在的平面作为镜像平面。
◆ "最近的"选项用于以上次镜像使用的镜像平面作为当前镜像平面。
◆ "Z轴"选项用于根据平面上的一个点和该平面法线上的一个点定义镜像平面。
◆ "视图"选项用于在视图平面上指定点，进行空间镜像。
◆ "XY平面"选项用于以当前坐标系的XY平面作为镜像平面。
◆ "YZ平面"选项用于以当前坐标系的YZ平面作为镜像平面。
◆ "ZX平面"选项用于以当前坐标系的ZX平面作为镜像平面。
◆ "三点"选项用于指定三个点，以定位镜像平面。

13.4.5　三维阵列

"三维阵列"命令用于将三维模型按照矩形或环形的方式，在三维空间中进行规则排列。

执行"三维阵列"命令主要有以下几种方式。

◆ 执行菜单栏中的"修改"|"三维操作"|"三维阵列"命令。
◆ 单击"建模"工具栏上或"修改"面板上的⊞按钮。
◆ 在命令行输入3Darray后按Enter键。

下面通过典型实例，学习"三维阵列"命令的使用方法和技巧。

1 执行"打开"命令，打开随书光盘中的"\素材文件\三维阵列.dwg"文件，如图13-60所示。

2 执行菜单栏中的"修改"|"三维操作"|"三维阵列"命令，对圆柱体进行阵列，命令行操作如下。

```
命令: _3darray
    选择对象:                                    //选择圆柱体
    选择对象:                                    // Enter
    输入阵列类型 [矩形(R)/环形(P)] <矩形>:         // Enter
```

输入行数 (---) <1>:	//2 Enter
输入列数 (|||) <1>:	//2 Enter
输入层数 (...) <1>:	//2 Enter
指定行间距 (---):	//33.97 Enter
指定列间距 (|||):	//-37.35 Enter
指定层间距 (...):	//22 Enter，阵列结果如图13-61所示

3 对阵列出的8个圆柱体进行差集，结果如图13-62所示。

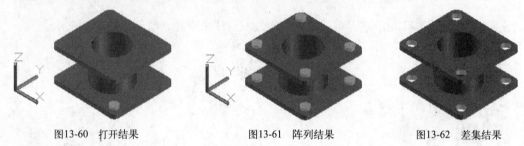

图13-60　打开结果　　　　　图13-61　阵列结果　　　　　图13-62　差集结果

13.4.6　环形阵列

下面通过典型实例，学习"三维阵列"命令中的"环形阵列"功能。

1 执行"打开"命令，打开随书光盘中的"\素材文件\环形阵列.dwg"文件，如图13-63所示。

2 执行菜单栏中的"修改" | "三维操作" | "三维阵列"命令，将圆柱体环形阵列16份，命令行操作如下。

命令: _3darray	
选择对象:	//选择如图13-64所示的圆柱体
选择对象:	// Enter
输入阵列类型 [矩形(R)/环形(P)] <矩形>:	//P Enter
输入阵列中的项目数目:	//16 Enter
指定要填充的角度 (+=逆时针, -=顺时针) <360>:	// Enter
旋转阵列对象？ [是(Y)/否(N)] <Y>:	//Y Enter

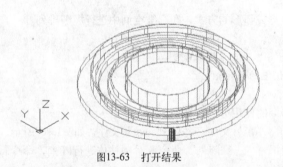

图13-63　打开结果

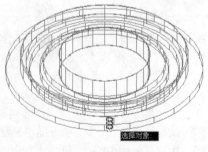

图13-64　选择结果

指定阵列的中心点:	//捕捉如图13-65所示的圆心
指定旋转轴上的第二点:	//捕捉如图13-66所示的圆心，环形阵列的效果如图13-67所示

3 使用命令简写HI激活"消隐"命令，对阵列后的模型进行消隐显示，结果如图13-68所示。

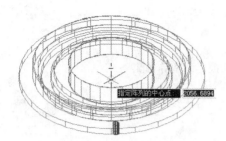

图13-65　捕捉圆心

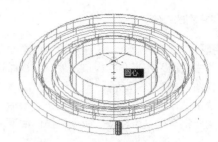

图13-66　捕捉圆心

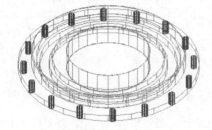

图13-67　阵列结果

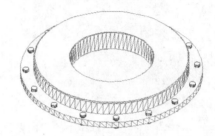

图13-68　消隐结果

4 使用命令简写SU激活"差集"命令，对阵列出的16个圆柱体进行差集，并对差集后的实体进行消隐，结果如图13-69所示。

5 使用命令简写VS激活"视觉样式"命令，对模型进行灰度着色，结果如图13-70所示。

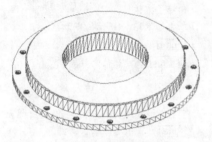

图13-69　差集结果

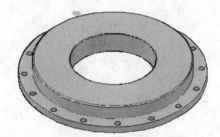

图13-70　灰度着色

13.5　综合实例——制作资料柜立体造型

本例通过制作资料柜立体造型，对本章重点知识进行综合练习和巩固应用。资料柜立体造型的最终制作效果，如图13-71所示。

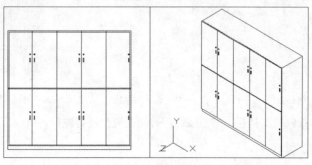

图13-71　实例效果

▶ 操作步骤

1️⃣ 执行"新建"命令，快速新建空白文件。

2️⃣ 单击绘图区左上角的视口控件，将视图切换为西南等轴测视图，如图13-72所示。

3️⃣ 单击"建模"工具栏中的▢按钮，激活"长方体"命令，创建组合柜整体模型，命令行操作如下。

图13-72 切换视图

```
命令: _box
    指定第一个角点或 [中心(C)]:              //在绘图区拾取一点
    指定其他角点或 [立方体(C)/长度(L)]:       //@2000,500,1900 Enter，结果如图13-73所示
```

4️⃣ 单击"实体编辑"工具栏中的"抽壳"按钮▢，对圆柱体进行抽壳，命令行操作如下。

```
命令: _solidedit
    实体编辑自动检查: SOLIDCHECK=1
    输入实体编辑选项 [面(F)/边(E)/体(B)/放弃(U)/退出(X)] <退出>: _body
    输入体编辑选项[压印(I)/分割实体(P)/抽壳(S)/清除(L)/检查(C)/放弃(U)/退出(X)] <退出>: _shell
    选择三维实体:                          //选择长方体
    删除面或 [放弃(U)/添加(A)/全部(ALL)]:    //单击如图13-74所示的表面
    删除面或 [放弃(U)/添加(A)/全部(ALL)]:    // Enter
    输入抽壳偏移距离:                       //18 Enter，设置抽壳距离
    已开始实体校验。
    已完成实体校验。
    输入体编辑选项[压印(I)/分割实体(P)/抽壳(S)/清除(L)/检查(C)/放弃(U)/退出(X)] <退出>:
                                         // Enter，退出实体编辑模式
    实体编辑自动检查: SOLIDCHECK=1
    输入实体编辑选项 [面(F)/边(E)/体(B)/放弃(U)/退出(X)] <退出>:
                                         // Enter，抽壳后的概念着色效果如图13-75所示
```

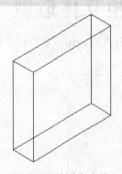

图13-73 创建长方体

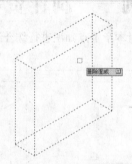

图13-74 选择删除面

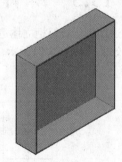

图13-75 抽壳结果

5️⃣ 单击"实体编辑"工具栏中的▢按钮，对抽壳模型进行拉伸，命令行操作如下。

```
命令: _solidedit
    实体编辑自动检查: SOLIDCHECK=1
```

输入实体编辑选项 [面(F)/边(E)/体(B)/放弃(U)/退出(X)] <退出>: _face

输入面编辑选项[拉伸(E)/移动(M)/旋转(R)/偏移(O)/倾斜(T)/删除(D)/复制(C)/颜色(L)/材质(A)/放弃(U)/退出(X)] <退出>:

　　_extrude

　　选择面或 [放弃(U)/删除(R)]:　　　　　　　//选择如图13-76所示的上表面

　　选择面或 [放弃(U)/删除(R)/全部(ALL)]:　　// Enter，结束选择

　　指定拉伸高度或 [路径(P)]:　　　　　　　　// 60 Enter

　　指定拉伸的倾斜角度 <0>:　　　　　　　　　//Enter

　　已开始实体校验。

　　已完成实体校验。

输入面编辑选项[拉伸(E)/移动(M)/旋转(R)/偏移(O)/倾斜(T)/删除(D)/复制(C)/颜色(L)/材质(A)/放弃(U)/退出(X)] <退出>:　　　　　　　　　//X Enter

　　实体编辑自动检查: SOLIDCHECK=1

输入实体编辑选项 [面(F)/边(E)/体(B)/放弃(U)/退出(X)] <退出>:

　　　　　　　　　　　　　　　　　　　　//X Enter，拉伸结果如图13-77所示

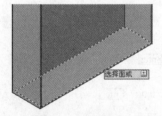

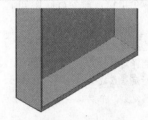

图13-76　选择拉伸面　　　　　　　　　　　图13-77　拉伸结果

6 单击"实体编辑"工具栏中的▣按钮，激活"复制面"命令，对拉伸后的表面进行复制，命令行操作如下。

命令: _solidedit

　　实体编辑自动检查: SOLIDCHECK=1

输入实体编辑选项 [面(F)/边(E)/体(B)/放弃(U)/退出(X)] <退出>: _face

输入面编辑选项[拉伸(E)/移动(M)/旋转(R)/偏移(O)/倾斜(T)/删除(D)/复制(C)/颜色(L)/材质(A)/放弃(U)/退出(X)] <退出>: _copy

　　选择面或 [放弃(U)/删除(R)]:　　　　　　　//选择如图13-78所示的内表面

　　选择面或 [放弃(U)/删除(R)/全部(ALL)]:　　// Enter

　　指定基点或位移:　　　　　　　　　　　　//捕捉所选表面的一个端点

　　指定位移的第二点:　　　　　　　　　　　//@0,0,900 Enter

输入面编辑选项[拉伸(E)/移动(M)/旋转(R)/偏移(O)/倾斜(T)/删除(D)/复制(C)/颜色(L)/材质(A)/放弃(U)/退出(X)] <退出>:　　　　　　　　　// Enter

　　实体编辑自动检查: SOLIDCHECK=1

输入实体编辑选项 [面(F)/边(E)/体(B)/放弃(U)/退出(X)] <退出>:

　　　　　　　　　　　　　　　　　　　// Enter，复制结果如图13-79所示

7 单击"建模"工具栏中的▣按钮，激活"拉伸"命令，将复制出的表面沿Z轴正方向拉伸18个单位，命令行操作如下。

命令: _extrude

　　当前线框密度: ISOLINES=4

　　选择要拉伸的对象:　　　　　　　　　　　//选择刚复制出的表面

选择要拉伸的对象： // Enter

指定拉伸的高度或 [方向(D)/路径(P)/倾斜角(T)] <1900.0000>：

//@0,0,18 Enter，拉伸结果如图13-80所示

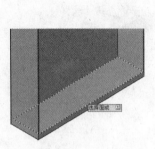 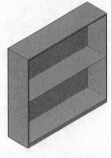 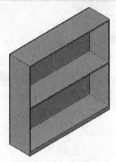

图13-78　选择复制面　　　　图13-79　复制结果　　　　图13-80　拉伸结果

8 单击"建模"工具栏中的 ⊕ 按钮，激活"三维移动"命令，将拉伸后的实体沿Z轴反方向移动7个单位，命令行操作如下。

命令：_3dmove

选择对象： //选择刚拉伸的实体

选择对象： // Enter

指定基点或 [位移(D)] <位移>： //拾取任一点

指定第二个点或 <使用第一个点作为位移>： // @0,0,-7 Enter

9 单击"建模"工具栏中的 ▭ 按钮，激活"长方体"命令，配合端点捕捉功能创建柜子门造型，命令行操作如下。

命令：_box

指定第一个角点或 [中心(C)]： //捕捉如图13-81所示的端点

指定其他角点或 [立方体(C)/长度(L)]： //@400,-18,-915 Enter，结果如图13-82所示

10 重复执行"长方体"命令，配合"捕捉自"功能创建条形拉手造型，命令行操作如下。

命令：_box

指定第一个角点或 [中心(C)]： //激活"捕捉自"功能

_from 基点： //捕捉如图13-83所示的端点

<偏移>： //@-40,0,-435 Enter

指定其他角点或 [立方体(C)/长度(L)]： //@10,-5,-60 Enter，创建结果如图13-84所示

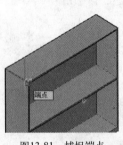 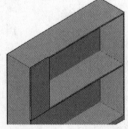  

图13-81　捕捉端点　　　图13-82　创建结果　　　图13-83　捕捉端点　　　图13-84　创建结果

11 执行"UCS"命令，将当前坐标系绕X轴旋转90°，将当前着色方式设置为二维线框着色，结果如图13-85所示。

12 单击"常用"选项卡|"绘图"面板上的"圆"按钮◎，配合"捕捉自"功能和中点捕捉功能绘制锁轮廓线，命令行操作如下。

```
命令:_circle
    指定圆的圆心或 [三点(3P)/两点(2P)/切点、切点、半径(T)]:
                                        //激活"捕捉自"功能
    _from 基点:                          //捕捉如图13-86所示的中点
    <偏移>:                              //@0,60,0 Enter
    指定圆的半径或 [直径(D)]:             // 10 Enter，绘制结果如图13-87所示
```

图13-85 二维线框着色

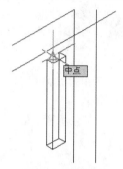

图13-86 捕捉中点

图13-87 绘制圆

13 执行"矩形"命令，配合"捕捉自"功能绘制锁芯轮廓线，命令行操作如下。

```
命令:_rectang
    指定第一个角点或 [倒角(C)/标高(E)/圆角(F)/厚度(T)/宽度(W)]:
                                        //激活"捕捉自"功能
    _from 基点:                          //捕捉刚绘制的圆的圆心
    <偏移>:                              //@-2,-6 Enter
    指定另一个角点或 [面积(A)/尺寸(D)/旋转(R)]:
                                        //@4,12 Enter，绘制结果如图13-88所示
```

14 单击"实体编辑"工具栏中的◙按钮，激活"压印边"命令，将圆和矩形压印到长方体表面上，命令行操作如下。

```
命令:_imprint
    选择三维实体或曲面:                   //选择长方体柜门
    选择要压印的对象:                     //选择圆
    是否删除源对象 [是(Y)/否(N)] <N>:     //Y Enter，激活"是"选项
    选择要压印的对象:                     //选择矩形
    是否删除源对象 [是(Y)/否(N)] <Y>:     //Y Enter，激活"是"选项
    选择要压印的对象:                     // Enter，结束命令
```

15 单击"实体编辑"工具栏中的"拉伸面"按钮◙，对压印后的圆面进行拉伸，命令行操作如下。

```
命令:_solidedit
    实体编辑自动检查: SOLIDCHECK=1
    输入实体编辑选项 [面(F)/边(E)/体(B)/放弃(U)/退出(X)] <退出>:_face
    输入面编辑选项[拉伸(E)/移动(M)/旋转(R)/偏移(O)/倾斜(T)/删除(D)/复制(C)/颜色(L)/材质(A)/放弃(U)/退出(X)] <退出>:
```

```
_extrude
    选择面或 [放弃(U)/删除(R)]:                        //选择如图13-89所示的表面
    选择面或 [放弃(U)/删除(R)/全部(ALL)]:             // Enter
    指定拉伸高度或 [路径(P)]:                          //5 Enter
    指定拉伸的倾斜角度 <0>:                            // Enter
    已开始实体校验。
    已完成实体校验。
    输入面编辑选项[拉伸(E)/移动(M)/旋转(R)/偏移(O)/倾斜(T)/删除(D)/复制(C)/颜色(L)/材质(A)/放
弃(U)/退出(X)] <退出>:                              // Enter
    实体编辑自动检查: SOLIDCHECK=1
    输入实体编辑选项 [面(F)/边(E)/体(B)/放弃(U)/退出(X)] <退出>:
                                                   // Enter，拉伸结果如图13-90所示
```

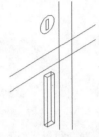

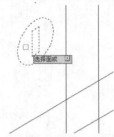
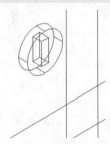

图13-88　绘制结果　　　　　　　图13-89　选择拉伸面　　　　　　　图13-90　拉伸结果

16 将当前视图切换到东南等轴测视图，然后使用命令简写HI激活"消隐"命令，效果如图13-91所示。

17 单击"建模"工具栏中的 ▨ 按钮，激活"三维镜像"命令，对柜门进行镜像，命令行操作如下。

```
命令: _mirror3d
    选择对象:                                       //窗口选择如图13-92所示的对象
    选择对象:                                       // Enter
    指定镜像平面 (三点) 的第一个点或 [对象(O)/最近的(L)/Z 轴(Z)/视图(V)/XY 平面(XY)/YZ 平面
(YZ)/ZX 平面(ZX)/三点(3)] <三点>:                    // Enter
    指定 YZ 平面上的点 <0,0,0>:                       //捕捉如图13-93所示的端点
```

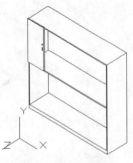
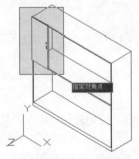
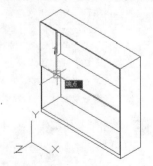

图13-91　消隐效果　　　　　　　图13-92　窗口选择　　　　　　　图13-93　捕捉端点

```
    是否删除源对象? [是(Y)/否(N)] <否>:               // Enter，镜像结果如图13-94所示
```

18 执行菜单栏中的"修改"|"三维操作"|"三维阵列"命令，对柜门、拉手及锁造型进行空间阵列，命令行操作如下。

```
命令: _3darray
    正在初始化... 已加载 3DARRAY。
    选择对象:                              //拉出如图13-95所示的窗口选择框
    选择对象:                              // Enter
    输入阵列类型 [矩形(R)/环形(P)] <矩形>:    // Enter
    输入行数 (---) <1>:                    //2 Enter
    输入列数 (|||) <1>:                     //3 Enter
    输入层数 (...) <1>:                     //1 Enter
    指定行间距 (---):                       //-925 Enter
    指定列间距 (|||):                       //800 Enter，阵列结果如图13-96所示
```

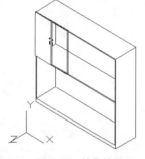

图13-94　镜像结果

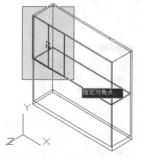

图13-95　窗口选择

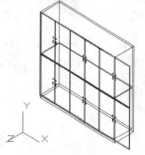

图13-96　阵列结果

19 在无命令执行的前提下夹点显示如图13-97所示的对象并进行删除，结果如图13-98所示。

20 将当前视口分割为两个等大视口，并切换视口内的视图及着色方式，最终效果如上图13-71所示。

21 执行"保存"命令，将图形命名存储为"综合实例.dwg"。

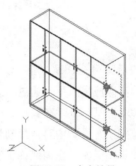

图13-97　夹点效果

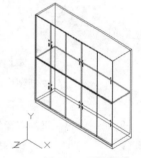

图13-98　删除结果

PART 04

第4篇
工程应用

本篇包括第14~18章内容，从AutoCAD 2013在机械制图与建筑制图中的实际应用入手，通过对大量实际工程案例的具体操作，重点讲解AutoCAD 2013在实际工程项目中的操作技能以及工程图纸的打印等知识，具体内容包括制作工程样板图、绘制机械零件图以及绘制建筑施工图、室内装饰装潢设计图的技巧，同时还讲解了工程图纸的打印技巧，使读者通过对本篇内容的学习，彻底掌握AutoCAD 2013在实际工程项目中的应用技巧，真正成为AutoCAD 2013制图高手。本篇内容如下。

- 第14章　制作AutoCAD工程样板图
- 第15章　绘制建筑工程图纸
- 第16章　绘制室内装饰装潢设计图纸
- 第17章　绘制机械零件图纸
- 第18章　工程图纸的后期打印

第14章 制作AutoCAD 工程样板图

样板图是扩展名为*.dwt的文件，是一个包含一定绘图环境和专业参数的设置，但并未绘制图形对象的文件。在样板图的基础上绘图，能够避免许多参数的重复设置，不仅提高了绘图效率，还可以使绘制的图形更符合规范、更标准。本章通过制作一个A2幅面的建筑工程制图样板文件，学习样板图的具体制作过程。本章学习内容如下。

- ◆ 综合实例1——设置工程样板图的绘图环境
- ◆ 综合实例2——设置工程样板图的图层与特性
- ◆ 综合实例3——设置工程样板图的墙窗线样式
- ◆ 综合实例4——设置工程样板图的注释样式
- ◆ 综合实例5——设置工程样板图的尺寸样式
- ◆ 综合实例6——制作工程样板图的图纸边框
- ◆ 综合实例7——设置工程样板图的页面布局

14.1 综合实例1——设置工程样板图的绘图环境

在具体绘图时一般要先设置所需绘图单位、单位精度、图形界限、捕捉模式以及一些常用变量等。本例将学习这些参数的具体设置过程。

▶ 操作步骤

1 单击"快速访问"工具栏或"标准"工具栏中的⬚按钮，打开"选择样板"对话框。

2 在"选择样板"对话框中选择"acadISO-Named Plot Styles"作为基础样板，新建空白文件。

 "acadISO-Named Plot Styles"是一个"命令打印样式"模板文件，如果用户需要使用"颜色相关打印样式"作为模板文件的打印样式，可以选择"acadiso"基础样式文件。

3 设置绘图单位。执行菜单栏中的"格式"|"单位"命令，在打开的"图形单位"对话框中设置长度、角度等参数，如图14-1所示。

 默认设置下以逆时针作为角的旋转方向，其基准角度为"东"，也就是以坐标系X轴正方向作为起始方向。

4 设置图形界限。执行菜单栏中的"格式"|"图形界限"命令，设置绘图区域为59400×42000，命令行操作如下。

```
命令:'_limits
    重新设置模型空间界限:
    指定左下角点或 [开(ON)/关(OFF)] <0.0,0.0>: //Enter，以原点作为左下角点
    指定右上角点 <420.0,297.0>:          //59400,42000 Enter，输入右上角点坐标
```

5 执行菜单栏中的"视图"|"缩放"|"全部"命令，将设置的图形界限最大化显示。

如果用户想直观地观察设置的图形界限，可按下F7功能键，打开"栅格"功能，通过坐标的栅格点，直观形象地显示出图形界限。

6 设置捕捉模式。执行菜单栏中的"工具"|"草图设置"命令，或使用命令简写DS激活"草图设置"命令，打开"草图设置"对话框。

7 在"草图设置"对话框中展开"对象捕捉"选项卡，启用和设置一些常用的对象捕捉功能，如图14-2所示。

图14-1 设置参数

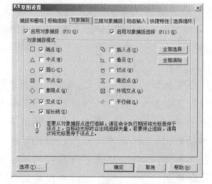

图14-2 设置对象捕捉模式

8 展开"极轴追踪"选项卡，启用并设置极轴追踪模式，如图14-3所示。

9 按下F12功能键，打开状态栏上的"动态输入"功能。

10 设置常用变量。在命令行输入系统变量LTSCALE，调整线型的显示比例，命令行操作如下。

命令: LTSCALE   // Enter 激活此系统变量
输入新线型比例因子 <1.0000>:   // 输入线型的比例，如100 Enter
正在重生成模型。

11 在命令行输入系统变量DIMSCALE，设置和调整标注比例，命令行操作如下。

命令: DIMSCALE   // Enter 激活此系统变量
输入 DIMSCALE 的新值 <1>:   //100 Enter，将标注比例放大100倍

将比例调整为100，并不是一个绝对的参数值，用户也可根据实际情况修改此变量值。

12 在命令行输入系统变量MIRRTEXT，设置镜像文字的可读性，命令行操作如下。

命令: MIRRTEXT   // Enter 激活此系统变量
输入 MIRRTEXT 的新值 <1>:   // 0 Enter，将此变量值设置为0

当变量MIRRTEXT＝0时，镜像后的文字具有可读性；当变量MIRRTEXT＝1时，镜像后的文字不可读，如图14-4所示。

13 在绘图过程中经常需要引用一些属性块，属性值的输入一般有"对话框"和"命令行"两种方式，而用于控制这两种方式的变量为ATTDIA。在命令行输入系统变量ATTDIA，命令行操作如下。

命令: ATTDIA   // Enter 激活此系统变量
输入 ATTDIA 的新值 <0>:   //1 Enter，将此变量值设置为1

当变量ATTDIA=0时，系统将以"命令行"形式提示输入属性值；为变量ATTDIA＝1时，系统将以
提示 "对话框"形式提示输入属性值。

14 执行"保存"命令，将文件命名存储为"综合实例（一）.dwg"。

图14-3 设置极轴追踪模式

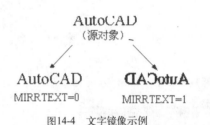

图14-4 文字镜像示例

14.2 综合实例2——设置工程样板图的图层与特性

在绘图时通常要用到多种图层以及图层的线型特性、线宽特性和颜色特性等，以方便将同一类型
的图形对象放置到同一图层中，便于规划和管理。本例则学习样板图中图层与特性的具体设置过程。

操作步骤

1 执行"打开"命令，打开随书光盘中的"\效果文件\第14章\综合实例（一）.dwg"文件。

2 单击"绘图"工具栏上的 按钮，激活"图层"命令，打开"图层特性管理器"对话框。

3 单击"图层特性管理器"对话框上的"新建图层"按钮 ，在如图14-5所示的"图层1"
位置上输入"轴线层"，创建一个名为"轴线层"的新图层。

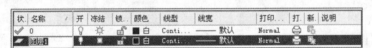

图14-5 新建图层

4 连续按Enter键，分别创建"墙线层"、"门窗层"、"楼梯层"、"文本层"、"尺寸
层"、"轮廓层"、"家具层"、"吊顶层"、"地面层"、"其他层"等10个图层，如
图14-6所示。

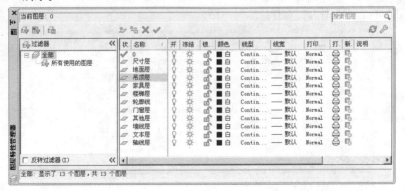

图14-6 设置图层

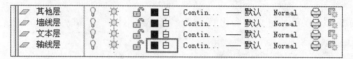

5 设置工程样板图的颜色特性。选择"轴线层",在如图14-7所示的颜色图标上单击鼠标左键,打开"选择颜色"对话框。

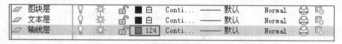

图14-7 修改图层颜色

6 在"选择颜色"对话框中的"颜色"文本框中输入124,为所选图层设置颜色值,如图14-8所示。

7 单击 确定 按钮返回"图层特性管理器"对话框,结果"轴线层"的颜色被设置为124号色,如图14-9所示。

图14-8 "选择颜色"对话框

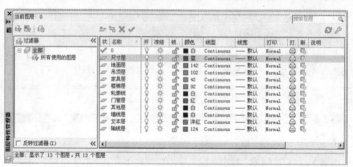

图14-9 设置结果

8 参照第5~7步,分别为其他图层设置颜色特性,设置结果如图14-10所示。

图14-10 设置颜色特性

9 设置工程样板图的线型特性。选择"轴线层",在如图14-11所示的"Continuous"位置上单击鼠标左键,打开"选择线型"对话框。

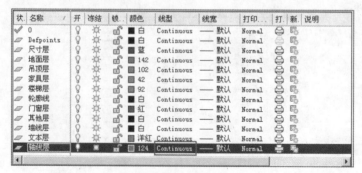

图14-11 指定位置

10 在"选择线型"对话框中单击 加载 按钮,从打开的"加载或重载线型"对话框中选择如图14-12所示的"ACAD_ISO04W100"线型。

11 单击 确定 按钮,结果选择的线型被加载到"选择线型"对话框中,如图14-13所示。

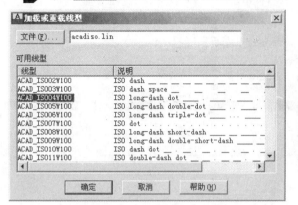

图14-12 选择线型

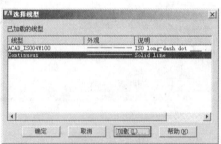

图14-13 加载线型

12 选择刚加载的线型,单击 确定 按钮,将加载的线型附给当前被选择的"轴线层",结果如图14-14所示。

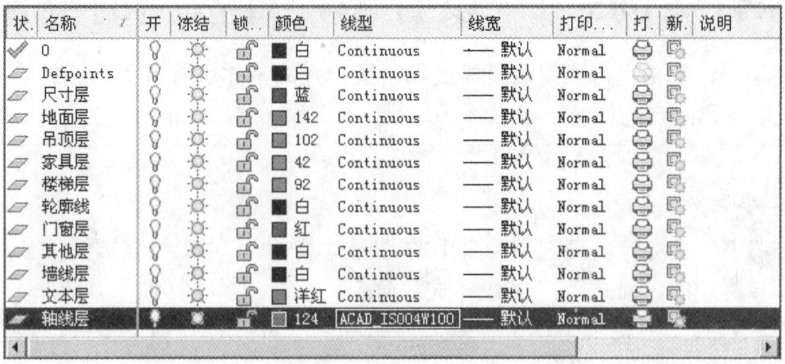

图14-14 设置图层线型

13 设置工程样板图的线宽特性。选择"墙线层",在如图14-15所示的位置上单击鼠标左键,以对其设置线宽。

图14-15 指定位置

14 此时打开"线宽"对话框,然后选择1.00mm的线宽,如图14-16所示。

15 单击 确定 按钮返回"图层特性管理器"对话框,结果"墙线层"的线宽被设置为1.00mm,如图14-17所示。

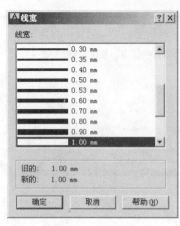

图14-16　选择线宽

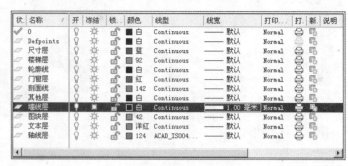

图14-17　设置线宽

16 在"图层特性管理器"对话框中单击✕按钮，关闭对话框。

17 执行"另存为"命令，将文件命名存储为"综合实例（二）.dwg"。

14.3　综合实例3——设置工程样板图的墙窗线样式

本实例主要学习建筑工程样板图墙线样式和窗线样式的具体设置过程和相关的操作技巧，以方便用户绘制建筑墙体和阳台构件。

▶ **操作步骤**

1 执行"打开"命令，打开随书光盘中的"\效果文件\第14章\综合实例（二）.dwg"文件。

2 执行菜单栏中的"格式"|"多线样式"命令，打开"多线样式"对话框。

3 在"多线样式"对话框中单击 新建(N)... 按钮，打开"创建新的多线样式"对话框，然后为新样式赋名，如图14-18所示。

4 在"创建新的多线样式"对话框中单击 继续 按钮，打开"新建多线样式:墙线样式"对话框，设置多线样式的封口形式，如图14-19所示。

图14-18　为新样式赋名

图14-19　设置封口形式

5 单击 确定 按钮返回"多线样式"对话框，结果设置的新样式显示在预览框内，如图14-20所示。

6 参照上述操作步骤，设置"窗线样式"样式，其参数设置和效果预览分别如图14-21和图14-22所示。

图14-20 设置墙线样式

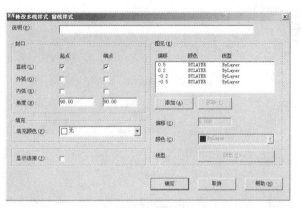

图14-21 设置参数

 如果用户需要将新设置的样式应用在其他图形文件中，可以单击 保存 按钮，在弹出的对话框以"*.mln"的格式进行保存，在其他文件中使用时，仅需要加载即可。

7 选择"墙线样式"，单击 置为当前(U) 按钮，将其设为当前样式，并关闭对话框。

8 执行"另存为"命令，将文件命名存储为"综合实例（三）.dwg"。

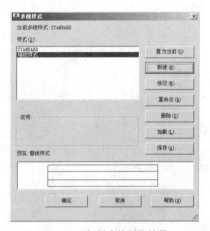

图14-22 新样式的预览效果

14.4 综合实例4——设置工程样板图的注释样式

本实例主要学习工程样板图中的数字、字母、汉字、轴号等文字样式的具体设置过程和相关的操作技巧，以方便用户为工程图标注尺寸、文字和轴号等。

操作步骤

1 执行"打开"命令，打开随书光盘中的"\效果文件\第14章\综合实例（三）.dwg"文件。

2 单击"样式"工具栏中的 A 按钮，激活"文字样式"命令，打开"文字样式"对话框。

3 单击 新建(N) 按钮，在弹出的"新建文字样式"对话框中为新样式赋名，如图14-23所示。

4 单击 确定 按钮返回"文字样式"对话框，设置新样式的字体、字高以及宽度比例等参数，如图14-24所示。

5 单击 应用(A) 按钮，至此创建了一种名为

图14-23 为新样式赋名

"仿宋体"的文字样式。

6 参照第3~5步，设置一种名为"宋体"的文字样式，其参数设置如图14-25所示。

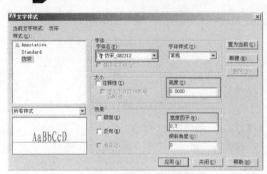

图14-24 设置"仿宋"样式

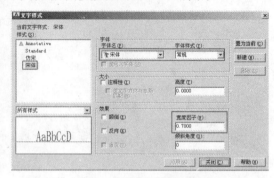

图14-25 设置"宋体"样式

7 参照上述文字样式的设置过程，重复使用"文字样式"命令，设置一种名为"COMPLEX"的文字样式，其参数设置如图14-26所示。

8 单击 应用(A) 按钮，结束文字样式的设置过程。

9 参照上述文字样式的设置过程，重复使用"文字样式"命令，设置一种名为"SIMPLEX"的文字样式，其参数设置如图14-27所示。

图14-26 设置"COMPLEX"样式

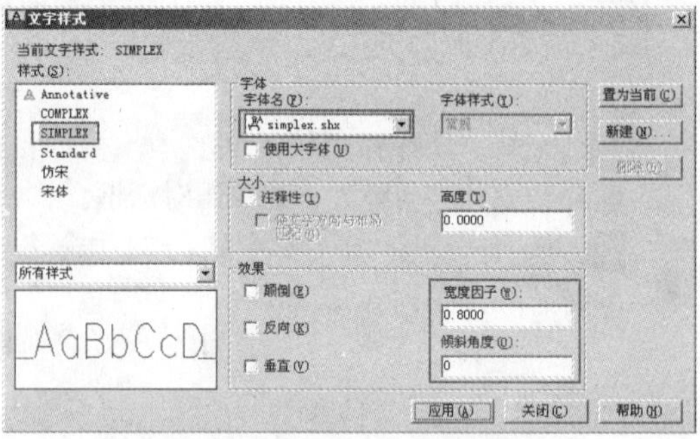

图14-27 设置"SIMPLEX"样式

10 执行"另存为"命令，将文件命名存储为"综合实例（四）.dwg"。

14.5 综合实例5——设置工程样板图的尺寸样式

本实例主要学习工程样板图中的尺寸箭头和尺寸标注样式的具体设置过程和相关的操作技巧，以方便用户对工程图进行尺寸标注。

▶ 操作步骤

1 执行"打开"命令，打开随书光盘中的"\效果文件\第14章\综合实例（四）.dwg"文件。

2 单击"绘图"工具栏中的 按钮，绘制宽度为0.5、长度为2的多段线，作为尺寸箭头。

3 使用"窗口缩放"功能将绘制的多段线放大显示。

4 使用命令简写L激活"直线"命令，绘制长度为3的水平线段，并使水平线段的中点与多段线的中点对齐，如图14-28所示。

5 执行"旋转"命令，将箭头旋转45°，如图14-29所示。

图14-28 绘制细线　　　　　　　　　图14-29 旋转结果

6 执行菜单栏中的"绘图"|"块"|"创建块"命令，在打开的"块定义"对话框中设置块参数，如图14-30所示。

7 单击"拾取点"按钮，返回绘图区，捕捉多段线的中点作为块的基点，然后将其创建为图块。

8 单击"样式"工具栏中的按钮，在打开的"标注样式管理器"对话框中单击 新建(N)... 按钮，为新样式赋名，如图14-31所示。

图14-30 设置块参数　　　　　　　　　图14-31 "创建新标注样式"对话框

9 单击 继续 按钮，打开"新建标注样式:建筑标注"对话框，设置基线间距、起点偏移量等参数，如图14-32所示。

10 展开"符号和箭头"选项卡，然后展开"箭头"选项组中的"第一个"下拉列表，选择"用户箭头"选项，如图14-33所示。

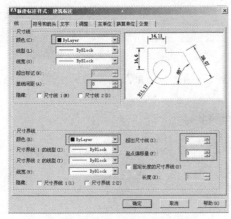

图14-32 设置"线"参数　　　　　　　　图14-33 "第一个"下拉列表

11 此时系统弹出"选择自定义箭头块"对话框，然后选择"尺寸箭头"块作为尺寸箭头，如图14-34所示。

12 单击 确定 按钮返回"符号和箭头"选项卡，设置参数如图14-35所示。

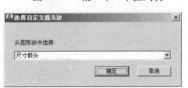

图14-34 设置尺寸箭头

13 展开"文字"选项卡，设置尺寸文字的样式、颜色、大小等参数，如图14-36所示。

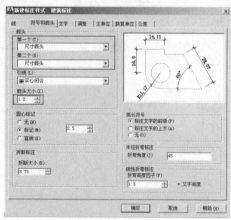

图14-35 设置"直线和箭头"参数

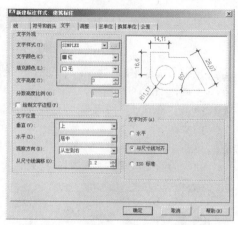

图14-36 设置"文字"参数

14 展开"调整"选项卡，调整文字、箭头与尺寸线的位置，如图14-37所示。

15 展开"主单位"选项卡，设置线性和角度标注参数，如图14-38所示。

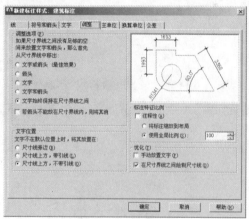

图14-37 "调整"选项卡

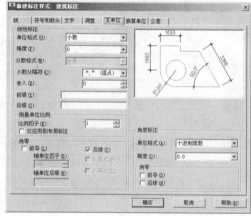

图14-38 "主单位"选项卡

16 单击 确定 按钮返回"标注样式管理器"对话框，结果新设置的尺寸样式出现在此对话框中，如图14-39所示。

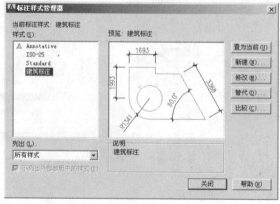

图14-39 "标注样式管理器"对话框

17 单击 置为当前(U) 按钮，将"建筑标注"设置为当前样式，同时结束命令。

18 执行"另存为"命令，将文件命名存储为"综合实例（五）.dwg"。

14.6 综合实例6——制作工程样板图的图纸边框

本实例主要学习2号标准图框的具体绘制过程以及标题栏文字的填充技巧，以方便用户对施工图配置图框。

▶ 操作步骤

1 执行"打开"命令，打开随书光盘中的"\效果文件\第14章\综合实例（五）.dwg"文件。

2 单击"绘图"工具栏中的□按钮，绘制长度为594、宽度为420的矩形，作为2号图纸的外边框。

3 重复执行"矩形"命令，配合"捕捉自"功能绘制内框，命令行操作如下。

```
命令:                              //Enter
RECTANG
指定第一个角点或 [倒角(C)/标高(E)/圆角(F)/厚度(T)/宽度(W)]: //W Enter
指定矩形的线宽 <0>:                 //2 Enter，设置线宽
指定第一个角点或 [倒角(C)/标高(E)/圆角(F)/厚度(T)/宽度(W)]:
                                   //激活"捕捉自"功能
_from 基点:                        //捕捉外框的左下角点
<偏移>:                           //@25,10 Enter
指定另一个角点或 [面积(A)/尺寸(D)/旋转(R)]: //激活"捕捉自"功能
_from 基点:                        //捕捉外框的右上角点
<偏移>:                           //@-10,-10 Enter，绘制结果如图14-40所示
```

4 重复执行"矩形"命令，配合端点捕捉功能绘制标题栏外框，命令行操作如下。

```
命令: _rectang
当前矩形模式: 宽度=2.0
指定第一个角点或 [倒角(C)/标高(E)/圆角(F)/厚度(T)/宽度(W)]:  // W Enter
指定矩形的线宽 <2.0>:             //1.5 Enter，设置线宽
指定第一个角点或 [倒角(C)/标高(E)/圆角(F)/厚度(T)/宽度(W)]:
                                 //捕捉内框的右下角点
指定另一个角点或 [面积(A)/尺寸(D)/旋转(R)]: //@-240,50 Enter，绘制结果如图14-41所示
```

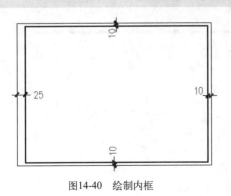

图14-40 绘制内框

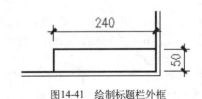

图14-41 绘制标题栏外框

5 重复执行"矩形"命令，配合端点捕捉功能绘制会签栏的外框，命令行操作如下。

```
命令: _rectang
    当前矩形模式: 宽度=1.5
    指定第一个角点或 [倒角(C)/标高(E)/圆角(F)/厚度(T)/宽度(W)]:
                                    //捕捉内框的左上角点
    指定另一个角点或 [面积(A)/尺寸(D)/旋转(R)]:    //@-20,-100 Enter，绘制结果如图14-42所示
```

6 执行菜单栏中的"绘图"|"直线"命令，配合捕捉与追踪功能，参照图14-43和图14-44所示尺寸，绘制标题栏和会签栏内部的分格线。

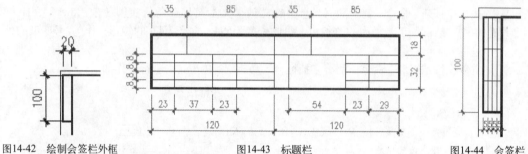

图14-42 绘制会签栏外框   图14-43 标题栏   图14-44 会签栏

7 执行"多行文字"命令，根据命令行的提示分别捕捉如图14-45所示的方格对角点A和B，打开"文字格式"编辑器，然后设置文字的对正方式，如图14-46所示。

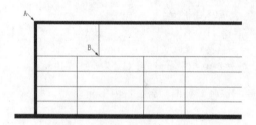

图14-45 定位捕捉点

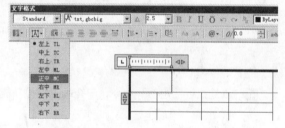

图14-46 设置对正方式

8 在"文字格式"编辑器中设置文字样式为"宋体"、字体高度为"8"，然后在文字输入框内输入"设计单位"，如图14-47所示。

图14-47 输入文字

9 单击 确定 按钮，关闭"文字格式"编辑器，文字的填充结果如图14-48所示。

10 重复使用"多行文字"命令，设置文字样式、字体高度和对正方式不变，填充如图14-49所示的文字。

11 重复执行"多行文字"命令，设置文字样式为"宋体"、字体高度为"4.6"、对正方式为"正中"，填充标题栏中的其他文字，如图14-50所示。

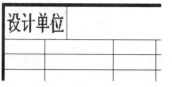

图14-48 填充结果

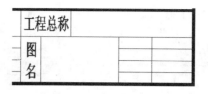

图14-49 填充结果

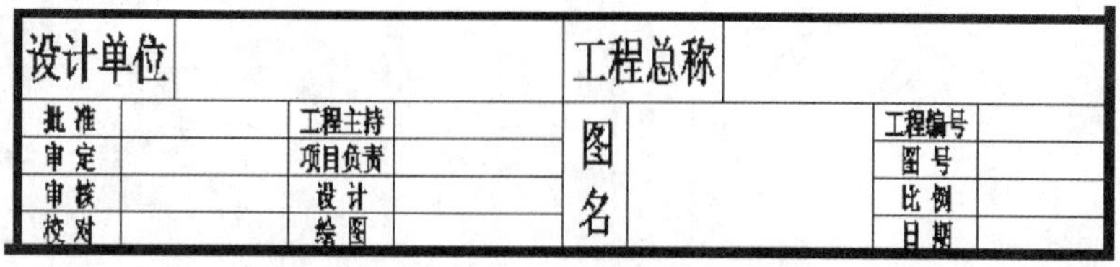

设计单位		工程总称		
批准	工程主持	图	工程编号	
审定	项目负责		图号	
审核	设计	名	比例	
校对	绘图		日期	

图14-50 标题栏填充结果

12 单击"修改"工具栏中的○按钮,将会签栏旋转-90°,然后使用"多行文字"命令,设置文字样式为"宋体"、字体高度为"2.5",对正方式为"正中",为会签栏填充文字,结果如图14-51所示。

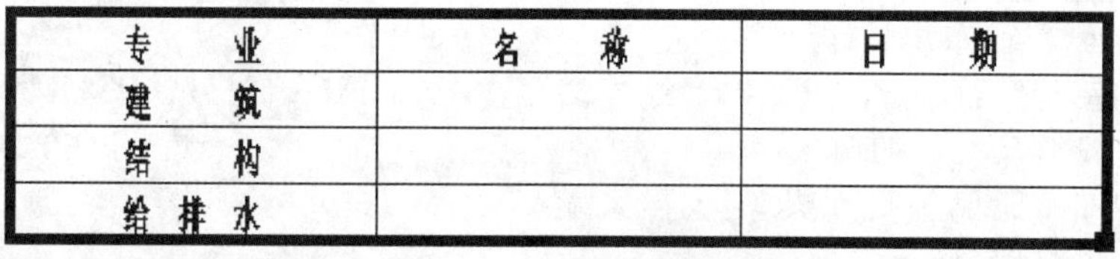

专 业	名 称	日 期
建 筑		
结 构		
给 排 水		

图14-51 会签栏填充结果

13 重复执行"旋转"命令,将会签栏及文字旋转-90°,基点不变。

14 单击"绘图"工具栏中的▣按钮,激活"创建块"命令,设置块名为"A2-H",基点为外框左下角点,其他块参数如图14-52所示,将图框及填充文字创建为内部块。

15 执行"另存为"命令,将文件命名存储为"综合实例(六).dwg"。

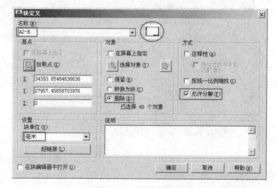

图14-52 设置块参数

14.7 综合实例7——设置工程样板图的页面布局

为了便于图纸的相互交流,一般情况下,还需要将绘制好的施工图打印输出到相应图号的图纸上。本实例主要学习工程图纸打印页面的合理布局与图纸边框的配置技能。

▶ 操作步骤

1 执行"打开"命令,打开随书光盘中的"\效果文件\第14章\综合实例(六).dwg"文件。

2 单击绘图区底部的"布局1"标签,进入如图14-53所示的布局空间。

3 使用命令简写E激活"删除"命令,选择布局内的矩形视口并将其删除。

4. 执行菜单栏中的"文件"|"页面设置管理器"命令，在打开的对话框中单击 新建(N)... 按钮，打开"新建页面设置"对话框，为新页面赋名，如图14-54所示。

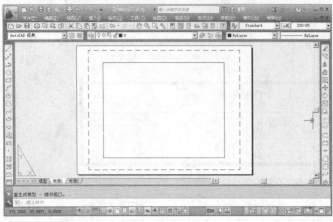

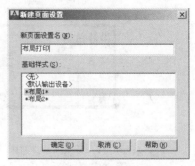

图14-53 布局空间　　　　　　　　　　图14-54 为新页面赋名

5. 单击 确定(O) 按钮，打开"页面设置-布局打印"对话框，然后设置打印设备、图纸尺寸、打印样式、打印比例等页面参数，如图14-55所示。

6. 单击 确定(O) 按钮返回"页面设置管理器"对话框，将刚设置的新页面设置为当前页面，如图14-56所示。

7. 单击的 关闭(C) 按钮，结束命令，新布局的页面设置效果如图14-57所示。

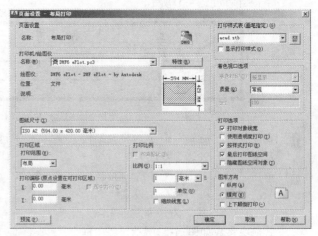

图14-55 设置页面参数

图14-56 "页面设置管理器"对话框

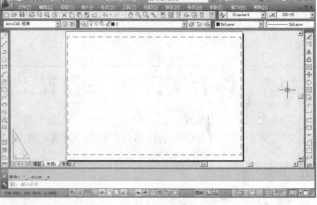

图14-57 页面设置效果

8. 单击"绘图"工具栏中的 按钮，或使用命令简写I激活"插入块"命令，打开"插入"话框。

9 在"插入"对话框中设置插入点、轴向比例等参数，如图14-58所示。

10 单击 确定(O) 按钮，结果A2-H图表框被插入到当前布局中的原点位置上，如图14-59所示。

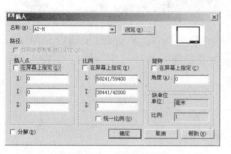

图14-58 设置块参数

图14-59 插入结果

11 单击状态栏上的 图纸 按钮，返回模型空间。

12 执行菜单栏中的"文件"|"另存为"命令，或按Ctrl+Shift+S组合键，打开"图形另存为"对话框。

13 在"图形另存为"对话框中设置文件的存储类型为"AutoCAD 图形样板（*.dwt）"，如图14-60所示。

14 在"图形另存为"对话框下侧的"文件名"文本框内输入"建筑样板"，如图14-61所示。

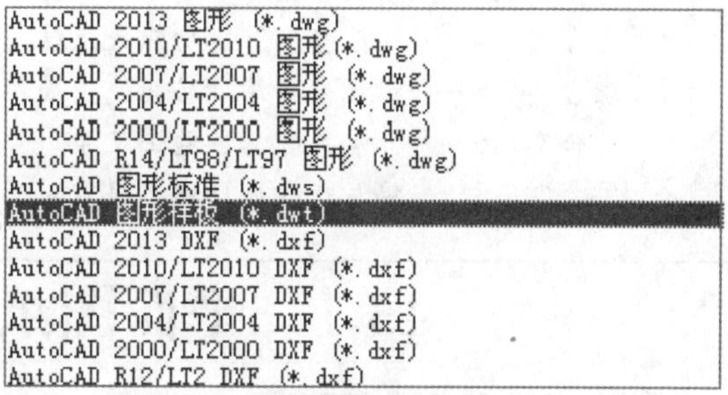

15 单击 保存... 按钮，打开"样板选项"对话框，输入"A2-H幅面标准公制图形样板……"，如图14-62所示。

```
AutoCAD 2013 图形 (*.dwg)
AutoCAD 2010/LT2010 图形 (*.dwg)
AutoCAD 2007/LT2007 图形 (*.dwg)
AutoCAD 2004/LT2004 图形 (*.dwg)
AutoCAD 2000/LT2000 图形 (*.dwg)
AutoCAD R14/LT98/LT97 图形 (*.dwg)
AutoCAD 图形标准 (*.dws)
AutoCAD 图形样板 (*.dwt)
AutoCAD 2013 DXF (*.dxf)
AutoCAD 2010/LT2010 DXF (*.dxf)
AutoCAD 2007/LT2007 DXF (*.dxf)
AutoCAD 2004/LT2004 DXF (*.dxf)
AutoCAD 2000/LT2000 DXF (*.dxf)
AutoCAD R12/LT2 DXF (*.dxf)
```

图14-60 "文件类型"下拉列表

图14-61 样板文件的创建

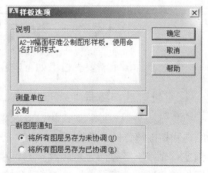

图14-62 "样板选项"对话框

16 单击 确定 按钮，结果创建了制图样板文件，并保存于AutoCAD安装目录下的"Template"文件夹中。

17 执行"另存为"命令，将文件命名存储为"综合实例（七）.dwg"。

第15章　绘制建筑工程图纸

本章在概述建筑施工图纸的形成、用途以及表达内容等知识的前提下，通过绘制香墅湾小区1#的标准层建筑平面施工图，主要学习AutoCAD在建筑制图方面的具体应用技能。本章学习内容如下。

- 平面图纸的形成及用途
- 平面图纸的一般表达内容
- 综合实例1——绘制香墅湾1#纵横轴线图
- 综合实例2——绘制香墅湾1#墙体平面图
- 综合实例3——绘制香墅湾1#建筑构件图
- 综合实例4——标注香墅湾1#功能性注释
- 综合实例5——标注香墅湾1#房间使用面积
- 综合实例6——标注香墅湾1#施工尺寸
- 综合实例7——编写香墅湾1#墙体序号

15.1　平面图纸的形成与用途

建筑施工图纸一般包括平面图、立面图、剖面图、详图等多种，而平面图是其中最重要、最基础的一种图纸，它是假想用一个水平的剖切平面，沿房屋门、窗洞口把整幢房屋剖开，然后移去剖切平面以上的部分，向下投影所形成的一种水平剖面图，此种水平剖面图被称为建筑平面图，简称平面图。

建筑平面图主要用于表达房屋建筑的平面形状、房间布置、内外交通联系，以及墙、柱、门窗构配件的位置、尺寸、材料和做法等，是施工过程中房屋的定位放线、砌墙、设备安装、装修以及编制概预算、备料等的重要依据。

15.2　平面图纸的一般表达内容

一般在平面图上需要表达出如下内容。

1. 定位轴线与编号

定位轴线是用来控制建筑物尺寸和模数的基本手段，是墙体定位的主要依据，它能表达出建筑物纵向和横向墙体的位置关系。

定位轴线有"纵向定位轴线"与"横向定位轴线"之分。"纵向定位轴线"自下而上用大写拉丁字母A、B、C…表示（I、O、Z三个拉丁字母不能使用，避免与数字1、0、2相混），"横向定位轴线"由左向右使用阿拉伯数字1、2、3…顺序编号，如图15-1和图15-2所示。

2. 内部结构和朝向

平面图的内部结构和朝向应包括各种房间的分布及相互关系，入口、走道、楼梯的位置等。一般平面图均注明房间的名称或编号，层平面图还需要表明建筑的朝向。在平面图中应表明各层楼梯的形状、走向和级数。在楼梯段中部，使用带箭头的细实线表示楼梯的走向，并注明"上"或"下"字样。

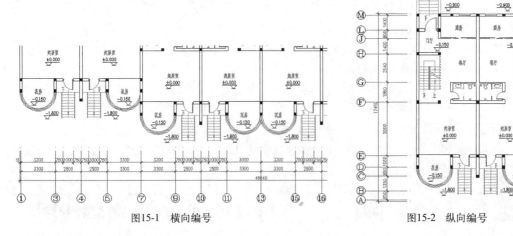

图15-1 横向编号   图15-2 纵向编号

3. 建筑尺寸

建筑尺寸主要用于反映建筑物的长、宽及内部各结构的相互位置关系，是施工的依据。它主要包括外部尺寸和内部尺寸两种，其中，"内部尺寸"就是在施工平面图内部标注的尺寸，主要表现外部尺寸无法表明的内部结构的尺寸，比如门洞及门洞两侧的墙体尺寸等；"外部尺寸"就是在施工平面图的外围所标注的尺寸，它在水平方向和垂直方向上各有三道尺寸，由里向外依次为细部尺寸、轴线尺寸和总尺寸。

◆ 细部尺寸也叫定形尺寸，它表示平面图内的门窗距离、窗间墙、墙体等细部的详细尺寸，如图15-3所示。

◆ 轴线尺寸表示平面图的开间和进深，如图15-3所示。一般情况下两横墙之间的距离称为"开间"，两纵墙之间的距离称为"进深"。

◆ 总尺寸也叫外包尺寸，它表示平面图的总宽和总长，通常标在平面图的最外部，如图15-3所示。

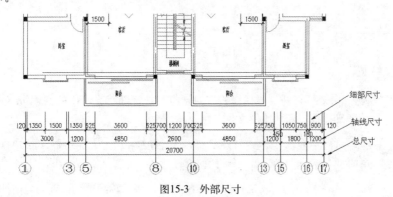

图15-3 外部尺寸

4. 文本注释

在平面图中应注明必要的文字性说明。例如，标注出各房间的名称以及各房间的有效使用面积，平面图的名称、比例以及各门窗的编号等文本对象。

5. 标高尺寸

在平面图中应标注不同楼地面标高，表示各层楼地面距离相对标高零点的高差。除此之外，还应标注各房间及室外地坪、台阶等的标高。

6. 剖切位置

在首层平面图上应标注有剖切符号，以表明剖面图的剖切位置和剖视方向。

7. 详图的位置及编号

当某些构造细部或构件另画有详图表示时，要在平面图中的相应位置注明索引符号，表明详图的位置和编号，以便与详图对照查阅。

对于平面较大的建筑物，可以进行分区绘制，但每张平面图均应绘制出组合示意图。各区需要使用大写拉丁字母编号。在组合示意图上要提示的分区，应采用阴影或填充的方式表示。

8. 层次、图名及比例

在平面图中，不仅要注明该平面图表达的建筑物的层次，还要表明建筑物的图名和比例，以便查找、计算和施工等。

15.3   综合实例1——绘制香墅湾1#纵横轴线图

在建筑制图中，轴线图是建筑物墙体定位的主要依据，是控制建筑物尺寸和模数的基本手段。本例通过绘制如图15-4所示的香墅湾小区1#的轴线图，在综合巩固所学知识的前提下，主要学习墙体轴线图的具体绘制过程和技巧。

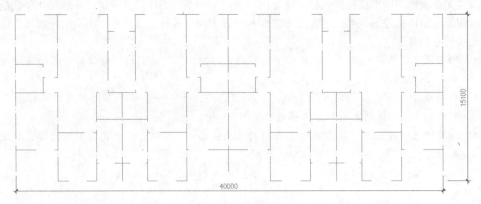

图15-4　实例效果

 操作步骤

1 执行"新建"命令，打开"选择样板"对话框，选择随书光盘中的"\样板文件\建筑样板.dwt"作为基础样板，新建绘图文件。

> 另外，读者也可以直接将随书光盘"\样板文件\"目录下的样板文件，复制至AutoCAD 2013安装目录下的"Template"文件夹中，以方便随时调用。

2 展开"图层"工具栏中的"图层控制"下拉列表，将"轴线层"设置为当前图层。

3 使用命令简写LT激活"线型"命令，在打开的"线型管理器"对话框中设置线线比例为1。

4 执行菜单栏中的"绘图"|"矩形"命令，绘制长度为10000、宽度为15100的矩形，并将此矩形分解为4条独立的线段。

5 执行菜单栏中的"修改"|"偏移"命令，根据图层尺寸，将左侧垂直边向右偏移，创建施工图的纵向定位轴线，结果如图15-5所示。

6 执行菜单栏中的"修改"|"复制"命令，创建横向定位轴线，命令行操作如下。

```
命令: _copy
    选择对象:                                        //选择矩形的下侧水平边
    选择对象:                                        // Enter ，结束对象的选择
    当前设置: 复制模式 = 多个
    指定基点或 [位移(D)/模式(O)] <位移>:             //捕捉水平边的一个端点
    指定第二个点或 [阵列(A)] <使用第一个点作为位移>: //@0,900 Enter
    指定第二个点或 [阵列(A)/退出(E)/放弃(U)] <退出>: //@0,1650 Enter
    指定第二个点或 [阵列(A)/退出(E)/放弃(U)] <退出>: //@0,2850 Enter
    指定第二个点或 [阵列(A)/退出(E)/放弃(U)] <退出>: //@0,4400 Enter
    指定第二个点或 [阵列(A)/退出(E)/放弃(U)] <退出>: //@0,5600 Enter
    指定第二个点或 [阵列(A)/退出(E)/放弃(U)] <退出>: //@0,8000 Enter
    指定第二个点或 [阵列(A)/退出(E)/放弃(U)] <退出>: //@0,9400 Enter
    指定第二个点或 [阵列(A)/退出(E)/放弃(U)] <退出>: //@0,10600 Enter
    指定第二个点或 [阵列(A)/退出(E)/放弃(U)] <退出>: //@0,13560 Enter
    指定第二个点或 [阵列(A)/退出(E)/放弃(U)] <退出>:
                                    // Enter ，结束命令，复制结果如图15-6所示
```

7 在无命令执行的前提下，选择下侧的A号轴线，使其呈现夹点显示状态。

8 在左侧的夹点上单击鼠标左键，使其变为夹基点，此时该点变为红色，如图15-7所示。

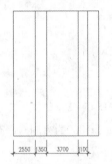
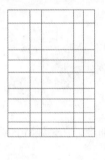
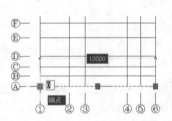

·图15-5 偏移结果   图15-6 复制结果   图15-7 定位夹基点

9 在命令行"** 拉伸 ** 指定拉伸点或 [基点(B)/复制(C)/放弃(U)/退出(X)]:"提示下，捕捉3号定位轴线的下端点，操作结果如图15-8所示。

10 按Esc键取消对象的夹点显示状态，结果如图15-9所示。

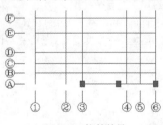
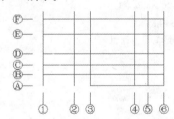

图15-8 拉伸结果   图15-9 取消夹点

11 参照第7~10步，分别对其他水平和垂直轴线进行拉伸，编辑结果如图15-10所示。

12 使用命令简写E激活"删除"命令，删除B号定位轴线，如图15-11所示。

13 执行菜单栏中的"修改"|"修剪"命令，以3、4号定位轴线作为修剪边界，对H号定位轴线进行修剪，结果如图15-12所示。

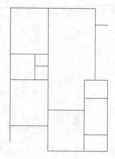

图15-10 编辑结果　　　　　　图15-11 删除结果　　　　　　图15-12 修剪结果

14 执行菜单栏中的"修改"|"偏移"命令，将3号轴线向右偏移1000，将4号轴线向左偏移900，如图15-13所示。

15 执行菜单栏中的"修改"|"修剪"命令，以刚偏移出的两条辅助轴线作为修剪边界，对A号轴线进行修剪，结果如图15-14所示。

16 使用命令简写E激活"删除"命令，选择偏移的两条辅助轴线并将其删除，结果如图15-15所示。

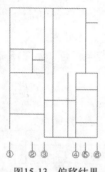

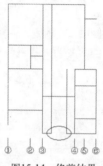

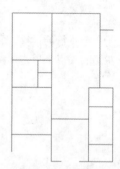

图15-13 偏移结果　　　　　　图15-14 修剪结果　　　　　　图15-15 删除结果

17 执行菜单栏中的"修改"|"打断"命令，在轴线M上创建宽度为1800的窗洞，命令行操作如下。

```
命令: _break
    选择对象:                          //选择水平轴线M
    指定第二个打断点 或 [第一点(F)]:     //F Enter，重新指定第一断点
    指定第一个打断点:                   //激活"捕捉自"功能
    _from 基点:                        //捕捉如图15-16所示的端点
    <偏移>:                            //@900,0 Enter，确定第一断点的位置
    指定第二个打断点:                   //@1800,0 Enter，定位第二断点，结果如图15-17所示
```

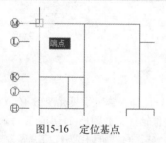

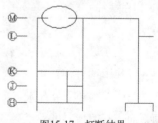

图15-16 定位基点　　　　　　　　　　　图15-17 打断结果

18 重复执行"打断"命令，配合对象捕捉、对象追踪功能继续创建洞口，命令行操作如下。

命令:_break

　　选择对象:　　　　　　　　　　//选择D号定位轴线

　　指定第二个打断点 或 [第一点(F)]:　//F Enter

　　指定第一个打断点:　　　　　　//向右引出图15-18所示的追踪虚线，输入1850 Enter

　　指定第二个打断点:　　　　　　//@1800, 0 Enter，打断结果如图15-19所示

图15-18　引出追踪虚线

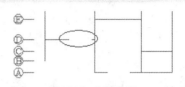
图15-19　打断结果

19 运用以上各种方式，综合使用"修剪"、"偏移"和"打断"命令，分别创建其他位置的门窗洞，结果如图15-20所示。

 此种打洞方式是使用频率最高的一种方式，特别是在内部结构比较复杂的施工图中，使用此种开洞方式，不需要绘制任何辅助线，操作极为简捷。

20 单击"修改"工具栏中的按钮，激活"镜像"命令，对编辑后的轴线图进行镜像，命令行操作如下。

命令:_mirror

　　选择对象:　　　　　　　　　　//窗交选择如图15-21所示的对象

　　选择对象:　　　　　　　　　　// Enter

　　指定镜像线的第一点:　　　　　//捕捉如图15-22所示的端点

　　指定镜像线的第二点:　　　　　//@0,1 Enter

　　要删除源对象吗? [是(Y)/否(N)] <N>:　// Enter，镜像结果如图15-23所示

图15-20　创建其他洞口

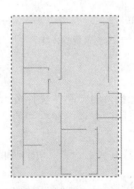
图15-21　窗交选择

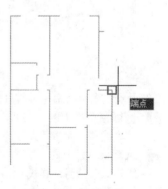
图15-22　捕捉端点

21 重复执行"镜像"命令，窗交选择如图15-24所示的轴线进行镜像，结果如图15-25所示。

22 执行菜单栏中的"格式"|"线型"命令，在打开的"线型管理器"对话框中设置线型的全局比例为100，定位轴线的最终效果如图15-4所示。

23 执行"保存"命令，将图形命名存储为"综合实例（一）.dwg"。

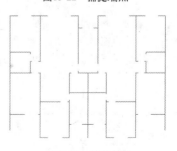
图15-23　镜像结果

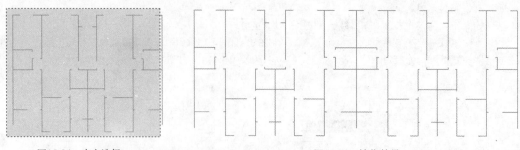

图15-24　窗交选择　　　　　　　　　　　　　　　图15-25　镜像结果

15.4　综合实例2——绘制香墅湾1#墙体平面图

　　本例通过绘制如图15-26所示的平面图纵横墙线，在综合巩固所学知识的前提下，主要学习香墅湾1#墙体结构平面图的绘制过程和技巧。

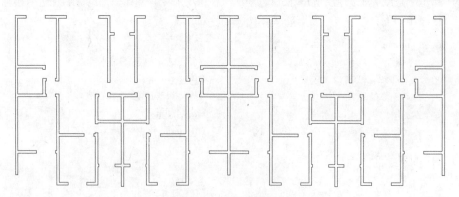

图15-26　实例效果

▶ 操作步骤

1 执行"打开"命令，打开随书光盘中的"\效果文件\第15章\综合实例（一）.dwg"文件。

2 执行菜单栏中的"格式"|"图层"命令，在打开的"图层特性管理器"对话框中双击"墙线层"，将其设置为当前图层。

3 执行菜单栏中的"格式"|"多线样式"命令，在打开的"多线样式"对话框中设置"墙线样式"为当前样式。

4 执行菜单栏中的"绘图"|"多线"命令，配合端点捕捉功能绘制墙线，命令行操作如下。

```
命令:_mline
    当前设置:对正＝上，比例＝20.00，样式＝墙线样式
    指定起点或 [对正(J)/比例(S)/样式(ST)]:        //S Enter，激活"比例"选项
    输入多线比例 <20.00>:                          //240 Enter，设置多线比例
    当前设置:对正＝上，比例＝240.00，样式＝墙线
    指定起点或 [对正(J)/比例(S)/样式(ST)]:        //J Enter，激活"对正"选项
    输入对正类型 [上(T)/无(Z)/下(B)] <上>:        //Z Enter，设置对正方式
    当前设置:对正＝无，比例＝240.00，样式＝墙线
```

指定起点或 [对正(J)/比例(S)/样式(ST)]: //捕捉图15-27所示的端点1

指定下一点: //捕捉图15-27所示的端点2

指定下一点或 [放弃(U)]: //捕捉图15-27所示的端点3

指定下一点或 [闭合(C)/放弃(U)]: //[Enter]，绘制结果如图15-28所示

5 重复执行第4步，设置多线比例和对正方式不变，配合端点捕捉功能分别绘制其他位置的墙线，结果如图15-29所示。

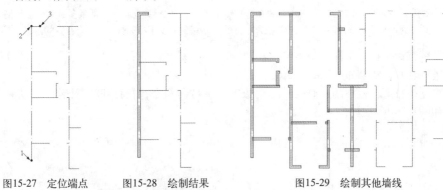

图15-27 定位端点 图15-28 绘制结果 图15-29 绘制其他墙线

使用"多线"命令绘制墙线，是一种最常用的绘制技巧，在绘制过程中，通过巧妙设置多线比例及对正方式，可以绘制任意宽度的墙线。

6 展开"图层控制"下拉列表，关闭"轴线层"，然后在无命令执行的前提下，选择平面图下侧的墙线，使其呈现夹点显示，如图15-30所示。

7 单击下侧的夹点，使其转变为夹基点，然后在命令行"** 拉伸 ** 指定拉伸点或 [基点(B)/复制(C)/放弃(U)/退出(X)]"提示下，输入"@0,-120"并按Enter键，指定拉伸的目标点，对墙线进行夹点拉伸，并取消夹点显示，结果如图15-31所示。

8 重复执行第6~7步，将最右侧的垂直墙线向下拉伸240个绘图单位，结果如图15-32所示。

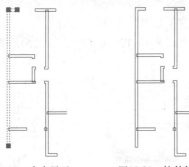

图15-30 夹点显示 图15-31 拉伸结果 图15-32 拉伸240个单位

9 执行菜单栏中的"修改"|"对象"|"多线"命令，打开"多线编辑工具"对话框，然后单击如图15-33所示的"T形合并"按钮🔲，返回绘图区，在命令行"选择第一条多线:"提示下，选择如图15-34所示的墙线。

10 在命令行"选择第二条多线:"提示下，选择如图15-35所示的墙线，结果这两条T形相交的多线被合并，如图15-36所示。

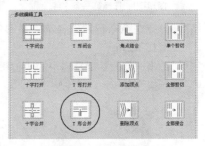

图15-33 多线编辑工具

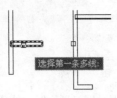

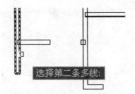
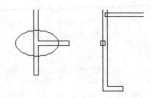

图15-34　选择第一条多线　　　　图15-35　选择第二条多线　　　　　图15-36　T形合并

读者需要注意墙线的选择次序，当两条多线为 **T** 形时，要先点选下方的那条多线；为 **⊥** 形时，先点选上方的那条多线；为 **⊣** 形时，先点选左方的那条多线；为 **⊢** 形时，先点选右方的那条多线。

11 继续在命令行"选择第一条多线或 [放弃（U）]:"提示下，分别选择其他位置的T形墙线进行合并，结果如图15-37所示。

12 重复执行菜单栏中的"修改"｜"对象"｜"多线"命令，在打开的对话框内双击 按钮，如图15-38所示。

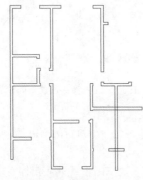

图15-37　合并结果　　　　　　　　　　图15-38　多线编辑工具

如果在编辑墙线的过程中，不慎出现错误，可在命令行内输入"U"，撤销上一步操作。

13 在命令行"选择第一条多线:"提示下，选择如图15-39所示的墙线。

14 在命令行"选择第二条多线:"提示下，选择图15-40所示的墙线，对两条墙线进行合并，结果如图15-41所示。

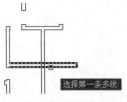
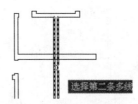
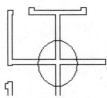

图15-39　选择第一条多线　　　　图15-40　选择第二条多线　　　　图15-41　十字合并

15 继续在命令行"选择第一条多线:"提示下，对下侧的十字相交墙线进行合并，结果如图15-42所示。

16 单击"修改"工具栏中的 按钮，激活"镜像"命令，对编辑后的墙线图进行镜像，命令行操作如下。

```
命令:_mirror
    选择对象:                              //选择如图15-43所示的对象
    选择对象:                              // Enter
```

指定镜像线的第一点：	//捕捉如图15-43所示的中点
指定镜像线的第二点：	//@0,1 Enter
要删除源对象吗？[是(Y)/否(N)] <N>：	// Enter，镜像结果如图15-44所示

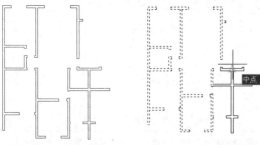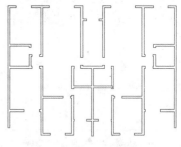

图15-42 合并结果　　　　图15-43 选择镜像对象　　　　图15-44 镜像结果

17 重复执行"镜像"命令，继续对编辑后的墙线图进行镜像，命令行操作如下。

命令：_mirror	
选择对象：	//窗交选择如图15-45所示的对象
选择对象：	// Enter
指定镜像线的第一点：	//捕捉如图15-46所示的中点
指定镜像线的第二点：	//@0,1 Enter
要删除源对象吗？[是(Y)/否(N)] <N>：	// Enter，镜像结果如图15-47所示

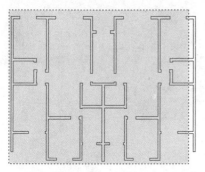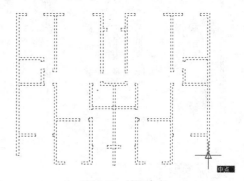

图15-45 窗交选择　　　　　　　　图15-46 捕捉中点

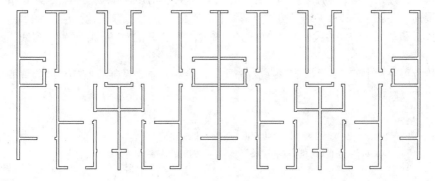

图15-47 镜像结果

18 打开"多线编辑工具"对话框，对中间的墙线进行T形合并，结果如图15-48所示。

19 执行"另存为"命令，将图形命名存储为"综合实例（二）.dwg"。

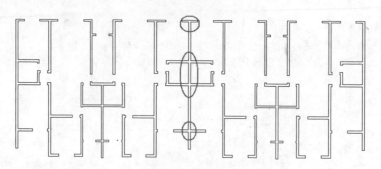

图15-48　编辑墙线

15.5　综合实例3——绘制香墅湾1#建筑构件图

本例在综合巩固所学知识的前提下，主要学习香墅湾1#平面窗、凸窗、阳台、门等建筑构件图的绘制过程和快速布置技巧。本例效果如图15-49所示。

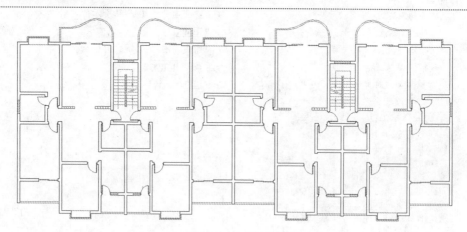

图15-49　实例效果

▶ 操作步骤

1 执行"打开"命令，打开随书光盘中的"\效果文件\第15章\综合实例（二）.dwg"文件。

2 展开"图层"工具栏中的"图层控制"下拉列表，将"门窗层"设为当前图层。

3 执行菜单栏中的"格式"|"多线样式"命令，在打开的对话框中设置"窗线样式"为当前样式。

4 执行菜单栏中的"绘图"|"多线"命令，配合中点捕捉功能绘制楼梯间位置的平面窗，命令行操作如下。

命令: _mline
　　当前设置: 对正 = 无，比例 = 240.00，样式 = 窗线样式
　　指定起点或 [对正(J)/比例(S)/样式(ST)]:　　//捕捉图15-50所示的中点
　　指定下一点:　　　　　　　　　　　　　　　//捕捉图15-51所示的中点
　　指定下一点或 [闭合(C)/放弃(U)]:　　　　//Enter，绘制结果如图15-52所示

5 重复上一操作步骤，设置多线比例和对正方式不变，配合中点捕捉功能分别绘制其他位置的窗线，绘制结果如图15-53所示。

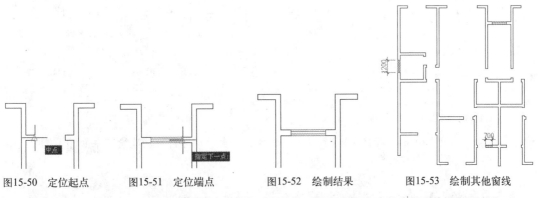

图15-50 定位起点　　　　图15-51 定位端点　　　　图15-52 绘制结果　　　　图15-53 绘制其他窗线

6 单击"绘图"工具栏中的 按钮，配合端点捕捉功能绘制凸窗内轮廓线，命令行操作如下。

```
命令: _pline
    指定起点:                                              //捕捉如图15-54所示的端点
    当前线宽为 0.0
    指定下一个点或 [圆弧(A)/半宽(H)/长度(L)/放弃(U)/宽度(W)]:        //@0,380 Enter
    指定下一点或 [圆弧(A)/闭合(C)/半宽(H)/长度(L)/放弃(U)/宽度(W)]:
                        //配合极轴追踪和延伸捕捉功能，捕捉如图15-55所示虚线的交点，作为第二点
    指定下一点或 [圆弧(A)/闭合(C)/半宽(H)/长度(L)/放弃(U)/宽度(W)]:
                                                        //捕捉如图15-56所示的端点
    指定下一点或 [圆弧(A)/闭合(C)/半宽(H)/长度(L)/放弃(U)/宽度(W)]:
                                       // Enter ，结束命令，绘制结果如图15-57所示
```

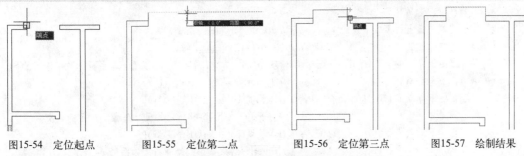

图15-54 定位起点　　　　图15-55 定位第二点　　　　图15-56 定位第三点　　　　图15-57 绘制结果

7 单击"修改"工具栏中的 按钮，将刚绘制的凸窗内轮廓线分别向外偏移40和120，并使用画线命令绘制下侧的水平图线，结果如图15-58所示。

8 参照第6~7步，配合捕捉与追踪功能，绘制下侧的凸窗轮廓线，结果如图15-59所示。

图15-58 绘制结果　　　　　　　　　　图15-59 绘制结果

9 绘制阳台构件。使用命令简写L激活画线命令，配合端点捕捉功能，绘制如图15-60所示的阳台轮廓线。

10 使用命令简写O激活"偏移"命令，将刚绘制的图线向上侧偏移120个绘图单位，结果如图15-61所示。

在修剪图线时，需要按住键盘上的Shift键，才能对图线进行修剪。

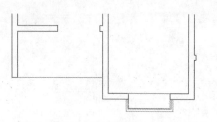

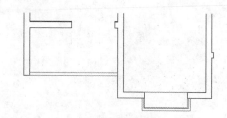

图15-60　绘制结果　　　　　　　　　　图15-61　偏移结果

11 执行菜单栏中的"绘图"|"多段线"命令，配合"捕捉自"功能绘制平面图上侧阳台的内轮廓线，命令行操作如下。

```
命令: _pline
    指定起点:                                    //激活"捕捉自"功能
    _from 基点:                                  //捕捉如图15-62所示的端点
    <偏移>:                                      //@120,240 Enter
    当前线宽为 0.0
    指定下一个点或 [圆弧(A)/半宽(H)/长度(L)/放弃(U)/宽度(W)]:          //@0,1200 Enter
    指定下一点或 [圆弧(A)/闭合(C)/半宽(H)/长度(L)/放弃(U)/宽度(W)]:     //@1000,0 Enter
    指定下一点或 [圆弧(A)/闭合(C)/半宽(H)/长度(L)/放弃(U)/宽度(W)]:     //A Enter
    指定圆弧的端点或[角度(A)/圆心(CE)/闭合(CL)/方向(D)/半宽(H)/直线(L)/半径(R)/第二个点(S)/
放弃(U)/宽度(W)]:                             //S Enter
    指定圆弧上的第二个点:                         //@832,198 Enter
    指定圆弧的端点:                               //@765,380 Enter
    指定圆弧的端点或[角度(A)/圆心(CE)/闭合(CL)/方向(D)/半宽(H)/直线(L)/半径(R)/第二个点(S)/
放弃(U)/宽度(W)]:                             //S Enter
    指定圆弧上的第二个点:                         //@1500,35 Enter
    指定圆弧的端点:                               //@700,-1335 Enter
    指定圆弧的端点或[角度(A)/圆心(CE)/闭合(CL)/方向(D)/半宽(H)/直线(L)/半径(R)/第二个点(S)/
放弃(U)/宽度(W)]:                             //L Enter
    指定下一点或 [圆弧(A)/闭合(C)/半宽(H)/长度(L)/放弃(U)/宽度(W)]:
                                             //向下引出如图15-63所示的极轴矢量，然后捕捉交点
    指定下一点或 [圆弧(A)/闭合(C)/半宽(H)/长度(L)/放弃(U)/宽度(W)]:
                                             //Enter，结束命令，绘制结果如图15-64所示
```

12 执行菜单栏中的"修改"|"偏移"命令，将刚绘制的轮廓线向外偏移120个绘图单位，结果如图15-65所示。

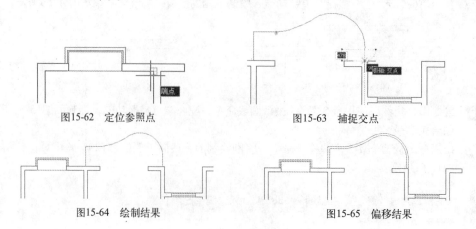

图15-62　定位参照点　　　　　　　　　　图15-63　捕捉交点

图15-64　绘制结果　　　　　　　　　　图15-65　偏移结果

⑬ 使用命令简写REC激活"矩形"命令，配合中点捕捉功能绘制推拉门，命令行操作如下。

命令: rec   //Enter，激活命令
RECTANG指定第一个角点或 [倒角(C)/标高(E)/圆角(F)/厚度(T)/宽度(W)]:
                                   //捕捉如图15-66所示位置的中点
指定另一个角点或 [面积(A)/尺寸(D)/旋转(R)]: //@935,50 Enter，输入对角点坐标
命令: // Enter，重复执行命令
RECTANG指定第一个角点或 [倒角(C)/标高(E)/圆角(F)/厚度(T)/宽度(W)]:
                                   //捕捉如图15-67所示位置的中点
指定另一个角点或 [面积(A)/尺寸(D)/旋转(R)]:
                                   //@-935,-50 Enter，绘制结果如图15-68所示

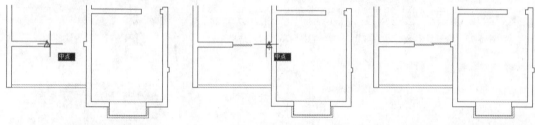

图15-66 捕捉第一个角点   图15-67 捕捉中点   图15-68 绘制结果

⑭ 重复执行菜单栏中的"绘图"|"矩形"命令，配合对象捕捉功能，绘制上侧的三扇推拉门，门的宽度为50、长度为1000，如图15-69所示。

⑮ 绘制单开门。单击"绘图"工具栏中的 按钮，激活"插入块"命令，以默认参数插入随书光盘中的"\图块文件\单开门.dwg"图块，在命令行"指定插入点或 [基点(B)/比例(S)/X/Y/Z/旋转(R)]:"提示下，捕捉图15-70所示的中点作为插入点，将单开门插入到此门洞处。

⑯ 重复执行"插入块"命令，设置块参数如图15-71所示，以门洞一侧墙线的中点作为插入点，插入单开门，结果如图15-72所示。

⑰ 重复执行"插入块"命令，设置块参数如图15-73所示，插入结果如图15-74所示。

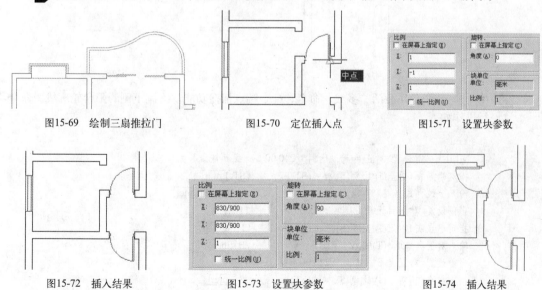

图15-69 绘制三扇推拉门   图15-70 定位插入点   图15-71 设置块参数

图15-72 插入结果   图15-73 设置块参数   图15-74 插入结果

⑱ 重复执行"插入块"命令，设置块参数如图15-75所示，插入结果如图15-76所示。

19 重复执行"插入块"命令，设置块参数如图15-77所示，插入结果如图15-78所示。

20 重复执行"插入块"命令，设置块参数如上图15-71所示，插入结果如图15-79所示。

21 重复执行"插入块"命令，设置块参数如图15-80所示，插入结果如图15-81所示。

22 重复执行"插入块"命令，选择随书光盘中的"\图块文件\"目录下的大小隔断图块，使用默认参数将其插入到平面图中，结果如图15-82所示。

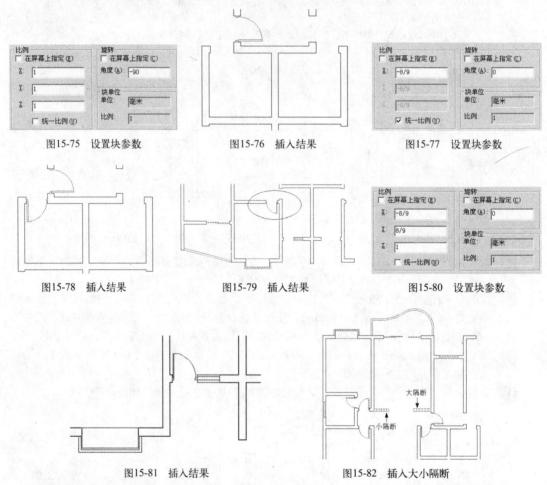

图15-75 设置块参数　　　图15-76 插入结果　　　图15-77 设置块参数

图15-78 插入结果　　　图15-79 插入结果　　　图15-80 设置块参数

图15-81 插入结果　　　图15-82 插入大小隔断

23 使用命令简写ML激活"多线"命令，配合端点捕捉功能，绘制下侧的阳台轮廓线，命令行操作如下。

命令: ml

　　MLINE当前设置: 对正 = 无, 比例 = 240.00, 样式 = 墙线样式

　　指定起点或 [对正(J)/比例(S)/样式(ST)]:　　//ST [Enter]

　　输入多线样式名或 [?]:　　//墙线样式[Enter]

　　当前设置: 对正 = 无, 比例 = 240.00, 样式 = 墙线样式

　　指定起点或 [对正(J)/比例(S)/样式(ST)]:　　//J [Enter]

　　输入对正类型 [上(T)/无(Z)/下(B)] <无>:　　//B [Enter]

　　当前设置: 对正 = 下, 比例 = 240.00, 样式 = 墙线样式

　　指定起点或 [对正(J)/比例(S)/样式(ST)]:　　//S [Enter]

　　输入多线比例 <240.00>:　　//120[Enter]

　　当前设置: 对正 = 下, 比例 = 120.00, 样式 = 墙线样式

指定起点或 [对正(J)/比例(S)/样式(ST)]: 　　//捕捉如图15-83所示的端点

指定下一点: 　　//捕捉如图15-84所示的端点

指定下一点或 [放弃(U)]: 　　// Enter ，结束命令

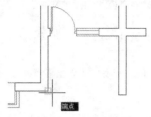

图15-83　定位起点

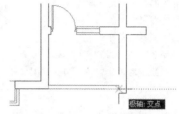

图15-84　定位第二点

24 执行"镜像"命令，选择平面图中的各建筑构件轮廓线，对其进行镜像复制，命令行操作如下。

命令: _mirror

选择对象: 　　//选择图15-85所示的各建筑构件

选择对象: 　　// Enter ，结束对象的选择

指定镜像线的第一点: 　　//捕捉如图15-85所示的中点

指定镜像线的第二点: 　　//@0,1 Enter

要删除源对象吗？[是(Y)/否(N)] <N>: 　　// Enter ，镜像结果如图15-86所示

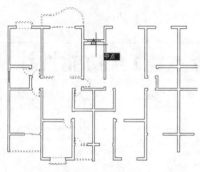

图15-85　选择对象

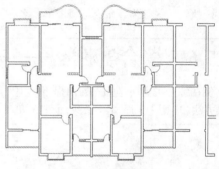

图15-86　镜像结果

25 展开"图层"工具栏中的"图层控制"下拉列表，设置"楼梯层"为当前图层。

26 执行"插入块"命令，选择随书光盘中的"\图块文件\楼梯.dwg"图块，采用默认参数将其插入到平面图中，在命令行"指定插入点或 [基点(B)/比例(S)/X/Y/Z/旋转(R)]:"提示下，向上引出如图15-87所示的端点追踪虚线，然后输入500按Enter键，插入结果如图15-88所示。

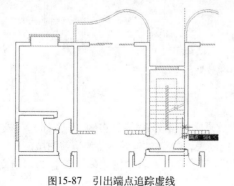

图15-87　引出端点追踪虚线

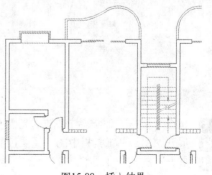

图15-88　插入结果

27 单击"修改"工具栏中的 ⚎ 按钮，激活"镜像"命令，对所有构件进行镜像，命令行操作如下。

命令: _mirror
选择对象:　　　　　　　　　　　//选择如图15-89所示的对象
选择对象:　　　　　　　　　　　// Enter
指定镜像线的第一点:　　　　　　//捕捉如图15-89所示的中点
指定镜像线的第二点:　　　　　　//@0,1 Enter
要删除源对象吗? [是(Y)/否(N)] <N>:　// Enter，镜像结果如上图15-49所示

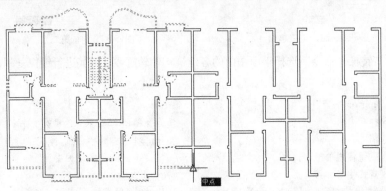

图15-89　选择对象

28 执行"另存为"命令，将图形命名存储为"综合实例（三）.dwg"。

15.6　综合实例4——标注香墅湾1#功能性注释

本例在综合巩固所学知识的前提下，主要学习香墅湾1#房间功能、门窗型号等文字注释的快速标注方法和标注技巧。本例效果如图15-90所示。

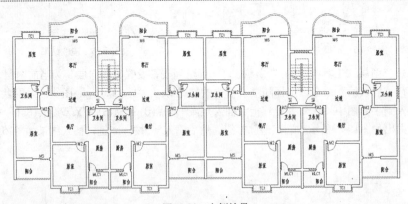

图15-90　实例效果

▶ 操作步骤

1 执行"打开"命令，打开随书光盘中的"\效果文件\第15章\综合实例（三）.dwg"文件。

2 展开"图层"工具栏中的"图层控制"下拉列表，将"文本层"设置当前图层。

3 展开"样式"工具栏中的"文字样式控制"下拉列表，将"仿宋体"设置为当前文字样式，如图15-91所示。

图15-91　设置当前文字样式

4 执行菜单栏中的"绘图"|"文字"|"单行文字"命令，在命令行"指定文字的起点或[对正(J)/样式(S)]:"提示下，在平面图左上角房间内单击鼠标左键拾取一点，作为文字的起点。

5 在命令行"指定高度 <2.5000>:"提示下，输入420并按Enter键，表示文字高度为420个绘图单位。

6 在命令行"指定文字的旋转角度 <0>:"提示下，输入0 并按Enter键，此时绘图区会出现一个单行文字输入框，如图15-92所示。

7 此时在命令行内输入"居室"，结果所输入的文字会被注写到单行文字输入框内，如图15-93所示。

8 将光标移至上侧阳台区域内，单击鼠标左键，此时绘图区出现如图15-94所示的单行文字输入框，然后输入文字，如图15-95所示。

9 分别将光标放在其他房间内，然后为各房间标注文字注释，结果如图15-96所示。

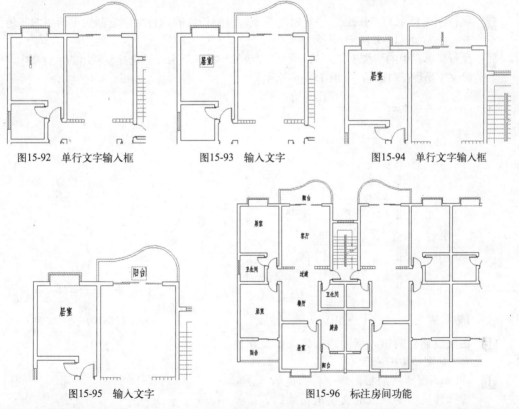

图15-92　单行文字输入框　　　　图15-93　输入文字　　　　图15-94　单行文字输入框

图15-95　输入文字　　　　图15-96　标注房间功能

使用"单行文字"命令为平面图标注房间功能，是一种比较常用的操作技巧，因为此命令在标注文字对象时比较灵活，可以在任意位置标注文字，而不需要重复执行命令。

10 连续两次按Enter键，结束"单行文字"命令。

11 展开"样式"工具栏中的"文字样式控制"下拉列表，将"SIMPLEX"设置为当前文字样式，如图15-97所示。

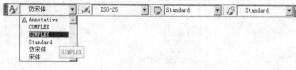

图15-97 设置当前文字样式

12 执行菜单栏中的"绘图"|"文字"|"单行文字"命令，或使用命令简写DT激活"单行文字"命令，标注单开门的型号，命令行操作如下。

```
命令: dt                                    //Enter，激活命令
    TEXT当前文字样式: SIMPLEX 当前文字高度: 420.0
    指定文字的起点或 [对正(J)/样式(S)]:      //在卫生间右侧单开门下侧拾取一点
    指定高度 <2.5>:                         //300 Enter，输入文字的高度
    指定文字的旋转角度 <0.00>:               //Enter，输入M2，同时结束命令
    命令:                                   //Enter，重复执行命令
    TEXT当前文字样式: SIMPLEX 当前文字高度: 300.0
    指定文字的起点或 [对正(J)/样式(S)]:      //在卫生间门处拾取一点
    指定高度 <300.0>:                       //Enter，采用当前设置
    指定文字的旋转角度 <0.00>:
        //90 Enter，指定角度，同时输入M4，并结束命令，标注结果如图15-98所示
```

13 执行菜单栏中的"修改"|"复制"命令，将刚标注的两行文字复制到平面图的其他位置，结果如图15-99所示。

14 执行菜单栏中的"修改"|"对象"|"文字"|"编辑"命令，选择复制出的单行文字，此时文字呈现反白显示，如图15-100所示。

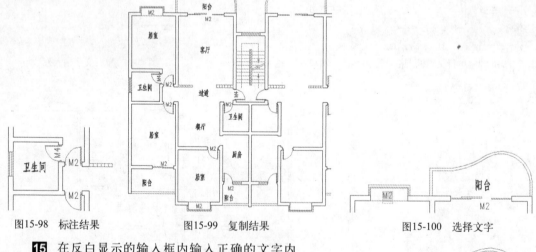

图15-98 标注结果   图15-99 复制结果   图15-100 选择文字

15 在反白显示的输入框内输入正确的文字内容，如图15-101所示。

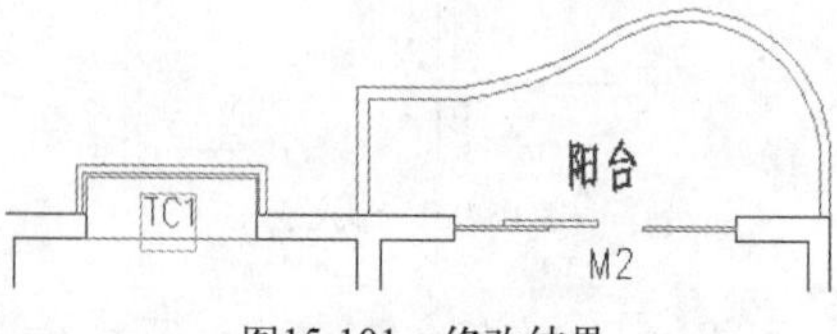

16 按Enter键，然后根据命令行的提示，分别选择其他需要修改的文字进行编辑，结果如图15-102所示。

图15-101 修改结果

17 执行菜单栏中的"工具"|"快速选择"命令，在打开的对话框中设置过滤参数如图15-103所示，对标注的文字进行选择，选择结果如图15-104所示。

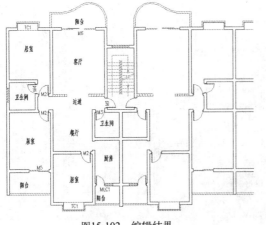

图15-102 编辑结果

图15-103 设置过滤参数

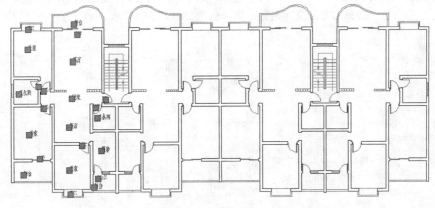

图15-104 选择结果

18 执行菜单栏中的"修改"|"镜像"命令,对选择的文字进行镜像,命令行操作如下。

```
命令: _mirror
找到 23 个                          //当前被选择的对象
指定镜像线的第一点:                  //捕捉图15-105所示位置的中点
指定镜像线的第二点:                  //捕捉图15-106所示位置的中点
是否删除源对象? [是(Y)/否(N)] <N>:   // Enter,镜像结果如图15-107所示
```

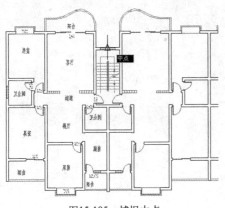

图15-105 捕捉中点

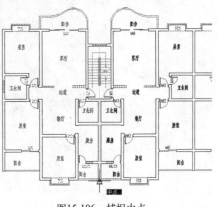

图15-106 捕捉中点

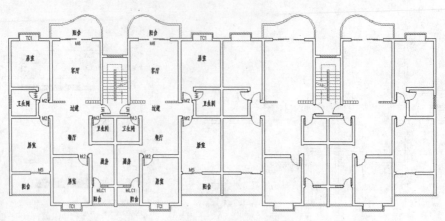

图15-107　镜像结果

19 执行菜单栏中的"工具"｜"快速选择"命令，在打开的对话框中设置过滤参数如上图15-103所示，选择所有的文字对象，选择结果如图15-108所示。

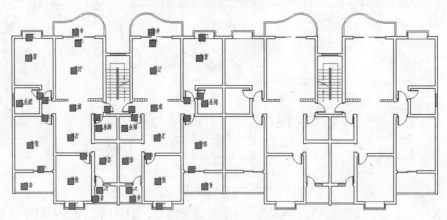

图15-108　选择结果

20 执行菜单栏中的"修改"｜"镜像"命令，对选择的文字进行镜像，命令行操作如下。

```
命令:_mirror
    找到 46 个                      //当前被选择的对象
    指定镜像线的第一点:             //捕捉图15-109所示位置的中点
    指定镜像线的第二点:             // @0,1 Enter
    是否删除源对象? [是(Y)/否(N)] <N>:   // Enter，结果如图15-90所示
```

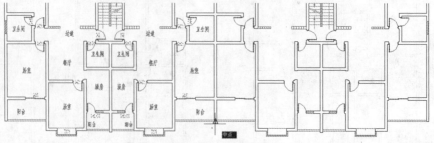

图15-109　指定镜像点

21 执行"另存为"命令，将图形命名存储为"综合实例（四）.dwg"。

15.7　综合实例5——标注香墅湾1#房间使用面积

本例通过为香墅湾1#施工平面图标注各房间内的使用面积，学习施工图面积的快速查询方法、标注过程和标注技巧。本例效果如图15-110所示。

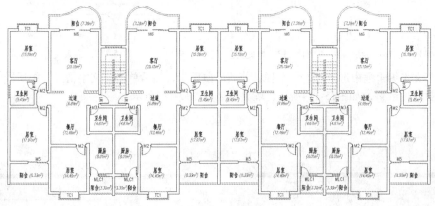

图15-110　实例效果

操作步骤

1 执行"打开"命令，打开随书光盘中的"\效果文件\第15章\综合实例（四）.dwg"文件。

2 执行"图层"命令，创建名为"面积层"的图层，图层颜色为104号色，并将其设置为当前图层。

3 使用命令简写ST激活"文字样式"命令，设置一种名为"面积"的文字样式，字体名为Simplex.shx，并将其设置为当前文字样式。

4 执行菜单栏中的"工具"|"查询"|"面积"命令，查询"居室"的使用面积，命令行操作如下。

```
命令: _measuregeom
    输入选项 [距离(D)/半径(R)/角度(A)/面积(AR)/体积(V)] <距离>: _area
    指定第一个角点或 [对象(O)/增加面积(A)/减少面积(S)/退出(X)] <对象(O)>:
                                            //捕捉如图15-111所示的端点1
    指定下一个点或 [圆弧(A)/长度(L)/放弃(U)]:     //捕捉如图15-111所示的端点2
    指定下一个点或 [圆弧(A)/长度(L)/放弃(U)]:     //捕捉如图15-111所示的端点3
    指定下一个点或 [圆弧(A)/长度(L)/放弃(U)/总计(T)] <总计>:
                                            //捕捉如图15-112所示的交点
    指定下一个点或 [圆弧(A)/长度(L)/放弃(U)/总计(T)] <总计>: //Enter
    区域 = 15591600.0, 周长 = 15840.0
    输入选项 [距离(D)/半径(R)/角度(A)/面积(AR)/体积(V)/退出(X)] <面积>:  //X Enter，结束命令
```

在查询区域的面积时，需要按照一定的顺序依次拾取区域的各个角点，否则测量出来的结果是错误的。

5 重复执行"面积"命令，配合端点捕捉和交点捕捉功能，分别查询出其他各房间的使用面积。

6 单击"绘图"工具栏中的 A 按钮，在"居室"字样的下侧拉出矩形框，打开"文字格式"编辑器，设置字高并输入图15-113所示的文字。

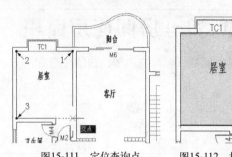

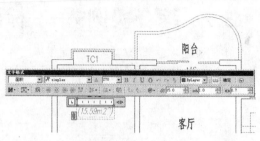

图15-111 定位查询点　　　图15-112 捕捉交点　　　图15-113 输入文本

7 在文本编辑框中选择"2^"字样，使其反白显示，然后单击"文字格式"编辑器中的"堆叠"按钮，如图15-114所示，堆叠结果如图15-115所示。

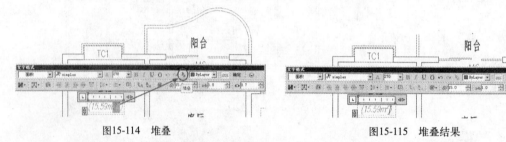

图15-114 堆叠　　　　　　　　　　　　　　图15-115 堆叠结果

8 关闭"文字格式"编辑器，面积的标注结果如图15-116所示。

9 执行"复制"命令，选择刚标注的面积，将其复制到其他房间内，结果如图15-117所示。

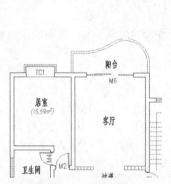

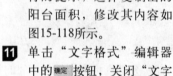

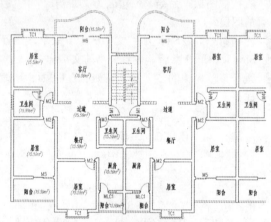

图15-116 标注结果　　　　　　　　　　图15-117 复制结果

10 使用命令简写ED激活"编辑文字"命令，根据命令行的提示，选择复制出的阳台面积，修改其内容如图15-118所示。

11 单击"文字格式"编辑器中的 确定 按钮，关闭"文字格式"编辑器，面积的修改结果如图15-119所示。

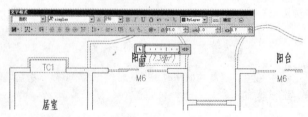

图15-118 修改面积

12 继续在命令行"选择注释对象或 [放弃(U)]:"提示下，分别修改其他房间内的面积，结果如图15-120所示。

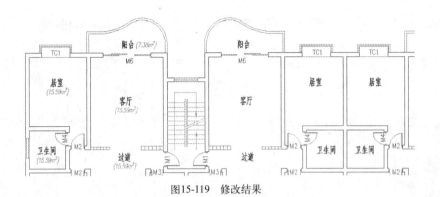

图15-119 修改结果

图15-120 修改其他面积

13 执行菜单栏中的"工具"|"快速选择"命令，设置过滤参数如图15-121所示，对标注的面积进行选择，选择结果如图15-122所示。

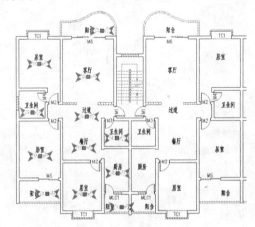

图15-121 设置过滤参数   图15-122 选择结果

14 执行菜单栏中的"修改"|"镜像"命令，对选择的文字进行镜像，命令行操作如下。

```
命令:_mirror
找到 23 个                      //当前被选择的对象
指定镜像线的第一点:              //捕捉图15-123所示位置的中点
指定镜像线的第二点:              //@0,1 Enter
```

是否删除源对象？[是(Y)/否(N)] <N>:　　　　//[Enter]，镜像结果如图15-124所示

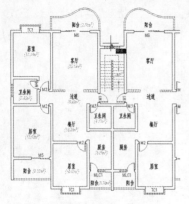

图15-123　捕捉中点　　　　　　　　图15-124　镜像结果

15 执行菜单栏中的"工具"|"快速选择"命令，在打开的对话框中设置过滤参数如上图15-121所示，选择所有的面积对象，选择结果如图15-125所示。

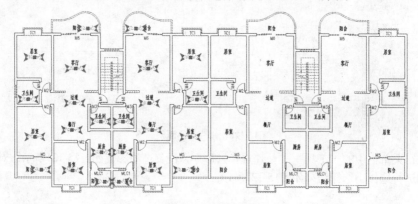

图15-125　选择结果

16 执行菜单栏中的"修改"|"镜像"命令，对选择的文字进行镜像，命令行操作如下。

命令：_mirror
　找到46个　　　　　　　　　　　//当前被选择的对象
　指定镜像线的第一点：　　　　　　//捕捉图15-126所示位置的中点
　指定镜像线的第二点：　　　　　　// @0,1 [Enter]
　是否删除源对象？[是(Y)/否(N)] <N>:　//[Enter]，镜像结果如上图15-110所示

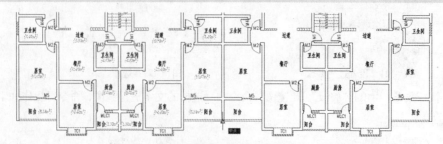

图15-126　指定镜像点

17 执行"另存为"命令，将图形命名存储为"综合实例（五）.dwg"。

15.8　综合实例6——标注香墅湾1#施工尺寸

本例在综合巩固所学知识的前提下，主要学习香墅湾1#平面图尺寸的快速标注方法和标注技巧。本例效果如图15-127所示。

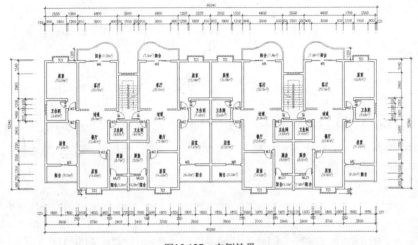

图15-127　实例效果

由于施工图尺寸范围较大，从图15-127中仅可以看出平面图大致的内部结构，而对于平面图内部的相关参数信息，读者需要从本书的配套光盘中进行校对和查看。

▶ 操作步骤

1 执行"打开"命令，打开随书光盘中的"\效果文件\第15章\综合实例（五）.dwg"文件。

2 展开"图层控制"下拉列表，设置"尺寸层"为当前图层，同时打开"轴线层"。

3 使用命令简写D激活"标注样式"命令，将"建筑标注"设为当前标注样式，同时修改标注比例为100。

4 执行菜单栏中的"绘图"|"构造线"命令，在平面图下侧绘制一条水平构造线作为尺寸定位辅助线，构造线距离平面图最外侧轮廓线1200个单位，如图15-128所示。

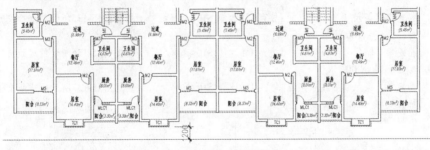

图15-128　绘制结果

在此绘制构造线的目的，是为了对尺寸进行定位，使标注的尺寸排列整齐、美观，而不致于杂乱无章。

5 单击"标注"工具栏中的 按扭，在命令行"指定第一条尺寸界线原点或<选择对象>:"提示下，捕捉追踪虚线与辅助线的交点，作为第一条尺寸界线的起点，如图15-129所示。

6 在命令行"指定第二条尺寸界线原点:"提示下,捕捉追踪虚线与辅助线的交点,作为第二条尺寸界线的起点,如图15-130所示。

7 在命令行"指定尺寸线位置或[多行文字(M)/文字(T)/角度(A)/水平(H)/垂直(V)/旋转(R)]:"提示下,垂直向下移动光标,输入1400并按Enter键,结果如图15-131所示。

图15-129 捕捉交点　　　　图15-130 捕捉交点　　　　图15-131 标注结果

8 单击"标注"工具栏中的 按扭,激活"连续"命令,配合捕捉和追踪功能标注右侧的细部尺寸,命令行操作如下。

```
命令:_dimcontinue
    指定第二条尺寸界线原点或 [放弃(U)/选择(S)] <选择>:    //捕捉图15-132所示的虚线交点
    标注文字 = 1800
    指定第二条尺寸界线原点或 [放弃(U)/选择(S)] <选择>:    //捕捉图15-133所示的虚线交点
    标注文字 = 250
    指定第二条尺寸界线原点或 [放弃(U)/选择(S)] <选择>:    //捕捉图15-134所示的虚线交点
    标注文字 = 1000
```

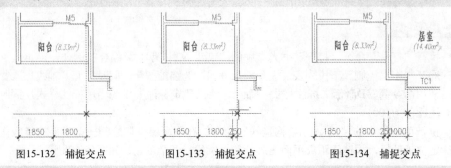

图15-132 捕捉交点　　　　图15-133 捕捉交点　　　　图15-134 捕捉交点

```
    指定第二条尺寸界线原点或 [放弃(U)/选择(S)] <选择>:    //捕捉图15-135所示的虚线交点
    标注文字 = 1800
    指定第二条尺寸界线原点或 [放弃(U)/选择(S)] <选择>:    //捕捉图15-136所示的虚线交点
    标注文字 = 900
    指定第二条尺寸界线原点或 [放弃(U)/选择(S)] <选择>:    //捕捉图15-137所示的虚线交点
    标注文字 = 180
```

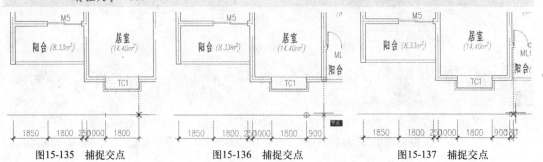

图15-135 捕捉交点　　　　图15-136 捕捉交点　　　　图15-137 捕捉交点

指定第二条尺寸界线原点或 [放弃(U)/选择(S)] <选择>:　　　//捕捉图15-138所示的虚线交点

标注文字 = 1500

指定第二条尺寸界线原点或 [放弃(U)/选择(S)] <选择>:　　　//捕捉图15-139所示的虚线交点

标注文字 = 720

指定第二条尺寸界线原点或 [放弃(U)/选择(S)] <选择>:　　　// Enter

选择连续标注:　　　　　　　　　　　　　　　　　//选择左侧尺寸的左尺寸界线

指定第二条尺寸界线原点或 [放弃(U)/选择(S)] <选择>:　　　//捕捉图15-140所示的虚线交点

标注文字 = 120

图15-138　捕捉交点　　　　　　图15-139　捕捉交点　　　　　　图15-140　捕捉交点

指定第二条尺寸界线原点或 [放弃(U)/选择(S)] <选择>:　　　// Enter

选择连续标注:　　　　　　　　　　// Enter，结束命令，标注结果如图15-141所示

9 单击"标注"工具栏中的 按钮，激活"编辑标注文字"命令，对重叠的尺寸文字进行协调，结果如图15-142所示。

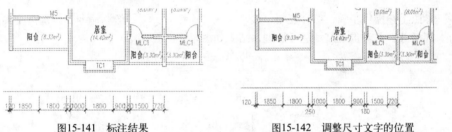

图15-141　标注结果　　　　　　　　　　图15-142　调整尺寸文字的位置

10 单击"修改"工具栏中的 按钮，激活"镜像"命令，对编辑后的尺寸进行镜像，命令行操作如下。

命令:_mirror

选择对象:　　　　　　　　　　　　　　//窗交选择如图15-143所示的对象

选择对象:　　　　　　　　　　　　　　// Enter

指定镜像线的第一点:　　　　　　　　　//捕捉如图15-144所示的端点

指定镜像线的第二点:　　　　　　　　　//@0,1 Enter

要删除源对象吗？ [是(Y)/否(N)] <N>:　　// Enter，镜像结果如图15-145所示

图15-143　窗交选择

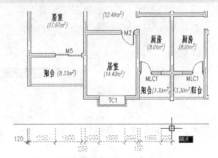

图15-144　捕捉端点

图15-145　镜像结果

11 重复执行"镜像"命令，窗交选择所有的尺寸进行镜像，结果如图15-146所示。

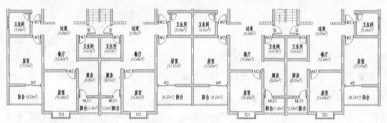

图15-146　镜像结果

12 参照上述操作步骤，综合使用"线性"、"连续"、"镜像"命令，分别标注其他侧的细部尺寸，并对重叠尺寸进行协调，结果如图15-147所示。

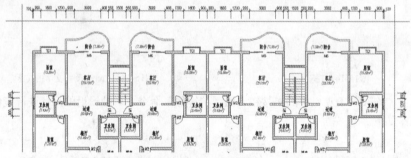

图15-147　标注其他尺寸

13 展开"图层控制"下拉列表，关闭"墙线层"、"门窗层"、"面积层"、"文本层"。

14 单击"标注"工具栏中的按钮，选择如图15-148所示的各条垂直轴线，为平面图标注如图15-149所示的轴线尺寸。

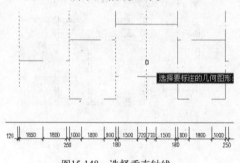

图15-148　选择垂直轴线

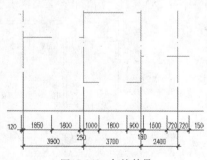

图15-149　标注结果

15 在无命令执行的前提下，选择刚标注的轴线尺寸，使其呈现夹点显示，如图15-150所示。

16 使用夹点拉伸功能，将轴线尺寸的尺寸界限原点拉伸到尺寸定位辅助线上，如图15-151所示。

 技巧 使用夹点拉伸功能编辑尺寸对象，可以在不打断尺寸对象特性的前提下，对其进行对齐，是一种重要的尺寸编辑技巧。

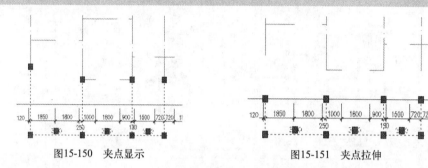

图15-150　夹点显示　　　　　　　　　图15-151　夹点拉伸

17 按Esc键取消夹点显示，对编辑后的轴线尺寸进行镜像，结果如图15-152所示。

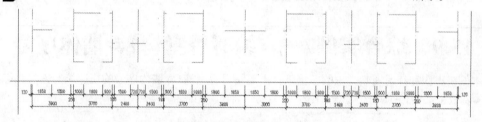

图15-152　镜像结果

18 参照上述操作步骤，分别标注其他侧的轴线尺寸，并对重叠尺寸进行协调，结果如图15-153所示。

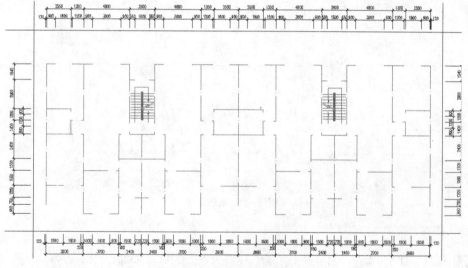

图15-153　标注其他侧的轴线尺寸

19 打开所有被关闭的图层，然后标注平面图各侧的总尺寸和局部尺寸，结果如图15-154所示。

20 关闭"轴线层"，然后删除尺寸定位辅助线，最终结果如上图15-127所示。

21 执行"另存为"命令，将图形命名存储为"综合实例（六）.dwg"。

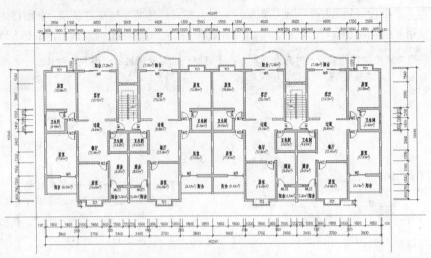

图15-154   标注结果

15.9   综合实例7——编写香墅湾1#墙体序号

本例在巩固和练习所学知识的前提下，主要学习香墅湾1#墙体序号的快速编写方法和标注技巧。本例效果如图15-155所示。

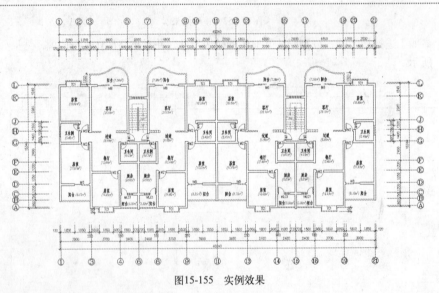

图15-155   实例效果

▶ 操作步骤

1. 执行"打开"命令，打开随书光盘中的"\效果文件\第15章\综合实例（六）.dwg"文件。
2. 使用命令简写LA激活"图层"命令，在打开的"图层特性管理器"对话框中双击"其他层"，将此图层设为当前图层。
3. 在无命令执行的前提下选择平面图的一个轴线尺寸，使其夹点显示，如图15-156所示。
4. 按下Ctrl+1组合键，打开"特性"对话框，修改尺寸界线超出尺寸线的长度为21.5。
5. 关闭"特性"对话框，取消尺寸的夹点显示，结果所选择的轴线尺寸的尺寸界线被延长，如图15-157所示。

图15-156 夹点显示　　　　　　图15-157 修改结果

6 单击"标准"工具栏中的 ![]按钮，激活"特性匹配"命令，选择被延长的轴线尺寸作为源对象，将其尺寸界线的特性复制给其他位置的轴线尺寸，匹配结果如图15-158所示。

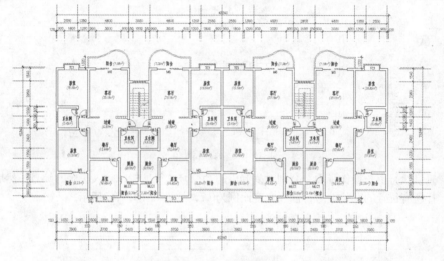

图15-158 匹配结果

7 执行"插入块"命令，插入随书光盘中的"\图块文件\轴标号.dwg"图块，缩放比例为120，结果如图15-159所示。

图15-159 插入结果

8 执行菜单栏中的"修改"|"复制"命令，将轴线标号分别复制到其他指示线的末端点，基点为轴标号圆心，目标点为各指示线末端点，结果如图15-160所示。

9 在复制出的轴标号上双击，打开"增强属性编辑器"对话框，然后修改属性值，如图15-161所示。

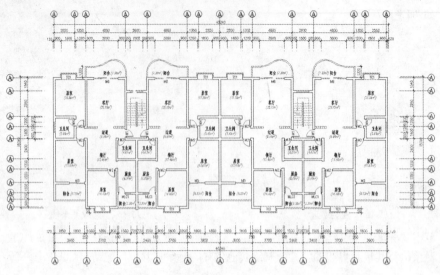

图15-160 复制结果

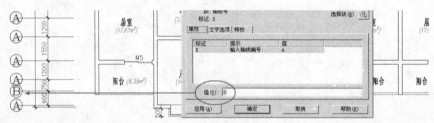

图15-161 修改属性值

10 重复执行上一操作步骤,分别对复制出的轴标号进行编辑,输入正确的编号,然后依次选择所有位置的双位编号,修改宽度比例为0.7,结果如图15-162所示。

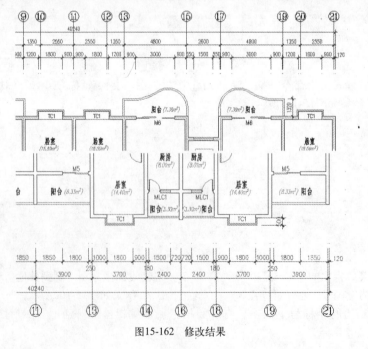

图15-162 修改结果

11 执行"移动"命令，对平面图4侧的轴标号进行位移，基点为轴标号与指示线的交点，目标点为各指示线端点，并关闭"轴线层"，平面图最终的显示效果如图15-163所示。

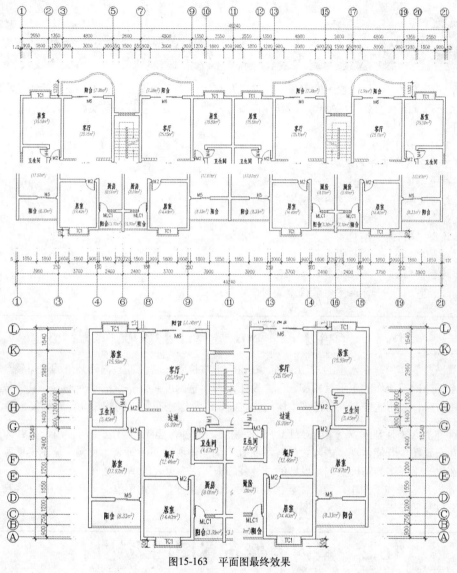

图15-163　平面图最终效果

12 执行"另存为"命令，将图形命名存储为"综合实例（七）.dwg"。

第16章 绘制室内装饰装潢 设计图纸

本章在概述室内装修布置图的形成、用途以及表达内容等知识的前提下，通过绘制某小区多居室户型装修布置图，主要学习AutoCAD在室内设计专业方面的具体应用技能和相关技巧。本章学习内容如下。

- ◆ 室内装修布置图的形成与用途
- ◆ 室内装修布置图的表达内容
- ◆ 综合实例1——绘制室内户型定位轴线图
- ◆ 综合实例2——绘制室内户型主次墙体图
- ◆ 综合实例3——绘制室内户型门窗构件图
- ◆ 综合实例4——绘制室内户型家具布置图
- ◆ 综合实例5——绘制室内户型地面材质图
- ◆ 综合实例6——标注室内装修布置图文字
- ◆ 综合实例7——标注室内装修布置图投影与尺寸

16.1 室内装修布置图的形成与用途

布置图是假想用一个水平的剖切平面，在窗台上方位置，将经过室内外装修的房屋整个剖开，移去以上部分向下所作的水平投影图。它主要用于表明室内外装修布置的平面形状、具体位置、大小和所用材料，表明这些布置与建筑主体结构之间，以及这些布置之间的相互位置和关系等。

平面布置图有时细分为家具布置图、地面铺装图两种，当然也可以将两种图纸合并为一种图纸，即在布置图中既能体现室内陈设的各种布置，又能体现地面的铺装、材料及施工说明等，此种图纸是在建筑平面图的基础上进行设计的，是装修施工图中重要的图纸之一。

另外，在装修施工图中，除了需要绘制地面布置图之外，还需要绘制天花平面图、各房间的装修立面图以及装修详图、节点大样图等。

16.2 室内装修布置图的表达内容

布置图是装修行业中的一种重要的图纸，主要内容包括建筑平面设计和空间组织，结构内表面（墙面、地面、顶棚、门和窗等）的处理，自然光和照明的运用以及室内家具、灯具、陈设的选型与布置，植物、摆设和用具等的配置。在具体设计时，需要兼顾以下内容。

1. 功能布局

住宅室内空间的合理利用，在于不同功能区域的合理分割、巧妙布局，充分发挥居室的使用功能。例如，卧室、书房要求静，可设置在靠里边一些的位置，以不被其他室内活动干扰；起居室、客厅是对外接待、交流的场所，可设置在靠近入口的位置；卧室、书房与起居室、客厅相连处又可设置过渡空间或共享空间，起间隔调节作用。此外，厨房应紧靠餐厅，卧室与卫生间贴近。

2. 空间设计

平面空间设计主要包括区域划分和交通流线两个内容。区域划分是指室内空间的组成，交通流线是指室内各活动区域之间以及室内外环境之间的联系，它包括有形和无形两种，有形的指门厅、走廊、楼梯、户外的道路等；无形的指其他可能用作交通联系的空间。设计时应尽量减少有形的交通区域，增加无形的交通区域，以达到空间充分利用且自由、灵活、缩短距离的效果。

另外，区域划分与交通流线是居室空间整体组合的要素，区域划分是整体空间的合理分配，交通流线寻求的是个别空间的有效连接。唯有两者相互协调，才能取得理想的效果。

3. 内含物的布置

室内内含物主要包括家具、陈设、灯具、绿化等设计内容，这些室内内含物通常要处于视觉中显著的位置，它们可以脱离界面布置于室内空间内，不仅具有实用和观赏的作用，对烘托室内环境气氛、形成室内设计风格也起着举足轻重的作用。

4. 整体上的统一

"整体上的统一"指的是将同一空间的许多细部，以一个共同的有机因素统一起来，使它变成一个完整而和谐的视觉系统。设计构思时，需要根据业主的职业特点、文化层次、个人爱好、家庭成员构成、经济条件等进行综合的设计定位。

16.3　综合实例1——绘制室内户型定位轴线图

本例在综合巩固所学知识的前提下，主要学习某小区多居室户型墙体定位轴线图的具体绘制过程和操作技巧。本例效果如图16-1所示。

▶ 操作步骤

1 执行"新建"命令，选择随书光盘中的"\样板文件\建筑样板.dwt"作为基础样板，新建空白文件。

2 展开"图层控制"下拉列表，将"轴线层"设置为当前图层。

3 在命令行输入Ltscale，将线型比例暂时设置为40，命令行操作如下。

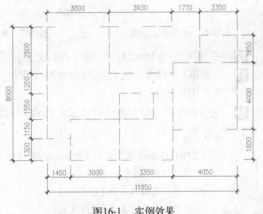

图16-1　实例效果

命令: ltscale	// Enter ，激活命令
输入新线型比例因子 <100.0000>:	//40 Enter

4 单击状态栏上的 按钮或按下F8功能键，打开"正交"功能。

5 单击"绘图"工具栏中的 按扭，激活"直线"命令，配合坐标输入功能绘制两条垂直相交的直线作为基准轴线，如图16-2所示。

6 单击"修改"工具栏中的 按扭，激活"偏移"命令，将水平基准轴线向上偏移1300和8000个单位，如图16-3所示。

7 重复执行"偏移"命令，继续对水平基准轴线进行偏移，间距分别为500、650、1550、1200、600、1650和550，结果如图16-4所示。

8 重复执行"偏移"命令，将垂直基准轴线向右偏

图16-2　绘制定位轴线

移，间距分别为1450、2350、650、2100、1250、1700和2350，偏移结果如图16-5所示。

9 在无命令执行的前提下，选择最左侧的垂直轴线，使其呈现夹点显示状态，如图16-6所示。

10 在最下侧的夹点上单击鼠标左键，使其变为夹基点，此时该点变为红色。

11 在命令行"** 拉伸 ** 指定拉伸点或 [基点(B)/复制(C)/放弃(U)/退出(X)]:"提示下捕捉如图16-7所示的端点，对其进行夹点拉伸，结果如图16-8所示。

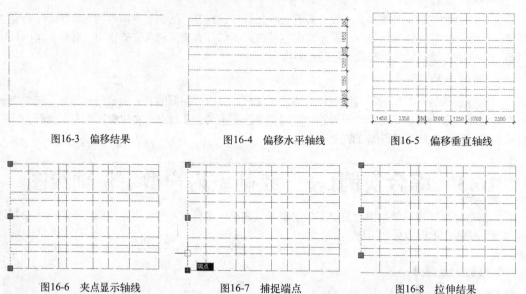

图16-3 偏移结果　　　　　　图16-4 偏移水平轴线　　　　　图16-5 偏移垂直轴线

图16-6 夹点显示轴线　　　　图16-7 捕捉端点　　　　　　图16-8 拉伸结果

12 按下键盘上的Esc键，取消对象的夹点显示状态，编辑结果如图16-9所示。

13 参照第9～12步，配合端点捕捉和交点捕捉功能，分别对其他轴线进行夹点拉伸，编辑结果如图16-10所示。

14 使用命令简写LEN激活"拉长"命令，对最上侧的水平轴线进行编辑，命令行操作如下。

命令: len
LENGTHEN选择对象或 [增量(DE)/百分数(P)/全部(T)/动态(DY)]: 　　　　//T Enter
指定总长度或 [角度(A)] <1>: 　　　　//7730 Enter，设置总长度
选择要修改的对象或 [放弃(U)]: 　　　　//在所选水平轴线的右端单击鼠标左键
选择要修改的对象或 [放弃(U)]: 　　　　// Enter，结束命令，编辑结果如图16-11所示

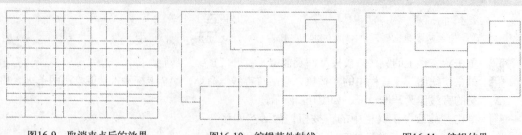

图16-9 取消夹点后的效果　　　　图16-10 编辑其他轴线　　　　图16-11 编辑结果

15 单击"修改"工具栏中的 按扭，激活"偏移"命令，将最左侧的垂直轴线向右偏移500和3300个单位，偏移结果如图16-12所示。

16 单击"修改"工具栏中的 按扭，激活"修剪"命令，以刚偏移出的两条辅助轴线作为边界，对最上侧的水平轴线进行修剪，以创建宽度为2800的窗洞，修剪结果如图16-13所示。

17 执行"删除"命令，删除刚偏移出的两条辅助线。

18 单击"修改"工具栏中的□按扭，激活"打断"命令，在最下侧的水平轴线上创建宽度为1500的窗洞，命令行操作如下。

```
命令: _break
    选择对象:                        //选择最下侧的水平轴线
    指定第二个打断点 或 [第一点(F)]:    //F Enter，重新指定第一断点
    指定第一个打断点:                  //激活"捕捉自"功能
    _from 基点:                     //捕捉最下侧水平轴线的左端点
    <偏移>:                         //@750,0 Enter
    指定第二个打断点:                  //@1500,0 Enter，打断结果如图16-14所示
```

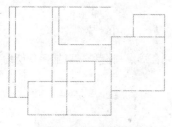

图16-12　偏移结果

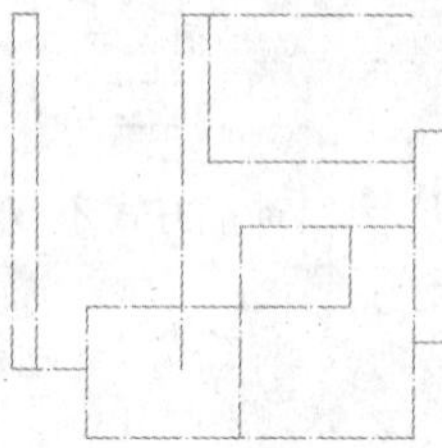

图16-13　修剪结果

图16-14　打断结果

19 参照上述打洞方法，综合使用"偏移"、"修剪"和"打断"命令，分别创建其他位置的门洞和窗洞，结果如图16-15所示。

20 执行"另存为"命令，将图形命名存储为"综合实例（一）.dwg"。

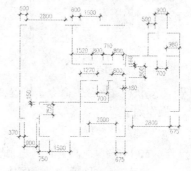

图16-15　创建其他洞口

16.4　综合实例2——绘制室内户型主次墙体图

本例在综合所学知识的前提下，主要学习某小区多居室户型墙体结构平面图的具体绘制过程和操作技巧。多居室户型墙体结构平面图的最终绘制效果，如图16-16所示。

▶ **操作步骤**

1 执行"打开"命令，打开随书光盘中的"\效果文件\第16章\综合实例（一）.dwg"文件。

2 展开"图层"工具栏中的"图层控制"下拉列表，将"墙线层"设为当前图层。

3 执行菜单栏中的"绘图"|"多线"命令，配合端点捕捉功能绘制主墙线，命令行操作如下。

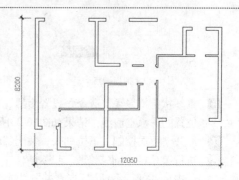

图16-16　实例效果

```
命令: _mline
    当前设置: 对正 = 上，比例 = 20.00，样式 = 墙线样式
    指定起点或 [对正(J)/比例(S)/样式(ST)]:            //S Enter
    输入多线比例 <20.00>:                              //200 Enter
    当前设置: 对正 = 上，比例 = 200.00，样式 = 墙线样式样式
    指定起点或 [对正(J)/比例(S)/样式(ST)]:            //J Enter
    输入对正类型 [上(T)/无(Z)/下(B)] <上>:            //Z Enter
    当前设置: 对正 = 无，比例 = 200.00，样式 = 墙线样式样式
    指定起点或 [对正(J)/比例(S)/样式(ST)]:            //捕捉如图16-17所示的端点1
    指定下一点:                                        //捕捉端点2
    指定下一点或 [放弃(U)]:                            //捕捉端点3
    指定下一点或 [闭合(C)/放弃(U)]:                    //捕捉端点4
    指定下一点或 [闭合(C)/放弃(U)]:                    // Enter，绘制结果如图16-18所示
```

4 重复执行"多线"命令，设置多线比例和对正方式不变，配合端点捕捉和交点捕捉功能绘制其他主墙线，结果如图16-19所示。

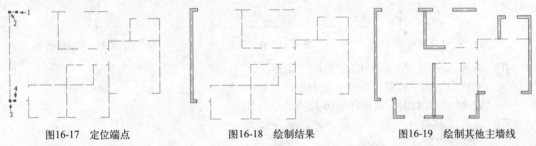

图16-17　定位端点　　　　　　　图16-18　绘制结果　　　　　　　图16-19　绘制其他主墙线

5 重复执行"多线"命令，设置多线对正方式不变，绘制宽度为100的非承重墙线，命令行操作如下。

```
命令: ML                                              // Enter，激活命令
    MLINE当前设置: 对正 = 无，比例 = 200.00，样式 = 墙线样式
    指定起点或 [对正(J)/比例(S)/样式(ST)]:            //S Enter
    输入多线比例 <200.00>:                            //100 Enter
    指定起点或 [对正(J)/比例(S)/样式(ST)]:            //捕捉如图16-20所示的端点
    指定下一点:                                        //捕捉如图16-21所示的端点
    指定下一点或 [放弃(U)]:                            // Enter，结果如图16-22所示
```

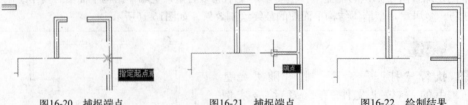

图16-20　捕捉端点　　　　　　　图16-21　捕捉端点　　　　　　　图16-22　绘制结果

6 重复执行"多线"命令，设置多线比例与对正方式不变，配合对象捕捉功能分别绘制其他位置的非承重墙线，结果如图16-23所示。

7 展开"图层控制"下拉列表，关闭"轴线层"，结果如图16-24所示。

8 执行菜单栏中的"修改"|"对象"|"多线"命令，在打开的"多线编辑工具"对话框中单击 ▦ 按钮，激活"T形合并"功能。

9 返回绘图区，在命令行"选择第一条多线："提示下，选择如图16-25所示的墙线。

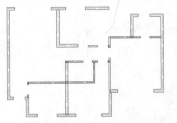

图16-23 绘制其他非承重墙线

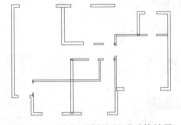

图16-24 关闭"轴线层"后的效果

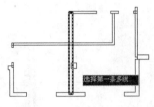

图16-25 选择第一条多线

10 在命令行"选择第二条多线："提示下，选择如图16-26所示的墙线，结果这两条T形相交的多线被合并，如图16-27所示。

11 继续在命令行"选择第一条多线或 [放弃(U)]："提示下，分别选择其他位置的T形墙线进行合并，合并结果如图16-28所示。

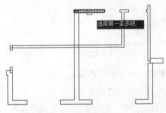

图16-26 选择第二条多线

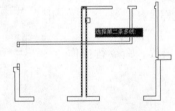

图16-27 合并结果

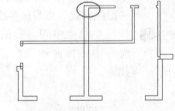

图16-28 T形合并其他墙线

12 在任一墙线上双击，在打开的"多线编辑工具"对话框中单击"角点结合"按钮⌐。

13 返回绘图区，在命令行"选择第一条多线或[放弃(U)]："提示下，选择如图16-29所示的墙线。

14 在命令行"选择第二条多线："提示下，选择如图16-30所示的墙线，结果这两条多线被合并，如图16-31所示。

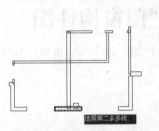

图16-29 选择第一条多线

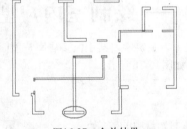

图16-30 选择第二条多线

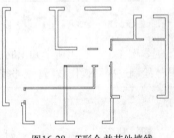

图16-31 角点结合结果

15 继续根据命令行的提示，对其他位置的拐角墙线进行编辑，编辑结果如图16-32所示。

16 在任一墙线上双击，在打开的"多线编辑工具"对话框中单击"十字合并"按钮╫。

17 返回绘图区，在命令行"选择第一条多线或 [放弃(U)]："提示下，选择如图16-33所示的墙线。

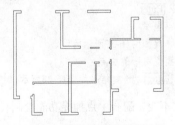

图16-32 角点结合其他拐角墙线

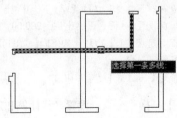

图16-33 选择第一条多线

18 在命令行"选择第二条多线:"提示下，选择如图16-34所示的墙线，结果这两条十字相交的多线被合并，如图16-35所示。

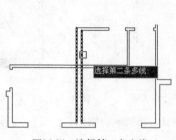

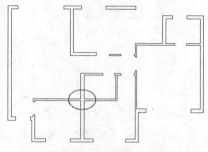

图16-34　选择第二条多线　　　　　　　　　　　图16-35　十字合并结果

19 执行"另存为"命令，将图形命名存储为"综合实例（二）.dwg"。

16.5　综合实例3——绘制室内户型门窗构件图

本例在综合巩固所学知识的前提下，主要学习某小区多居室户型门、窗、阳台等建筑构件图的具体绘制过程和操作技巧。本例效果如图16-36所示。

▶ 操作步骤

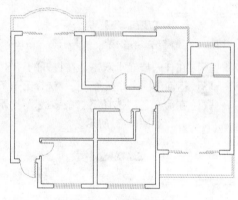

1 执行"打开"命令，打开随书光盘中的"\效果文件\第16章\综合实例（二）.dwg"文件。

2 展开"图层"工具栏中的"图层控制"下拉列表，将"门窗层"设置为当前图层。

3 执行菜单栏中的"格式"|"多线样式"命令，在打开的"多线样式"对话框中设置"窗线样式"为当前多线样式。

4 执行菜单栏中的"绘图"|"多线"命令，配合中点捕捉功能绘制窗线，命令行操作如下。

图16-36　实例效果

```
命令:_mline
    当前设置: 对正 = 上，比例 = 100.00，样式 = 窗线样式
    指定起点或 [对正(J)/比例(S)/样式(ST)]:        //S Enter
    输入多线比例 <100.00>:                         //200 Enter
    当前设置: 对正 = 上，比例 = 200.00，样式 = 窗线样式
    指定起点或 [对正(J)/比例(S)/样式(ST)]:        //J Enter
    输入对正类型 [上(T)/无(Z)/下(B)] <上>:         //Z Enter
    当前设置: 对正 = 无，比例 = 200.00，样式 = 窗线样式
    指定起点或 [对正(J)/比例(S)/样式(ST)]:        //捕捉如图16-37所示的中点
    指定下一点:                                   //捕捉另一侧中点
    指定下一点或 [放弃(U)]:                       // Enter，绘制结果如图16-38所示
```

5 重复上一操作步骤，设置多线比例和对正方式不变，配合中点捕捉功能绘制其他窗线，结果如图16-39所示。

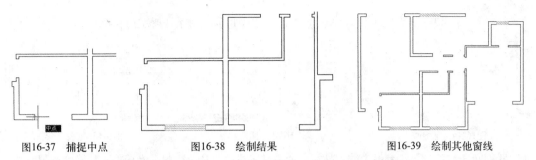

图16-37　捕捉中点　　　　　　图16-38　绘制结果　　　　　　图16-39　绘制其他窗线

6 单击"绘图"工具栏中的 按钮，配合点的追踪和坐标输入功能绘制凸窗轮廓线，命令行操作如下。

```
命令: _pline
指定起点:                                        //捕捉如图16-40所示的端点
当前线宽为 0.0
指定下一个点或 [圆弧(A)/半宽(H)/长度(L)/放弃(U)/宽度(W)]:        //@0,740 Enter
指定下一点或 [圆弧(A)/闭合(C)/半宽(H)/长度(L)/放弃(U)/宽度(W)]:   //@-1670,0 Enter
指定下一点或 [圆弧(A)/闭合(C)/半宽(H)/长度(L)/放弃(U)/宽度(W)]:
                                                 //捕捉如图16-41所示的端点
指定下一点或 [圆弧(A)/闭合(C)/半宽(H)/长度(L)/放弃(U)/宽度(W)]:
                                                 // Enter，绘制结果如图16-42所示
```

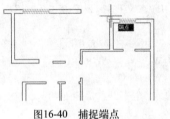

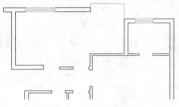

图16-40　捕捉端点　　　　　　图16-41　捕捉端点　　　　　　图16-42　绘制结果

7 使用命令简写O激活"偏移"命令，将凸窗轮廓线向上侧偏移50和100个单位，结果如图16-43所示。

8 执行"多线样式"命令，将"墙线样式"设置为当前多线样式。

9 执行菜单栏中的"绘图"|"多线"命令，配合捕捉与坐标输入功能绘制阳台轮廓线，命令行操作如下。

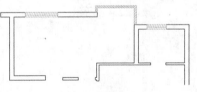

图16-43　绘制结果

```
命令: _mline
当前设置: 对正 = 无，比例 = 200.00，样式 = 墙线样式
指定起点或 [对正(J)/比例(S)/样式(ST)]:        //S Enter
输入多线比例 <200.00>:                        //100 Enter
当前设置: 对正 = 无，比例 = 100.00，样式 = 墙线样式
指定起点或 [对正(J)/比例(S)/样式(ST)]:        //J Enter
输入对正类型 [上(T)/无(Z)/下(B)] <无>:        //T Enter
当前设置: 对正 = 上，比例 = 100.00，样式 = 墙线样式
指定起点或 [对正(J)/比例(S)/样式(ST)]:        //捕捉如图16-44所示的端点
指定下一点:                                   //@0,-1200 Enter
指定下一点或 [放弃(U)]:                        //捕捉如图16-45所示的追踪虚线的交点
```

指定下一点或 [闭合(C)/放弃(U)]: 　　　　// [Enter]，绘制结果如图16-46所示

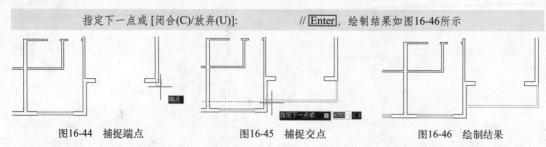

图16-44　捕捉端点　　　　　　　图16-45　捕捉交点　　　　　　　图16-46　绘制结果

10 单击"绘图"工具栏中的 ⌐ 按钮，激活"多段线"命令，配合坐标输入功能绘制阳台外轮廓线，命令行操作如下。

命令: _pline

　　指定起点: 　　　　　　　　　　　　　　　//捕捉如图16-47所示的端点

　　当前线宽为 0

　　指定下一个点或 [圆弧(A)/半宽(H)/长度(L)/放弃(U)/宽度(W)]: 　　　　//@0,820 [Enter]

　　指定下一点或 [圆弧(A)/闭合(C)/半宽(H)/长度(L)/放弃(U)/宽度(W)]: 　　//@700,0 [Enter]

　　指定下一点或 [圆弧(A)/闭合(C)/半宽(H)/长度(L)/放弃(U)/宽度(W)]: 　　//A [Enter]

　　指定圆弧的端点或[角度(A)/圆心(CE)/闭合(CL)/方向(D)/半宽(H)/直线(L)/半径(R)/第二个点(S)/放弃(U)/宽度(W)]: 　　　　　　　　　　　//S [Enter]

　　指定圆弧上的第二个点: 　　　　　　　　　//@1300,406 [Enter]

　　指定圆弧的端点: 　　　　　　　　　　　　//@1300,-406 [Enter]

　　指定圆弧的端点或[角度(A)/圆心(CE)/闭合(CL)/方向(D)/半宽(H)/直线(L)/半径(R)/第二个点(S)/放弃(U)/宽度(W)]: 　　　　　　　　　　　//L [Enter]

　　指定下一点或 [圆弧(A)/闭合(C)/半宽(H)/长度(L)/放弃(U)/宽度(W)]: 　　//@700,0 [Enter]

　　指定下一点或 [圆弧(A)/闭合(C)/半宽(H)/长度(L)/放弃(U)/宽度(W)]: 　　//@0,-820 [Enter]

　　指定下一点或 [圆弧(A)/闭合(C)/半宽(H)/长度(L)/放弃(U)/宽度(W)]:

　　　　　　　　　　　　　　　　　　　　// [Enter]，结束命令，绘制结果如图16-48所示

11 使用命令简写O激活"偏移"命令，将刚绘制的阳台轮廓线向上侧偏移100个单位，结果如图16-49所示。

图16-47　捕捉端点　　　　　　　图16-48　绘制结果　　　　　　　图16-49　偏移结果

　　至此，户型图中的平面窗、阳台等建筑构件绘制完毕，下面将学习单开门、推拉门等构件的快速绘制方法和技巧。

12 单击"绘图"工具栏中的 ⌐ 按钮，插入随书光盘中的"\图块文件\单开门.dwg"图块，设置插入参数如图16-50所示，插入点为如图16-51所示的中点。

13 重复执行"插入块"命令，设置插入参数如图16-52所示，插入点为如图16-53所示的中点。

14 重复执行"插入块"命令，设置插入参数如图16-54所示，插入点为如图16-55所示的中点。

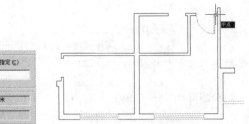

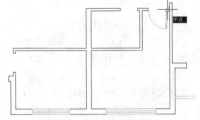

图16-50 设置参数　　　　　　图16-51 定位插入点　　　　　　图16-52 设置参数

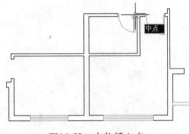

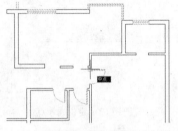

图16-53 定位插入点　　　　　图16-54 设置参数　　　　　　图16-55 定位插入点

15 重复执行"插入块"命令，设置插入参数如图16-56所示，插入点为如图16-57所示的中点。

16 重复执行"插入块"命令，设置插入参数如图16-58所示，插入点为如图16-59所示的中点。

17 重复执行"插入块"命令，设置插入参数如图16-60所示，插入点为如图16-61所示的中点。

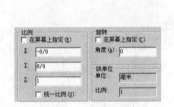

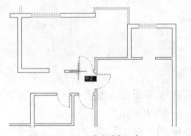

图16-56 设置参数　　　　　　图16-57 定位插入点　　　　　　图16-58 设置参数

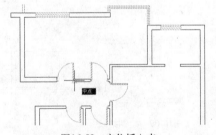

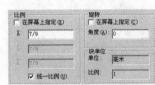

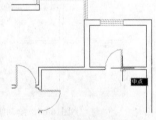

图16-59 定位插入点　　　　　图16-60 设置参数　　　　　　图16-61 定位插入点

18 重复执行"插入块"命令，设置插入参数如图16-62所示，插入点为如图16-63所示的中点。

19 重复执行"插入块"命令，设置插入参数如图16-64所示，插入点为如图16-65所示的中点。

20 单击"绘图"工具栏中的 ▢ 按钮，激活"矩形"命令，配合坐标输入功能和"对象捕捉"功能绘制推拉门，命令行操作如下。

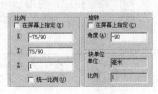

图16-62 设置参数

命令: _rectang
  指定第一个角点或 [倒角(C)/标高(E)/圆角(F)/厚度(T)/宽度(W)]:
           //捕捉如图16-66所示的中点
  指定另一个角点或 [面积(A)/尺寸(D)/旋转(R)]: //@720,50 Enter
命令: // Enter
RECTANG指定第一个角点或 [倒角(C)/标高(E)/圆角(F)/厚度(T)/宽度(W)]:
           //捕捉刚绘制的矩形下侧水平边的中点
  指定另一个角点或 [面积(A)/尺寸(D)/旋转(R)]: //@720,-50 Enter，绘制结果如图16-67所示

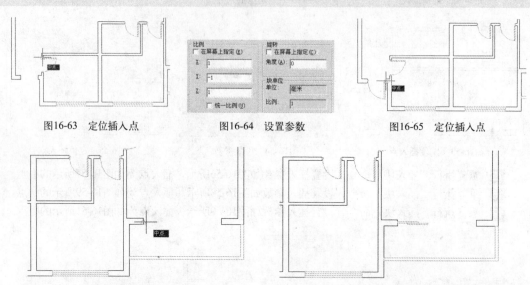

图16-63　定位插入点　　　　图16-64　设置参数　　　　图16-65　定位插入点

图16-66　捕捉中点　　　　　　　　　图16-67　绘制结果

21 使用命令简写MI激活"镜像"命令，配合两点之间的中点捕捉功能，对刚绘制的推拉门进行镜像，镜像结果如图16-68所示。

22 参照第10、11步，综合使用"矩形"和"镜像"命令，绘制上侧的4扇推拉门，结果如图16-69所示。

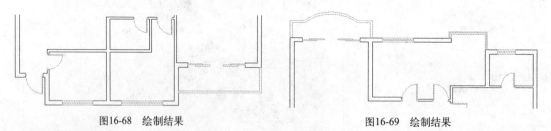

图16-68　绘制结果　　　　　　　　图16-69　绘制结果

23 调整视图，使图形全部显示，结果如上图16-36所示。

24 执行"另存为"命令，将图形命名存储为"综合实例（三）.dwg"。

16.6　综合实例4——绘制室内户型家具布置图

本例在综合巩固所学知识的前提下，主要学习某小区多居室户型室内家具布置图的具体绘制过程和操作技巧。本例效果如图16-70所示。

操作步骤

1. 执行"打开"命令，打开随书光盘中的"\效果文件\第16章\综合实例（三）.dwg"文件。

2. 执行菜单栏中的"格式"|"图层"命令，在打开的"图层特性管理器"对话框中双击"图块层"，将此图层设置为当前图层。

3. 执行"插入块"命令，采用默认参数插入随书光盘中的"\图块文件\电视及电视柜.dwg"图块，插入点为图16-71所示的中点，插入结果如图16-72所示。

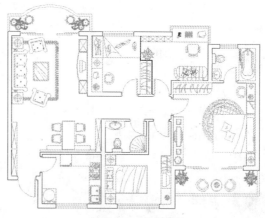

图16-70 实例效果

4. 重复执行"插入块"命令，采用默认参数插入随书光盘中的"\图块文件\沙发组合03.dwg"图块。

5. 在命令行"指定插入点或 [基点(B)/比例(S)/X/Y/Z/旋转(R)]:"提示下，垂直向下引出如图16-73所示的对象追踪虚线，然后输入1620并按Enter键，定位插入点，插入结果如图16-74所示。

6. 重复执行"插入块"命令，采用默认参数插入随书光盘中的"\图块文件\绿化植物01.dwg"图块，并适当调整其位置，结果如图16-75所示。

7. 使用命令简写MI激活"镜像"命令，配合中点捕捉功能，对刚插入的植物图块进行镜像，结果如图16-76所示。

图16-71 捕捉中点

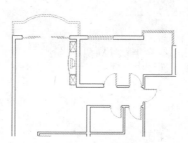

图16-72 插入结果

图16-73 引出对象追踪虚线

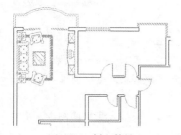

图16-74 插入结果

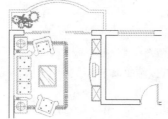

图16-75 插入结果

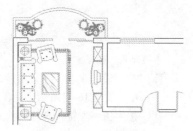

图16-76 镜像结果

8. 重复执行"插入块"命令，插入随书光盘中的"\图块文件\餐桌椅03.dwg"图块，设置插入参数如图16-77所示，插入结果如图16-78所示。

9. 综合使用"矩形"和"直线"命令，绘制酒水柜和墙面装饰柜示意图，结果如图16-79所示。

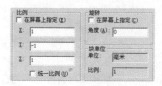

图16-77 设置参数

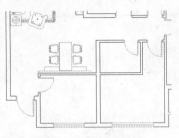

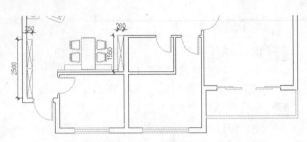

图16-78 插入结果　　　　　　　　　　　图16-79 绘制结果

10 单击"标准"工具栏中的 按钮，打开"设计中心"窗口，然后定位随书光盘中的"图块文件"文件夹，如图16-80所示。

 用户可以事先将随书光盘中的"图块文件"文件夹复制至计算机上，然后通过"设计中心"工具进行定位。

11 在右侧控制面板中选择"双人床03.dwg"文件，然后单击鼠标右键，在弹出的快捷菜单中选择"插入为块"命令，如图16-81所示，将此图形以块的形式共享到平面图中。

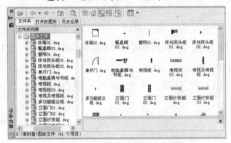

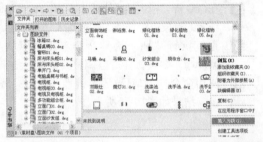

图16-80 定位目标文件夹　　　　　　　　图16-81 选择文件

12 此时系统打开"插入"对话框，在此对话框内设置参数如图16-82所示，然后配合端点捕捉功能将该图块插入到平面图中，插入点为如图16-83所示的端点，插入结果如图16-84所示。

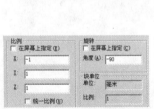

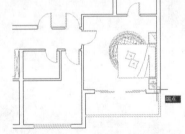

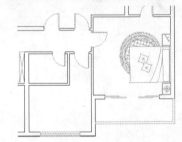

图16-82 设置参数　　　　　图16-83 定位插入点　　　　　图16-84 插入结果

13 在"设计中心"窗口右侧的控制面板中向下拖动滑块，找到"电视柜.dwg"文件并将其选中，如图16-85所示。

14 按住鼠标左键不放将其拖动至平面图中，配合端点捕捉功能将图块插入到平面图中，命令行操作如下。

```
命令: _-INSERT 输入块名或 [?]
    单位:毫米 转换:    1.0
    指定插入点或 [基点(B)/比例(S)/X/Y/Z/旋转(R)]:            //捕捉如图16-86所示的端点
    输入 X 比例因子,指定对角点,或 [角点(C)/XYZ(XYZ)] <1>:    // Enter
    输入 Y 比例因子或 <使用 X 比例因子>:                      // Enter
    指定旋转角度 <0.0>:                                      // Enter,结果如图16-87所示
```

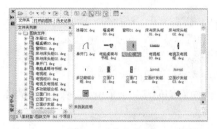 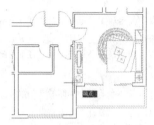 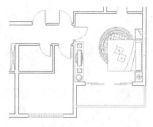

图16-85　定位文件　　　　图16-86　捕捉端点　　　　图16-87　插入结果

15 在右侧控制面板中定位"衣柜02.dwg"图块,然后单击鼠标右键,选择"复制"命令,如图16-88所示。

16 返回绘图区,使用"粘贴"命令将"衣柜02.dwg"图块粘贴到平面图中,命令行操作如下。

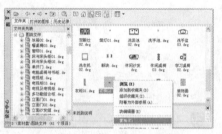

图16-88　定位文件

```
命令: _pasteclip
命令: _-INSERT 输入块名或 [?]
"D:\素材盘\图块文件\衣柜02.dwg"
单位: 毫米  转换:    1.0
指定插入点或 [基点(B)/比例(S)/X/Y/Z/旋转(R)]:              //捕捉如图16-89所示的端点
输入 X 比例因子, 指定对角点, 或 [角点(C)/XYZ(XYZ)] <1>: // Enter
输入 Y 比例因子或 <使用 X 比例因子>:                       // Enter
指定旋转角度 <0.0>:                                      // Enter , 结果如图16-90所示
```

17 参照上述操作步骤,将"梳妆台.dwg"、"休闲桌椅03.dwg"、"绿化植物05.dwg"、"床与床头柜02.dwg"和"多功能组合柜.dwg"等图块共享到卧室平面图中,结果如图16-91所示。

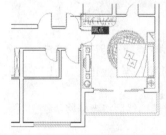 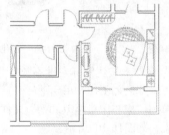 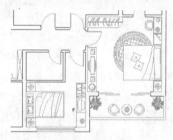

图16-89　捕捉端点　　　　图16-90　粘贴结果　　　　图16-91　共享结果

至此,主卧室与次卧室家具布置图绘制完毕,下面将学习书房和儿童房家具布置图的绘制过程和操作技巧。

18 使用命令简写PL激活"多段线"命令,配合"捕捉自"和坐标输入功能绘制书房与儿童房之间的隔墙,命令行操作如下。

```
命令: pl                                    // Enter
PLINE指定起点:                              //激活"捕捉自"功能
_from 基点:                                 //捕捉如图16-92所示的端点
<偏移>:                                     //@300,0 Enter
指定下一个点或 [圆弧(A)/半宽(H)/长度(L)/放弃(U)/宽度(W)]:      //@0,-1130 Enter
```

指定下一点或 [圆弧(A)/闭合(C)/半宽(H)/长度(L)/放弃(U)/宽度(W)]: //@540,0 `Enter`

指定下一点或 [圆弧(A)/闭合(C)/半宽(H)/长度(L)/放弃(U)/宽度(W)]: //@0,-1570 `Enter`

指定下一点或 [圆弧(A)/闭合(C)/半宽(H)/长度(L)/放弃(U)/宽度(W)]:

// `Enter`，绘制结果如图16-93所示

19 使用命令简写O激活"偏移"命令，将刚绘制的多段线向右侧偏移30个单位，结果如图16-94所示。

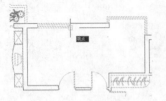 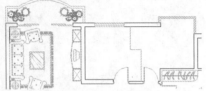 

图16-92　捕捉端点　　　　　　图16-93　绘制结果　　　　　　图16-94　偏移结果

20 在"设计中心"窗口左侧的树状管理视图中定位"图块文件"文件夹，然后单击鼠标右键，选择"创建块的工具选项板"命令，将"图块文件"文件夹创建为选项板，如图16-95所示，创建结果如图16-96所示。

21 在"工具选项板"窗口中向下拖动滑块，然后定位"电脑桌椅与书柜.dwg"文件图标，如图16-97所示。

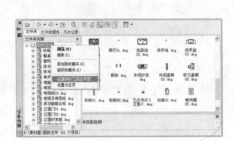  

图16-95　创建块的选项板　　　　图16-96　创建结果　　图16-97　定位文件

22 在"电脑桌椅与书柜.dwg"文件上按住鼠标左键不放，将其拖动至绘图区，如图16-98所示，以块的形式共享此图形，结果如图16-99所示。

23 在"工具选项板"窗口中单击"床与床头柜01.dwg"文件图标，然后将光标移至绘图区，此时图形将会呈现虚显状态，如图16-100所示。

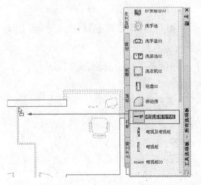 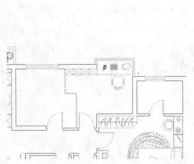 

图16-98　以"拖动"方式共享　　　　图16-99　共享结果　　　图16-100　以"单击"方式共享

24 返回绘图区，在命令行"指定插入点或 [基点(B)/比例(S)/X/Y/Z/旋转(R)]:"提示下，捕捉如图16-101所示的端点，插入结果如图16-102所示。

25 参照上述操作步骤，分别以"单击"和"拖动"的形式，为书房布置"休闲沙发.dwg"和"绿化植物03.dwg"图块；为儿童房布置"衣柜01.dwg"和"学习桌椅02.dwg"图块，布置结果如图16-103所示。

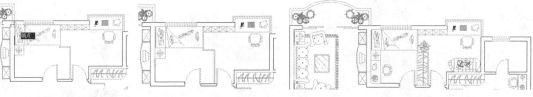

图16-101　捕捉端点　　　　图16-102　插入结果　　　　图16-103　布置结果

26 参照上述操作步骤，综合使用"插入块"、"设计中心"和"工具选项板"等命令，为厨房布置"双眼灶02.dwg"、"洗涤池02.dwg"、"冰箱02.dwg"和"洗衣机02.dwg"图块；为卫生间布置"洗手盆03.dwg"、"马桶.dwg"和"淋浴房.dwg"图块；为主卧卫生间布置"马桶.dwg"、"洗手池.dwg"、和"浴盘02.dwg"图块，布置后的效果如图16-104所示。

27 执行"多段线"命令，配合坐标输入功能绘制厨房操作台轮廓线，结果如图16-105所示。

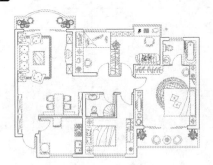 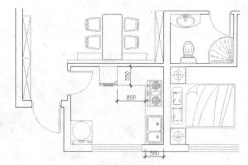

图16-104　布置其他图块　　　　　　　　图16-105　绘制结果

28 执行"另存为"命令，将图形命名存储为"综合实例（四）.dwg"。

16.7　综合实例5——绘制室内户型地面材质图

本例在综合巩固所学知识的前提下，主要学习某小区多居室户型地面装修材质图的具体绘制过程和操作技巧。多居室户型地面装修材质图的最终绘制效果，如图16-106所示。

▶ 操作步骤

1 执行"打开"命令，打开随书光盘中的"\效果文件\第16章\综合实例（四）.dwg"文件。

2 执行菜单栏中的"格式"|"图层"命令，在打开的"图层特性管理器"对话框中双击"填充层"，将其设置为当前图层。

3 使用命令简写L激活"直线"命令，配合捕捉功能分别将各房间两侧门洞连接起来，以形成封闭区域，如图16-107所示。

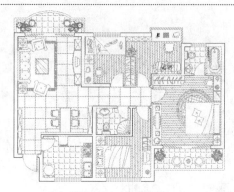

图16-106　实例效果

4 在无命令执行的前提下，夹点显示卧室、书房以及儿童房房间内的家具图块，如图16-108所示。

5 展开"特性"面板，将夹点显示的对象暂时放置在"0"图层上，如图16-109所示。

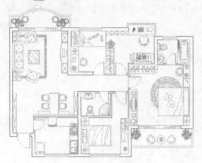

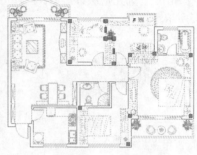

图16-107 绘制结果　　　　图16-108 夹点显示图块　　　　图16-109 更改图块所在图层

6 取消对象的夹点显示，然后冻结"家具层"，此时平面图的显示效果如图16-110所示。

7 单击"绘图"工具栏中的□按扭，激活"图案填充"命令，设置填充图案、填充比例、角度、关联特性等如图16-111所示，填充如图16-112所示的图案。

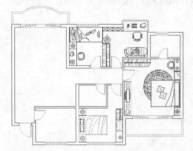

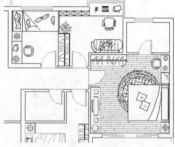

图16-110 冻结图层后的效果　　　　图16-111 设置填充图案与参数　　　　图16-112 填充结果

8 参照上述操作步骤，分别为次卧室、书房和儿童房填充地板图案，其中填充图案与参数设置如图16-113所示，填充结果如图16-114所示。

9 执行菜单栏中的"工具"|"快速选择"命令，设置过滤参数如图16-115所示，选择"0"图层上的所有对象，选择结果如图16-116所示。

10 将夹点显示的图形对象放到"家具层"上，同时解冻"家具层"，此时平面图的显示效果如图16-117所示。

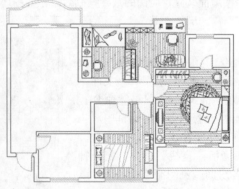

图16-113 设置填充图案与参数　　　　图16-114 填充结果　　　　图16-115 设置过滤参数

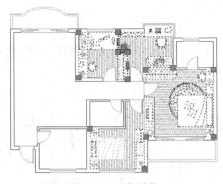

图16-116　选择结果

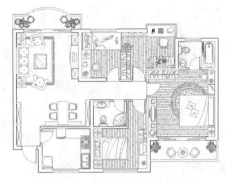

图16-117　解冻图层后的效果

至此，卧室、书房与儿童房地板材质图绘制完毕，下面将学习客厅与餐厅抛光地砖材质图的绘制过程和操作技巧。

11 使用命令简写PL激活"多段线"命令，绘制客厅沙发组合图块的外边缘轮廓，然后夹点显示外边缘轮廓及其他家具图块，如图16-118所示。

12 将夹点显示的图形暂时放置在"0"图层上，并冻结"家具层"，平面图的显示效果如图16-119所示。

13 单击"绘图"工具栏中的■按扭，激活"图案填充"命令，设置填充图案、填充比例、角度、关联特性等如图16-120所示，返回绘图区，拾取如图16-121所示的填充区域。

14 按Enter键结束"图案填充"命令，填充结果如图16-122所示。

15 将客厅和餐厅内的各家具图块放置到"家具层"上，此时平面图的显示效果如图16-123所示。

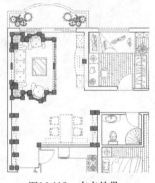

图16-118　夹点效果

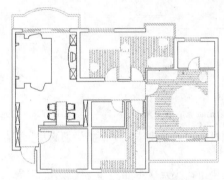

图16-119　冻结图层后的效果

图16-120　设置填充图案与参数

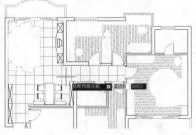

图16-121　拾取填充区域

图16-122　填充结果

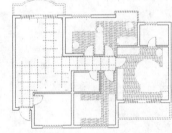

图16-123　平面图的显示效果

16 在无命令执行的前提下单击刚填充的地砖图案，使其呈现夹点显示状态，如图16-124所示。

17 单击鼠标右键，选择快捷菜单中的"设定原点"命令，然后配合"两点之间的中点"功能重新设置图案填充原点，命令行操作如下。

命令: _-HATCHEDIT

  输入图案填充选项 [解除关联(DI)/样式(S)/特性(P)/绘图次序(DR)/添加边界(AD)/删除边界(R)/重新创建边界(B)/关联(AS)/独立的图案填充(H)/原点(O)/注释性(AN)/图案填充颜色(CO)/图层(LA)/透明度(T)] <特性>: _O[使用当前原点(U)/设置新原点(S)/默认为边界范围(D)] <使用当前原点>: _S

  选择点: //激活"两点之间的中点"功能
  _m2p 中点的第一点: //捕捉如图16-125所示的端点
  中点的第二点: //捕捉如图16-126所示的端点
  要存储为默认原点吗? [是(Y)/否(N)] <N>:   //Enter, 更改填充原点后的效果如图16-127所示

18 展开"图层控制"下拉列表, 解冻"家具层", 平面图的显示效果如图16-128所示。

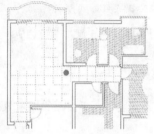
图16-124 夹点效果

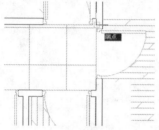
图16-125 捕捉端点

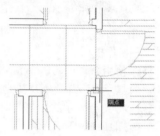
图16-126 捕捉端点

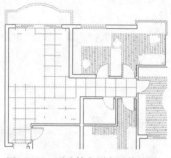
图16-127 更改填充原点后的效果

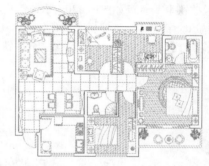
图16-128 解冻"家具层"后的效果

  至此, 客厅和餐厅地面材质图绘制完毕, 下面将学习厨房、卫生间、阳台等地砖材质图的绘制过程。

19 在无命令执行的前提下, 夹点显示如图16-129所示的对象。

20 将夹点显示的图形放到 "0" 图层上, 并冻结"家具层", 平面图的显示效果如图16-130所示。

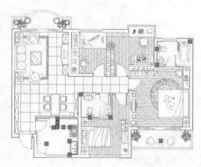
图16-129 夹点效果

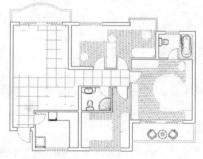
图16-130 平面图的显示效果

21 单击"绘图"工具栏中的□按扭, 激活"图案填充"命令, 设置填充图案、填充比例、角

度、关联特性等如图16-131所示，为厨房、卫生间、阳台等填充如图16-132所示的地砖图案。

图16-131 设置填充图案与参数

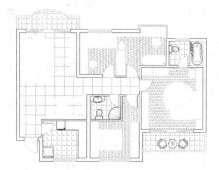

图16-132 填充结果

22 执行"快速选择"命令，选择"0"图层上的所有对象，选择结果如图16-133所示。

23 展开"图层控制"下拉列表，将夹点显示的图形对象放到"家具层"上，此时平面图的显示效果如图16-134所示。

24 解冻"家具层"，最终填充效果如上图16-106所示。

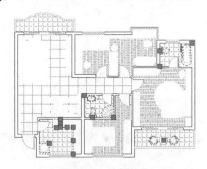

图16-133 选择结果

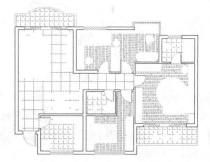

图16-134 更改图层后的效果

25 执行"另存为"命令，将图形命名存储为"综合实例（五）.dwg"。

16.8 综合实例6——标注室内装修布置图文字

本例在综合巩固所学知识的前提下，主要学习某小区多居室户型装修布置图房间功能和地面材质注释等内容的具体标注过程和标注技巧。本例最终标注效果如图16-135所示。

▶ 操作步骤

1 执行"打开"命令，打开随书光盘中的"\效果文件\第16章\综合实例（五）.dwg"文件。

2 执行菜单栏中的"格式"|"图层"命令，在打开的"图层特性管理器"对话框中设置"文本层"为当前图层。

3 单击"样式"工具栏中的A按钮，在打开的"文字样式"对话框中设置"仿宋体"为当前

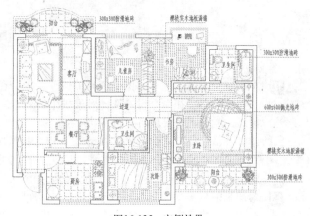

图16-135 实例效果

文字样式。

4 单击"绘图"工具栏中的 A 按钮，激活"单行文字"命令，在命令行"指定文字的起点或 [对正(J)/样式(S)]:"提示下，在主卧室房间内的适当位置单击鼠标左键，拾取一点作为文字的起点。

5 继续在命令行"指定高度 <2.5>:"提示下，输入240并按Enter键，将当前文字的高度设置为240个绘图单位。

6 在命令行"指定文字的旋转角度<0.00>:"提示下，直接按Enter键，表示不旋转文字。此时绘图区会出现一个单行文字输入框，如图16-136所示。

7 在单行文字输入框内输入"主卧"，此时所输入的文字会出现在单行文字输入框内，如图16-137所示。

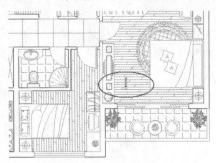

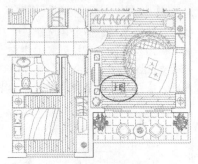

图16-136　单行文字输入框　　　　　　　　　图16-137　输入文字

8 分别将光标移至其他房间内，标注各房间的功能性文字注释，然后连续两次按Enter键，结束"单行文字"命令，标注结果如图16-138所示。

9 在无命令执行的前提下单击主卧室房间内的地板填充图案，使其呈现夹点显示状态，如图16-139所示。

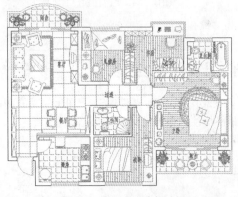

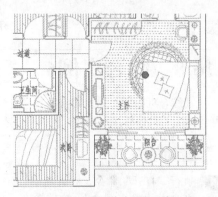

图16-138　标注其他房间功能　　　　　　　　　图16-139　夹点显示图案

10 单击鼠标右键，选择"图案填充编辑"命令，在打开的对话框中单击"添加:选择对象"按钮，然后在命令行"选择对象或 [拾取内部点(K)/删除边界(B)]:"提示下，选择图案区域内的文字对象，如图16-140所示。

11 继续在命令行"选择对象:"提示下，连续按两次Enter键，结束命令，结果所选择的文字对象以孤岛的形式，被排除在填充区域之外，如图16-141所示。

12 按Esc键取消图案的夹点显示状态，结果如图16-142所示。

13 参照第9~12步，分别修改书房、儿童房、次卧、厨房、客厅、阳台、卫生间等房间内的填充图案，将图案内的文字以孤岛的形式排除在图案区域外，结果如图16-143所示。

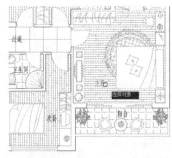

图16-140　选择文字对象

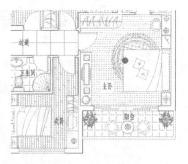

图16-141　编辑结果

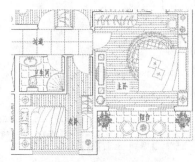

图16-142　取消图案的更点显示

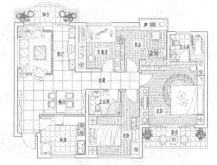

图16-143　修改其他填充图案

至此，多居室户型布置图的房间功能性注释标注完毕，下面将学习地面材质注释的标注方法和技巧。

14 使用命令简写L激活"直线"命令，绘制如图16-144所示的直线作为文字指示线。

15 使用命令简写CO激活"复制"命令，选择其中的一个单行文字注释，将其复制到其他指示线上，结果如图16-145所示。

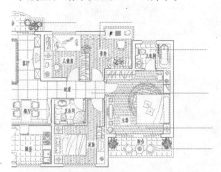

图16-144　绘制文字指示线

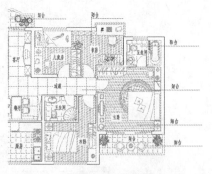

图16-145　复制结果

16 在复制出的文字对象上双击，此时该文字呈现反白显示的单行文字输入框状态，如图16-146所示。

17 在反白显示的单行文字输入框内输入正确的文字注释，并适当调整文字的位置，修改后的结果如图16-147所示。

18 继续在命令行"选择文字注释对象或[放弃(U)]:"提示下，分别单击其他文字对象进行编辑，输入正确的文字内容，并适当调整文字的位置，结果如图16-148所示。

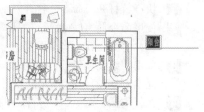

图16-146　选择文字对象

19 继续在命令行"选择文字注释对象或[放弃(U)]:"提示下，连续两次按Enter键，结束命令。

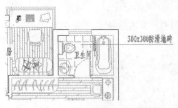

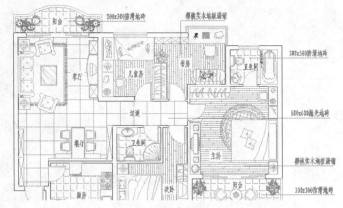

图16-147　修改结果　　　　　　　　　　　　　图16-148　编辑其他文字

20 执行"另存为"命令，将图形命名存储为"综合实例（六）.dwg"。

16.9　综合实例7——标注室内布置图投影与尺寸

本例在综合巩固所学知识的前提下，主要学习某小区多居室户型装修布置图墙面投影以及施工尺寸的后期标注过程和标注技巧。本例最终标注效果如图16-149所示。

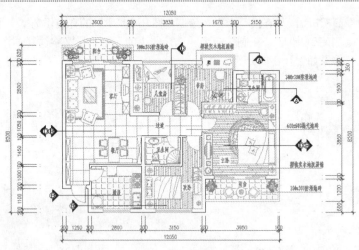

图16-149　实例效果

▶ 操作步骤

1 执行"打开"命令，打开随书光盘中的"\效果文件\第16章\综合实例（六）.dwg"文件。

2 使用命令简写LA激活"图层"命令，在打开的"图层特性管理器"对话框中双击"0"图层，将其设置为当前图层。

3 单击"绘图"工具栏中的 按钮，激活"多段线"命令，配合"极轴追踪"和坐标输入功能绘制如图16-150所示的投影符号。

4 执行"圆"命令，以水平边的中点作为圆心，绘制半径为4的圆，如图16-151所示。

5 使用命令简写TR激活"修剪"命令，对投影符号进行修剪，结果如图16-152所示。

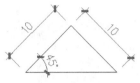
图16-150 绘制结果

图16-151 绘制圆

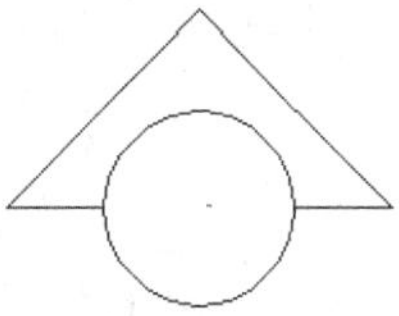

图16-152 修剪结果

6 单击"绘图"工具栏中的■按钮，为投影符号填充实体图案，填充结果如图16-153所示。

7 使用命令简写ST激活"文字样式"命令，设置"COMPLEX"为当前文字样式。

8 使用命令简写ATT激活"定义属性"命令，在打开的"属性定义"对话框中设置属性如图16-154所示，为投影符号定义文字属性，属性的插入点为圆心，定义结果如图16-155所示。

图16-153 填充结果

图16-154 "属性定义"对话框

图16-155 定义结果

9 使用命令简写B激活"创建块"命令，设置块名及参数如图16-156所示，将投影符号和定义的文字属性一起创建为属性块，基点为图16-157所示的端点。

图16-156 设置块参数

图16-157 捕捉端点

10 设置"其他层"为当前图层，然后执行"直线"命令，绘制如图16-158所示的直线作为投影符号的指示线。

11 使用命令简写I激活"插入块"命令，将刚定义的投影符号属性块，以45倍的等比缩放比例，插入到指示线的端点处，结果如图16-159所示。

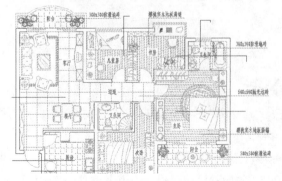
图16-158 绘制指示线

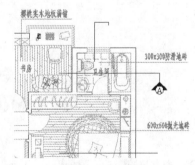
图16-159 插入结果

12 重复执行"插入块"命令，设置块参数如图16-160所示，继续为布置图标注投影符号，属性值为D，标注结果如图16-161所示。

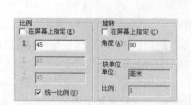

图16-160　设置块参数

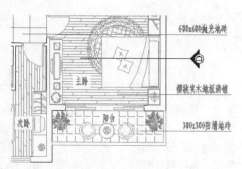

图16-161　标注结果

13 单击"修改"工具栏中的按钮，配合象限点捕捉功能对刚插入的投影符号进行镜像，镜像结果如图16-162所示。

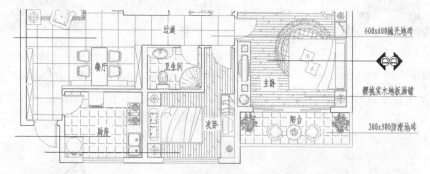

图16-162　镜像结果

14 在镜像出的投影符号属性块上双击，修改属性值如图16-163所示，修改属性的旋转角度如图16-164所示。

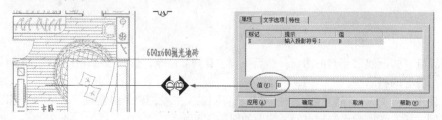

图16-163　修改属性值

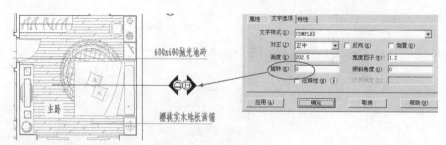

图16-164　修改属性的旋转角度

15 参照第11~14步，使用"插入块"和"编辑属性"命令，分别标注其他位置的投影符号，结果如图16-165所示。

452

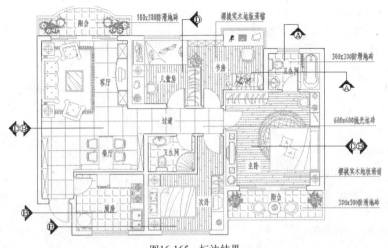

图16-165 标注结果

16 设置"尺寸层"为当前图层，配合捕捉与追踪功能绘制如图16-166所示的构造线作为尺寸定位辅助线。

17 使用命令简写D激活"标注样式"命令，将"建筑标注"设为当前标注样式，并修改标注比例为65。

18 执行"线性"命令，在命令行"指定第一条尺寸界线原点或 <选择对象>:"提示下，捕捉如图16-167所示的交点作为第一条标注界线的起点。

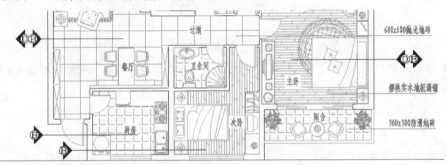

图16-166 绘制构造线

19 在命令行"指定第二条尺寸界线原点:"提示下，捕捉追踪虚线与辅助线的交点作为第二条标注界线的起点，如图16-168所示。

20 在命令行"指定尺寸线位置或 [多行文字(M)/文字(T)/角度(A)/水平(H)/垂直(V)/旋转(R)]:"提示下，向下移动光标并指定尺寸线位置，标注结果如图16-169所示。

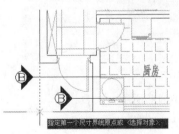

图16-167 定位第一原点

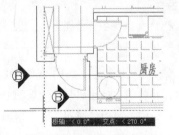

图16-168 定位第二原点

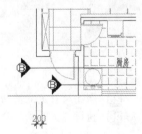

图16-169 标注结果

21 执行"连续"命令，在"命令行指定第二条尺寸界线原点或 [放弃(U)/选择(S)] <选择>:"

提示下，捕捉如图16-170所示的交点，标注连续尺寸。

22 继续在命令行"指定第二条尺寸界线原点或 [放弃(U)/选择(S)] <选择>:"提示下，配合捕捉与追踪功能，标注上侧的连续尺寸，标注结果如图16-171所示。

图16-170 捕捉交点

图16-171 标注结果

23 重复执行"线性"命令，配合捕捉与追踪功能标注如图16-172所示的总尺寸。

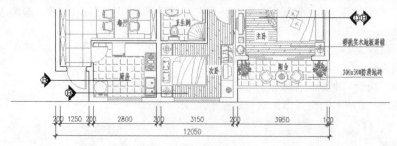

图16-172 标注总尺寸

24 参照上述操作步骤，综合使用"构造线"、"线性"和"连续"命令分别标注平面图其他侧的尺寸，结果如图16-173所示。

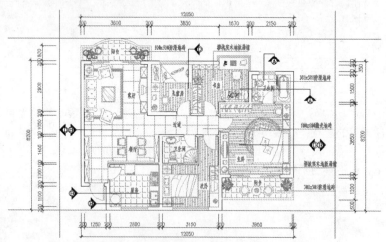

图16-173 标注其他侧的尺寸

25 删除尺寸定位辅助线，并关闭"轴线层"，结果如上图16-149所示。

26 执行"另存为"命令，将图形命名存储为"综合实例（七）.dwg"。

第17章　绘制机械零件图纸

本章在概述零件正投影图与剖视图的形成、用途等知识的前提下，通过绘制某阀体零件的多面投影图，主要学习AutoCAD在机械制图方面的具体应用技能。本章学习内容如下。

- ◆　零件正投影图概述
- ◆　零件剖视图的形成与类型
- ◆　综合实例1——绘制阀体零件左视图
- ◆　综合实例2——绘制阀体零件主视图
- ◆　综合实例3——绘制阀体零件俯视图
- ◆　综合实例4——绘制阀体零件A向视图
- ◆　综合实例5——标注阀体零件尺寸与公差
- ◆　综合实例6——标注阀体零件表面粗糙度
- ◆　综合实例7——标注技术要求并配置图框

17.1　零件正投影图概述

三面正投影图是使用三组分别垂直于三个投影面的平行投射线投影而得到的物体在三个不同方向上的投影图，如图17-1所示。其中，平行投射线由上向下垂直投影而产生的投影图称为水平投影图，简称俯视图；由前向后垂直投影而产生的投影图称为正面投影图，简称正视图，也叫主视图；由左向右垂直投影而产生的投影图称为侧面投影图，简称左视图，也叫侧视图。

同一物体的三个正投影图即三视图之间具有以下三等关系。

- ◆　正面投影图和水平投影图——长对正。
- ◆　正面投影图和侧面投影图——高平齐、
- ◆　水平投影图和侧面投影图——宽相等。

"长对正、高平齐、宽相等"是绘制和识读物体正投影图必须遵循的投影规律。

三视图的作图步骤是：首先确定正视图方向，接下来布置视图，然后画出能反映物体真实形状的一个视图，一般为"主视图"，再运用"长对正、高平齐、宽相等"原则画出其他视图。

在布置三视图时，俯视图位于主视图的正下方，左视图位于主视图的正右方。

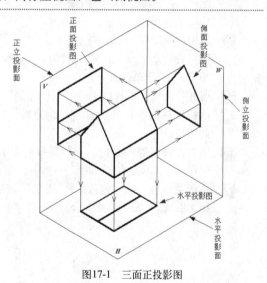

图17-1　三面正投影图

17.2　零件剖视图的形成与类型

工程上一般多采用三面正投影图即三视图来准确表达物体的形状，由于三视图只能表明形体外形的可见部分，形体上的不可见部分在投影图中用虚线表示，这对于内部构造比较复杂的形体来说，必然形成图中的虚、实线重叠交错，混淆不清，既不易识读，又不便于标注尺寸。

为此，在工程制图中则采用剖视的方法，假想用一个剖切面将形体剖开，移去剖切面与观察者之间的那部分形体，将剩余部分与剖切面平行的投影面做投影，并将剖切面与形体接触的部分画上剖面线或材料图例，这样得到的投影图称为剖视图。

剖视图的常用类型有全剖视图、半剖视图和局部剖视图，下面进行简要介绍。

- 全剖视图。使用剖切面完全地剖开物体所得到的剖视图称为全剖视图。这种类型的剖视图适用于结构不对称的物体，或者虽然结构对称但外形简单、内部结构比较复杂的物体。
- 半剖视图。当物体内外形状均匀为左右对称或前后对称，而外形又比较复杂时，可将其投影的一半画成表示物体外部形状的正投影，另一半画成表示内部结构的剖视图。
- 局部剖视图。使用剖切面局部地剖开物体后所得到的剖视图称为局部剖视图。

17.3　综合实例1——绘制阀体零件左视图

本例在综合巩固所学知识的前提下，主要学习阀体零件左视图的具体绘制过程和绘图技巧。阀体零件左视图的最终绘制效果，如图17-2所示。

操作步骤

1 执行"新建"命令，以随书光盘中的"\样板文件\机械样板.dwt"作为基础样板，新建空白文件。

2 打开状态栏上的"对象捕捉"、"极轴追踪"和线宽的显示功能。

3 使用命令简写Z激活"视图缩放"命令，将视图高度设置为120个绘图单位。

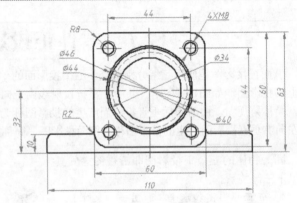

图17-2　实例效果

4 展开"图层"工具栏中的"图层控制"下拉列表，将"中心线"设置为当前图层。

5 执行菜单栏中的"绘图"|"构造线"命令，绘制水平和垂直的构造线作为定位辅助线，如图17-3所示。

6 绘制左视图外部结构。执行菜单栏中的"修改"|"偏移"命令，将两条构造线分别对称偏移30个单位，结果如图17-4所示。

7 执行菜单栏中的"修改"|"圆角"命令，对偏移出的构造线进行圆角编辑，其中圆角半径为8，结果如图17-5所示。

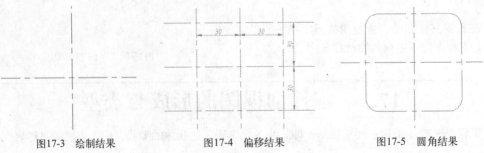

图17-3　绘制结果　　　　　图17-4　偏移结果　　　　　图17-5　圆角结果

8 选择圆角后的轮廓线，展开"图层控制"下拉列表，修改其图层为"轮廓线"，结果如图17-6所示。

9 执行菜单栏中的"修改"|"偏移"命令，将垂直构造线对称偏移55个单位；将水平构造线向下偏移23和33个单位，并将偏移出的4条构造线放到"轮廓线"图层上，结果如图17-7所示。

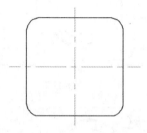
图17-6 更改图层后的效果

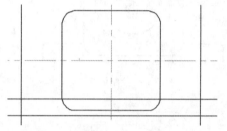
图17-7 偏移结果

10 执行菜单栏中的"修改"|"修剪"命令，对偏移出的图线进行修剪，结果如图17-8所示。

11 执行菜单栏中的"修改"|"圆角"命令，将圆角半径设置为2，模式为"修剪"，创建如图17-9所示的两处圆角。

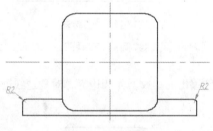
图17-8 修剪结果

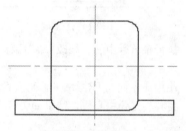
图17-9 圆角结果

12 重复执行"圆角"命令，将圆角半径设置为2，模式为"不修剪"，创建如图17-10所示的两处圆角。

13 执行菜单栏中的"修改"|"修剪"命令，以圆角后产生的两条圆弧作为边界，对水平的轮廓线进行修剪完善，结果如图17-11所示。

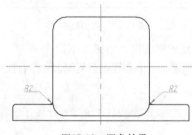
图17-10 圆角结果

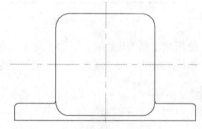
图17-11 修剪结果

14 展开"图层"工具栏中的"图层控制"下拉列表，将"轮廓线"设置为当前图层。

15 使用命令简写C激活"圆"命令，以构造线的交点作为圆心，绘制半径为17、20、22和23的4个同心圆，结果如图17-12所示。

16 执行菜单栏中的"修改"|"偏移"命令，将垂直构造线向左偏移22个单位，将水平构造线向下偏移22个单位，结果如图17-13所示。

17 使用命令简写C激活"圆"命令，以偏移出的构造线交点作为圆心，绘制直径分别为8和6的同心圆，并将直径为8的圆放到"细实线"图层上，结果如图17-14所示。

18 使用命令简写TR激活"修剪"命令，以构造线作为边界，对外侧的螺纹圆进行修剪，结果如图17-15所示。

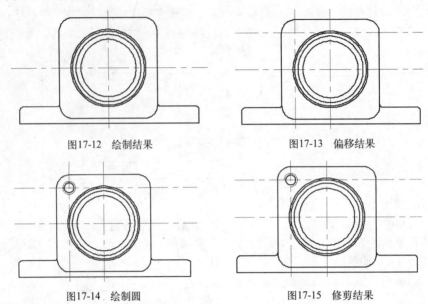

图17-12　绘制结果　　　　　　　　　　　　　图17-13　偏移结果

图17-14　绘制圆　　　　　　　　　　　　　　图17-15　修剪结果

19 执行菜单栏中的"修改"|"偏移"命令，将外侧的螺纹圆向外偏移2.5个单位，如图17-16所示。

20 使用命令简写TR激活"修剪"命令，以偏移出的螺纹圆作为边界，对构造线进行修剪，将其转化为中心线，结果如图17-17所示。

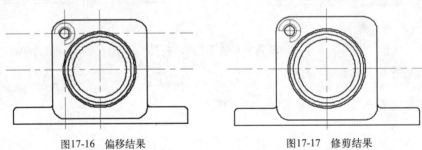

图17-16　偏移结果　　　　　　　　　　　　　图17-17　修剪结果

21 使用命令简写E激活"删除"命令，删除偏移出的螺纹圆，结果如图17-18所示。

22 执行菜单栏中的"修改"|"复制"命令，选择螺纹孔及中心线进行复制，命令行操作如下。

命令: COPY

选择对象:　　　　　　　　　　　　　//窗交选择如图17-19所示的对象

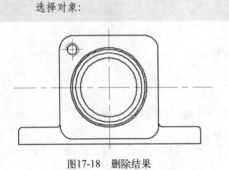

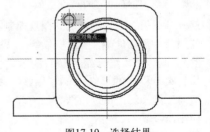

图17-18　删除结果　　　　　　　　　　　　　图17-19　选择结果

```
选择对象:                                        // Enter
当前设置: 复制模式 = 多个
指定基点或 [位移(D)/模式(O)] <位移>:          //拾取任一点
指定第二个点或 [阵列(A)] <使用第一个点作为位移>: //@44,0 Enter
指定第二个点或 [阵列(A)/退出(E)/放弃(U)] <退出>: //@0,-44 Enter
指定第二个点或 [阵列(A)/退出(E)/放弃(U)] <退出>: //@44,-44 Enter
指定第二个点或 [阵列(A)/退出(E)/放弃(U)] <退出>: // Enter，复制结果如图17-20所示
```

23 绘制视图中心线。执行菜单栏中的"修改"|"偏移"命令，将左视图最外侧的轮廓线向外偏移3个单位，如图17-21所示。

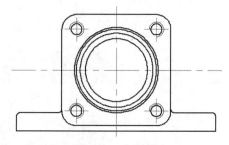 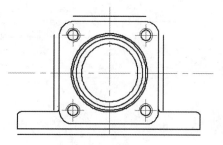

图17-20　复制结果　　　　　　　　　　　图17-21　偏移结果

24 使用命令简写TR激活"修剪"命令，以偏移出的轮廓线作为边界，对构造线进行修剪，将其转化为中心线，结果如图17-22所示。

25 使用命令简写E激活"删除"命令，删除偏移出的轮廓线，结果如图17-23所示。

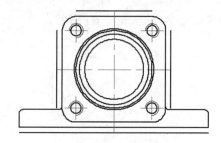 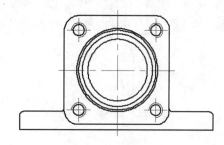

图17-22　修剪结果　　　　　　　　　　　图17-23　删除结果

26 在无命令执行的前提下夹点显示半径为20的轮廓圆，如图17-24所示。

27 展开"图层控制"下拉列表，修改其图层为"隐藏线"，取消夹点显示后的效果如图17-25所示。

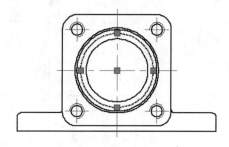 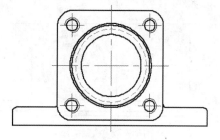

图17-24　夹点效果　　　　　　　　　　　图17-25　修改图层后的效果

28 执行"保存"命令，将图形命名存储为"综合实例（一）.dwg"。

17.4 综合实例2——绘制阀体零件主视图

本例在综合巩固所学知识的前提下，主要学习阀体零件主视图的具体绘制过程和绘图技巧。阀体零件主视图的最终绘制效果，如图17-26所示。

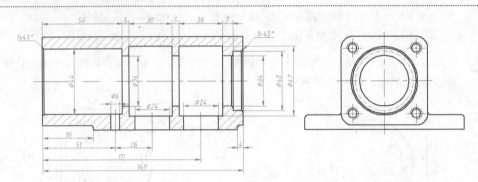

图17-26 实例效果

操作步骤

1 执行"打开"命令，打开随书光盘中的"\效果文件\第17章\综合实例（一）.dwg"文件。

2 使用命令简写LA激活"图层"命令，将"中心线"设置为当前图层。

3 使用命令简写XL激活"构造线"命令，根据视图间的对正关系，绘制如图17-27所示的水平构造线。

4 展开"图层"工具栏中的"图层控制"下拉列表，将"轮廓线"设置为当前图层。

5 重复执行"构造线"命令，在左视图的左侧绘制如图17-28所示的垂直构造线。

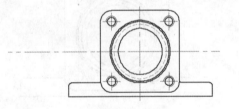

图17-27 绘制构造线

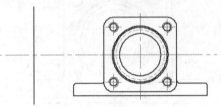

图17-28 绘制结果

6 绘制主视图外部结构。使用命令简写XL激活"构造线"命令，根据视图间的对正关系，绘制如图17-29所示的水平构造线。

7 执行菜单栏中的"修改"|"偏移"命令，将垂直构造线向左偏移4、104和140个单位，结果如图17-30所示。

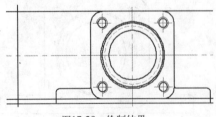

图17-29 绘制结果

图17-30 偏移结果

8 执行菜单栏中的"修改"|"修剪"命令，对构造线进行修剪，编辑出主视图外部结构，结果如图17-31所示。

9 执行菜单栏中的"修改"|"圆角"命令,将圆角半径设置为1,模式为"修剪",创建如图17-32所示的圆角。

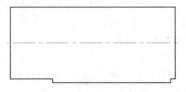

图17-31 修剪结果

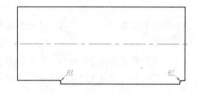

图17-32 圆角结果

10 绘制主视图内部结构。使用命令简写XL激活"构造线"命令,根据视图间的对正关系,绘制如图17-33所示的水平构造线。

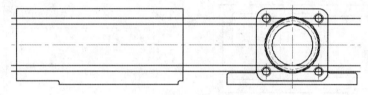

图17-33 绘制结果

11 单击"修改"工具栏上的 按钮,将中间的水平构造线对称偏移20和23.5个单位,结果如图17-34所示。

12 重复执行"偏移"命令,将主视图左侧的垂直轮廓线向右偏移56、61和91个单位,将主视图最右侧的垂直轮廓线向左偏移7、14和44个单位,结果如图17-35所示。

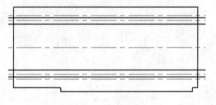

图17-34 偏移结果

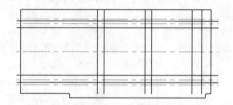

图17-35 偏移结果

13 执行菜单栏中的"修改"|"修剪"命令,对偏移出的图线进行修剪,编辑出主视图内部结构,结果如图17-36所示。

14 在无命令执行的前提下夹点显示如图17-37所示的6条水平轮廓线,然后开"图层控制"下拉列表,修改其图层为"轮廓线",结果如图17-38所示。

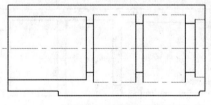

图17-36 修剪结果

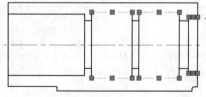

图17-37 夹点效果

15 绘制内部倒角。暂时关闭线宽的显示功能,然后执行菜单栏中的"修改"|"倒角"命令,将倒角长度设置为1,创建内部的倒角,命令行操作如下。

命令: _chamfer
("修剪"模式) 当前倒角距离 1 = 0.0, 距离 2 = 0.0
选择第一条直线或 [放弃(U)/多段线(P)/距离(D)/角度(A)/修剪(T)/方式(E)/多个(M)]:

//A Enter，激活"角度"选项
指定第一条直线的倒角长度 <0.0>:　　　　//1 Enter
指定第一条直线的倒角角度 <0>:　　　　//45 Enter
选择第一条直线或 [放弃(U)/多段线(P)/距离(D)/角度(A)/修剪(T)/方式(E)/多个(M)]:
　　　　//T Enter
输入修剪模式选项 [修剪(T)/不修剪(N)] <修剪>: //N Enter
选择第一条直线或 [放弃(U)/多段线(P)/距离(D)/角度(A)/修剪(T)/方式(E)/多个(M)]:
　　　　//在最左侧垂直轮廓线的上侧单击
选择第二条直线，或按住 Shift 键选择直线以应用角点或 [距离(D)/角度(A)/方法(M)]:
　　　　//在第二条水平轮廓线的左侧单击，创建如图17-39所示的倒角

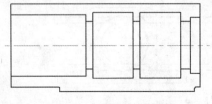

图17-38　更改图层后的效果

图17-39　倒角结果

16 重复执行"倒角"命令，按照当前的参数设置，分别创建其他位置的倒角，结果如图17-40所示。

17 执行菜单栏中的"修改"|"修剪"命令，以倒角后产生的6条倾斜图线作为边界，对内部的水平轮廓线进行修剪，结果如图17-41所示。

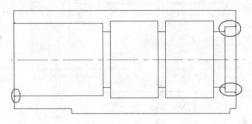

图17-40　倒角结果

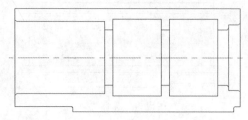

图17-41　修剪结果

18 使用命令简写L激活"直线"命令，配合端点捕捉功能绘制倒角位置的垂直轮廓线，结果如图17-42所示。

19 打开状态栏上的线宽显示功能，结果如图17-43所示。

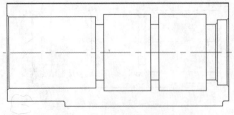

图17-42　绘制结果

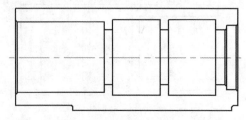

图17-43　打开线宽显示功能后的效果

20 绘制孔结构。执行"构造线"命令，在"中心线"图层内绘制如图17-44所示的一条垂直构造线。

21 使用命令简写O激活"偏移"命令，将垂直构造线向右偏移26和60个单位，结果如图17-45所示。

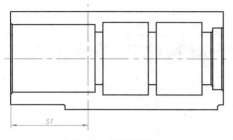

图17-44 绘制结果   图17-45 偏移结果

22 使用命令简写O激活"偏移"命令，将最左侧的垂直构造线对称偏移3个单位，将另外两条垂直构造线对称偏移12个单位，结果如图17-46所示。

23 执行菜单栏中的"修改"|"修剪"命令，对偏移出的构造线进行修剪，将其转化为图形轮廓线，结果如图17-47所示。

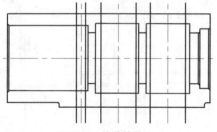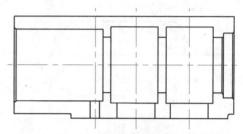

图17-46 偏移结果   图17-47 修剪结果

24 绘制剖面线和中心线。执行菜单栏中的"修改"|"修剪"命令，对垂直构造线和水平构造线进行修剪，将其转化为图形中心线，结果如图17-48所示。

25 执行菜单栏中的"修改"|"拉长"命令，将各位置的中心线两端拉长3个单位，结果如图17-49所示。

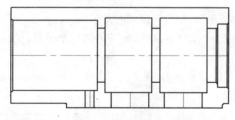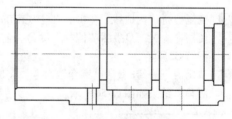

图17-48 修剪结果   图17-49 拉长结果

26 展开"图层"工具栏中的"图层控制"下拉列表，将"剖面线"设置为当前图层。

27 使用命令简写H激活"图案填充"命令，设置填充图案与参数如图17-50所示，为主视图填充如图17-51所示的剖面线。

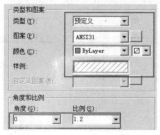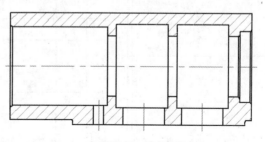

图17-50 设置填充图案与参数   图17-51 填充结果

28 执行"保存"命令，将图形命名存储为"综合实例（二）.dwg"。

17.5 综合实例3——绘制阀体零件俯视图

本例在综合巩固所学知识的前提下，主要学习阀体零件俯视图的具体绘制过程和绘图技巧。阀体零件俯视图的最终绘制效果，如图17-52所示。

操作步骤

1 执行"打开"命令，打开随书光盘中的"\效果文件\第17章\综合实例（二）.dwg"文件。
2 展开"图层"工具栏中的"图层控制"下拉列表，将"轮廓线"设置为当前图层。
3 使用命令简写XL激活"构造线"命令，根据视图间的对正关系，绘制如图17-53所示的垂直构造线。

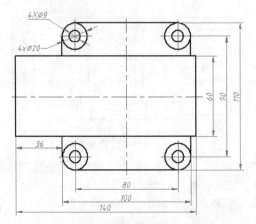

图17-52 实例效果

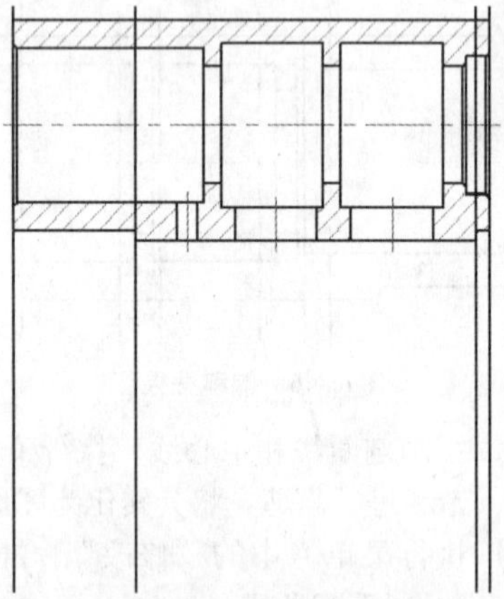

图17-53 绘制结果

4 重复执行"构造线"命令，在主视图的下侧绘制如图17-54所示的水平构造线。
5 使用命令简写O激活"偏移"命令，将水平构造线向下偏移25、85和110个单位，结果如图17-55所示。
6 使用命令简写F激活"圆角"命令，将圆角半径设置为0，模式为"修剪"，对构造线进行圆角，结果如图17-56所示。

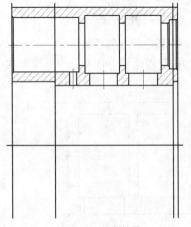

图17-54 绘制结果

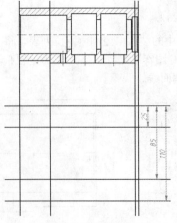

图17-55 偏移结果

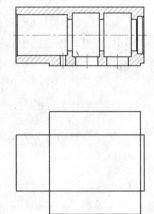

图17-56 圆角结果

7 使用命令简写TR激活"修剪"命令，对内部的水平轮廓线进行修剪，结果如图17-57所示。

8 重复执行"圆角"命令，将圆角半径设置为10，继续对俯视图进行圆角，结果如图17-58所示。

9 使用命令简写C激活"圆"命令，配合圆心捕捉功能绘制直径为9和20的同心圆，结果如图17-59所示。

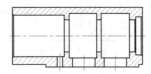

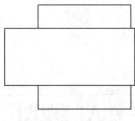

图17-57 修剪结果

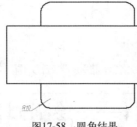

图17-58 圆角结果

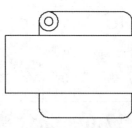

图17-59 绘制结果

10 执行菜单栏中的"修改"|"阵列"|"矩形阵列"命令，将同心圆阵列4份，命令行操作如下。

```
命令: _arrayrect
    选择对象:                              //选择如图17-60所示的同心圆
    选择对象:                              // Enter
    类型 = 矩形  关联 = 是
    为项目数指定对角点或 [基点(B)/角度(A)/计数(C)] <计数>: // Enter
    输入行数或 [表达式(E)] <4>:            //2 Enter
    输入列数或 [表达式(E)] <4>:            //2 Enter
    指定对角点以间隔项目或 [间距(S)] <间距>: // Enter
    指定行之间的距离或 [表达式(E)] <30>:   //-90 Enter
    指定列之间的距离或 [表达式(E)] <30>:   //80 Enter
    按 Enter 键接受或 [关联(AS)/基点(B)/行(R)/列(C)/层(L)/退出(X)] <退出>:
                                          // Enter, 阵列结果如图17-61所示
```

图17-60 窗交选择

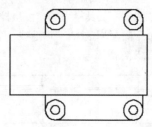

图17-61 阵列结果

11 绘制俯视图中心线。展开"图层"工具栏中的"图层控制"下拉列表，将"中心线"设置为当前图层。

12 使用命令简写L激活"直线"命令，配合中点捕捉和象限点捕捉功能，绘制如图17-62所示的中心线。

13 执行菜单栏中的"修改"|"拉长"命令，将各位置的中心线两端拉长3个单位，结果如图17-63所示。

14 使用命令简写CO激活"复制"命令，配合圆心捕捉功能，将同心圆的中心线分别复制到其他位置，结果如图17-64所示。

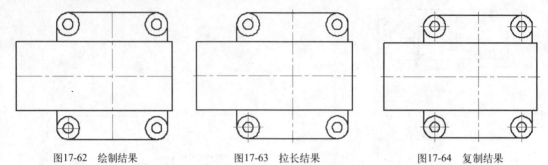

图17-62　绘制结果　　　　　图17-63　拉长结果　　　　　图17-64　复制结果

15 执行"保存"命令，将图形命名存储为"综合实例（三）.dwg"。

17.6　综合实例4——绘制阀体零件A向视图

本例在综合巩固所学知识的前提下，主要学习阀体零件A向视图的具体绘制过程和绘图技巧。阀体零件A向视图的最终绘制效果，如图17-65所示。

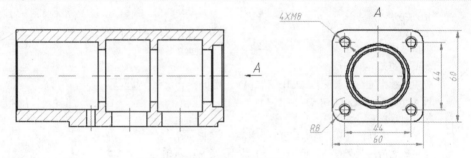

图17-65　实例效果

▶ **操作步骤**

1 执行"打开"命令，打开随书光盘中的"\效果文件\第17章\综合实例（三）.dwg"文件。

2 展开"图层"工具栏中的"图层控制"下拉列表，将"轮廓线"设置为当前图层。

3 使用命令简写XL激活"构造线"命令，根据视图间的对正关系，绘制如图17-66所示的水平构造线。

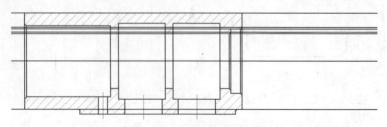

图17-66　绘制水平构造线

4 重复执行"构造线"命令，在主视图的右侧绘制如图17-67所示的垂直构造线。

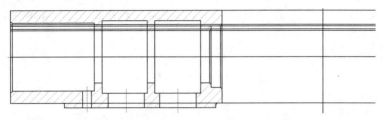

图17-67　绘制垂直构造线

5 绘制A向视图主体结构。执行菜单栏中的"修改"|"偏移"命令，将垂直构造线对称偏移22和30个单位，结果如图17-68所示。

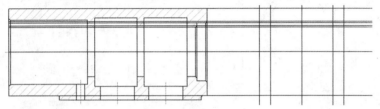

图17-68　偏移结果

6 执行菜单栏中的"修改"|"圆角"命令，将圆角半径设置为8，创建A向视图外部结构，如图17-69所示。

7 选择三条垂直构造线和下侧的水平构造线，然后展开"图层控制"下拉列表，修改其图层为"中心线"，结果如图17-70所示。

8 使用命令简写C激活"圆"命令，配合交点捕捉功能绘制如图17-71所示的同心轮廓圆。

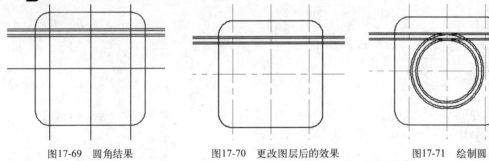

图17-69　圆角结果　　　　　　图17-70　更改图层后的效果　　　　　　图17-71　绘制圆

9 使用命令简写E激活"删除"命令，删除不需要的构造线，结果如图17-72所示。

10 绘制M8螺孔。执行菜单栏中的"修改"|"偏移"命令，将水平构造线对称偏移22个单位，结果如图17-73所示。

11 使用命令简写C激活"圆"命令，配合交点捕捉功能绘制如图17-74所示的同心圆，圆的直径分别为8和6，并将直径为8的螺纹圆放到"细实线"图层上。

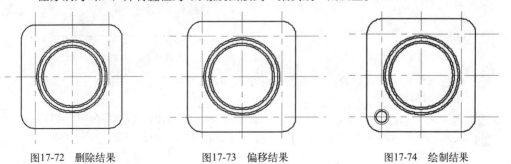

图17-72　删除结果　　　　　　图17-73　偏移结果　　　　　　图17-74　绘制结果

12 执行菜单栏中的"修改"|"修剪"命令，以构造线作为边界，对外侧的螺纹圆进行修剪，结果如图17-75所示。

13 执行菜单栏中的"修改"|"阵列"|"矩形阵列"命令，将螺孔阵列4份，命令行操作如下。

```
命令: _arrayrect
    选择对象:                                    //选择如图17-76所示的M8螺孔
```

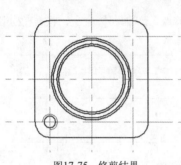

图17-75 修剪结果

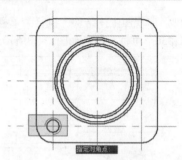

图17-76 窗口选择

```
    选择对象:                                    // Enter
    类型 = 矩形  关联 = 是
    为项目数指定对角点或 [基点(B)/角度(A)/计数(C)] <计数>: // Enter
    输入行数或 [表达式(E)] <4>:                   //2 Enter
    输入列数或 [表达式(E)] <4>:                   //2 Enter
    指定对角点以间隔项目或 [间距(S)] <间距>:      // Enter
    指定行之间的距离或 [表达式(E)] <30>:          //44 Enter
    指定列之间的距离或 [表达式(E)] <30>:          //44 Enter
    按 Enter 键接受或 [关联(AS)/基点(B)/行(R)/列(C)/层(L)/退出(X)] <退出>:
                                                // Enter，阵列结果如图17-77所示
```

14 绘制A向视图中心线。执行菜单栏中的"修改"|"修剪"命令，对构造线进行修剪，将其转化为图形中心线，结果如图17-78所示。

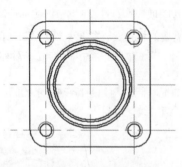

图17-77 阵列结果

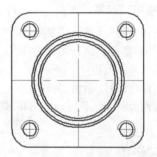

图17-78 修剪结果

15 执行菜单栏中的"修改"|"拉长"命令，将A向视图中心线两端拉长3个单位，结果如图17-79所示。

16 重复执行"拉长"命令，将M8螺孔中心线两端拉长2.5个单位，结果如图17-80所示。

17 绘制剖视符号和字母代号。展开"图层"工具栏中的"图层控制"下拉列表，将"细实线"设置为当前图层。

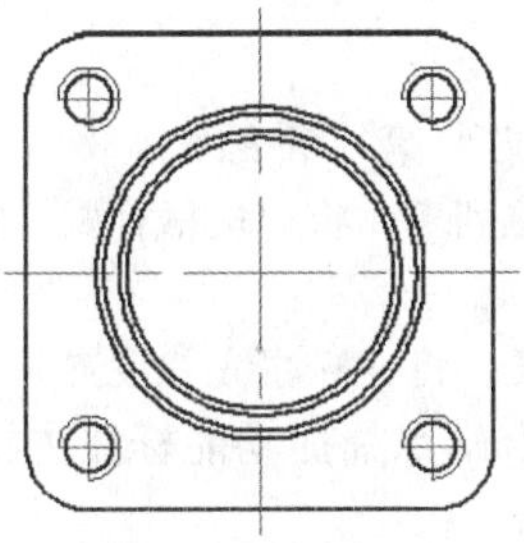

图17-79 拉长结果 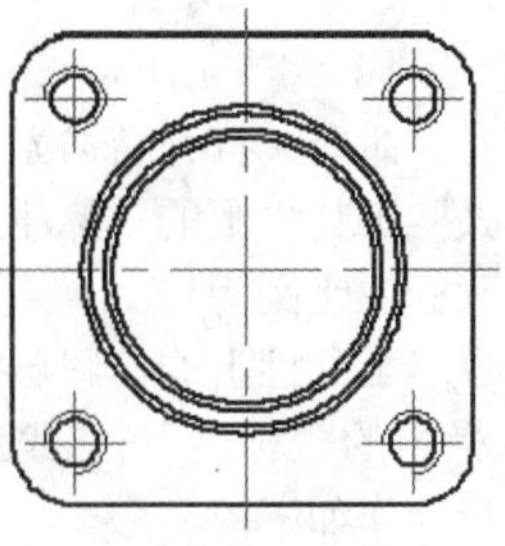　　　　　图17-80 拉长结果

18 使用命令简写PL激活"多段线"命令，配合"极轴追踪"功能绘制如图17-81所示的剖视符号，长度约为11个单位。

19 使用命令简写ST激活"文字样式"命令，将"字母与文字"设置为当前文字样式。

20 使用命令简写DT激活"单行文字"命令，将字体高度设置为8，标注如图17-82所示的字母代号。

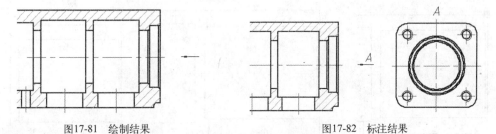

图17-81 绘制结果　　　　　　　图17-82 标注结果

21 执行"保存"命令，将图形命名存储为"综合实例（四）.dwg"。

17.7　综合实例5——标注阀体零件尺寸与公差

本例在综合巩固所学知识的前提下，主要学习阀体零件尺寸与公差的快速标注方法和技巧。阀体零件尺寸与公差的最终标注效果，如图17-83所示。

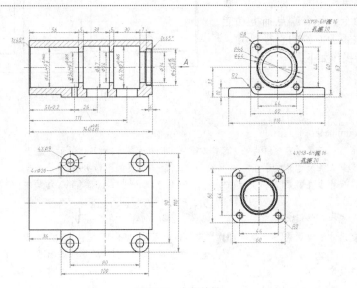

图17-83 实例效果

操作步骤

1. 执行"打开"命令，打开随书光盘中的"\效果文件\第17章\综合实例（四）.dwg"文件。
2. 展开"样式"工具栏上的"标注样式控制"下拉列表，将"机械样式"设置为当前标注样式，并修改标注比例为1.3。
3. 展开"图层"工具栏上的"图层控制"下拉列表，将"标注线"设置为当前图层。
4. 执行菜单栏中的"标注"|"线性"命令，配合端点捕捉功能标注主视图上侧的线性尺寸，命令行操作如下。

命令: _dimlinear
　指定第一个尺寸界线原点或 <选择对象>:　　//捕捉如图17-84所示的端点
　指定第二条尺寸界线原点:　　//捕捉如图17-85所示的端点
　指定尺寸线位置或[多行文字(M)/文字(T)/角度(A)/水平(H)/垂直(V)/旋转(R)]:
　　　　　　//在适当位置定位尺寸线，标注结果如图17-86所示
　标注文字 = 55

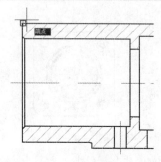

图17-84　捕捉端点　　　　图17-85　捕捉端点　　　　图17-86　标注结果

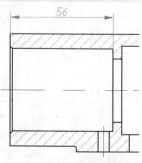

5. 单击"标注"工具栏上的按钮，激活"连续"命令，标注主视图上侧的线性尺寸，结果如图17-87所示。
6. 执行菜单栏中的"标注"|"线性"命令，配合端点捕捉功能标注主视图右侧的直径尺寸，命令行操作如下。

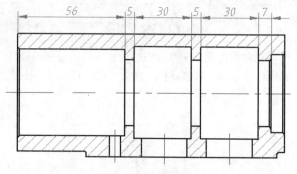

图17-87　标注连续尺寸

命令: _dimlinear
　指定第一个尺寸界线原点或 <选择对象>:　　//捕捉如图17-88所示的端点
　指定第二条尺寸界线原点:　　//捕捉如图17-89所示的端点
　指定尺寸线位置或[多行文字(M)/文字(T)/角度(A)/水平(H)/垂直(V)/旋转(R)]:
　　　　　　//T Enter，激活"文字"选项
　输入标注文字 <34>:　　// %%C34 Enter
　指定尺寸线位置或[多行文字(M)/文字(T)/角度(A)/水平(H)/垂直(V)/旋转(R)]:
　　　　　　//在适当位置定位尺寸线，标注结果如图17-90所示
　标注文字 = 34

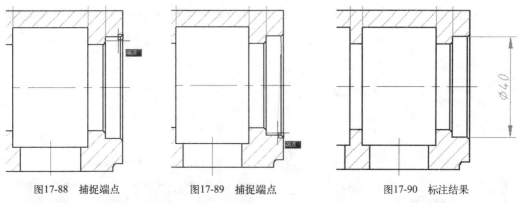

图17-88 捕捉端点　　　　　　　图17-89 捕捉端点　　　　　　　图17-90 标注结果

7 参照上述操作步骤，重复执行"线性"、"连续"等命令，分别标注其他位置的尺寸，标注结果如图17-91所示。

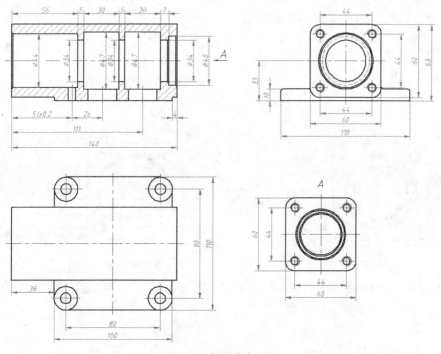

图17-91 标注其他尺寸

8 标注直径尺寸和半径尺寸。展开"样式"工具栏上的"标注样式控制"下拉列表，将"角度标注"设置为当前标注样式，并修改标注比例为1.3。

9 单击"标注"工具栏上的◎按钮，激活"直径"命令，标注零件图的直径尺寸，命令行操作如下。

```
命令: _dimdiameter
    选择圆弧或圆:                        //在如图17-92所示的位置单击圆
    标注文字 = 8
    指定尺寸线位置或 [多行文字(M)/文字(T)/角度(A)]:    //M Enter
```

10 在打开的"文字格式"编辑器中输入标注文字的前缀和后缀，如图17-93所示。

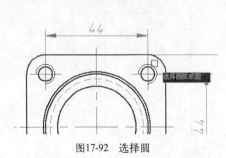

图17-92 选择圆

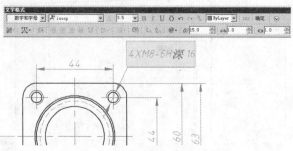

图17-93 输入尺寸前缀和后缀

11 按Enter键，输入第二行标注文字，如图17-94所示。

12 关闭"文字格式"编辑器，然后根据命令行的提示，指定尺寸线位置，标注结果如图17-95所示。

13 执行菜单栏中的"标注"|"半径"命令，标注如图17-96所示的半径尺寸。

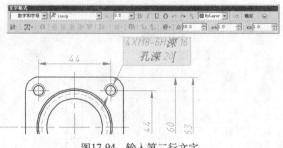

图17-94 输入第二行文字

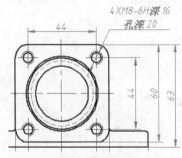

图17-95 标注结果

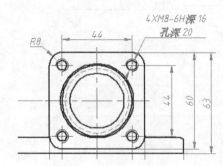

图17-96 标注半径尺寸

14 参照上述操作步骤，重复执行"直径"和"半径"命令，分别标注其他位置的直径尺寸和半径尺寸，标注结果如图17-97所示。

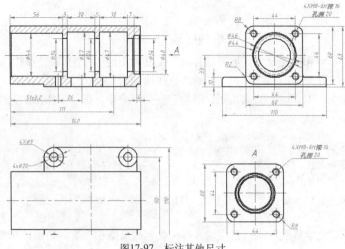

图17-97 标注其他尺寸

15 标注主视图倒角尺寸。使用命令简写LE激活"快速引线"命令，设置引线参数和文字位置如图17-98和图17-99所示。

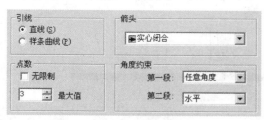

图17-98 设置引线参数

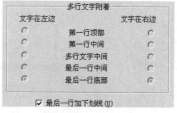

图17-99 设置文字位置

16 返回绘图区，根据命令行的提示，标注主视图的倒角尺寸，命令行操作如下。

命令: le // Enter

QLEADER

指定第一个引线点或 [设置(S)] <设置>: //捕捉如图17-100所示的端点

指定下一点: //引出如图17-101所示的延伸线，然后在适当位置拾取点

指定下一点: //在适当位置拾取点，绘制如图17-102所示的引线

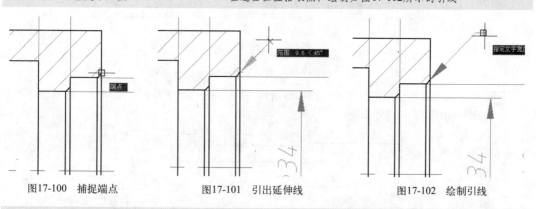

图17-100 捕捉端点　　　　　图17-101 引出延伸线　　　　　图17-102 绘制引线

指定文字宽度 <0>: // Enter

输入注释文字的第一行 <多行文字(M)>: //1×45%%D Enter

输入注释文字的下一行: // Enter，标注结果如图17-103所示

17 重复执行"快速引线"命令，按照当前的引线参数设置，标注如图17-104所示的倒角尺寸。

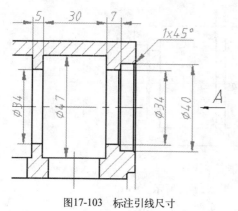

图17-103 标注引线尺寸

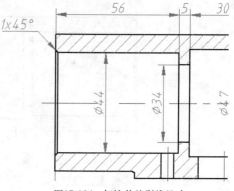

图17-104 标注其他引线尺寸

18　标注零件图尺寸公差。使用命令简写ED激活"编辑文字"命令，在命令行"选择注释对象或 [放弃(U)]:"提示下，选择主视图下侧的总尺寸，打开如图17-105所示的"文字格式"编辑器。

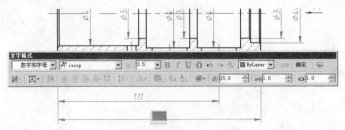

图17-105　"文字格式"编辑器

19　在打开的"文字格式"编辑器中输入如图17-106所示的公差后缀和堆叠符号。

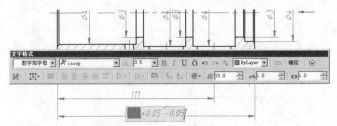

图17-106　输入公差后缀

20　将输入的公差后缀进行堆叠，然后单击 确定 按钮关闭"文字格式"编辑器，结果创建出如图17-107所示的尺寸公差。

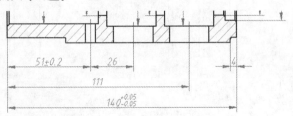

图17-107　标注尺寸公差

21　参照上述操作步骤，重复执行"编辑文字"命令，分别标注其他位置的尺寸公差，结果如图17-108所示。

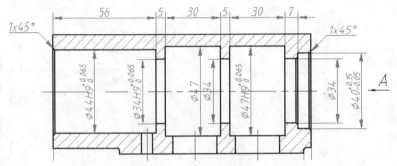

图17-108　标注其他尺寸公差

22　调整视图，使零件图完全显示，最终效果如上图17-83所示。

23　执行"保存"命令，将图形命名存储为"综合实例（五）.dwg"。

17.8 综合实例6——标注阀体零件表面粗糙度

本例在综合巩固所学知识的前提下，主要学习阀体零件表面粗糙度的具体标注过程和技巧。阀体零件表面粗糙度的最终标注效果，如图17-109所示。

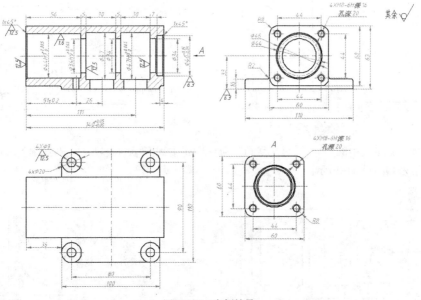

图17-109 实例效果

▶ 操作步骤

1 执行"打开"命令，打开随书光盘中的"\效果文件\第17章\综合实例（五）.dwg"文件。

2 展开"图层"工具栏中的"图层控制"下拉列表，将"细实线"设置为当前图层。

3 使用命令简写I激活"插入块"命令，设置块参数如图17-110所示，插入随书光盘中的"\图块文件\粗糙度.dwg"属性块，命令行操作如下。

命令: I   //Enter，激活"插入块"命令
    INSERT指定插入点或 [基点(B)/比例(S)/X/Y/Z/旋转(R)]:
                                           //在主视图左侧尺寸线上单击鼠标左键

    输入属性值
    输入粗糙度值: <3.2>:   //12.5 Enter，结果如图17-111所示。

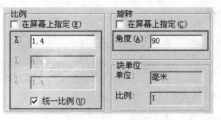

图17-110 设置块参数

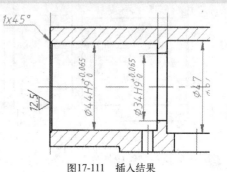

图17-111 插入结果

4 执行菜单栏中的"修改"|"镜像"命令，将刚插入的粗糙度进行水平镜像和垂直镜像，然后将镜像出的粗糙度进行位移，结果如图17-112所示。

5 使用命令简写RO激活"旋转"命令，对刚镜像出的粗糙度进行旋转并复制，然后将旋转复制出的粗糙度移至如图17-113所示的位置。

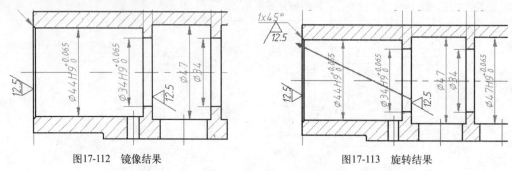

图17-112　镜像结果　　　　　　　　　　　图17-113　旋转结果

6 执行菜单栏中的"修改"|"复制"命令，将主视图中的粗糙度分别复制到其他位置上，结果如图17-114所示。

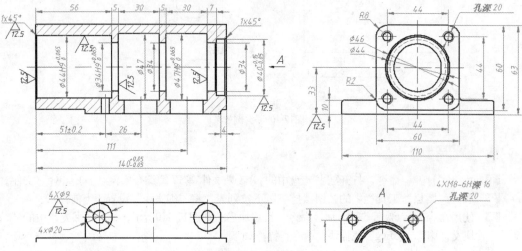

图17-114　复制结果

7 执行菜单栏中的"修改"|"对象"|"属性"|"单个"命令，激活"编辑属性"命令，在命令行"选择块:"提示下，选择复制出的粗糙度属性块，打开"增强属性编辑器"对话框。

8 在"增强属性编辑器"对话框修改属性值，如图17-115所示。

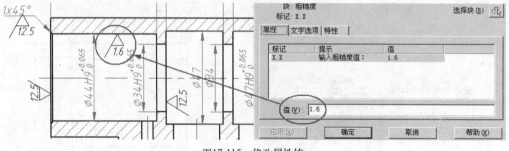

图17-115　修改属性值

9 重复执行"编辑属性"命令，修改其他粗糙度属性值，结果如图17-116所示。

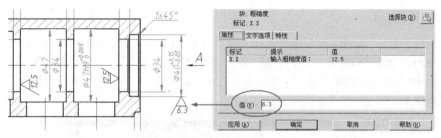

图17-116 修改属性值

10 重复执行"插入块"命令，以1.8倍的等比缩放比例，插入随书光盘中的"\图块文件\粗糙度02.dwg"属性块，插入结果如图17-117所示。

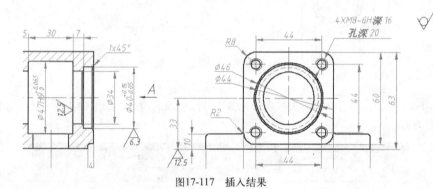

图17-117 插入结果

11 执行"保存"命令，将图形命名存储为"综合实例（六）.dwg"。

17.9 综合实例7——标注技术要求并配置图框

本例在综合巩固所学知识的前提下，主要学习阀体零件技术要求的标注过程和图纸边框的配置技巧。本例最终效果如图17-118所示。

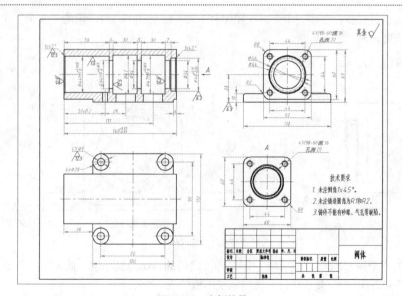

图17-118 实例效果

▶ 操作步骤

1 执行"打开"命令，打开随书光盘中的"\效果文件\第17章\综合实例（六）.dwg"文件。

2 使用命令简写ST激活"文字样式"命令，将"字母与文字"设置为当前文字样式。

3 使用命令简写T激活"多行文字"命令，标注如图17-119所示的技术要求标题，其中字体高度为9。

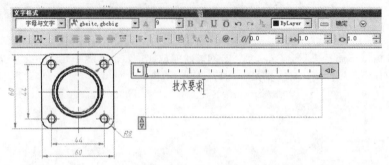

图17-119 输入标题

4 按Enter键，在多行文字输入框内分别输入技术要求的内容，如图17-120所示，其中字体高度为8。

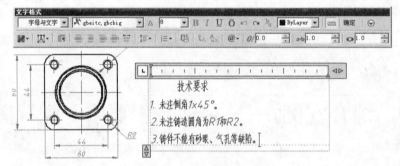

图17-120 输入技术要求的内容

5 重复执行"多行文字"命令，在视图右上侧标注如图17-121所示的"其余"字样，其中字体高度为9。

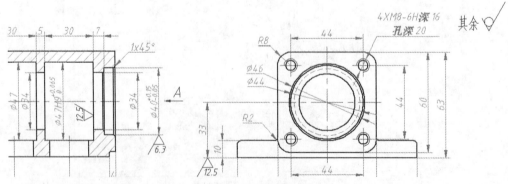

图17-121 标注结果

6 使用命令简写I激活"插入块"命令，以1.1倍的等比缩放比例，插入随书光盘中的"\图块文件\A3-H.dwg"属性块，并适当调整图框位置，结果如图17-122所示。

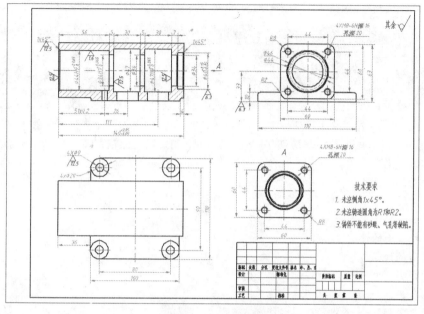

图17-122 配置图框

7 执行"多行文字"命令，为标题栏填充图名，其中字体样式为"仿宋"，字体高度为8，最终结果如上图17-118所示。

8 执行"保存"命令，将图形命名存储为"综合实例（七）.dwg"。

第18章　工程图纸的后期打印

AutoCAD提供了模型和布局两种空间，"模型空间"是图形的设计空间，它在打印方面有一定的缺陷，而"布局空间"是AutoCAD的主要打印空间，打印功能比较完善。本章将学习这两种空间下的图纸打印过程。

- ◆ 配置打印设备
- ◆ 定义图纸尺寸
- ◆ 添加打印样式表
- ◆ 打印页面的设置
- ◆ 图形的预览与打印
- ◆ 综合实例1——快速打印机械零件图
- ◆ 综合实例2——精确打印建筑施工图
- ◆ 综合实例3——多视图打印零件立体造型

18.1　配置打印设备

在打印图形之前，首先需要配置打印设备，使用"绘图仪管理器"命令，则可以配置绘图仪设备、定义和修改图纸尺寸等。

执行"绘图仪管理器"命令主要有以下几种方式。

- ◆ 执行菜单栏中的"文件"|"绘图仪管理器"命令。
- ◆ 在命令行输入Plottermanager后按Enter键。
- ◆ 单击"输出"选项卡|"打印"面板上的按钮。

下面通过配置光栅文件格式的绘图仪，学习"绘图仪管理器"命令的使用方法。

1 执行"绘图仪管理器"命令，打开如图18-1所示的"Plotters"窗口。

2 双击"添加绘图仪向导"图标，打开如图18-2所示的"添加绘图仪－简介"对话框。

图18-1　"Plotters"窗口

3 依次单击 下一步(N) > 按钮，打开"添加绘图仪－绘图仪型号"对话框，设置绘图仪型号及其生产商，如图18-3所示。

图18-2　"添加绘图仪－简介"对话框

图18-3　设置绘图仪型号及其生产商

4 依次单击 下一步(N) > 按钮，打开如图18-4所示的"添加绘图仪－绘图仪名称"对话框，用于为添加的绘图仪命名，在此采用默认设置。

5 单击 下一步(N) > 按钮，打开如图18-5所示的"添加绘图仪－完成"对话框。

图18-4 "添加绘图仪－绘图仪名称"对话框

图18-5 完成绘图仪的添加

6 单击 完成(F) 按钮，添加的绘图仪会自动出现在"Plotters"窗口内，如图18-6所示。

图18-6 添加的绘图仪

18.2 定义图纸尺寸

每一款型号的绘图仪，都自配有相应规格的图纸尺寸，但有时这些图纸尺寸与打印图形很难相匹配，需要用户重新定义图纸尺寸。

下面通过具体的实例，学习图纸尺寸的定义过程。

1 继续上节操作。

2 在"Plotters"窗口中，双击上图18-6所示的绘图仪，打开"绘图仪配置编辑器"对话框。

3 在"绘图仪配置编辑器"对话框中展开"设备和文档设置"选项卡，如图18-7所示。

4 单击"自定义图纸尺寸"选项，打开"自定义图纸尺寸"选项组，如图18-8所示。

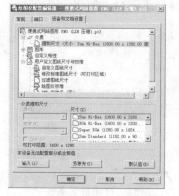

图18-7 "设备和文档设置"选项卡

图18-8 打开"自定义图纸尺寸"选项组

5 单击 添加(A) 按钮，此时系统打开如图18-9所示的"自定义图纸尺寸－开始"对话框，开始自定义图纸尺寸。

6 单击 下一步(N) 按钮，打开"自定义图纸尺寸－介质边界"对话框，然后分别设置图纸的宽度、高度以及单位，如图18-10所示。

图18-9 "自定义图纸尺寸－开始"对话框

图18-10 设置图纸尺寸

7 依次单击 下一步(N) 按钮，直至打开如图18-11所示的"自定义图纸尺寸－完成"对话框，完成图纸尺寸的自定义过程。

8 单击 完成(F) 按钮，结果新定义的图纸尺寸自动出现在"自定义图纸尺寸"选项组中，如图18-12所示。

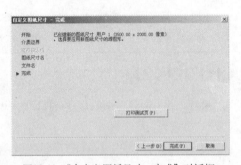

图18-11 "自定义图纸尺寸－完成"对话框

图18-12 图纸尺寸的定义结果

9 如果用户需要保存此图纸尺寸，可以单击 另存为(S) 按钮；如果用户仅在当前使用一次，可以单击 确定 按钮。

18.3 添加打印样式表

打印样式表其实就是一组打印样式的集合，而打印样式则用于控制图形的打印效果，修改打印图形的外观。使用"打印样式管理器"命令可以创建和管理打印样式表。

一种打印样式只控制图形某一方面的打印效果，要让打印样式控制一张图纸的打印效果，就需要有一组打印样式。

执行"打印样式管理器"命令主要有以下几种方式。

◆ 执行菜单栏中的"文件"|"打印样式管理器"命令。

◆ 在命令行输入Stylesmanager后按Enter键。

下面通过添加名为"stb01"的颜色相关打印样式表，学习"打印样式管理器"命令的使用方法和技巧。

1 执行菜单栏中的"文件"|"打印样式管理器"命令，打开如图18-13所示的"Plot Styles"窗口。

2 双击窗口中的"添加打印样式表向导"图标 ，打开如图18-14所示的"添加打印样式表"对话框。

图18-13 "Plot Styles"窗口　　　　　　　　　图18-14 "添加打印样式表"对话框

3 单击 下一步(N) > 按钮，打开如图18-15所示的"添加打印样式表-开始"对话框，开始配置打印样式表的操作。

4 单击 下一步(N) > 按钮，打开"添加打印样式表-选择打印样式表"对话框，选择打印样式表的类型，如图18-16所示。

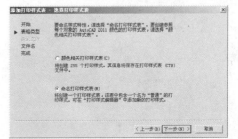

图18-15 "添加打印样式表-开始"对话框　　　图18-16 "添加打印样式表-选择打印样式表"对话框

5 单击 下一步(N) > 按钮，打开"添加打印样式表-文件名"对话框，为打印样式表命名，如图18-17所示。

6 单击 下一步(N) > 按钮，打开如图18-18所示的"添加打印样式表-完成"对话框，完成打印样式表各参数的设置。

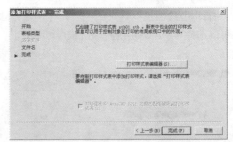

图18-17 "添加打印样式表-文件名"对话框　　　图18-18 "添加打印样式表-完成"对话框

7 单击 完成 按钮，即可添加设置的打印样式表，新建的打印样式表文件图标显示在"Plot Styles"窗口中，如图18-19所示。

图18-19 "Plot Styles"窗口

18.4 打印页面的设置

在配置好打印设备后，下一步就是设置页面参数。使用"页面设置管理器"命令，可以非常方便地设置和管理图形的打印页面。

执行"页面设置管理器"命令主要有以下几种方式。

◆ 执行菜单栏中的"文件"|"页面设置管理器"命令。
◆ 在"模型"或"布局"标签上单击鼠标右键，选择"页面设置管理器"命令。
◆ 在命令行输入Pagesetup后按Enter键。
◆ 单击"输出"选项卡|"打印"面板上的 按钮。

执行"页面设置管理器"命令后，可打开如图18-20所示的"页面设置管理器"对话框，在此对话框中可以设置、修改和管理当前的页面设置。在"页面设置管理器"对话框中单击 新建(N)... 按钮，可打开如图18-21所示的"新建页面设置"对话框，用于为新页面命名。

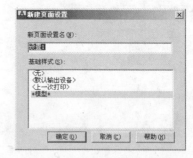

图18-20 "页面设置管理器"对话框   图18-21 "新建页面设置"对话框

单击 确定(0) 按钮，打开如图18-22所示的"页面设置"对话框，在此对话框内可以进行打印设备的配置、图纸尺寸的匹配、打印区域的选择以及打印比例的调整等操作。

1. 选择打印设备

"打印机/绘图仪"选项组主要用于配置绘图仪设备，单击"名称"下拉按钮，在展开的下拉列表中可以选择Windows系统打印机或AutoCAD内部打印机（".pc3"文件）作为输出设备，如图18-23所示。

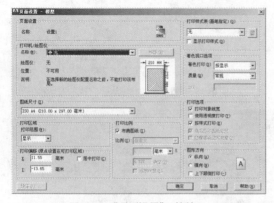
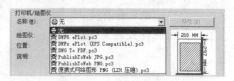

图18-22 "页面设置"对话框   图18-23 "打印机/绘图仪"选项组

如果用户在此选择了".pc3"文件打印设备，AutoCAD则会创建出电子图纸，即将图形输出并存储为Web上可用的".dwf"格式的文件。AutoCAD提供了两类用于创建".dwf"文件的".pc3"文件，分别是"ePlot.pc3"和"eView.pc3"。前者生成的".dwf"文件较适合于打印，后者生成的文件则适合于观察。

2. 配置图纸幅面

"图纸尺寸"下拉列表主要用于配置图纸幅面，展开此下拉列表，在其中包含了选定打印设备可用的标准图纸尺寸，如图18-24所示。

当选择了某种幅面的图纸时，该列表右上角将出现所选图纸及实际打印范围的预览图像，将光标移到预览区中，光标位置会显示出精确的图纸尺寸以及图纸的可打印区域的尺寸。

3. 指定打印区域

在"打印区域"选项组中，可以设置需要输出的图形范围。展开"打印范围"下拉列表，如图18-25所示，在其中包含4种打印区域的设置方式，具体有"显示"、"窗口"、"范围"和"图形界限"等。

4. 设置打印比例

"打印比例"选项组用于设置图形的打印比例，如图18-26所示。其中，"布满图纸"复选框仅适用于模型空间中的打印，当勾选该复选框后，AutoCAD将自动调整图形，与打印区域和选定的图纸等相匹配，使图形获得最佳位置和比例。

图18-24　"图纸尺寸"下拉列表

图18-25　"打印范围"下拉列表

图18-26　"打印比例"选项组

5. "着色视口选项"选项组

在"着色视口选项"选项组中，可以将需要打印的三维模型设置为着色、线框或以渲染图的方式进行输出，如图18-27所示。

6. 调整打印方向

在"图形方向"选项组中，可以调整图形在图纸上的打印方向，如图18-28所示。在右侧的图纸图标中，图标代表图纸的放置方向，图标中的字母A代表图形在图纸上的打印方向，共有"纵向"、"横向"和"上下颠倒打印"三种打印方向。

在"打印偏移"选项组中，可以设置图形在图纸上的打印位置，如图18-29所示。默认设置下，AutoCAD从图纸左下角打印图形。打印原点处在图纸左下角，坐标是（0,0），用户可以在此选项组中重新设定新的打印原点，这样图形在图纸上将沿X轴和Y轴移动。

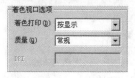
图18-27　"着色视口选项"选项组

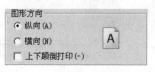
图18-28　"图形方向"选项组

图18-29　"打印偏移"选项组

18.5　图形的预览与打印

"打印"命令主要用于打印或预览当前已设置好的页面布局，也可直接使用此命令设置图形的打印页面。

执行"打印"命令主要有以下几种方式。

- ◆ 执行菜单栏中的"文件"|"打印"命令。
- ◆ 单击"标准"工具栏或"打印"面板上的 🖨 按钮。
- ◆ 在命令行输入Plot后按Enter键。
- ◆ 按组合键Ctrl+P。
- ◆ 在"模型"选项卡或"布局"选项卡上单击鼠标右键，选择"打印"命令。

执行"打印"命令后，可打开如图18-30所示的"打印"对话框，此对话框具备"页面设置"对话框中的参数设置功能，用户不仅可以按照已设置好的打印页面预览和打印图形，还可以在对话框中重新设置、修改图形的页面参数。

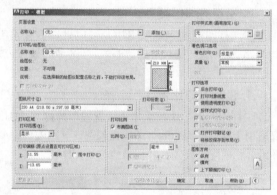

图18-30　"打印"对话框

 提示　单击对话框右侧的"扩展/收缩"按钮 ⊙，可以展开和隐藏右侧的部分选项。

单击 预览(P)… 按钮，可以提前预览图形的打印结果，单击 确定 按钮，即可对当前的页面设置进行打印。

"打印预览"命令主要用于对设置好的打印页面进行预览和打印，执行此命令主要有以下几种方式。

- ◆ 执行菜单栏中的"文件"|"打印预览"命令。
- ◆ 单击"标准"工具栏或"打印"面板上的 🔍 按钮。
- ◆ 在命令行输入Preview后按Enter键。

18.6　综合实例1——快速打印机械零件图

本例通过在模型空间内快速打印阀体零件三视图及辅助视图，主要学习模型空间内的快速打印技能。本例打印效果如图18-31所示。

 操作步骤

1 执行"打开"命令，打开随书光盘中的"\效果文件\第17章\综合实例（七）.dwg"文件，如图18-32所示。

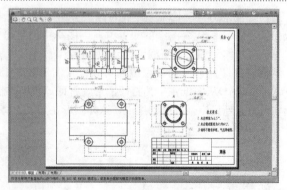

图18-31　打印效果

2 修改图纸的可打印区域。执行菜单栏中的"文件"|"绘图仪管理器"命令,在打开的窗口中双击如图18-33所示的"DWF6 ePlot"图标,打开"绘图仪配置编辑器 – DWF6 ePlot.pc3"对话框。

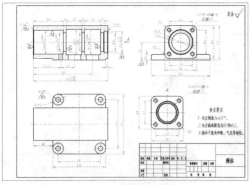

图18-32 打开结果

图18-33 "Plotters"窗口

3 展开"设备和文档设置"选项卡,选择"修改标准图纸尺寸(可打印区域)"选项,如图18-34所示。

4 在"修改标准图纸尺寸"选项组中选择如图18-35所示的图纸尺寸,单击 修改(M)... 按钮,在打开的"自定义图纸尺寸 – 可打印区域"对话框中设置参数,如图18-36所示。

5 单击 下一步(N) > 按钮,在打开的"自定义图纸尺寸 – 文件名"对话框中,显示修改后的标准图纸的文件名,如图18-37所示。

图18-34 展开"设备和文档设置"选项卡

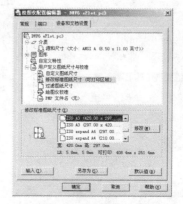

图18-35 选择图纸尺寸

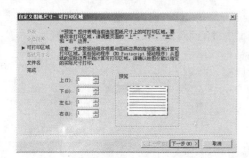

图18-36 修改图纸打印区域

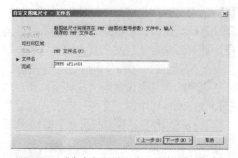

图18-37 "自定义图纸尺寸 – 文件名"对话框

6 依次单击 下一步(N) > 按钮,在打开的"自定义图纸尺寸 – 完成"对话框中,列出了修改后的标准图纸的尺寸,如图18-38所示。

7 单击 完成 按钮，系统返回 "绘图仪配置编辑器 – DWF6 ePlot.pc3" 对话框，然后单击 另存为(S)... 按钮，对当前配置进行保存，如图18-39所示。

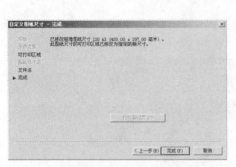

图18-38 "自定义图纸尺寸 – 完成" 对话框

图18-39 另存打印设备

8 单击 保存(S) 按钮，返回 "绘图仪配置编辑器 – DWF6 ePlot.pc3" 对话框，然后单击 确定 按钮，结束命令。

9 设置打印页面。执行菜单栏中的 "文件" | "页面设置管理器" 命令，在打开的 "页面设置管理器" 对话框中单击 新建(N)... 按钮，为新页面命名，如图18-40所示。

10 单击 确定 按钮，打开 "页面设置 – 模型" 对话框，配置打印设备、设置图纸尺寸、打印偏移、打印比例和图形方向等参数，如图18-41所示。

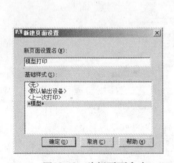

图18-40 为新页面命名

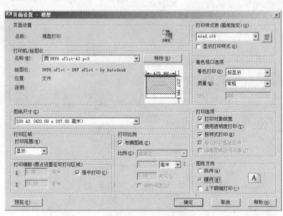

图18-41 设置页面参数

11 单击 "打印范围" 下拉按钮，在展开的下拉列表中选择 "窗口" 选项，如图18-42所示。

12 返回绘图区，根据命令行的提示，分别捕捉图框的两个对角点，指定打印区域。

13 此时系统自动返回 "页面设置 – 模型" 对话框，单击 确定 按钮返回 "页面设置管理器" 对话框，将刚创建的新页面设置为当前页面，如图18-43所示。

14 执行菜单栏中的 "文件" | "打印预览" 命令，对图形进行打印预览，预览结果如上图18-31所示。

图18-42 "打印范围" 下拉列表

提示   为了更好地显示线宽特性，在打开图形之前，可以将 "轮廓线" 图层的线宽设置为0.9mm。

15 单击鼠标右键，选择 "打印" 命令，此时系统打开如图18-44所示的 "浏览打印文件" 对话框，设置打印文件的保存路径及文件名。

图18-43 设置当前页面

图18-44 保存打印文件

提示

将打印文件进行保存，可以方便用户进行网上发布、使用和共享。

16 单击 保存 按钮，系统弹出"打印作业进度"对话框，等此对话框关闭后，打印过程即可结束。

17 执行"另存为"命令，将图形命名存储为"综合实例（一）.dwg"。

18.7 综合实例2——精确打印建筑施工图

本例通过在布局空间内按照1:100的精确出图比例，将香墅湾小区1#的标准层建筑平面施工图打印输出到2号标准图纸上，主要学习布局空间内的精确打印技能。本例打印效果如图18-45所示。

操作步骤

1 执行"打开"命令，打开随书光盘中的"\效果文件\第15章\综合实例（七）.dwg"文件。

2 单击绘图区下方的 布局2 标签，进入"布局2"空间，如图18-46所示。

3 执行"删除"命令，删除系统自动产生的视口，结果如图18-47所示。

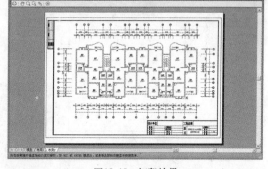

图18-45 打印效果

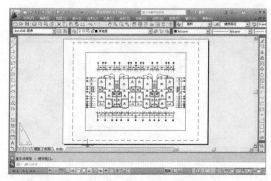

图18-46 进入"布局2"空间

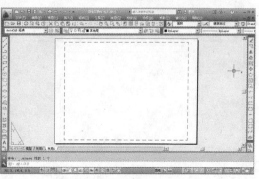

图18-47 删除结果

4 执行菜单栏中的"文件"|"页面设置管理器"命令，在打开的"页面设置管理器"对话框中单击 新建(N)... 按钮，为新页面命名，如图18-48所示。

5 单击 确定 按钮，打开"页面设置-布局2"对话框，配置打印设备、设置图纸尺寸、打印偏移、打印比例和图形方向等参数，如图18-49所示。

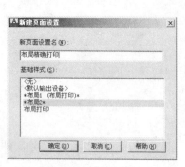

图18-48 为新页面命名

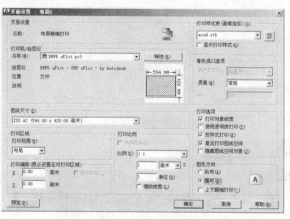

图18-49 设置页面参数

6 单击 确定 按钮返回"页面设置管理器"对话框，将刚创建的新页面设置为当前页面，此时页面布局空间的显示效果如图18-50所示。

7 执行"插入块"命令，插入"A2-H.dwg"内部块，块参数设置如图18-51所示，插入结果如图18-52所示。

8 执行菜单栏中的"视图"|"视口"|"多边形视口"命令，分别捕捉图框内边框的角点，创建多边形视口，将平面图从模型空间添加到布局空间，如图18-53所示。

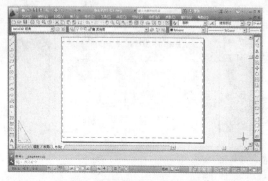

图18-50 页面布局空间的显示效果

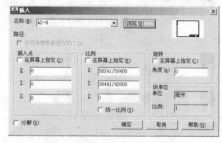

图18-51 设置块参数

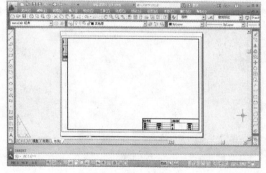

图18-52 插入结果

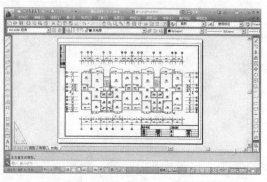

图18-53 创建多边形视口

9 单击状态栏上的 图纸 按钮，激活刚创建的视口，然后打开"视口"工具栏，调整比例如图18-54所示。

图18-54　调整比例

10 使用"实时平移"工具调整图形的出图位置，结果如图18-55所示。

 提示　如果状态栏上没有显示出 图纸 按钮，可以在状态栏的右键菜单中选择"图纸／模型"命令。

11 单击 模型 按钮返回图纸空间，设置"文本层"为当前图层，设置"宋体"为当前文字样式，并使用"窗口缩放"工具调整视图如图18-56所示。

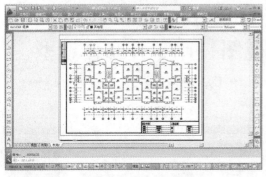

图18-55　调整出图位置　　　　图18-56　调整视图

12 使用命令简写T激活"多行文字"命令，设置字高为5、对正方式为正中，为标题栏填充图名，如图18-57所示。

13 重复执行"多行文字"命令，设置文字样式和对正方式不变，为标题栏填充出图比例，如图18-58所示。

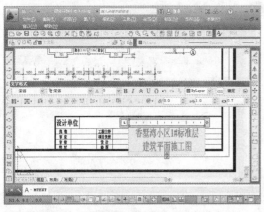

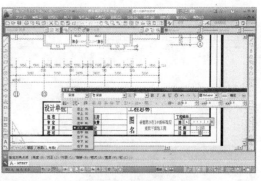

图18-57　填充图名　　　　图18-58　填充出图比例

14 使用"全部缩放"工具调整图形的位置，结果如图18-59所示。

15 执行"打印"命令，对图形进行打印预览，效果如上图18-45所示。

16 返回"打印－布局2"对话框，单击 确定 按钮，在"浏览打印文件"对话框中设置打印文件的保存路径及文件名，如图18-60所示。

17 单击 保存... 按钮，可将此平面图输出到相应图纸上。

18 执行"另存为"命令，将图形命名存储为"综合实例（二）.dwg"。

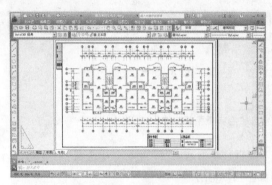

图18-59 调整视图

图18-60 设置文件名及路径

18.8 综合实例3——多视图打印零件立体造型

本例通过在布局空间内以并列视图的方式打印某模具零件的立体造型，主要学习立体造型多视图的打印方法和出图技巧。本例打印效果如图18-61所示。

操作步骤

1 执行"打开"命令，打开随书光盘中的"\素材文件\模具零件图.dwg"文件，如图18-62所示。

2 单击 布局1 标签，进入布局空间，如图18-63所示。

3 使用命令简写E激活"删除"命令，删除系统自动产生的矩形视口。

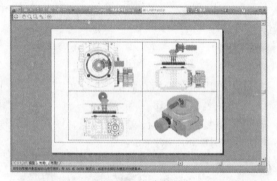

图18-61 打印效果

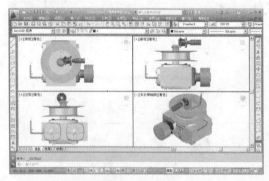

图18-62 打开结果

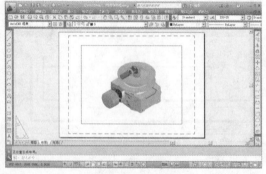

图18-63 进入布局空间

4 执行菜单栏中的"文件"|"页面设置管理器"命令，在弹出的"页面设置管理器"对话框中单击 新建(N) 按钮，为新页面命名，如图18-64所示。

5 单击 确定 按钮，打开"页面设置-布局1"对话框，设置打印机名称、图纸尺寸、打印比例和图形方向等页面参数，如图18-65所示。

6 单击 确定 按钮，返回"页面设置管理器"对话框，将创建的新页面设置为当前页面，如图18-66所示。

7 关闭"页面设置管理器"对话框，返回布局空间，页面设置后的布局显示如图18-67所示。

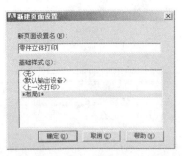

图18-64 为新页面命名

图18-65 设置打印页面

图18-66 设置当前页面

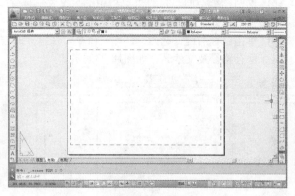

图18-67 布局显示

8 展开"图层控制"下拉列表，将"0"图层设置为当前图层。

9 使用命令简写I激活"插入块"命令，插入随书光盘中的"\图块文件\A4.dwg"图块，参数设置如图18-68所示，插入结果如图18-69所示。

图18-68 设置参数

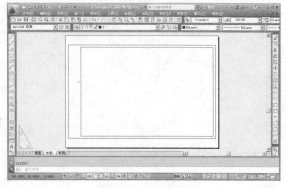

图18-69 插入结果

10 执行菜单栏中的"视图"|"视口"|"新建视口"命令，在打开的"视口"对话框中选择如图18-70所示的视口模式。

11 单击 确定 按钮，返回绘图区，根据命令行的提示，捕捉内框的两个对角点，将内框区域分割为4个视口，结果如图18-71所示。

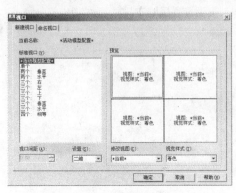

图18-70 "视口"对话框

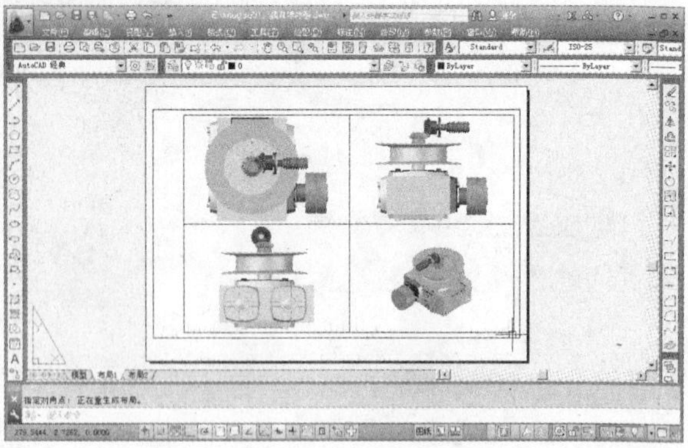

图18-71 分割视口

12 单击状态栏上的 图纸 按钮，进入浮动式的模型空间。

13 分别激活每个视口，调整每个视口内的视图及着色方式，结果如图18-72所示。

14 返回图纸空间，执行菜单栏中的"文件"|"打印预览"命令，对图形进行打印预览，预览效果如上图18-61所示。

15 单击鼠标右键，选择"打印"命令，在打开的"浏览打印文件"对话框中设置打印文件的保存路径及文件名，如图18-73所示。

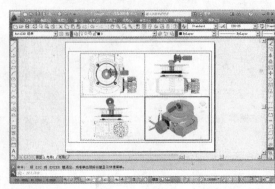

图18-72 调整结果

图18-73 保存打印文件

16 单击 保存 按钮，即可打印图形。

17 执行"另存为"命令，将图形命名存储为"综合实例（三）.dwg"。